河海大学重点立项教材

控制系统建模与仿真

钱惠敏　周 军　石 尚　编著

CONTROL SYSTEM MODELING AND SIMULATION

河海大学出版社
HOHAI UNIVERSITY PRESS
·南京·

图书在版编目(CIP)数据

控制系统建模与仿真 / 钱惠敏，周军，石尚编著
. -- 南京 ：河海大学出版社，2023.12
ISBN 978-7-5630-8573-6

Ⅰ. ①控… Ⅱ. ①钱… ②周… ③石… Ⅲ. ①自动控制系统—系统建模—Matlab 软件②自动控制系统—系统仿真—Matlab 软件 Ⅳ. ①TP273

中国国家版本馆 CIP 数据核字(2023)第 236796 号

书　　名 控制系统建模与仿真
KONGZHI XITONG JIANMO YU FANGZHEN
书　　号 ISBN 978-7-5630-8573-6
责任编辑 杜文渊
特约校对 李　浪　杜彩平
装帧设计 徐娟娟
出版发行 河海大学出版社
地　　址 南京市西康路 1 号(邮编:210098)
网　　址 http://www.hhup.com
电　　话 (025)83737852(总编室)　(025)83787763(编辑室)
(025)83722833(营销部)
经　　销 江苏省新华发行集团有限公司
排　　版 南京布克文化发展有限公司
印　　刷 广东虎彩云印刷有限公司
开　　本 700 毫米×1000 毫米　1/16
印　　张 22.75
字　　数 400 千字
版　　次 2023 年 12 月第 1 版
印　　次 2023 年 12 月第 1 次印刷
定　　价 69.80 元

内容简介

通过对本教材的学习，使学生能够理解反馈控制的原理及特点，能区分一般机械/电气类控制系统的开环/闭环或多环复合类型并剖析结构特征，掌握基于工作原理的数学关系描述，能够进行基本的模型规范化，标准化处理，分析和理解模型的数学特征。掌握针对控制系统的 MATLAB 仿真算法、使用方法与工具特点。具体地，本教材的建模篇包括：反馈控制系统的结构化建模、典型系统模型及其基本特性与工程意义；建立控制系统一次（原始）模型的基本步骤，主要模型特性的定义与分析方法；针对一次模型的主要后处理技术和二次模型的必要性与理论价值；经典和现代控制系统模型涉及的各种特性曲线的绘制方法、技术意义与工程作用；控制系统数值仿真的状态空间模型理论基础。本教材的仿真篇包括：控制系统的 MATLAB 仿真基础；控制系统的传递函数模型、零极点函数模型、状态空间模型的仿真和相互转换；控制系统的时域分析、频域分析及根轨迹分析仿真；PID 控制器的仿真分析和参数整定；Simulink 基础、动态系统仿真、子系统的建立和 S 函数。

前言

preface

本教材依照河海大学《控制系统建模与仿真》教学大纲(2020年版)编写，是面向本科自动化专业的专业基础课教材，也可作为其他工程类专业的基础课教材，以满足各专业对控制系统数学模型及其仿真技术概念和理论基础的需要。本教材也可作为本科高年级、研究生和工程技术人员的专业基础研究的参考。一方面，本教材的建模篇以机械和电气工程中的力学、运动学、电工学等常见控制系统为主线，围绕建模方法、步骤和模型后处理技术展开。既是笔者相关教学工作的总结，也是有关基础理论研究的拔萃，包括一些系统与控制建模的最新理论进展与深化。另一方面，本教材的仿真篇以控制系统为对象，深入浅出地介绍 MATLAB 和 Simulink 的相关知识，结合控制系统的基本概念和数学模型，介绍 MATLAB/Simulink 的使用方法及其在控制系统建模和仿真中的应用。

本教材内容概述和教学目的：建模篇使学生明晰与理解一般控制系统的开环/闭环结构，反馈机理及作用效果；能够分析和划分一般机械工程、电气工程类控制系统的环节与结构及其动态特性；掌握对控制系统的数理关系整理与一次(原始)模型的构建步骤；掌握对一次模型的近似处理技术方法及其应用；理解一次模型向二次模型转化的必要性及其在控制系统分析与综合中的意义与作用；了解非线性环节、采样或离散算法等的复杂控制系统的建模过程及其关键问题。仿真篇致力于使学生学习和掌握 MATLAB 编程的基本概念、程序文件的编写和数据与函数的可视化；掌握控制系统的模型仿真、相互转换和控制系统的时域、频域、根轨迹分析的 MATLAB 实现；掌握 PID 控制器的 MATLAB 编程实现；掌握 Simulink 的基本概念、动态系统仿真和子系统的建立，并了解 S 函数的基本概念和实现方法。

本教材既注重控制系统建模的理论探讨，又关注数值仿真的工程实践。为避免内容陈述过于简洁，避免对理论结论和仿真程序的简单罗列，教材保留主要定义、分析和结论的数学基础，使教材具有严谨性和一定程度的深度与广度，克服内容上浅尝辄止和数理逻辑跳跃的教学弊端，方便教师的教学与指导，促进学生的自主自学与探究。

总之，为满足《控制系统建模与仿真》的教学要求，同时适应于多层次的读者群体，更好地反映自动化专业与控制学科现状与发展趋势，本教材具有以下特点：

● 概念清晰，条理明确，分析细致，示例丰富，便于读者具体形象和面向实际地学习；

● 对定义、公式、定理等，以本科生中高年级可理解的程度，给出数学描述与讨论；使学生能知其然，更知其所以然，养成逻辑思考和理论探究的习惯；

● 构建控制系统的多层建模框架，包括：结构化建模，原理/机理建模，近似/转化等模型后处理技术与方法，助力学生多角度观察控制系统特性及其数理表现，融会贯通控制系统建模的数学理论和工程方法中的途径与工具；

● 引入部分有一定理论深度和涉及复杂工程的进阶内容，如反馈线性化、模型降阶，部分状态稳定性/绝对稳定性等，为学生深入学习提供引导和探讨材料。

全书共分四章，参考学时为 32—64 课时。周军负责建模篇（第一、二章）的编著，钱惠敏负责仿真篇（第三、四章）的编著和全书统稿，石尚参与了仿真篇的编著。部分研究生参与了文献翻译、文字整理和图表绘制等工作。

由于编者水平有限，书中难免存在错误与疏漏之处，恳请读者批评指正。

编著者

2023 年 8 月，南京河海大学江宁校区

目录

contents

第一章
控制系统的机理，数学建模及模型后处理

随着信息、系统、控制和智能科学等领域相关理论与应用研究的不断深入和发展，新概念、新理论、新方法层出不穷，使得人们愈加希望能通过调整设备器件的工作状态或参数，使得被控对象能自发地、主动地甚至智能化地获得期望的种种控制效果和性能目标。达成这些期望控制效果和性能目标的设备或器件的结构设计与参数整定，就是控制理论及其应用要回答的问题。对于这些问题的探讨与解释就构成了控制理论与应用的学科体系。我们略加观察就可以发现，控制理论与应用知识体系的构建、发展与完善的每一步都依赖于对控制系统数学模型的建立与利用。可以毫不夸张地说，没有对控制系统数学建模的诸方面探讨，控制理论与应用将成为无本之木，无源之水，更谈不上对其学科体系的系统学习与本质理解。事实上，无论经典还是现代控制理论及其应用，其诸多概念创新与理论拓展往往就伴随着控制系统数学建模方法及其表征方式的创新与拓展。换句话说，没有对控制系统数学模型的本质理解，就不会有对控制理论与应用的深刻领悟。

简单地说，描述控制系统诸变量特性与关系的数学表达式（或式组）称为该系统的数学模型。但由于控制现象的多样性，动静态变化的复杂性，同一系统因所考虑问题的出发点、侧重点不同，得出的数学模型都不尽相同，所以控制系统的数学模型一般不是唯一的。反之，不同系统也可能呈现为本质相同的数学模型。总之，不管对象系统的物象是什么，数学模型是如何得到的以及其类型如何，所导出的数学模型必须满足以下的基本条件：

- 数学模型可以是近似的，但必须满足特性描述的本质性和充分性。

- 数学模型要尽量简化，不能给基于其的数学处理与展开造成过多困难；比方说，数学模型无法解析分析时，至少可以进行计算机数值求解等。

- 数学模型近似处理所忽略的因素，对所考虑的系统特性必须是次要的，影响较小的。

概括起来就是，对象系统的数学建模应当“目的性、简化性、准确性”并重。

总之，本章的学习将有助于读者对控制系统建模与性能评价的方法与步骤的理解和实践。本章是本科生《控制系统建模与仿真》专业基础课程的核心教学内容。

§1 控制系统工作机理及其结构化建模

控制系统极其广泛，涉及以对象特性的调整或保持为目的的各种设备、过程等及其操作运行的各阶段与各层面。一般来说，自动控制就是使用各种装置自动化地，有目的地驱动或操纵被控对象，使之具有一定的状态特征或形态，实现期望的控制效果或既定的性能目标。依此理解，控制系统就是实现自动控制的组成部件及其相关要素的综合体，包括硬件设备和软件程序等。其中，实施控制作用的装置，称为控制器；被驱动或被操纵的对象称为控制对象。更进一步的讨论将告诉我们，实际工程中的控制器与被控对象往往是相互关联且密切融合的，物理上难以区分控制器与被控对象。仅限于控制器而言，其也可同时包含所谓比较环节、决策环节和执行机构的三个基本部分；视具体情况，这三部分既可独立分置，又可结合为一体。这些控制系统组成环节的表示，环节间信号关系的标注，都可借助系统方框图加以描述。系统方框图是控制系统构成要素与结构的图形化模型，它对于我们理解和描述控制系统的工作机理和数理特征发挥着基础而重要的作用。

下面结合控制系统典型工作机理进行讨论，引入系统方框图的基本概念与使用方法。

1.1 开环控制与闭环控制的机理

尽管控制系统有各种各样的物理形式和运行机理，但就其控制作用对被控对象的影响而言，可分为开环控制和闭环控制（或反馈控制）两大方式。当然，实际工程普遍存在开环/闭环控制同时出现于系统不同环节的情况，或控制器是开环/闭环交替变化的所谓非严格反馈控制方式，如基于时序的切换控制，或基于特性评价的事件触发控制等。

例如，考虑图 1-1 所示的弹簧/质量体/阻尼器系统。图中没有绘出施加作用力 F 的控制器（执行机构部分），被控对象是质量体（即被控制量是质量体的位置）。

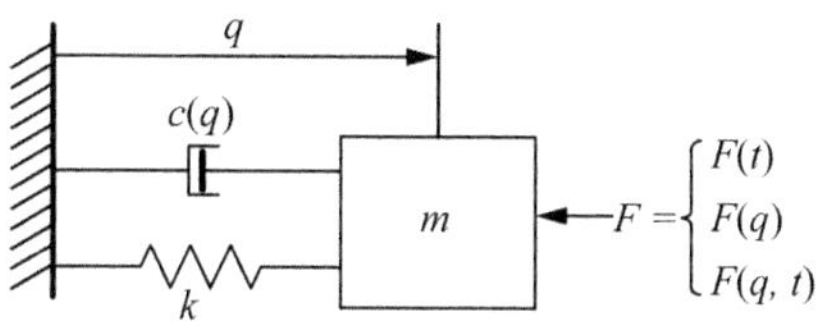

图 1-1　弹簧/质量体/阻尼器组成的控制系统示例

首先，我们考虑所谓开环控制。如果作为控制输入的作用力 F 与质量体 m 的位置无关[比如 F 为常值，即图中 $F=F(t)=\text{const}$ 的情形]，以质量体位置 q 作为被控观测量的话，此时的控制系统就是开环系统，控制目标就是保持质量体的位置。控制过程中，被控量 q 对控制作用力 F 无影响，控制作用只有对质量体位置起保持作用而没有调节作用。

在设备的反复使用过程中，由于阻尼器的磨损，弹簧刚度变弱等原因，即便在相同的常值控制输入 F 的作用下，质量体的位置也会逐渐左移，但这种变化并不会被自我调节的作用加以恢复。换言之，控制器只对被控制物理量（位移）有保持作用而对其没有任何调节作用；或者说，对于被控制量受到干扰影响后的情况，控制器不能主动调节。开环控制过程中的控制器不需要比较环节，也不存在决策环节。开环控制作用方式的结构框图如下：

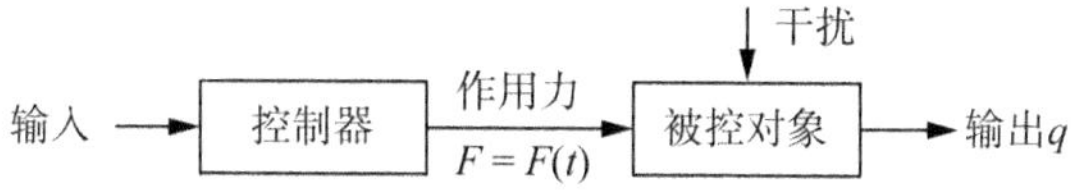

图 1-2　开环控制系统的结构化模型

也就是说，开环控制就是输出观测量（＝目标量＝被控制量）对控制作用量（＝操作量＝控制作用量）无影响的控制方式。开环控制系统中的控制器只具有保持作用，没有调节作用。

其次，我们考虑闭环控制。如果控制输入的作用力 F 与质量体 m 的位置是相关的[比如作用力 F 为质量体位置 q 的某种函数关系，即图 1-1 中 $F=F(q)$ 的情形]时，同样以质量体位置 q 作为输出观测量时，此时控制系统就变成了闭环反馈系统。这是因为，此时的输出观测量 q 对控制作用 F 是有影响的，控制作用会随着位置观测值的改变而改变，使得控制输入 F 对被控量 q 既有保持作用又有调节作用。这类控制系统可画成如下方框图。

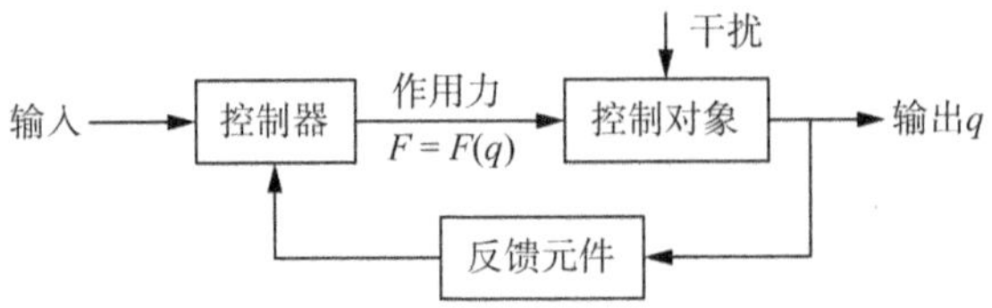

图 1-3　闭环(反馈)控制系统的结构化模型

也就是说,闭环控制就是输出观测量(=目标量=被控制量)对控制器的作用量(=操作量=控制作用量)有影响的控制方式,闭环控制系统的控制器既有保持作用又有调节作用。

总之,在控制理论与应用的专业术语上,我们常常将闭环控制等价地称为反馈控制,下文中两者将不加区别地使用。这是因为,闭环控制系统必须有被控量的测量值向参考目标值反向馈送的环节,由此产生与目标的偏差,形成控制决策,驱动控制操作。

最后,我们考虑所谓非严格闭环控制。如果控制器作用力 F 是与质量体 m 位置和时间变量都相关的复合函数关系,即图 1-1 中 $F=F(q,t)$ 的情形,同样以质量体位置 q 作为输出观测量,此时控制系统就变成了由质量体位置和时间变量决定的开环/闭环控制方式的一种混杂控制模式。这时,系统既不是单纯的开环形式也不是单纯的闭环形式,因此称之为非严格反馈控制系统。这类控制系统可结构化建模为如下方框图。

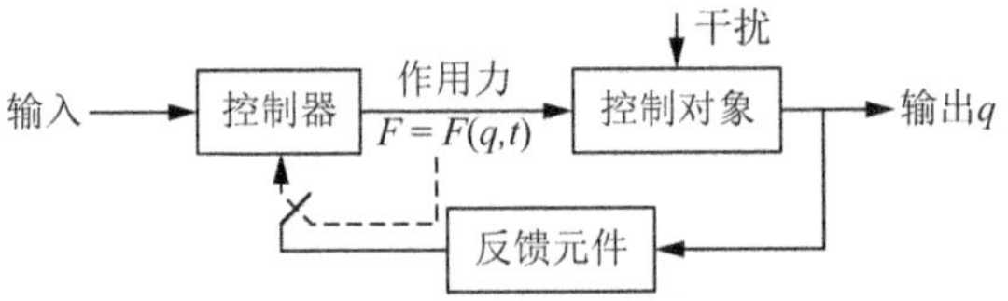

图 1-4　非严格反馈控制系统的结构化模型

也就是说,非严格闭环控制就是输出观测量对控制器的操作量时而有影响,时而又没有影响,或者在一定条件下可施加控制作用,在其他条件下又不施加控制作用的,在开环与闭环之间会发生转换的控制方式。显然,这里举例说明的只是一种非常简单的非严格闭环控制,实际工程应用中的非严格闭环控制类型非常多,非常复杂,这里不再赘述。

1.2 开环/闭环复合作用下的各种控制系统

如前所述，实际的控制系统往往不具有单一开环或单一闭环控制的结构化模型形式，诸如在一部分系统结构中采用开环控制，在另一部分系统结构又采用闭环控制；在某一闭环控制过程中包含其他闭环控制的多重反馈等都是非常常见的。下面列举几种较为直观而又具有代表性的开环/闭环控制相互复合交叉的情况进行说明。

首先，考虑开环与闭环串联复合的情形。

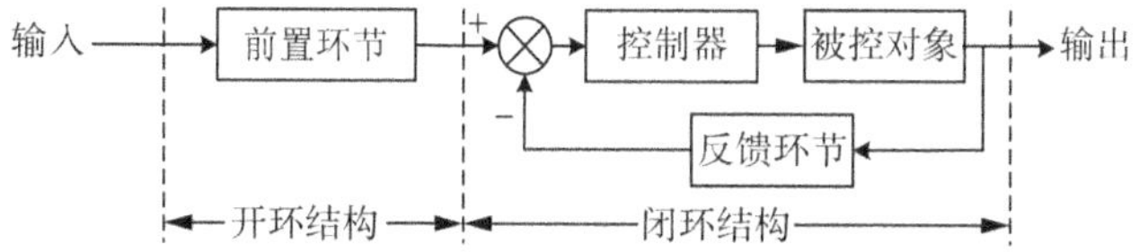

图 1-5 具有开环前置环节与闭环反馈环节的串联复合控制系统

这里的闭环结构非常标准，但出于对参考输入信号频谱、波形等特性要求，可以通过串联具有开环结构的前置环节进行滤波、整形等来满足。

其次，考虑多个闭环反馈环节串并联复合作用下的结构情形。比如考察下图所示的具有局部反馈结构的双重闭环控制系统。

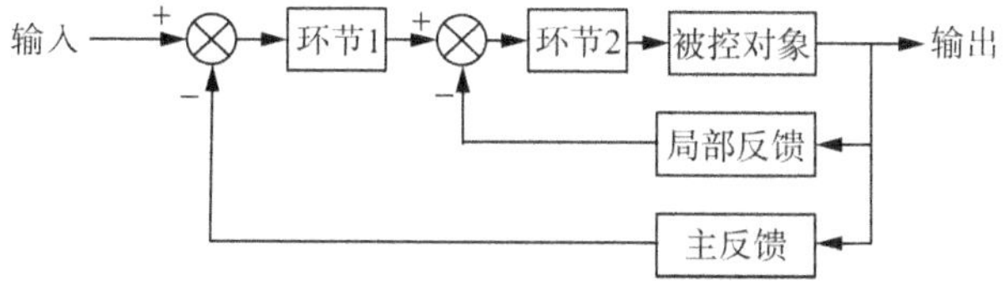

图 1-6 具有局部反馈校正环节的双闭环控制系统

由图 1-6 不难看出，整个系统有两个相互重叠的反馈控制部分，还有两个串联关系的控制器。事实上，前者通过其中的局部反馈控制实现对被控对象特性的改变或预置，而后者的开环与闭环复合而成的串联结构，将复杂的控制作用分解为两次相对简单而目的各异的复合控制作用。

接下来，考虑存在有多个被控对象的多组开环与闭环环节交叉复合作用的情形。为简明起见，下图 1-7 所示是双输入双输出的开环控制系统。

图 1-8 清楚地表明，不同的输入信号和输出信号之间有些是开环控制关系的，而另外一些是闭环控制关系的。从整体上说，系统是在多个开环控制

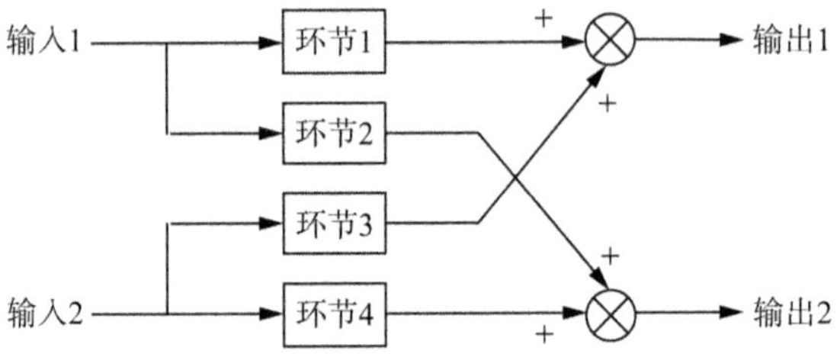

图 1-7　双输入/双输出的开环控制系统

结构与多个闭环控制结构共同作用下形成的。一般地，我们将有多个输入信号，多个输出信号的复杂控制系统称为多输入多输出（multi-input/multi-output，MIMO）系统或多变量系统。

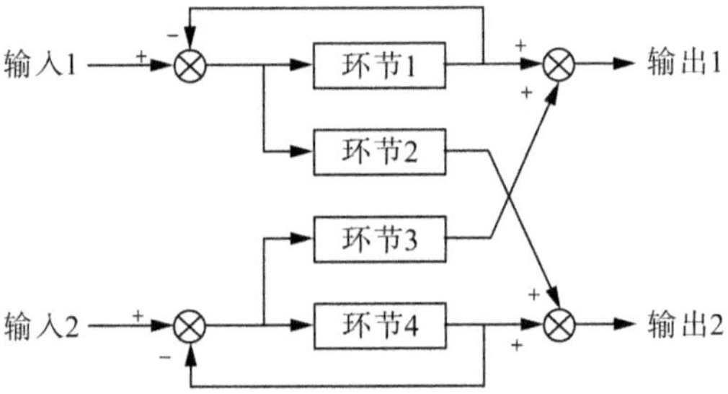

图 1-8　具有局部单位反馈闭环的双输入双输出控制系统

最后，考虑由众多的开环/闭环控制环节形成的复杂网络化控制系统。实际工程实例包括诸如电力系统，物流系统和通讯与信息系统等，其基本工作单元的机械、电气设备往往是标准的开环/闭环结构形式，但当单元数量规模十分庞杂时，仅从开环/闭环控制的视角进行结构化建模就十分困难了，即便这样的结构化模型可以得到，基于此的系统分析与设计也是不方便的。事实上，网络化结构模型对这类控制系统更为有效和方便，更能反映其拓扑本质。网络化结构模型的讨论超出了本书的范围，以下不再论及。

1.3　实际闭环反馈控制系统的示例

本节通过几个实际的控制工程系统案例，说明开环/闭环控制系统的工作机理，系统性能设计上的要求与考虑，及系统的结构化建模的基本步骤。

加工温度的闭环反馈控制　图 1-9 所示的烘炉炉温控制系统中，热电偶测出炉温并以电压信号的形式作用于检测放大器，该信号被放大后与标准炉

温电压信号 E 做比较，形成实际炉温与期望炉温之间的电压偏差信号 ΔU，将该偏差信号经驱动放大器形成可驱动电动机，改变扭矩角大小和扭矩方向的、满足要求的管阀流量变化的电压信号。电动机转子扭矩作用推动调节阀以调大或调小煤气的进气量，从而实现对燃烧器热功率的调节，达到控制炉温的目的。显然，这样的控制调节作用为闭环反馈控制类型。

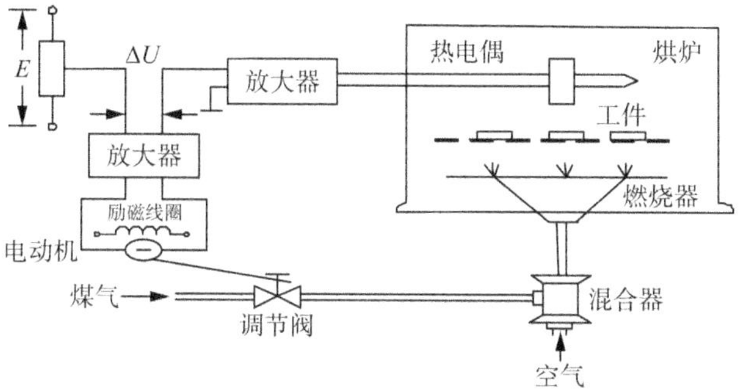

图 1-9　烘炉控制系统的工作原理示意图

与图 1-3 的标准反馈系统结构化模型相比，图 1-9 所示的炉温控制系统对应的结构化模型如图 1-10 所示。图中虚线框表示相应的系统环节。

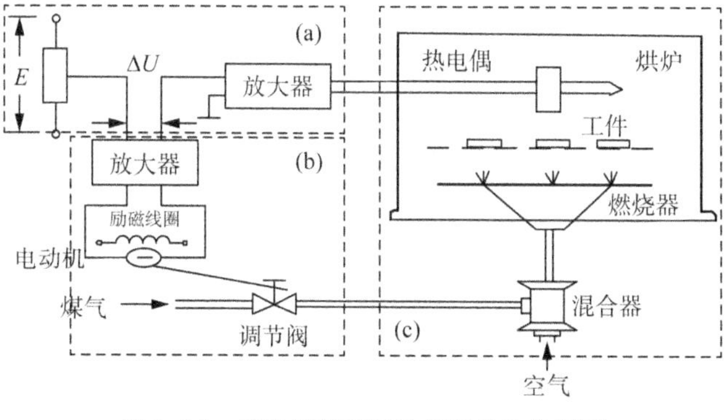

图 1-10　炉温控制系统的闭环结构化模型

(a) 反馈信号与参考信号；(b) 比较环节、决策与执行器；(c) 被控对象与被控量炉温

物料湿度的前馈/反馈控制　图 1-11 为某原料加工过程的物料湿度调节工序的示意图。

在图 1-11 中，待加湿原料通过传输管道进入加湿工序段，在传输管道的入口和出口各有一组湿度测量装置，分别对加湿前和加湿后的原料测试其湿度，并以电压信号形式分别以顺馈和反馈作用于比较\决策环节形成湿度偏

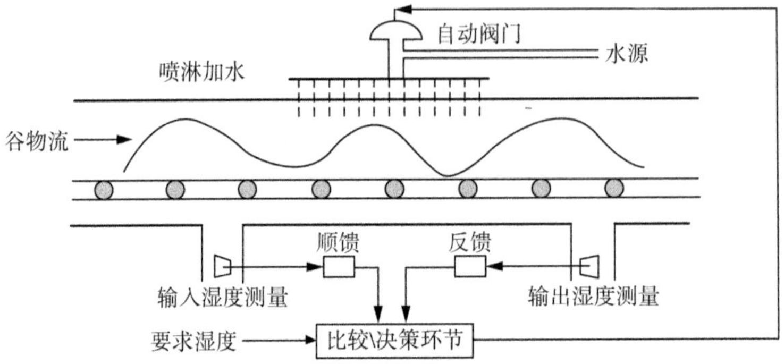

图 1-11　原料湿度调整系统的双馈控制原理示意图

差信号，这里的顺馈与反馈是相对于物料传送方向而言的。该偏差信号与标准湿度信号比较后形成原料湿度与期望湿度之间的调节电压信号，将该信号经驱动放大器形成可驱动自动阀门角度按要求的大小和方向变化的电压信号，对喷淋装置的水压调整，以改变喷淋水量，最终实现调节原料湿度的控制目标。显然，该系统为具有两个反馈回环的闭环控制类型。与图 1-3 的标准反馈结构模型相对比，图 1-11 所示控制系统的结构化模型如图 1-12 所示。

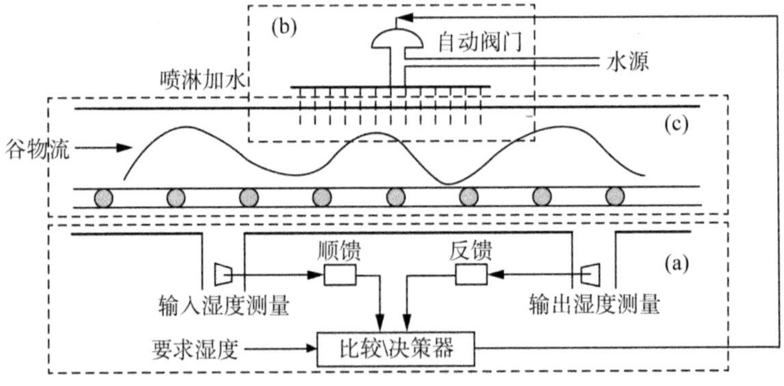

图 1-12　原料湿度控制系统的闭环结构化模型

(a) 顺馈/反馈信号、比较与决策环节；(b) 决策执行器；(c) 被控对象与被控量湿度

通过图 1-12 的结构化模型可以看出，控制系统的各环节划分未必与其物理组成关系一致。通常的情形往往是，控制意义上的结构环节是分开的，但物理组成关系却是交叉重叠的；反过来的情形也是普遍的。这是在对控制系统结构化建模时需要仔细考虑的问题点之一。不恰当的系统结构划分可能会导致过于复杂的数学模型和关系描述。

传送速度的级联反馈控制　图 1-13 为某多级板材轧制过程的两级加工

工序之间的被加工板材传送带速度控制系统的原理示意图。

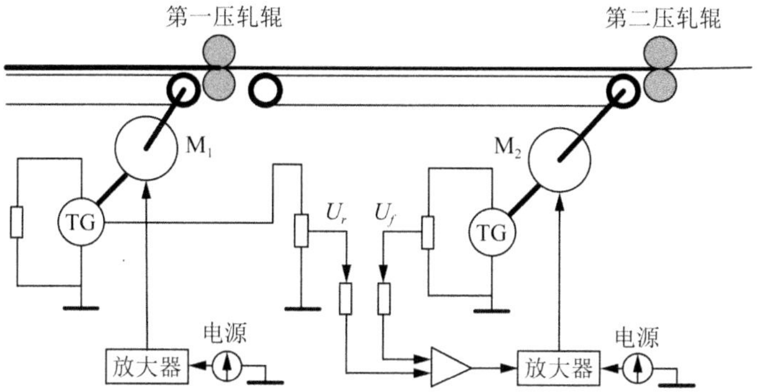

图 1-13　两级轧制系统的级联反馈工作原理示意图

在图 1-13 中，较厚的板材通过传送带从左至右通过两道轧机，板材厚度依次变薄。这一过程中，由于板材厚度发生由厚变薄的变化，板材长度也会发生变化，因此第一级传送带的速度必须与第二级传送带的速度相协调，以避免被加工板材在前慢后快时被拉断，或在前快后慢时被堆叠，造成轧制废材或出现板材质量问题。

为实现两级传送带的速度协调的控制目标，对第一级传送带采用开环控制，而对第二级传送带采用闭环反馈控制。在闭环控制部分，通过两个测速电机分别测出前后两级传送带的速度电压信号，通过差分运算放大器的比较放大生成对标准协调速度的偏差，并形成对第二级传送带驱动电机的控制电压，改变其转动速度，实现对两级传送带速度的协调控制。显然，该板材轧制过程是具有一个开环部分和一个闭环部分的级联控制系统，其中，开环控制环节的测量输出（即电机 M_1 的转速）实际上是闭环环节的参考输入。与图 1-3 相对比，图 1-13 所示的控制系统的结构化模型如图 1-14 所示。

§2　控制系统的典型数学模型

本节将简单地回顾和归纳用于描述一般控制系统动态特性的典型数学模型和相关术语。首先，介绍描述控制系统动态特性的一次模型；其次，介绍一些有代表性的二次模型。更确切地说，一次模型是指，我们通过物理、化学和电学等具体的系统工作机理或原理直接列写出系统特性时所获得的数学描述。二次模型是指，通过种种数学形式处理或关系变换，从控制系统既有的一次模型导出的衍生数学表达式。需要强调的是,一次模型有时又称为原始模型,本文将不加区别地使用这两种说法。

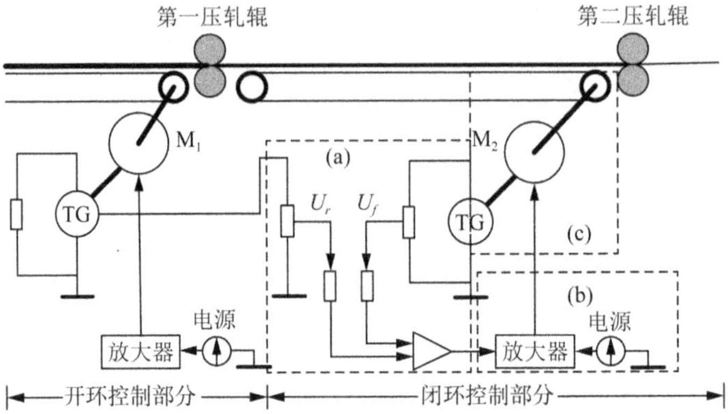

图 1-14　两级轧制系统的开环+闭环的结构化模型

在闭环控制部分,(a)为第一级的前馈参考信号/第二级的反馈信号、比较与决策环节;(b)为决策执行器;(c)为被控制对象与被控量速度

2.1　动态系统的典型模型和术语

常微分和偏微分方程　常微分方程通常用于描述有关控制系统中的关于连续时间自变量的动态特性与演变过程,可以表示为

$$\begin{cases}\dfrac{\mathrm{d}\boldsymbol{x}(t)}{\mathrm{d}t}=\boldsymbol{f}(\boldsymbol{x}(t),t,\boldsymbol{u}(t))\\ \boldsymbol{y}(t)=\boldsymbol{g}(\boldsymbol{x}(t),t,\boldsymbol{u}(t))\end{cases}\tag{1-1}$$

其中:$\boldsymbol{f}(\cdot,\cdot,\cdot)$ 与 $\boldsymbol{g}(\cdot,\cdot,\cdot)$ 对于 $\boldsymbol{x}(t)$, t 和 $\boldsymbol{u}(t)$ 而言可能为线性的也可能为非线性的;前者表示系统模型是线性的,而后者表示模型是非线性的。简单地,我们也使用 $\dot{\boldsymbol{x}}(t)=\mathrm{d}\boldsymbol{x}(t)/\mathrm{d}t$ 的表示符号。

在式(1-1)类型的一次模型中,我们通常记:

- t 为时间自变量;
- $\boldsymbol{x}(t)=[x_1(t),x_2(t),\cdots,x_n(t)]^{\mathrm{T}}\in\mathbf{R}^n$ 为状态向量函数;$x_i(t)$ 为标量状态函数;
- $\boldsymbol{u}(t)=[u_1(t),u_2(t),\cdots,u_m(t)]^{\mathrm{T}}\in\mathbf{R}^m$ 为输入向量函数;$u_i(t)$ 为标量输入函数;
- $\boldsymbol{y}(t)=[y_1(t),y_2(t),\cdots,y_l(t)]^{\mathrm{T}}\in\mathbf{R}^l$ 为输出向量函数;$y_i(t)$ 为标量输出函数。

偏微分方程通常用于描述系统状态变量相对于除时间自变量以外的连续性自变量的特性变化的模型,比较典型的如以空间位置为自变量的偏导数,可以表示为

$$\begin{cases}\dfrac{\partial \boldsymbol{x}(t,p)}{\partial t}=\boldsymbol{f}_1(\boldsymbol{x}(t,p),t,p,\boldsymbol{u}(t,p))\\ \dfrac{\partial \boldsymbol{x}(t,p)}{\partial p}=\boldsymbol{f}_2(\boldsymbol{x}(t,p),t,p,\boldsymbol{u}(t,p))\\ \boldsymbol{y}(t,p)=\boldsymbol{g}(\boldsymbol{x}(t,p),t,p,\boldsymbol{u}(t,p))\end{cases} \tag{1-2}$$

其中,$\boldsymbol{f}_1(\cdot,\cdot,\cdot,\cdot)$,$\boldsymbol{f}_2(\cdot,\cdot,\cdot,\cdot)$ 与 $\boldsymbol{g}(\cdot,\cdot,\cdot,\cdot)$ 为向量函数。式(1-2)可以包含或不包含 $\boldsymbol{x}(t,p)$ 对于 t 的导数项。这类方程常用在柔性机械臂等控制对象的力学和运动学特性的描述中,这是因为柔性机械臂的状态变量不仅与时间导数有关,还与空间位置的偏导数有关。

在式(1-2)类型的一次模型中,我们通常记:

- t 为时间自变量;p 为时间自变量以外的其他如空间位置或参数的自变量;
- $\boldsymbol{x}(t,p)=[x_1(t,p),x_2(t,p),\cdots,x_n(t,p)]^{\mathrm{T}}\in\mathbf{R}^n$ 为状态向量函数;$x_i(t,p)$ 为标量状态函数;
- $\boldsymbol{u}(t,p)=[u_1(t,p),u_2(t,p)\cdots,u_m(t,p)]^{\mathrm{T}}\in\mathbf{R}^m$ 为输入向量函数;$u_i(t,p)$ 为标量输入函数;
- $\boldsymbol{y}(t,p)=[y_1(t,p),y_2(t,p),\cdots,y_l(t,p)]^{\mathrm{T}}\in\mathbf{R}^l$ 为输出向量函数;$y_i(t,p)$ 为标量输出函数。

基于上述数学符号,式(1-1)和式(1-2)揭示了对应控制系统状态向量如何随时间(或空间位置)、输入及其他的连续自变量引发的动态特性和轨迹的演进过程。

差分方程　差分方程用于描述系统在系列离散时间点(或空间点)逐次(或逐位置点)演进时,动态特性和轨迹的演进过程,可以表示为

$$\begin{cases}\boldsymbol{x}(k+1)=\boldsymbol{f}(\boldsymbol{x}(k),k,\boldsymbol{u}(k))\\ \boldsymbol{y}(k)=\boldsymbol{g}(\boldsymbol{x}(k),k,\boldsymbol{u}(k))\end{cases} \tag{1-3}$$

其中,$\boldsymbol{f}(\cdot,\cdot,\cdot)$ 与 $\boldsymbol{g}(\cdot,\cdot,\cdot)$ 对于 $\boldsymbol{x}(k)$,k 和 $\boldsymbol{u}(k)$ 可以是线性的,也可以是非线性的;前者是线性离散的,而后者是非线性离散的。同时,我们记:

- $\boldsymbol{x}(k)=[x_1(kh),x_2(kh),\cdots,x_n(kh)]^{\mathrm{T}}\in\mathbf{R}^n$ 为状态向量函数;

$x_i(kh)$ 为在时刻 kh 的标量状态函数，其中，kh 为第 k 步的时刻（或空间位移点）且 h 表示时间（或位移）步长；

● $\boldsymbol{u}(k)=[u_1(kh),u_2(kh),\cdots,u_m(kh)]^{\mathrm{T}}\in\mathbf{R}^m$ 为输入向量函数；$u_i(kh)$ 为标量输入函数；

● $\boldsymbol{y}(k)=[y_1(kh),y_2(kh),\cdots,y_l(kh)]^{\mathrm{T}}\in\mathbf{R}^l$ 为输出向量函数；$y_i(kh)$ 为标量输出函数。

类似地，基于上述数学符号和关系式，式(1-3)揭示了第 $(k+1)$ 时刻（或空间位移点）的状态向量如何与其前一时刻（或位移点）的状态向量、当前输入及其他变量的关系。

状态空间方程式(1-1)和式(1-3)有时可以用内部状态和外部输入分离的状态空间形式。更准确地说，式(1-1)和式(1-3)可以表示为

$$\begin{cases}\dot{\boldsymbol{x}}(t)=\boldsymbol{A}(\boldsymbol{x}(t),t)+\boldsymbol{B}(t,\boldsymbol{u}(t))\\ \boldsymbol{y}(t)=\boldsymbol{C}(\boldsymbol{x}(t),t)+\boldsymbol{D}(t,\boldsymbol{u}(t))\end{cases}\tag{1-4}$$

与

$$\begin{cases}\boldsymbol{x}(k+1)=\Lambda(\boldsymbol{x}(k),k)+\Gamma(k,\boldsymbol{u}(k))\\ \boldsymbol{y}(k)=\Upsilon(\boldsymbol{x}(k),k)+\Pi(k,\boldsymbol{u}(k))\end{cases}\tag{1-5}$$

上面两方程式组的第一个方程为状态方程式，第二个方程为输出方程式。

如果式(1-4)和式(1-5)可由以下的线性方程式表示，即如果状态向量的时间微分是关于状态向量 $\boldsymbol{x}(t)$ 或 $\boldsymbol{x}(k)$ 上为线性代数关系式的话，则连续时间状态空间方程式(1-6)和离散时间状态空间方程式(1-7)称为线性状态空间方程式。

$$\begin{cases}\dot{\boldsymbol{x}}(t)=\boldsymbol{A}(t)\boldsymbol{x}(t)+\boldsymbol{B}(t)\boldsymbol{u}(t)\\ \boldsymbol{y}(t)=\boldsymbol{C}(t)\boldsymbol{x}(t)+\boldsymbol{D}(t)\boldsymbol{u}(t)\end{cases}\tag{1-6}$$

与

$$\begin{cases}\boldsymbol{x}(k+1)=\Lambda(k)\boldsymbol{x}(k)+\Gamma(k)\boldsymbol{u}(k)\\ \boldsymbol{y}(k)=\Upsilon(k)\boldsymbol{x}(k)+\Pi(k)\boldsymbol{u}(k)\end{cases}\tag{1-7}$$

特别地，我们称

● $\boldsymbol{A}(t)(\Lambda(k))\in\mathbf{R}^{n\times n}$ 称为状态矩阵，描述状态向量对自身时间微分向量的关系；

- $\boldsymbol{B}(t)(\Gamma(k)) \in \mathbf{R}^{n\times m}$ 称为输入矩阵,描述输入向量对状态时间微分向量的关系;
- $\boldsymbol{C}(t)(\Upsilon(k)) \in \mathbf{R}^{l\times n}$ 称为输出矩阵,描述状态向量对系统观测输出向量的关系;
- $\boldsymbol{D}(t)(\Pi(k)) \in \mathbf{R}^{l\times m}$ 称为前馈矩阵,描述输入向量对系统观测输出向量的关系。

式(1-6)的连续时间状态空间方程可由图 1-15 的结构化模型描述。

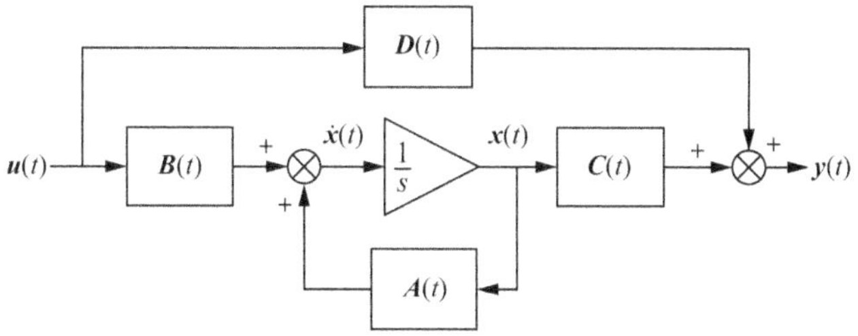

图 1-15 式(1-6)的状态空间方程的结构化模型

图 1-15 中,时变矩阵 $\boldsymbol{B}(t)$, $\boldsymbol{C}(t)$, $\boldsymbol{D}(t)$ 可视为各信号传递通道的增益矩阵,而 $\boldsymbol{A}(t)$ 可理解为状态反馈的增益矩阵,因此,这类系统的特性在很大程度上是由状态矩阵 $\boldsymbol{A}(t)$ 决定的。

式(1-7)的离散时间状态空间方程也可由结构化模型类似表示,只是图 1-15 中的积分环节需要改换为时间滞后环节,且连续时间变量需要改换为采样点的时序关系。

最后,如果式(1-6)和式(1-7)中的所有系数矩阵都与时间或时刻点无关,则得到线性时不变(linear time-invariant,LTI)的状态空间模型,即:

$$\begin{cases}\dot{\boldsymbol{x}}(t)=\boldsymbol{A}\boldsymbol{x}(t)+\boldsymbol{B}\boldsymbol{u}(t)\\ \boldsymbol{y}(t)=\boldsymbol{C}\boldsymbol{x}(t)+\boldsymbol{D}\boldsymbol{u}(t)\end{cases} \tag{1-8}$$

与

$$\begin{cases}\boldsymbol{x}(k+1)=\Lambda\boldsymbol{x}(k)+\Gamma\boldsymbol{u}(k)\\ \boldsymbol{y}(k)=\Upsilon\boldsymbol{x}(k)+\Pi\boldsymbol{u}(k)\end{cases} \tag{1-9}$$

式(1-8)和式(1-9)是最为经典和最为简单的状态空间模型。对于实际的控制系统,我们通过机理建模往往得不到这种类型的一次模型。更为普遍的是通过对一次模型进行各种简化与变换后才能获得,这一过程涉及后续的一次模型后处理问题。

动态系统的状态平衡点 控制系统在稳态工作点呈现出的动态/静态特性是否得到状态空间模型准确有效的反映，是所构建的数学模型的合理性和有用性的重要判断依据。形象地说，系统稳态工作点是指状态向量的时间导数趋近于零向量时，状态向量在状态空间中的位置点，又称系统的状态平衡点或平衡点，定义如下：

定义 1-1 考虑连续时间向量微分方程 $\dot{\boldsymbol{x}}(t)=\boldsymbol{f}(\boldsymbol{x},\boldsymbol{u})$。对于给定 $\boldsymbol{u}=\boldsymbol{u}_e$，若存在常数向量点 $\boldsymbol{x}_e\in\mathbf{R}^n$，对所有时间点 $t\geqslant 0$，使 $\boldsymbol{f}(\boldsymbol{x}_e,\boldsymbol{u}_e)=0$ 成立，则向量点 $\boldsymbol{x}_e$ 称为向量微分方程 $\dot{\boldsymbol{x}}(t)=\boldsymbol{f}(\boldsymbol{x},\boldsymbol{u})$ 在 $\boldsymbol{u}=\boldsymbol{u}_e$ 的状态平衡点。

关于定义 1-1 的几点说明：

- 平衡点 $\boldsymbol{x}_e\in\mathbf{R}^n$ 一定是与时间变量 t 无关的常数向量，但 $\boldsymbol{u}=\boldsymbol{u}_e$ 可以是时间变量的函数。

- $\boldsymbol{u}=\boldsymbol{u}_e$ 有时称为平衡点调度参变量。对应不同的 $\boldsymbol{u}=\boldsymbol{u}_e$，对象系统的平衡点位置和/或性质会发生改变，甚至会由存在变为不存在或相反，平衡点的存在性与属性性质随参数变化的问题涉及微分方程分歧理论(bifurcation)，这里不做深入介绍。

- 非强迫系统 $\dot{\boldsymbol{x}}(t)=\boldsymbol{f}(\boldsymbol{x},0)$ 的平衡点及性质是模型分析基本问题。不失一般性，下面主要讨论 $\boldsymbol{u}=\boldsymbol{u}_e=0$ 意义下的 $\dot{\boldsymbol{x}}(t)=\boldsymbol{f}(\boldsymbol{x},\boldsymbol{u})$ 的平衡点。但需要注意的是，限定 $\boldsymbol{u}=\boldsymbol{u}_e=0$ 并不一定意味着将系统的外部输入取消或设定为零。事实上，如果 $\boldsymbol{u}=\boldsymbol{u}_e=\boldsymbol{g}(t)$ 是时间函数或状态向量的函数 $\boldsymbol{u}=\boldsymbol{u}_e=\boldsymbol{g}(\boldsymbol{x})$，简单代数处理就可将 $\dot{\boldsymbol{x}}(t)=\boldsymbol{f}(\boldsymbol{x},\boldsymbol{u})$ 等价为 $\dot{\boldsymbol{x}}(t)=\boldsymbol{F}(\boldsymbol{x},0)$。

- 向量微分方程可以有两类平衡点：孤立型的(isolated)和连续体型的(continuum)。前者是在其状态空间中任何足够小的邻域内都不存在其他平衡点，后者在任一平衡点的任何足够小的邻域内都有其他平衡点。

- 定义 1-1 是针对时不变向量微分方程 $\dot{\boldsymbol{x}}(t)=\boldsymbol{f}(\boldsymbol{x},\boldsymbol{u})$ 的，若是形如 $\dot{\boldsymbol{x}}(t)=\boldsymbol{f}(t,\boldsymbol{x},\boldsymbol{u})$ 的时变向量微分方程，其平衡点与时间变量 t 之间的依赖关系需要考虑，从而平衡点定义将有所不同，详尽的讨论可参见第二章关于稳定性分析的部分。

线性系统及其叠加性原理 为理解线性系统模型及其性质，这里给出线性性的定义。

定义 1-2 线性系统是指可由线性微分(差分)方程等描述的系统。系统的线性性包括：

● (加性原则)当多个输入信号同时加性作用于系统时,其输出响应等于各输入分别单独作用于此系统的输出响应之和,如图 1-16 所示。

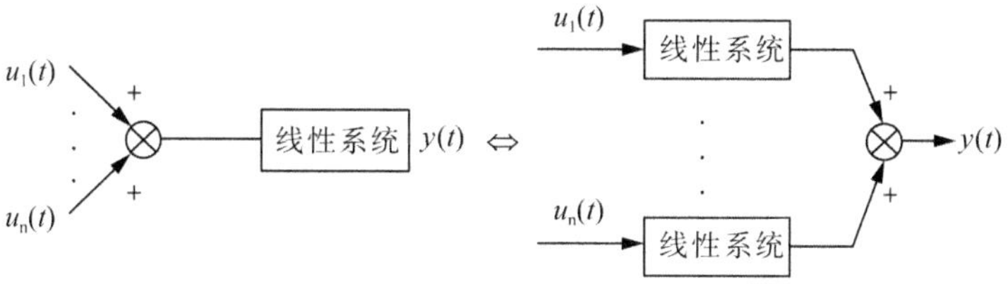

图 1-16　线性系统的加性原则

● (齐次性原则)当输入增大或缩小某倍率后作用于系统时,其输出响应亦增大或缩小同一倍率,如图 1-17 所示。图 1-17 中,$a \in \mathbf{R}$ 为倍率常数。

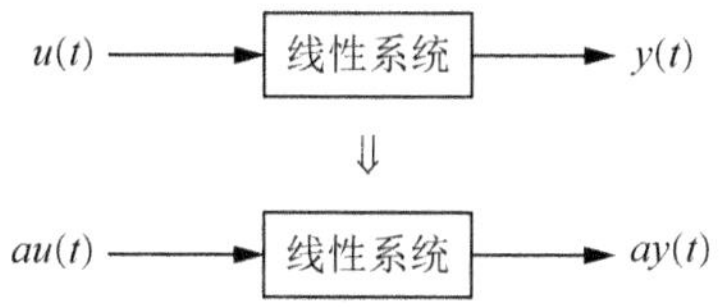

图 1-17　线性系统的齐次性原则

● (叠加性原理)将加性和齐次性合并表达就是所谓叠加性原理。具体地,在线性系统中,S 为线性系统算子,即 $y_i(t)=Su_i(t), i=1,2,\cdots,n$。若 $a_i \in \mathbf{R}$ 为常数,则下式成立:

$$S\left(\sum_{i=1}^{n} a_i u_i(t)\right)=\sum_{i=1}^{n} a_i S u_i(t)=\sum_{i=1}^{n} a_i y_i(t)$$

基于定义 1-2,所谓非线性系统就是不能够用线性数学关系描述的系统;或更直接地,非线性系统就是由非线性微分(差分)方程建模的系统。

2.2　线性时不变控制系统的典型二次模型

基于控制系统的物象所遵循的自然规律获得的一次模型一般并不适合具体控制问题的分析和综合设计等使用目的。事实上,当我们考虑的控制系统的一次模型比较复杂时,使用源自一次模型简化处理后的二次模型会更有效且更有针对性。当控制系统的一次模型不具有线性时不变形式时,情况尤其如此。在说明如何由一次模型获得二次模型之前,本节先概述线性时不变系统二次模型的典型类型及常用建模方法。

传递函数或传递函数矩阵(transfer function or transfer function matrix, TF or TFM) 式(1-8)和式(1-9)所表示的状态空间方程的传递函数(或传递函数矩阵)分别定义为：

$$\begin{cases} \boldsymbol{G}(s)=\boldsymbol{C}(s\boldsymbol{I}-\boldsymbol{A})^{-1}\boldsymbol{B}+\boldsymbol{D}\in\mathbf{C}^{l\times m} \\ \Xi(z)=\Upsilon(z\boldsymbol{I}-\Lambda)^{-1}\Gamma+\Pi\in\mathbf{C}^{l\times m} \end{cases} \tag{1-10}$$

其中，s 和 z 分别是 Laplace 变换及 z 一变换相关的复变元。为使 $\boldsymbol{G}(s)$ 与 $\Xi(z)$ 有意义，假设 $s\boldsymbol{I}-\boldsymbol{A}$ 与 $z\boldsymbol{I}-\Lambda$ 代数可逆；即在 $s\in\mathbf{C}$ 上，$\det(s\boldsymbol{I}-\boldsymbol{A})$ 不恒为零，在 $z\in\mathbf{C}$ 上，$\det(z\boldsymbol{I}-\Lambda)$ 不恒为零。基于 $\boldsymbol{G}(s)$ 与 $\Xi(z)$，复函数分析理论可用于线性时不变控制系统的分析和综合，也就是所谓的控制系统分析与综合的复(频)域方法。

系统多项式矩阵(System Polynomial Matrix, SPM) 对于线性时不变系统的状态空间方程，即式(1-8)和式(1-9)，在 s 域(或 z 一域)关系意义上，我们也使用系统矩阵描述：

$$\begin{cases} \Sigma(s)=\left[\begin{array}{c|c} s\boldsymbol{I}-\boldsymbol{A} & \boldsymbol{B} \\ \hline \boldsymbol{C} & \boldsymbol{D} \end{array}\right]\in\mathbf{C}^{(n+m)\times(n+l)} \\ \Theta(z)=\left[\begin{array}{c|c} z\boldsymbol{I}-\Lambda & \Gamma \\ \hline \Upsilon & \Pi \end{array}\right]\in\mathbf{C}^{(n+m)\times(n+l)} \end{cases}$$

这里，$\Sigma(s)$ 和 $\Theta(z)$ 分别称为状态空间方程式(1-8)和式(1-9)对应的系统多项式矩阵。

频率响应特性函数(frequency response function, FRF) 在传递函数 $\boldsymbol{G}(s)$(或 $\Xi(z)$)中，将 s(或 z)由 $j\omega$(或 $e^{j\varphi}$)替换，则得到连续时间(或离散时间)控制系统的频率响应特性函数为

$$\begin{cases} \boldsymbol{G}(j\omega)=\boldsymbol{C}(j\omega\boldsymbol{I}-\boldsymbol{A})^{-1}\boldsymbol{B}+\boldsymbol{D}\in\mathbf{C}^{l\times m}, \omega\in[0,\infty) \\ \Xi(e^{j\varphi})=\Upsilon(e^{j\varphi}I-\Lambda)^{-1}\Gamma+\Pi\in\mathbf{C}^{l\times m}, \varphi\in\left[\frac{-\pi}{h},\frac{\pi}{h}\right) \end{cases} \tag{1-11}$$

其中，h 为采样周期。应当注意的是：

- 传递函数稳定性在定义频率响应特性函数时，是保证系统在正弦信号的输入激励下，系统的稳态输出响应为正弦信号所必要的。然而，在 Nyquist 稳定判据表述中，即使对于不稳定的传递函数，也可使用频率响应特性函数概念。此时，式(1-11)定义的频率响应特性函数需要视为解析开拓意义的复变函数，而非输入输出时域响应下的频域关系。这就是为什么式(1-

11)的定义又称为频率特性函数的原因。

● 对离散时间系统而言,其频率特性函数 $\Xi(e^{j\varphi})$ 在 φ 中是以 $2\pi/h$ 为周期的,因此只需要明确其在频率区间 $[-\pi/h,\pi/h)$ 的频率特性部分即可。对于连续时间系统,其频率特性函数 $\boldsymbol{G}(j\omega)$ 一般不存在频域周期性。

多项式矩阵描述(polynomial matrix description,PMD) 在处理多变量线性时不变系统的分析与综合问题时,多项式矩阵描述是另一类非常有用的二次模型,其形式为

$$\begin{cases}\boldsymbol{P}(s)\hat{\zeta}(s)=\boldsymbol{Q}(s)\hat{\boldsymbol{u}}(s)\\ \hat{\boldsymbol{y}}(s)=\boldsymbol{R}(s)\hat{\zeta}(s)+\boldsymbol{W}(s)\hat{\boldsymbol{u}}(s)\end{cases}\tag{1-12}$$

其中,$\boldsymbol{P}(s)\in\mathbf{C}^{q\times q}$ 为复变元 s 的多项式矩阵且代数可逆,即在 $s\in\mathbf{C}$ 上,$\det(\boldsymbol{P}(s))$ 不恒为零;$\boldsymbol{Q}(s)\in\mathbf{C}^{q\times m}$ 为复变元 s 的多项式矩阵;$\boldsymbol{R}(s)\in\mathbf{C}^{l\times q}$ 为复变元 s 的多项式矩阵;$\boldsymbol{W}(s)\in\mathbf{C}^{l\times m}$ 为复变元 s 的多项式矩阵。

这里,$\hat{\zeta}(s)\in\mathbf{C}^{q}$ 是所谓的伪状态向量 $\zeta(t)$ 的 Laplace 变换,而 $\hat{\boldsymbol{u}}(s)$ 和 $\hat{\boldsymbol{y}}(s)$ 分别是输入和输出向量 $\boldsymbol{u}(t)$ 和 $\boldsymbol{y}(t)$ 的 Laplace 变换。

若用 $p=d/\mathrm{d}t$ 表示微分算子,则式(1-12)的 PMD 模型又可以表示为

$$\begin{cases}\boldsymbol{P}(p)\zeta(t)=\boldsymbol{Q}(p)\boldsymbol{u}(t)\\ \boldsymbol{y}(t)=\boldsymbol{R}(p)\zeta(t)+\boldsymbol{W}(p)\boldsymbol{u}(t)\end{cases}$$

换句话说,PMD 模型实质上是线性时不变系统的微分算子表达式。显然,状态空间方程式(1-8)是 PMD 模型的特殊情况。实际上,我们可以写成:

$$\boldsymbol{P}(s)=s\boldsymbol{I}-\boldsymbol{A},\boldsymbol{Q}(s)=\boldsymbol{B},\boldsymbol{R}(s)=\boldsymbol{C},\boldsymbol{W}(s)=\boldsymbol{D}$$

事实上,除了对线性时不变系统可以构造出数学特征明确的二次模型外,对于一般的控制系统也可通过简化一次模型获得有特定数学特征的二次模型。限于篇幅,此不赘述。

§3 控制系统的机理建模

本节中,围绕可利用连续时间状态空间方程描述的控制系统,进行基于系统物象机理的一次模型(或原始模型)建模方法与步骤的讨论。即列写这类控制系统的状态空间模型是直接由系统工作机理出发,找出状态变量,分析和建立状态变量所遵循的机械、电、磁或力学定律等的微分方程,整理为状

态空间表达式。

依控制系统实际情形，基于机理的建模过程可能涉及电气、机械、机电和热力学等的具体定理/定律，但总可以依如下步骤进行微分方程建模：

- Step 1. 找出描述系统动态特性所必需的状态变量；
- Step 2. 依物理的、化学的定理/定律等写出各状态变量的微分方程；
- Step 3. 明确各状态变量之间及其与输入作用量、输出观测量的关系；
- Step 4. 排列成形如式(1-1)的一阶微分方程组或矩阵代数方程组；
- Step 5. 对照式(1-8)，写出向量方程和各系数矩阵。

状态变量定义为描述系统内部动态特性与关系的物理量，当给定其初始时刻 t_0 的条件，并结合 $t \geqslant t_0$ 的外部输入作用，便能充分地反映系统整体在任何 $t \geqslant t_0$ 时刻的状态变化和输出响应情况。在依照上述步骤构建对象系统的一次模型时，既要考虑数学模型的简洁性(即状态变量个数尽可能地少以减少方程个数，因此越少越好)，又要考虑模型的准确性(即状态变量个数尽可能地多以充分反映系统特性与关系，因此越多越好)，两个选择准则是相互矛盾的。换句话说，从对系统动态特性描述的精确性和完整性上说，状态变量个数可以是任意的，而且越多越好。但从数学模型的简洁性和数学分析理论和方法应用的合理性、方便性考虑，状态变量及其个数又不可以随意选择，而且越少越好。实际上，控制系统中各物理量往往既各自独立又相互关联，从而使各物理量均成为状态变量是不必要的。一般的，状态变量是足以描述系统动态特性与关系的、个数最少的一组物理量。

例如下图的 RLC 电路网络中，一方面，当电阻电压 $u_R(t)$，电容电压 $u_C(t)$，电感电压 $u_L(t)$ 被视为已知量后，整个电路的工作状态就明确了。

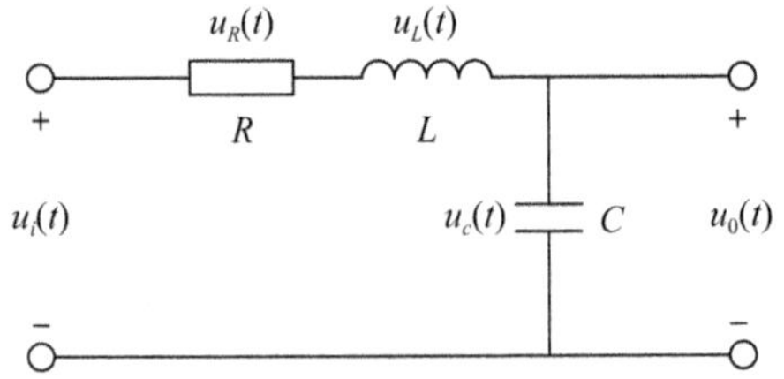

图 1-18　RLC 电路网络

另一方面，在建立电路电压方程时，注意到

$$u_i(t)=u_R(t)+u_C(t)+u_L(t), u_0(t)=u_C(t)$$

因此,$u_R(t)$,$u_C(t)$ 和 $u_L(t)$ 的三者其中之一不是独立的,可以由其他两个变量导出。总之,在图 1-18 的电路网络中,一旦 $u_C(t_0)$,$u_L(t_0)$ 被视为已知,并给定输入电压 $u_i(t)$,则其他电路特征如 $u_R(t)$,$u_C(t)$,$u_L(t)$,$u_0(t)$ 等均可由此导出。因此,$u_C(t)$,$u_L(t)$ 就可以被视为该电路网络的最少个数的状态变量。

3.1　垂直摆系统(vertical pendulum system)

考虑如图 1-19 所示的垂直摆球系统。

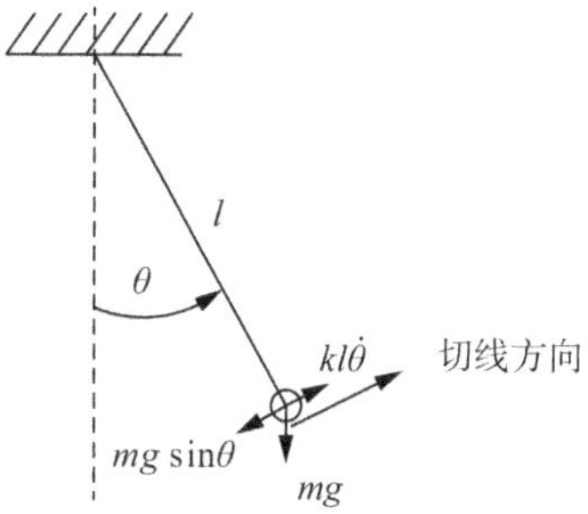

图 1-19　垂直摆系统

图 1-19,l 表示摆杆的长度,m 表示固定在摆杆自由端上的小球的质量。假设摆杆为刚性的,质量不计。设 θ 为摆杆与图 1-19 中的虚线纵向轴的夹角。垂直摆只能在纸面的平行平面上自由摆动。另有空气摩擦力作用在小球上,即 $kl\dot{\theta}$,并假设其与小球的切向线速度 $l\dot{\theta}$ 成正比。

在摆杆质量小球圆周运动的切线方向上使用牛顿第二定律,我们得到

$$ml\ddot{\theta}=mg\sin\theta-kl\dot{\theta}$$

为了推导出垂直摆系统的状态向量空间模型,设系统状态变量分别为 $x_1=\theta$ 和 $x_2=\dot{\theta}$。将其代入上式并注意到 $x_2=\dot{x}_1$,则两状态变量各自对应的状态方程式分别为

$$\begin{cases}\dot{x}_1=x_2\\ \dot{x}_2=\dfrac{g}{l}\sin x_1-\dfrac{k}{m}x_2\end{cases}\tag{1-13}$$

上式即垂直摆系统的以摆角 $x_1=\theta$ 和摆角角速度 $x_2=\dot{\theta}$ 为状态变量的状态方

程式组。

为了确定垂直摆系统的平衡点，在状态方程式组(1-13)中设 $\dot{x}_1=0$ 和 $\dot{x}_2=0$，即得平衡点方程为

$$\begin{cases}0=x_2\\ 0=\dfrac{g}{l}\sin x_1-\dfrac{k}{m}x_2\end{cases}$$

该代数方程组的解即为垂直摆系统的状态平衡点，简单代数计算可知，状态平衡点分别位于 $(n\pi,0)$，且 $n=0,\pm1,\pm2,\cdots$ 事实上，直接由图 1-19 不难看出，垂直摆系统只有 $(0,0)$ 和 $(\pi,0)$ 的两个物理意义的平衡点，其他状态平衡点在数学上都是这两个位置的 2π 周期的几何重复。从这个意义上讲，除了物理平衡点 $(0,0)$ 和 $(\pi,0)$ 之外，所有其他平衡点只是数学意义上的重复。这与我们对垂直摆的运动学常识是一致的，这说明式(1-13)的状态方程组很好地反映了对象系统的物象特性与关系，是合理有效的。

3.2　隧道二极管电路(tunnel diode circuit)

某隧道二极管电路如图 1-20 所示，其中的隧道二极管 D 的伏安特性曲线由图 1-21 所示的非线性函数 $i_D=h(v_D)$ 表征。这里我们考虑建立电路特性方程意义下的状态方程。

图 1-20 中，电容 C 和电感 L 是线性时不变的，两者的伏安特性分别为

$$i_C=C\frac{\mathrm{d}v_C}{\mathrm{d}t},v_L=L\frac{\mathrm{d}i_L}{\mathrm{d}t}$$

基于 Kirchhoff 电流/电压定律，可知该电路网络中，以下的表达式成立：

$$\begin{cases}i_L=i_R,i_C+i_D-i_L=0\\ v_C-E+Ri_R+v_L=0\end{cases}$$

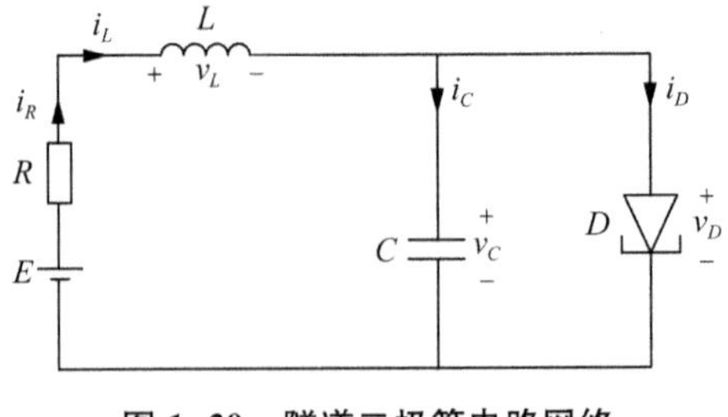

图 1-20　隧道二极管电路网络

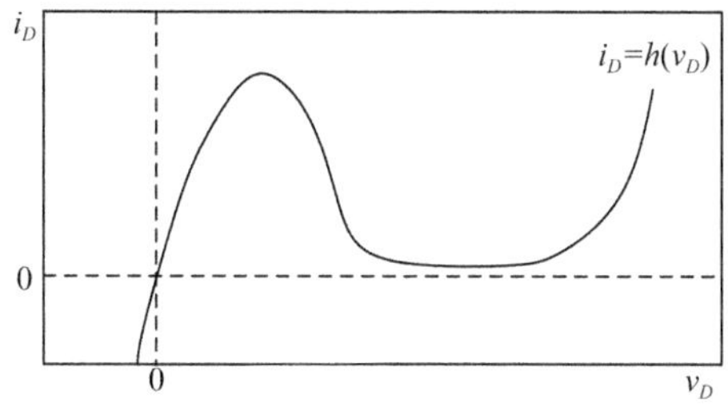

图 1-21　隧道二极管的 i_D/v_D 特性

为了建立对象电路网络的状态空间模型,我们取电容电压 $x_1=v_C$ 和电感电流 $x_2=i_L$ 作为描述系统动态特性的状态变量。连同上式中的电流/电压方程,可得状态方程式为:

$$\begin{cases}\dot{x}_1=(1/C)[-h(x_1)+x_2]\\ \dot{x}_2=(1/L)[-x_1-Rx_2+E]\end{cases}$$

为确定对象电路网络的状态平衡点,在状态方程式中设 $\dot{x}_1=0$ 和 $\dot{x}_2=0$,由此可得平衡点方程为:

$$\begin{cases}0=(1/C)[-h(x_1)+x_2]\\ 0=(1/L)[-x_1-Rx_2+E]\end{cases}$$

因此,对象电路网络的任何状态平衡点都必须满足:

$$h(x_1)=-E/R-x_1/R$$

也就是说,电路网络状态平衡点是曲线 $h(x_1)=x_2$ 与直线 $x_2=R^{-1}E-R^{-1}x_1$ 的交点,如图 1-22。

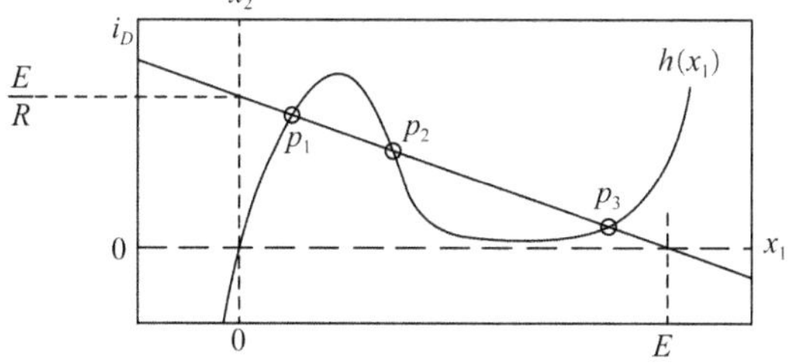

图 1-22　隧道二极管电路的状态平衡点

根据图 1-22,如果平衡点存在的话,就只能是特征曲线 $h(x_1)=x_2$ 与直线 $x_2=R^{-1}E-R^{-1}x_1$ 的三个交点的其中之一。我们可以看到,状态平衡点可随电压源 E 和电阻 R 的变化而变化。例如,固定电阻值不变,当 E 足够低时,系统仅有平衡点 p_1;相反,当 E 足够高时,系统仅有平衡点 p_3。如果 E 介于两者之间,则系统同时具有多个平衡点。

通过分析平衡点的存在性与分布情况,我们可以得知,调整电源电压和相关电阻的阻值,电路的工作点可以按照要求进行设定。换句话说,对象系统的状态空间模型不仅给出了其动态特性与关系的描述,而且还对系统可能具有的状态特性和工程利用方式给出了提示。

3.3 单关节行车倒立摆系统(single-joint inverted pendulum cart)

考虑如图 1-23 所示的单关节行车倒立摆动态系统。具体地,行车在水平轨道上,其上设置着由铰链连接的一个倒立摆机械系统。假设行车和倒立摆仅在垂直向上的平面内运动,同时忽略所有摩擦和摆杆的质量。一个有趣的问题是,如何通过操纵控制输入 u 使摆杆保持在垂直向上的位置而不倒下?尽管在本书范围内我们并不计划直接回答此问题,但显然的是,若要回答这个问题,我们首先必须建立该机械系统的运动学和力学方程。

图 1-23 中,θ 为刚性摆杆与垂直虚线轴间的夹角,而 ρ 表示行车到轨道上固定参考点的位置。f_v 和 f_h 分别是摆杆对摆球 m 施加的水平方向和垂直方向上的分力。v_m 是小球沿摆杆圆周运动的切向线速度。

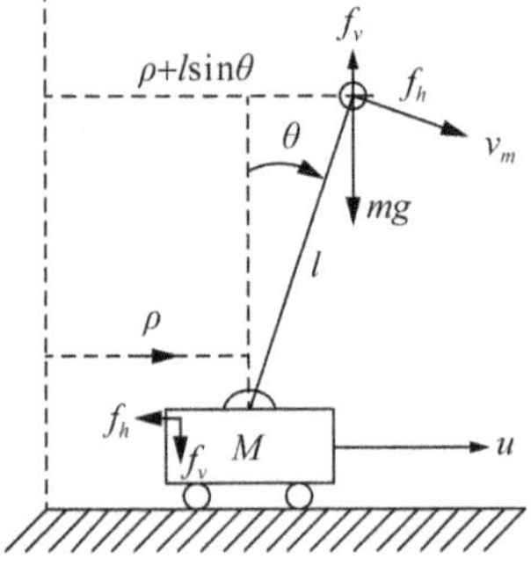

图 1-23 行车倒立摆系统

首先,对行车的水平方向运动应用牛顿定律,我们得到

$$
\begin{cases}
M\dfrac{\mathrm{d}^2\rho}{\mathrm{d}t^2}=u-f_h \\
f_h=m\dfrac{\mathrm{d}^2}{\mathrm{d}t^2}(\rho+l\sin\theta) \\
\quad=m\dfrac{\mathrm{d}}{\mathrm{d}t}(\dot{\rho}+l\dot{\theta}\cos\theta)=m\ddot{\rho}+ml\ddot{\theta}\cos\theta-ml\dot{\theta}^2\sin\theta
\end{cases}
$$

式中，$\dot{\theta}^2=:(\dot{\theta})^2$。

其次，在摆球圆周运动的切线方向上，得到以下牛顿方程：

$$
mg\sin\theta=m(l\ddot{\theta}+\ddot{\rho}\cos\theta-\dot{\rho}\dot{\theta}\sin\theta)
$$

式中，$mg\sin\theta$ 为重力 mg 分解得到的切向力；$l\ddot{\theta}+\ddot{\rho}\cos\theta-\dot{\rho}\dot{\theta}\sin\theta$ 为质量体 m 的切向加速度，这是因为 $v_m=l\dot{\theta}+\dot{\rho}\cos\theta$。这里，$l\dot{\theta}$ 为假设行车静止时质量 m 的线速度，$\dot{\rho}$ 为行车的速度，则行车速度在切向上的投影由 $\dot{\rho}\cos\theta$ 给出。

接下来，选取描述系统动态特性的四个状态变量分别为

$$
x_1=\rho,x_2=\dot{\rho},x_3=\theta,x_4=\dot{\theta}
$$

经过冗长但单纯的代数演算后，行车倒立摆系统的状态方程式可以写成：

$$
\begin{bmatrix}\dot{x}_1\\ \dot{x}_2\\ \dot{x}_3\\ \dot{x}_4\end{bmatrix}=\begin{bmatrix}x_2\\ f_2(\boldsymbol{x})\\ x_4\\ f_4(\boldsymbol{x})\end{bmatrix}+\begin{bmatrix}0\\ \dfrac{1}{M+m-m\cos^2x_3}\\ 0\\ -\dfrac{\cos x_3}{l[M+m-m\cos^2x_3]}\end{bmatrix}u \tag{1-14}
$$

式中，$\boldsymbol{x}=[x_1,x_2,x_3,x_4]^{\mathrm{T}}\in\mathbf{R}^4$ 为状态向量。这里为数学公式简明起见，记

$$
\begin{cases}
f_2(\boldsymbol{x})=-\dfrac{mg\sin x_3\cos x_3}{M+m-m\cos^2x_3}+\dfrac{mlx_4^2\sin x_3}{M+m-m\cos^2x_3} \\
f_4(\boldsymbol{x})=\dfrac{g\sin x_3}{l}+\dfrac{mg\sin x_3\cos^2x_3}{l[M+m-m\cos^2x_3]}-\dfrac{mx_4^2\sin x_3\cos x_3}{M+m-m\cos^2x_3}
\end{cases}
$$

显然，式(1-14)的状态方程式为非线性的向量微分方程。

直接观察可以注意到，式(1-14)状态方程式的平衡点方程为：

$$\begin{bmatrix}0\\0\\0\\0\end{bmatrix}=\begin{bmatrix}x_2\\f_2(\boldsymbol{x})\\x_4\\f_4(\boldsymbol{x})\end{bmatrix}+\begin{bmatrix}0\\\dfrac{1}{M+m-m\cos^2 x_3}\\0\\-\dfrac{\cos x_3}{l[M+m-m\cos^2 x_3]}\end{bmatrix}u$$

式中的各个关系式的右侧都独立于 x_1。也就是说，对应于任意固定值 c，$x_1=c,\dot{x}_1=0$ 成立。鉴于此，式(1-14)的平衡点必然具有 $\boldsymbol{x}=[c,0,*,0]^{\mathrm{T}}$ 的向量形式，这里 * 表示待定数。换句话说，对于停留于水平轨道任意固定点的行车而言，系统都有状态平衡点存在。也就是说，行车倒立摆系统具有无穷多个平衡位置的几何连续体，而没有孤立型的平衡点。

对行车倒立摆系统状态方程应用如下所述的线性化近似处理，这样行车倒立摆系统具有连续体平衡点的特性也将被保留。当控制目标为保持摆杆与摆球处于垂直位置时，若平衡点附近的 $\theta=x_3$ 和 $\dot{\theta}=x_4$ 值较小，简化此非线性模型是可行的。注意到有 $\sin x_3\approx x_3,\cos x_3\approx 1$。基于这些几何与三角函数的事实，针对行车动态的线性状态空间方程可由下式给出。

$$\begin{aligned}\dot{\boldsymbol{x}}&=\begin{bmatrix}0&1&0&0\\0&0&-mg/M&0\\0&0&0&1\\0&0&(M+m)g/(Ml)&0\end{bmatrix}x+\begin{bmatrix}0\\1/M\\0\\-1/(Ml)\end{bmatrix}u\\&=:\boldsymbol{A}\boldsymbol{x}+\boldsymbol{B}u\end{aligned}$$

式中，$\boldsymbol{A}\in\mathbf{R}^{4\times 4}$ 与 $\boldsymbol{B}\in\mathbf{R}^{4\times 1}$ 的常数矩阵的定义方式是显然的。

现在我们考察与上述线性化模型对应的非强迫线性系统的平衡点，即 $\dot{\boldsymbol{x}}=\boldsymbol{A}\boldsymbol{x}$，显然，$\det(\boldsymbol{A})=0$，即化零空间 $N(\boldsymbol{A})\neq\varnothing$。这里，$\varnothing$ 表示空集。这意味着所考虑的非强迫线性系统具有 $[c,0,0,0]^{\mathrm{T}}$ 形式的无穷多个平衡点的连续体，其中 c 为任意常数。

此外，在对应的强迫线性系统中，即 $\dot{\boldsymbol{x}}=\boldsymbol{A}\boldsymbol{x}+\boldsymbol{B}u$，任何平衡点都具有 $[c,0,x_3,0]^{\mathrm{T}}$ 的形式且满足：

$$\begin{cases}0=-mgx_3/M+u/M\\0=(M+m)gx_3/(Ml)-u/(Ml)\end{cases}$$

显然，无论 x_3 取何值，只要 $u \neq 0$，上述平衡点代数方程就不能成立。换句话说，强迫系统没有状态平衡点。上述事实告诉我们，只要在行车上施加控制力 $u \neq 0$，行车倒立摆就不能在任何位置上保持平衡。相反，如果行车未受到任何控制输入，则行车倒立摆系统就是非强迫系统，行车水平轨道的任何一点连同摆杆垂直位置一起形成状态平衡点，所有这样的平衡点实际上形成状态空间中的连续体。

对行车倒立摆系统状态空间模型状态平衡点的分析告诉我们，控制系统的状态平衡点与动态特性有着本质关联，是一次模型的重要数学特征之一。

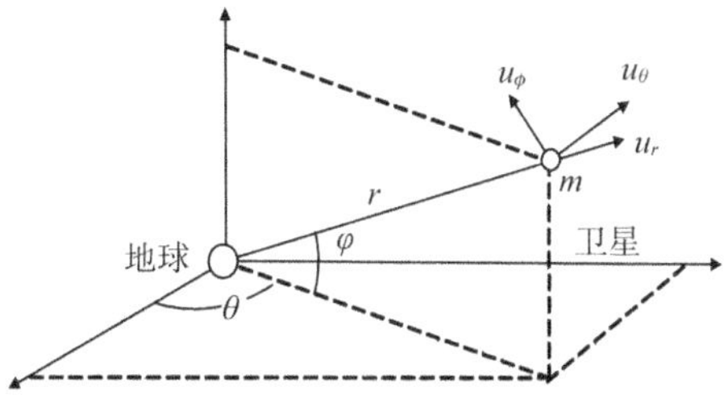

图 1-24　卫星在轨运行的地空位置与坐标体系

3.4　卫星在轨运行系统(satellite in orbit)

质量为 m 的通信卫星绕地球运行的运动学关系如图 1-24 所示。卫星对大地坐标系的径向距离和姿态角分别用 r，θ 和 φ 表示。这里我们建立利用三个正交推力 u_r、u_θ 和 u_φ 操控卫星的轨道位置与姿态的动态模型。

为此，所选择的状态变量，输入控制量和输出测量向量分别记为

$$\zeta = \begin{bmatrix} x_1 \\ x_2 \\ x_3 \\ x_4 \\ x_5 \\ x_6 \end{bmatrix} = \begin{bmatrix} r \\ \dot{r} \\ \theta \\ \dot{\theta} \\ \varphi \\ \dot{\varphi} \end{bmatrix} \in \mathbf{R}^6, \boldsymbol{u} = \begin{bmatrix} u_r \\ u_\theta \\ u_\varphi \end{bmatrix} \in \mathbf{R}^3, \xi = \begin{bmatrix} r \\ \theta \\ \varphi \end{bmatrix} = \begin{bmatrix} x_1 \\ x_3 \\ x_5 \end{bmatrix} \in \mathbf{R}^3$$

那么，根据天体物理学的定律，卫星系统的状态方程式可以表述为

$$\zeta=\begin{bmatrix}x_2\\x_1x_4^2\cos x_5+x_1x_6^2-kx_1^{-2}\\x_4\\-2x_2x_4x_1^{-1}+2x_4x_6\sin x_5\cos^{-1}x_5\\x_6\\-x_4^2\cos x_5\sin x_5-2x_2x_6x_1^{-1}\end{bmatrix}+\begin{bmatrix}0&0&0\\m^{-1}&0&0\\0&0&0\\0&(mx_1\cos x_5)^{-1}&0\\0&0&0\\0&0&(mx_1)^{-1}\end{bmatrix}\boldsymbol{u}$$

而输出方程式表述为：

$$\xi=\begin{bmatrix}1&0&0&0&0&0\\0&0&1&0&0&0\\0&0&0&0&1&0\end{bmatrix}\zeta$$

两者合并构成非线性状态空间模型。这里，$k>0$ 是已知天体物理常数。

在无姿态控制作用($\boldsymbol{u}\equiv 0$)下的稳态时，卫星运行在圆形轨道上。换言之，卫星系统的稳态特性可以用非强迫系统表述。此时容易看出，任何如下形式的向量点

$$[\infty\quad 0\quad *\quad 0\quad *\quad 0]^{\mathrm{T}}\in\mathbf{R}^6$$

都将是卫星系统的状态平衡点。这里，$*$ 表示可取为任意固定值，所有这些平衡点将构成平衡点的连续体，或者说卫星系统没有孤立型平衡点。

另外，卫星在轨运行系统的平衡点特征 $x_1=\infty$ 说明，在设定的圆形轨道上卫星进入稳态运行模式时，卫星应离开地球尽可能的远，否则在无姿态控制发动机的调整作用时，卫星很难保持稳态平衡点位置。事实上，如果 $x_1=c<\infty$（即 x_1 为较大的有限值），关于 $\dot{x}_1$，$\dot{x}_3$ 和 $\dot{x}_5$ 的各状态关系式将并不严格为零，从而卫星姿态必然会发生缓慢的动态变化。此时，若没有姿态控制发动机的干预，卫星姿态无法得到保持。

3.5 单机无穷大母线发电机系统(single machine infinite bus system)

考虑图 1-25 所示的单机同步发电机与电网并网时构成的单机无穷大母线(single machine infinite bus，SMIB)发电机系统。

在图 1-25 中，B_∞ 代表理想无穷大母线，即假设该母线上无论流过何种电流，都具有固定电压幅值与电压相位(通常取零相位)，其电压相量记为 E_∞。B_m 为发电机的外端母线，通过该外端母线，发电机内部电路并网连接

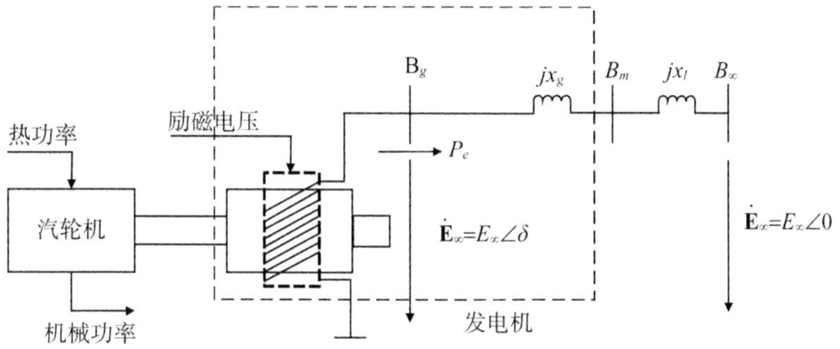

图 1-25　SMIB 同步发电机系统的结构示意图

到作为电网模型的无穷大母线。为了对同步发电机内部转子的电气与动力学特性建模,形式上还引入发电机的内部母线 B_g。另外,P_m 为汽轮机输出的作用于发电机转子的机械功率,P_e 为发电机内部母线端的输出电功率。

另外,作为 SMIB 同步发电机系统的状态变量,选择用 δ 和 ω 分别表示发电机转子相对于以电网系统频率旋转坐标的角位移差和角位移速度。实际上,P_e 也是发电机和无穷大母线之间的电功率,根据图 1-25 可知 $P_e=b\sin(\delta)$,且 $b=:E_\infty E/(x_q+x_l)$。这里,E_∞ 是无穷母线电压,E 为发电机转子线圈瞬态电抗等价意义下的电压(简单地说,就是内部母线 B_g 的等效电压),而 x_q+x_l 是两母线之间的复合电抗。于是,依照状态变量的定义,则有

$$\omega=:\mathrm{d}\delta/\mathrm{d}t,\mathrm{d}\omega/\mathrm{d}t=\mathrm{d}^2\delta/\mathrm{d}t^2$$

由电机学的结论,已知发电机的电动力学关系可由下式给出。

$$\begin{cases}\dot{\delta}=\omega\\ \dot{\omega}=-\dfrac{b}{M}\sin\delta-\dfrac{D}{M}\omega+\dfrac{1}{M}P_m\end{cases}\tag{1-15}$$

上式的第二个微分方程式又称为 SMIB 系统的功率动摇方程(power swing equation)。在式(1-15)中,$M=J\omega_0$,其中,ω_0 为系统角频率,J 为发电机转子等效转动惯量;D 为在发电机转子上的刹车系统的阻尼系数。

为确定功率动摇方程(1-15)的平衡点,由定义 1-1,设 $\dot{\delta}=0$ 和 $\dot{\omega}=0$,得到的平衡点方程为

$$\begin{cases}0=\omega\\ 0=-b\sin\delta-D\omega+P_m\end{cases}$$

可见，SMIB 动力系统的任何平衡点都必须满足

$$\omega = 0, \sin\delta = P_m / b$$

可以得出结论，向量点 $[k\pi + \arcsin(P_m/b), 0]^{\mathrm{T}}$ 对于每个整数 k 都是功率动摇方程的孤立平衡点，并且这些平衡点都可以通过调节汽轮机的机械功率 P_m 加以设定。换言之，发电机的稳态工作点可以通过汽轮机的机械功率调整而得到改变。

另外，使用 SMIB 发电机系统模型时，以下几点需要注意：

- 电气工程意义上，$\pi/2 - \arcsin(P_m/b)$ 又是 SMIB 同步发电机系统的功率角，因此 $\cos(\pi/2 - \arcsin(P_m/b))$ 就是功率因数，它反映了发电机输出有功功率在其视在功率中占比意义的发电效率。功率因数是关于交流电路网络功率特征的重要指标。
- 无穷大母线具有理想电压相量的假设是为了对发电机系统部分与外部电网并网过程的建模而提出来的。无穷大母线及其电压相量是对网侧电力系统的近似模型，实际电力系统中并不存在物理上的无穷大母线。
- 一般地，我们是用发电机转子相对于以电网系统频率旋转之坐标的角位移差 δ，而不是发电机转子对固定坐标的角位移 Δ 作为状态变量的；也就是说，$\delta = \Delta - \omega_s t$，这里 $\omega_s = 2\pi f$，而 f 表示交流电网的系统频率或同步频率，如 $f = 50$ Hz。这样的状态变量选择是为了保证功率动摇方程具有孤立型平衡点，进而可在 Lyapunov 意义定义和分析稳定性；否则，所建立的数学模型会因部分状态变量不收敛而面临部分状态不稳定性的问题。关于控制系统的部分状态稳定性，感兴趣的读者可参见第二章的有关讨论。

3.6 线性 RLC 电路网络(linear RLC circuit network)

在 RLC 电路网络中，电容和电感由于可以存储电场能与磁场能而导致其端电压/电流呈现出连续时间动态变化。如果将电容电压设为状态变量 x，则其电流为 $C\dot{x}$，其中，C 为其电容。如果将电感电流设为状态变量 x，则其电压为 $L\dot{x}$，其中，L 为其电感。注意，纯电阻是无记忆元件，不具有存储电场能与磁场能的能力，并导致其电压/电流动态变化一致，所以电阻的电压或电流不设为状态变量。对于大多数 RLC 网络，这样分配了状态变量后，它们的状态方程可以通过 Kirchhoff 电流和电压定律建立，如下例所示。

例 1-1 考虑图 1-26 所示的电路网络的状态空间模型的建立。

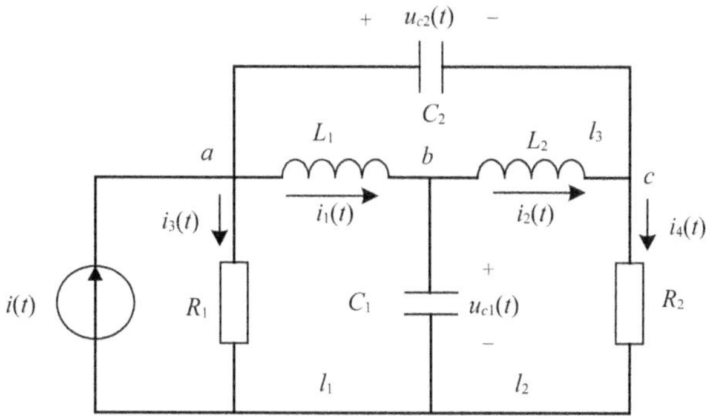

图 1-26　例 1-1 的 RLC 电路网络

该电路有两个电感和两个电容,以各电容电压与电感电流为状态变量,将其看成已知量时,整个电路状态就可完全确定了,故这样的状态变量是合适的,具体地记为:

$$x_1(t)=u_{c1}(t),x_2(t)=u_{c2}(t),x_3(t)=i_1(t),x_4(t)=i_2(t)$$

以图 1-26 电路的 a,b,c 为电流节点,由 Kirchhoff 电流定律可知:

$$\begin{cases}-i(t)+i_3(t)+x_3(t)+C_2\dot{x}_2(t)=0\\C_1\dot{x}_1(t)-x_3(t)+x_4(t)=0\\C_2\dot{x}_2(t)+x_4(t)-i_4(t)=0\end{cases}$$

为找出各状态变量间的关系,列写回路 l_1, l_2, l_3 的 Kirchhoff 电压方程:

$$\begin{cases}-L_1\dot{x}_3(t)+x_1(t)+R_1i_3(t)=0\\-x_1(t)+L_2\dot{x}_4(t)+R_2i_4(t)=0\\L_2\dot{x}_4(t)-L_1\dot{x}_3(t)-x_2(t)=0\end{cases}$$

从上面各式中消去非独立的变量 $i_3(t)$, $i_4(t)$, 就有:

$$\begin{cases}\dot{x}_1(t)=-\dfrac{1}{C_1}x_3(t)-\dfrac{1}{C_2}x_4(t)\\R_1C_2\dot{x}_2(t)-L_1\dot{x}_3(t)=-x_1(t)+R_1x(t)+R_1i(t)\\R_2C_2\dot{x}_2(t)+L_2x_4(t)=x_1(t)-R_2x_4(t)\\-L_1\dot{x}_3(t)+L_2\dot{x}_4(t)=x_2(t)\end{cases}$$

将上式中的各式写成关于状态变量的一阶微分方程,则有:

$$\dot{x}_1(t)=-\frac{1}{C_1}x_3(t)-\frac{1}{C_2}x_4(t)$$

$$\dot{x}_2(t)=-\frac{1}{C_2(R_1+R_2)}x_2(t)+\frac{1}{C_2(R_1+R_2)}x_3(t)$$

$$-\frac{R_2}{C_2(R_1+R_2)}x_4(t)+\frac{R_1}{C_2(R_1+R_2)}i(t)$$

$$\dot{x}_3(t)=\frac{1}{L_1}x_1(t)-\frac{R_1}{L_1(R_1+R_2)}x_2(t)$$

$$-\frac{R_1R_2}{L_1(R_1+R_2)}x_3(t)-\frac{R_1R_2}{L_1(R_1+R_2)}x_4(t)-\frac{R_1R_2}{L_1(R_1+R_2)}i(t)$$

$$\dot{x}_4(t)=\frac{1}{L_2}x_1(t)+\frac{R_2}{L_2(R_1+R_2)}x_2(t)$$

$$-\frac{R_1R_2}{L_2(R_1+R_2)}x_3(t)-\frac{R_1R_2}{L_2(R_1+R_2)}x_4(t)-\frac{R_1R_2}{L_2(R_1+R_2)}i(t)$$

于是状态向量形式下的状态空间方程是：

$$\begin{bmatrix}\dot{x}_1\\\dot{x}_2\\\dot{x}_3\\\dot{x}_4\end{bmatrix}=\begin{bmatrix}0 & 0 & -\frac{1}{C_1} & -\frac{1}{C_2}\\ 0 & -\frac{1}{C_2(R_1+R_2)} & \frac{1}{C_2(R_1+R_2)} & -\frac{R_2}{C_2(R_1+R_2)}\\ \frac{1}{L_1} & \frac{R_1}{L_1(R_1+R_2)} & -\frac{R_1R_2}{L_1(R_1+R_2)} & -\frac{R_1R_2}{L_1(R_1+R_2)}\\ \frac{1}{L_2} & \frac{R_2}{L_2(R_1+R_2)} & -\frac{R_1R_2}{L_2(R_1+R_2)} & -\frac{R_1R_2}{L_2(R_1+R_2)}\end{bmatrix}\begin{bmatrix}x_1\\x_2\\x_3\\x_4\end{bmatrix}$$

$$+\begin{bmatrix}0\\ \frac{R_1}{C_2(R_1+R_2)}\\ -\frac{R_1R_2}{L_1(R_1+R_2)}\\ -\frac{R_1R_2}{L_2(R_1+R_2)}\end{bmatrix}i$$

若以两电容的电压为输出量，即：

$$y_1=u_{c1}=x_1,y_2=u_{c2}=x_2$$

相应的输出方程就是：

$$\begin{bmatrix} y_1 \\ y_2 \end{bmatrix} = \begin{bmatrix} 1 & 0 & 0 & 0 \\ 0 & 1 & 0 & 0 \end{bmatrix} \begin{bmatrix} x_1 \\ x_2 \\ x_3 \\ x_4 \end{bmatrix}$$

为了分析该电路网络的稳态工作点，将状态向量方程简记为 $\dot{\boldsymbol{x}} = \boldsymbol{A}\boldsymbol{x} + \boldsymbol{B}i$，这里，$\boldsymbol{A} \in \mathbf{R}^{4\times 4}$ 和 $\boldsymbol{B} \in \mathbf{R}^{4\times 1}$ 是显然的。依照定义 1—1，电路网络的平衡点方程为 $0 = \boldsymbol{A}\boldsymbol{x}_e + \boldsymbol{B}i_e$。简单的矩阵秩运算告诉我们，$\text{rank}[\boldsymbol{A}] = \text{rank}[\boldsymbol{A}, \boldsymbol{B}] = 3 < 4$，于是，作为矩阵代数关系的该平衡点方程就一定有无穷多个解。换句话说，该电路网络不存在孤立型平衡点，其所有平衡点可以通过电流源参数 i_e 的选择而设定并形成连续体。

一般地，如果将电路网络的状态变量选为电容电压和电感电流，相应的状态向量的维数就与电路中的电容器和电感器的总数相同。

例 1-2 考虑图 1-27 的 RLC 网络。我们将各电容 C_i 的电压设为状态变量 x_i，$i = 1, 2$，将电感的电流设为 x_3。对应的电流和电压分别为 $C_1\dot{x}_1$，$C_2\dot{x}_2$ 和 $L\dot{x}_3$，如图所示。因此电源支路电流为 $(u - x_1)/R$。在节点 A 处应用 Kirchhoff 电流定律得到 $C_2\dot{x}_2 = x_3$；而在节点 B 处得到：

$$\frac{u - x_1}{R} = C_1\dot{x}_1 + C_2\dot{x}_2 = C_1\dot{x}_1 + x_3$$

整理后，可得：

$$\dot{x}_1 = -\frac{x_1}{RC_1} - \frac{x_3}{C_1} + \frac{u}{RC_1}, \dot{x}_2 = \frac{1}{C_2}$$

将 Kirchhoff 电压定律应用于右侧环路，得到 $L\dot{x}_3 = x_1 - x_2$，或等价地写成：

$$\dot{x}_3 = (x_1 - x_2)/L$$

依照图 1-27，系统的输出 y 为：

$$y = L\dot{x}_3 = x_1 - x_2$$

将上述各方程写成状态向量形式，得到如下的状态空间模型：

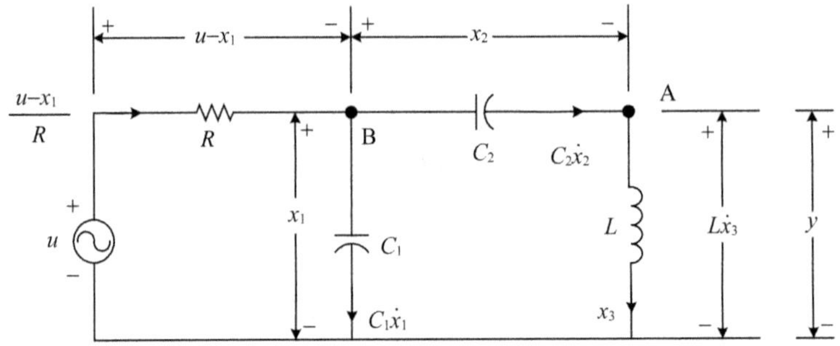

图 1-27　例 1-2 的电路网络系统

$$\begin{cases}\begin{bmatrix}\dot{x}_1\\ \dot{x}_2\\ \dot{x}_3\end{bmatrix}=\begin{bmatrix}-1/RC_1 & 0 & -1/C_1\\ 0 & 0 & 1/C_2\\ 1/L & -1/L & 0\end{bmatrix}\begin{bmatrix}x_1\\ x_2\\ x_3\end{bmatrix}+\begin{bmatrix}1/RC_1\\ 0\\ 0\end{bmatrix}u\\ y=\begin{bmatrix}1 & -1 & 0\end{bmatrix}\begin{bmatrix}x_1\\ x_2\\ x_3\end{bmatrix}+0\cdot u\end{cases}$$

为了分析该电路网络的稳态工作点，将状态空间模型的状态向量方程简记为 $\dot{\boldsymbol{x}}=\boldsymbol{Ax}+\boldsymbol{B}u$，这里，$\boldsymbol{A}\in\mathbf{R}^{3\times3}$ 和 $\boldsymbol{B}\in\mathbf{R}^{3\times1}$ 是显然的。依定义 1−1，电路网络的平衡点方程为 $0=\boldsymbol{Ax}_e+\boldsymbol{B}u_e$。简单的矩阵秩运算告诉我们 $\mathrm{rank}[\boldsymbol{A}]=3=\dim(\boldsymbol{A})$，于是，作为矩阵代数关系的该平衡点方程就一定有唯一解。换句话说，该电路网络只有一个孤立型的平衡点，且该平衡点可以通过电压源参数 u_e 的选择而设定。

3.7　力学与运动控制系统(locomotive system)

力学与运动控制系统包括使用测量反馈和偏差计算来控制机械运动的系统。力学与运动控制系统可以包括小到纳米级定位精度的系统(如原子力显微镜、自适应光学仪器)、CD 播放机磁盘驱动器上的读/写磁头控制系统、制造系统(转印机和工业机器人)、汽车控制系统(防抱死刹车、悬挂控制、牵引力控制)，大到如航空和航天飞行控制系统(飞机、卫星、火箭和行星探测器)等。运动控制系统的数学建模需要根据运动体尺度及其运动规模选择不同的力学体系进行。本文以中观运动控制系统为主展开讨论。

运动控制中最常见问题之一是，通过驱动器改变运动方向来控制车辆的运行轨迹，汽车的方向盘和自行车的前轮就是两个典型的例子。类似的运动控制过程也发生在船舶的转向或航空航天载体的俯仰机动运动中。多数情况下，这类运动可通过应用基本运动学特性的牛顿力学定律等，完成对这些系统的数学建模。

例 1-3 考虑如图 1-28 所示的四轮车辆系统。我们试图建立车辆转向运动的数学模型。

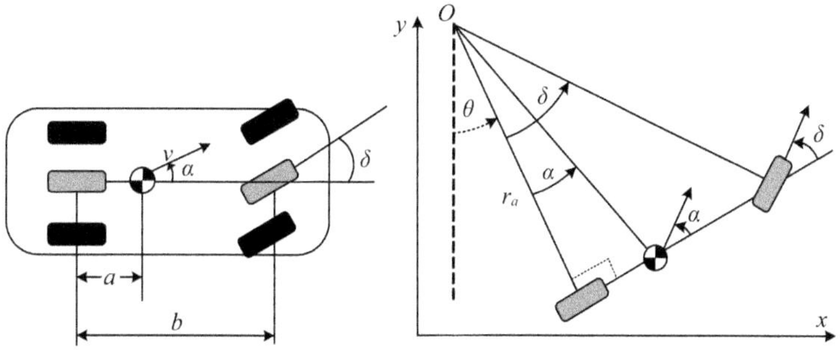

图 1-28 例 1-3 的车辆转向系统

图 1-28 的左图为四轮汽车的力学分析俯视图。若用单个前轮和单个后轮来近似前后两对车轮的运动，可以得到右图的双轮车等价模型。为达到控制车辆转向的目的，我们需要建立描述车辆速度如何依赖于转向角的关系式。

图 1-28 所示车辆转向系统的各符号定义与物理意义如下：

- δ：车辆的转向角，α：质心速度相对于车轴的角度；
- a：质心距后轮的距离，b：前后轮间的轴距，v：质心速度；
- x，y：分别为质心的横坐标和纵坐标，于是车辆的位置可记为 (x,y)；
- θ：图示意义的后轮方位角；
- r_a：后轮到转向旋转轴心 O 的距离。

根据图 1-28 的右图，由于存在直角三角形关系，成立 $b=r_a\tan\delta$ 及 $a=r_a\tan\alpha$，可得 $\tan\alpha=(a/b)\tan\delta$，或者等价地，得 α 与转向角 δ 间的关系式为：

$$\alpha=\arctan\left(\frac{a\tan\delta}{b}\right) \tag{1-16}$$

基于式(1-16)，直接求 α 关于时间变量 t 的导数并结合隐函数导数的链式规则，可知

$$\begin{aligned}\frac{\mathrm{d}\alpha}{\mathrm{d}t}&=\frac{\mathrm{d}}{\mathrm{d}t}\left[\arctan\left(\frac{a\tan\delta}{b}\right)\right]\\&=\frac{\partial\arctan\chi}{\partial\chi}\cdot\frac{\partial}{\partial\delta}\left[\frac{a\tan\delta}{\delta}\right]\frac{\mathrm{d}\delta}{\mathrm{d}t}:\chi=\frac{a\tan\delta}{\delta}\\&=\frac{1}{1+a\tan\delta/b}\cdot\frac{a}{b\cos^2\delta}\cdot\frac{\mathrm{d}\delta}{\mathrm{d}t}\\&=\frac{1}{b+a\tan\delta}\cdot\frac{a}{\cos^2\delta}\cdot\frac{\mathrm{d}\delta}{\mathrm{d}t}\end{aligned}$$

上式可等价地写为：

$$0\cdot\frac{\mathrm{d}^2\alpha}{\mathrm{d}t^2}=-\frac{\mathrm{d}\alpha}{\mathrm{d}t}+\frac{1}{b+a\tan\delta}\cdot\frac{a}{\cos^2\delta}\cdot\frac{\mathrm{d}\delta}{\mathrm{d}t}$$

进一步，假设车轮运动仅为滚动而无滑动，后轮的速度为 v_0。同样由图示的直角三角形关系，车辆在质心处的速度为 $v=v_0/\cos\alpha$，则我们可得该点的运动特性，由下式给出：

$$\begin{cases}\dfrac{\mathrm{d}x}{\mathrm{d}t}=v\cos(\alpha+\theta)=v_0\dfrac{\cos(\alpha+\theta)}{\cos\alpha}\\[2ex]\dfrac{\mathrm{d}y}{\mathrm{d}t}=v\sin(\alpha+\theta)=v_0\dfrac{\sin(\alpha+\theta)}{\cos\alpha}\end{cases}$$

或等价地

$$\begin{cases}0\cdot\dfrac{\mathrm{d}^2x}{\mathrm{d}t^2}=-\dfrac{\mathrm{d}x}{\mathrm{d}t}+v_0\dfrac{\cos(\alpha+\theta)}{\cos\alpha}\\[2ex]0\cdot\dfrac{\mathrm{d}^2y}{\mathrm{d}t^2}=-\dfrac{\mathrm{d}y}{\mathrm{d}t}+v_0\dfrac{\sin(\alpha+\theta)}{\cos\alpha}\end{cases}$$

为了确定后轮方位角 θ 是如何受到转向角 δ 的影响的，我们从图 1-28 的几何关系中可以观察到，车辆以角速度 v_0/r_a 绕点 O 旋转。因此：

$$\frac{d\theta}{\mathrm{d}t}=\frac{v_0}{r_a}=\frac{v_0}{b}\tan\delta \tag{1-17}$$

或等价地写成：

$$0\cdot\frac{\mathrm{d}^2\theta}{\mathrm{d}t^2}=-\frac{d\theta}{\mathrm{d}t}+\frac{v_0}{b}\tan\delta$$

基于式(1-16)、式(1-17)和它们的等价关系，选择状态向量，输入向量和输出向量分别为：

$$\zeta=\begin{bmatrix}x_1\\x_2\\x_3\\x_4\\x_5\\x_6\\x_7\\x_8\\x_9\\x_{10}\end{bmatrix}=\begin{bmatrix}x\\\dot{x}\\y\\\dot{y}\\\alpha\\\dot{\alpha}\\\delta\\\dot{\delta}\\\theta\\\dot{\theta}\end{bmatrix}\in\mathbf{R}^{10},u=v_0\in\mathbf{R},\xi=\begin{bmatrix}v\\\delta\\\theta\end{bmatrix}=\begin{bmatrix}u/\cos\alpha\\x_7\\x_9\end{bmatrix}\in\mathbf{R}^3$$

由此，我们可构建在车轮和路面间无滑动并且前后两组车轮可以近似为位于车辆中心的两个单车轮的假设下的车辆运动的状态向量方程为：

$$\begin{bmatrix}1\cdot\dot{x}_1\\0\cdot\dot{x}_2\\1\cdot\dot{x}_3\\0\cdot\dot{x}_4\\1\cdot\dot{x}_5\\1\cdot\dot{x}_6\\1\cdot\dot{x}_7\\0\cdot\dot{x}_8\\1\cdot\dot{x}_9\\0\cdot\dot{x}_{10}\end{bmatrix}=\begin{bmatrix}0&0&0&0&0&0&0&0&0&0\\0&-1&0&0&0&0&0&0&0&0\\0&0&0&-1&0&0&0&0&0&0\\0&0&0&0&0&0&0&0&0&0\\0&0&0&0&0&1&0&0&0&0\\0&0&0&0&0&-1&0&f&0&0\\0&0&0&0&0&0&0&1&0&0\\0&0&0&0&0&0&0&0&0&0\\0&0&0&0&0&0&0&0&0&1\\0&0&0&0&0&0&0&0&0&-1\end{bmatrix}\begin{bmatrix}x_1\\x_2\\x_3\\x_4\\x_5\\x_6\\x_7\\x_8\\x_9\\x_{10}\end{bmatrix}+$$

$$\begin{bmatrix} 0 \\ \cos(x_5+x_9)/\cos x_5 \\ 0 \\ \sin(x_5+x_9)/\cos x_5 \\ 0 \\ 0 \\ 0 \\ 0 \\ \sin x_7/b \\ \tan x_7/b \end{bmatrix} u$$

其中，

$$f=\frac{1}{b+a\tan\delta}\cdot\frac{a}{\cos^2\delta}$$

类似地，输出方程为：

$$\xi=\begin{bmatrix} 0&0&0&0&0&0&0&0&0&0 \\ 0&0&0&0&0&0&1&0&0&0 \\ 0&0&0&0&0&0&0&0&1&0 \end{bmatrix}\zeta+\begin{bmatrix} 1/\cos x_5 \\ 0 \\ 0 \end{bmatrix}u$$

直接观察就可以看到，车辆转弯系统具有奇异非线性状态空间模型。

另外，通过选择其他的车辆坐标系，比如使参考点在后轮（对应于设置 $\alpha=0$）也是可行的。另外，图 1-28 为车辆前轮转向时向前行驶的情况。车辆倒车的情况通过改变速度正负关系表示，相当于具有后轮转向功能的车辆。

需要对上例补充说明的是，通过增加额外的状态变量，可以放宽对车轮无滑动的假设限定，使模型更加真实地反映车轮动态特性。同时，通过放松对车轮滑动的限制，上例的模型还可以用于描述船舶的转向以及飞行器和导弹的俯仰机动过程。

例 1-4　考虑矢量推力飞行器的运动控制系统，如图 1-29 所示的垂直起降喷气机。这类喷气机能够使用位于机翼下的小型机动推进器，通过向下的推力实现垂直起飞和降落。喷气机的简化受力分析如图 1-29 所示。其中，我们重点关注喷气机在垂直于地面的平面上飞机机翼的运动动态特性。这里将主（向下）推进器和机动推进器产生的力分解为一对作用在飞机机体正

下方距离 r 处的力 F_1 和 F_2(由推进器的几何结构所决定)。

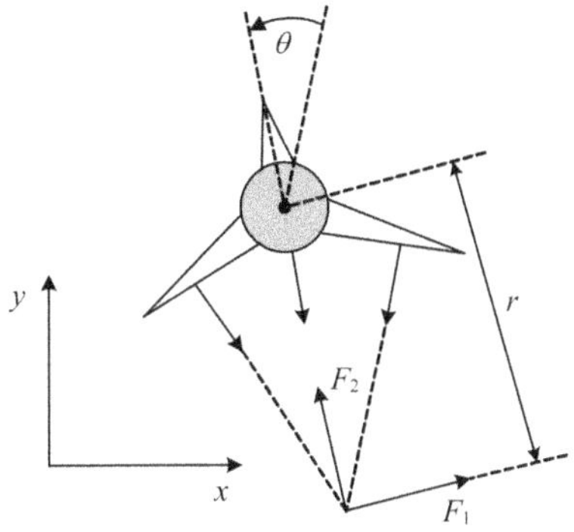

图 1-29　喷气机的矢量推力分析图

如图 1-29 所示,主发动机推力可向下调整,以便机体可在地面上空悬停。来自主发动机的部分空气被分流到机翼尖端,用于机体的姿态机动。这样,喷气机获得的净推力可以分解为水平力 F_1 和垂直力 F_2,作用在距机体质心的机体正下方距离 r 处。

图 1-29 所示喷气机矢量动力学系统的各符号定义与物理意义如下:

- (x, y, θ):机体质心在地面坐标系中的位置坐标和方向角;
- m:机体质量,J:转动惯量;
- g:重力加速度常数,c:空气阻尼系数。

于是,根据图 1-29 的力学分析,喷气机悬停状态的牛顿方程为

$$\begin{cases} m\ddot{x} = F_1\cos\theta - F_2\sin\theta - c\dot{x} \\ m\ddot{y} = F_1\sin\theta + F_2\cos\theta - mg - c\dot{y} \\ J\ddot{\theta} = rF_1 \end{cases} \tag{1-18}$$

为模型简明起见,将输入控制重新定义为 $u_1 = F_1$ 和 $u_2 = F_2 - mg$,这样可以使坐标原点成为零输入时机体动态系统的平衡点。由此,式(1-18)的原始方程可以改写为

$$\begin{cases} m\ddot{x} = -mg\sin\theta - c\dot{x} + u_1\cos\theta - u_2\sin\theta \\ m\ddot{y} = mg(\cos\theta - 1) - c\dot{y} + u_1\sin\theta + u_2\cos\theta \\ J\ddot{\theta} = ru_1 \end{cases} \tag{1-19}$$

这种等价变换处理带来的数学表达的便利性是,式(1-19)的模型方程将喷气

机的运动特性描述为三个相互耦合的二阶微分方程。

为写成状态向量方程，选择如下的状态向量，输入向量和输出向量：

$$\zeta=\begin{bmatrix}x_1\\x_2\\x_3\\x_4\\x_5\\x_6\end{bmatrix}=\begin{bmatrix}x\\\dot{x}\\y\\\dot{y}\\\theta\\\dot{\theta}\end{bmatrix}\in\mathbf{R}^6,\boldsymbol{u}=\begin{bmatrix}u_1\\u_2\end{bmatrix}\in\mathbf{R}^2,\xi=\begin{bmatrix}x\\y\\\theta\end{bmatrix}=\begin{bmatrix}x_1\\x_3\\x_5\end{bmatrix}\in\mathbf{R}^3$$

于是，由式(1-19)，对应的喷气机的状态空间模型为：

$$\zeta=\begin{bmatrix}0&1&0&0&0&0\\0&-c/m&0&0&-g\sin x_5/x_5&0\\0&0&0&1&0&0\\0&0&0&-c/m&g\cos x_5/x_5&0\\0&0&0&0&0&1\\0&0&0&0&0&0\end{bmatrix}\zeta+$$

$$\begin{bmatrix}0&0\\\cos x_5/m&-\sin x_5/m\\0&0\\\sin x_5/m&\cos x_5/m\\0&0\\r/J&0\end{bmatrix}\boldsymbol{u}+\begin{bmatrix}0\\0\\0\\-g\\0\\0\end{bmatrix}$$

和

$$\xi=\begin{bmatrix}1&0&0&0&0&0\\0&0&1&0&0&0\\0&0&0&0&1&0\end{bmatrix}\zeta$$

显然，上式是非线性的状态空间模型。

依照定义 1-1，该喷气机动态系统的平衡点方程为：

$$0=\begin{bmatrix} x_{e,2} \\ -cx_{e,2}/m-g\sin x_{e,5} \\ x_{e,4} \\ -cx_{e,4}/m+g\cos x_{e,5} \\ x_{e,6} \\ 0 \end{bmatrix}+\begin{bmatrix} 0 & 0 \\ \cos x_{e,5}/m & -\sin x_{e,5}/m \\ 0 & 0 \\ \sin x_{e,5}/m & \cos x_{e,5}/m \\ 0 & 0 \\ r/J & 0 \end{bmatrix}\boldsymbol{u}_e+\begin{bmatrix} 0 \\ 0 \\ 0 \\ -g \\ 0 \\ 0 \end{bmatrix}$$

上式表明,对于任何固定的质心位置与方位 $(x,y,\theta)=(x_{e,1},x_{e,3},x_{e,5})$,只有当水平作用力 $u_{e,1}=F_1=0$ 而且垂直作用力 $u_{e,2}=F_2-mg$ 使得如下关系式成立时,喷气机系统才存在平衡点。

$$-mg\sin x_{e,5}-u_{e,2}\sin x_{e,5}=0, mg\cos x_{e,5}+u_{e,2}\cos x_{e,5}-mg=0$$

仔细观察不难发现,当 $\sin x_{e,5}\neq 0$ 时,上式的平衡点存在性条件方程是无解的;而当 $\sin x_{e,5}=0$ 时,该方程的唯一解为 $F_2=mg$。也就是说,对于任何固定的质心位置,喷气机系统在 $F_1=0$, $F_2=mg$ 的发动机推力条件下存在平衡点 $[*,0,*,0,0,0]^{\mathrm{T}}\in\mathbf{R}^6$;这是与力学常识一致的。

3.8 电机控制系统(electric motor control system)

图 1-30 是电动机转速反馈控制系统。设输入量为表示期望转速意义的参考电压 $u_r(t)$,输出量为电动机转速 $\omega(t)$,试建立以 $u_r(t)$ 和 $\omega(t)$ 分别作为输入和输出的系统微分方程式。

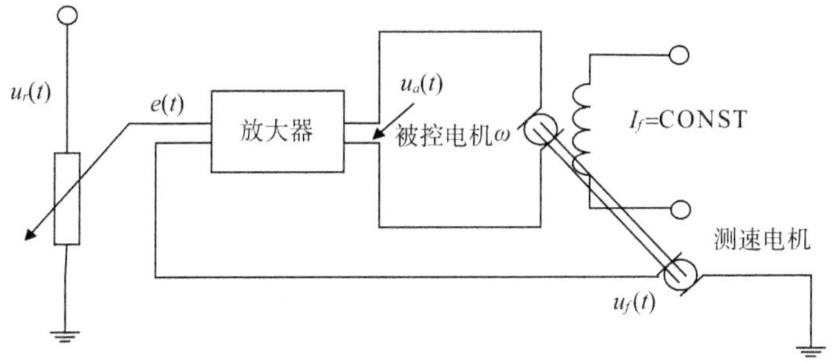

图 1-30 电机转速控制系统的物理描述

首先,设对象系统的输入量与输出量分别为 $u_r(t)$ 与 $\omega(t)$。

其次,列出各组成环节的原始方程,具体地有:

- 假设放大器为线性时不变的电路环节,则有

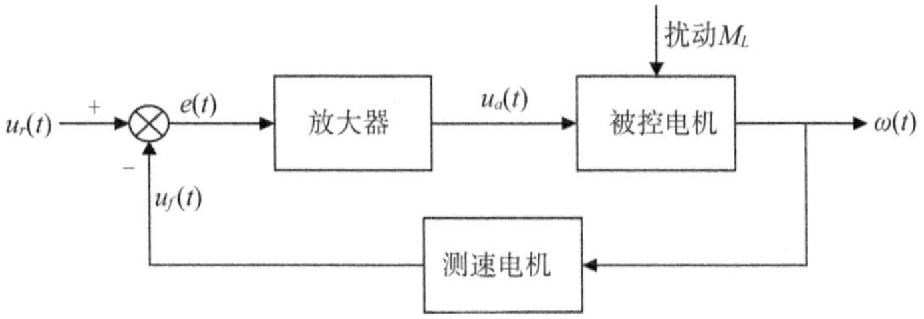

图 1-31　电机转速控制系统的方框图描述

$$u_a(t)=Ke(t) \tag{1-20}$$

这里，K 为放大器放大增益。

● 测速电机是转速与输出电压的线性比例关系，即

$$U_T(t)=K'\omega(t) \tag{1-21}$$

这里，K' 为测速电机的转速/电压比例系数。

● 被控电机的电气方程为

$$T_aT_m\frac{\mathrm{d}^2\omega(t)}{\mathrm{d}t^2}+T_m\frac{\mathrm{d}\omega(t)}{\mathrm{d}t}+\omega(t)=\frac{1}{K^*}u_a(t)-\frac{T_m}{J}M_L(t)-\frac{T_aT_m}{J}\cdot\frac{\mathrm{d}M_L(t)}{\mathrm{d}t} \tag{1-22}$$

其中，T_a 为电机电枢回路时间常数，T_m 为机电时间常数，$M_L(t)$ 为电机轴上的负载转矩，K^* 为电势系统参数。

再者，选择 $u_a(t)$，$e(t)$，$u_T(t)$ 为中间变量，利用式(1-20)和式(1-21)的关系，代入式(1-22)中并消去中间变量。移除中间变量后，整理得到系统的 $u_r(t)$ 与 $\omega(t)$ 间的微分方程式是：

$$T_aT_m\frac{\mathrm{d}^2\omega(t)}{\mathrm{d}t^2}+T_m\frac{\mathrm{d}\omega(t)}{\mathrm{d}t}+(1+K'')\omega(t)$$
$$=\frac{K_0}{K^*}u_r(t)-\frac{T_m}{J}M_L(t)-\frac{T_aT_m}{J}\cdot\frac{\mathrm{d}M_L(t)}{\mathrm{d}t}$$

式中，$K''=K\cdot K'/K^*$。

接下来，选择状态变量 $x_1(t)=\omega(t)$ 和 $x_2(t)=\dot{\omega}(t)$，结合输入量 $u_r(t)$ 与输出量 $\omega(t)$ 与状态变量的关系，电机控制系统的状态空间模型为

$$\begin{cases}\begin{bmatrix}\dot{x}_1\\ \dot{x}_2\end{bmatrix}=\begin{bmatrix}0 & 1\\ -\dfrac{1+K''}{T_aT_m} & -\dfrac{1}{T_a}\end{bmatrix}\begin{bmatrix}x_1\\ x_2\end{bmatrix}+\begin{bmatrix}0\\ 1\end{bmatrix}\left(\dfrac{K_0}{T_aT_mK^*}u_r(t)-\dfrac{1}{JT_a}M_L(t)-\right.\\ \qquad\left.\dfrac{1}{J}\cdot\dfrac{\mathrm{d}M_L(t)}{\mathrm{d}t}\right)\\ y=[0\quad 1]\begin{bmatrix}x_1\\ x_2\end{bmatrix}\end{cases}$$

最后,依照定义 1—1,电机控制系统的平衡点方程为

$$0=\begin{bmatrix}0 & 1\\ -\dfrac{1+K''}{T_aT_m} & -\dfrac{1}{T_a}\end{bmatrix}\begin{bmatrix}x_{e,1}\\ x_{e,2}\end{bmatrix}+\begin{bmatrix}0\\ 1\end{bmatrix}$$

$$\times\left(\frac{K_0}{T_aT_mK^*}u_r(t)-\frac{1}{JT_a}M_L(t)-\frac{1}{J}\cdot\frac{\mathrm{d}M_L(t)}{\mathrm{d}t}\right)$$

注意到状态矩阵为满秩矩阵,需调整输入电压 $u_r(t)$ 使下式成立:

$$\frac{K_0}{T_aT_mK^*}u_r(t)-\frac{1}{JT_a}M_L(t)-\frac{1}{J}\cdot\frac{\mathrm{d}M_L(t)}{\mathrm{d}t}=c$$

其中,c 为常数。这时,电机控制系统有唯一的孤立型平衡点:

$$\begin{bmatrix}x_{e,1}\\ x_{e,2}\end{bmatrix}=-\begin{bmatrix}0 & 1\\ -\dfrac{1+K''}{T_aT_m} & -\dfrac{1}{T_a}\end{bmatrix}^{-1}\begin{bmatrix}0\\ c\end{bmatrix}$$

这说明当负载干扰 $M_L(t)$ 为已知时,通过调整输入电压 $u_r(t)$,可以使平衡点保持期望值,这样电机转子的稳态转速 $\omega(t)$ 就可以保持为期望值。这种对控制输入 $u_r(t)$ 的设计方案正是所谓的调度参量控制器的设计思想,即通过调整控制器参量使其产生的控制作用量作用于被控对象后,使闭环系统的平衡点正好处于期望的状态位置,实现期望的控制目标与效果。

3.9 磁悬浮控制系统(magnetism suspension system)

磁悬浮机理经常用于机电系统中的轴承或悬挂机构,比如无轴承电机转子、车辆底盘悬挂、陀螺仪和加速度计等。在此类系统中,需要考虑对图 1-32 所示的处于悬浮状态的铁磁材料浮球 m 的受力和运动过程建模。

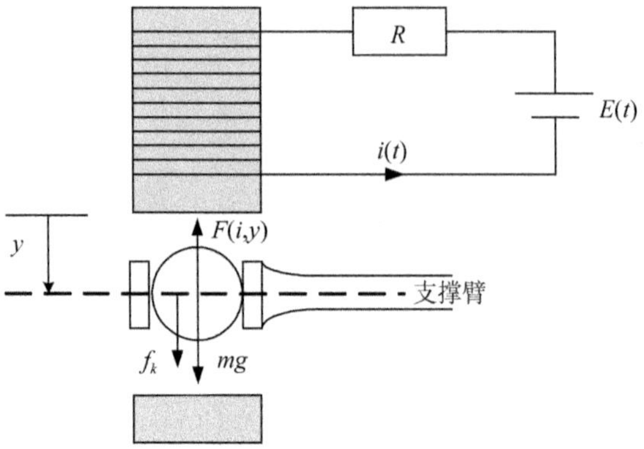

图 1-32　磁悬浮系统的工作原理示意图

在图 1-32 中,设 y 为浮球相对于固定轴的位置坐标,m 为浮球质量,f_k 是支撑套筒作用在浮球上的摩擦力,g 为重力加速度,$F(i,y)$ 是电流 i 作用于绕在顺磁材料的金属线圈时,线圈通过铁磁材料在浮球上产生的电磁力。支撑套筒的作用主要是将浮球约束于线圈磁场的有效作用范围内,并将外部结构与套筒连接实现对外部结构的悬挂。

一方面,我们已经知道,滑动摩擦力可计算为

$$f_k = k\dot{y}$$

式中,$\dot{y}$ 为浮球相对于固定轴的位移速度,$k>0$ 为滑动摩擦系数。

另一方面,根据电磁力学的结论可知,浮球所受的电磁力可以表达为

$$F(i,y) = -\frac{1}{2}\frac{\lambda\eta i^2}{(1+\eta y)^2}$$

其中,λ 和 η 是由线圈绕组及其磁性材料所决定的电磁特性系数。事实上,上式说明,$F(i,y)$ 一般不是固定值,而是与线圈电流 i 和浮球位置 y 密切相关的非线性函数关系。

注意到,牛顿第二定律适用于浮球在垂直方向上的受力与运动,因此有

$$m\ddot{y} = -f_k + mg + F(i,y) \tag{1-23}$$

最后,选择描述该系统的状态变量为 $x_1=y$,$x_2=\dot{y}$ 及 $x_3=i$,并将上述关系代入式(1-23)中,我们就可以得到如下状态方程:

$$
\begin{cases}
\dot{x}_1 = x_2, \dot{x}_2 = g - \dfrac{k}{m}x_2 - \dfrac{\lambda\eta x_3^2}{2m(1+\eta x_1)^2} \\
\dot{x}_3 = \dfrac{1+\eta x_1}{\lambda}\left[-Rx_3 + \dfrac{\lambda\eta}{(1+\eta x_1)^2}x_2x_3 + E(t)\right]
\end{cases}
\tag{1-24}
$$

取 $\dot{x}_1 = \dot{x}_2 = \dot{x}_3 = 0$，依照定义 1—1,式(1-24)对应的平衡点方程为

$$
\begin{cases}
0 = x_2, 0 = g - \dfrac{k}{m}x_2 - \dfrac{\lambda\eta x_3^2}{2m(1+\eta x_1)^2} \\
0 = \dfrac{1+\eta x_1}{\lambda}\left[-Rx_3 + \dfrac{\lambda\eta}{(1+\eta x_1)^2}x_2x_3 + E(t)\right]
\end{cases}
$$

解之可得该磁悬浮系统的平衡点为

$$
\begin{bmatrix}
\sqrt{\dfrac{\lambda\eta}{2mg}}\,\dfrac{E(t)}{\eta R} - \dfrac{1}{\eta} \\
0 \\
\dfrac{E(t)}{R}
\end{bmatrix} \in \mathbf{R}^3
$$

由上式平衡点表达式,我们可以看出:当浮球上下方向上处于静止悬浮状态时,线圈电流大小和浮球位置是确定的,且可以通过励磁电压 $E(t)$、线圈阻抗 R 和机构的结构特征所决定。反向理解这些平衡点特征,我们不难看出,通过调节励磁电压和或励磁线圈阻抗可以实现浮球具有特定受力与运动状态的控制目标。

3.10 控制系统二次模型的建模示例

简单地说,从同一系统的一类模型构建出另一类模型的过程都可以称为二次建模。本节通过对已经具有连续时间状态空间模型的控制系统,建立其离散化状态空间模型为例,说明基于对象系统的既有一次模型,建立其二次模型的意义与基本步骤。这里所说的对控制系统的离散化二次建模是指,对连续时间状态空间模型的状态向量、输入/输出向量等连续时间信号,定义离散周期时间信号序列并建立相应离散数学关系的过程。更确切地说,对于一般连续时间状态空间模型,包括非线性的、时变的情形,离散化二次建模就是将连续时间微分运算关系转化为离散时间差分运算关系的过程。

首先,将式(1-6)的线性时变连续时间状态空间模型重写如下,以此为例

说明如何直接将微分运算近似处理成差分运算的二次建模步骤。

$$\begin{cases}\dot{\boldsymbol{x}}(t)=\boldsymbol{A}(t)\boldsymbol{x}(t)+\boldsymbol{B}(t)\boldsymbol{u}(t)\\ \boldsymbol{y}(t)=\boldsymbol{C}(t)\boldsymbol{x}(t)+\boldsymbol{D}(t)\boldsymbol{u}(t)\end{cases} \tag{1-25}$$

设离散周期为 h，于是建立离散周期 h 足够小意义下在时刻 $t=(k+1)h$，$k=0,1,2,\cdots$，的微分/差分运算之间的近似关系：

$$\dot{\boldsymbol{x}}(t)\big|_{t=(k+1)h}\approx\frac{1}{h}\left[\boldsymbol{x}(t)\big|_{t=(k+1)h}-\boldsymbol{x}(t)\big|_{t=kh}\right]$$

并在离散时间点上重新理解式(1-25)，于是有

$$\begin{cases}\dfrac{1}{h}[\boldsymbol{x}((k+1)h)-\boldsymbol{x}(kh)]\approx\boldsymbol{A}(kh)\boldsymbol{x}(kh)+\boldsymbol{B}(kh)\boldsymbol{u}(kh)\\ \boldsymbol{y}(kh)=\boldsymbol{C}(kh)\boldsymbol{x}(kh)+\boldsymbol{D}(kh)\boldsymbol{u}(kh)\end{cases}$$

或记为

$$\begin{cases}\boldsymbol{x}((k+1)h)\approx[\boldsymbol{I}+h\boldsymbol{A}(kh)]\boldsymbol{x}(kh)+h\boldsymbol{B}(kh)\boldsymbol{u}(kh)\\ \boldsymbol{y}(kh)=\boldsymbol{C}(kh)\boldsymbol{x}(kh)+\boldsymbol{D}(kh)\boldsymbol{u}(kh)\end{cases} \tag{1-26}$$

这里，$k=0,1,2,\cdots$ 表示第 k 个离散时间点。式(1-26)称为式(1-25)的连续时间状态向量微分方程的离散时间状态向量差分方程。需要强调的是，利用微分的差分近似获得的二次模型式(1-26)只是原连续时间状态方程的近似方程。显然，这两个状态空间模型之间的近似度与离散周期长短有关，理论上需要满足 $h\to 0$。然而，式(1-26)的离散输出方程则是原连续状态空间模型的输出方程在离散时间点的精确关系。

其次，对于线性时不变连续时间状态空间模型，零阶保持/脉冲采样离散化二次模型的结构如图 1-33 所示。

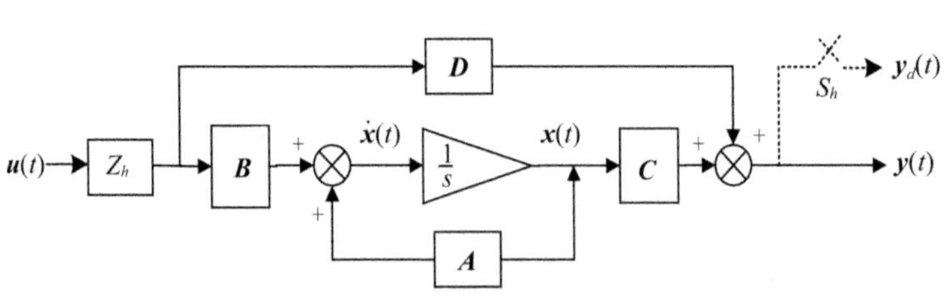

图 1-33　线性时不变连续时间状态空间模型的离散化结构

图 1-33 中，Z_h 表示周期为 h 的零阶保持器(相当于计算机控制的数模转

换器:digital/analog,D/A),而 S_h 表示与零阶保持器同步的周期为 h 的理想脉冲采样开关(相当于计算机控制的模数转换器:analog/digital,A/D)。

为简明起见,我们仅考虑线性时不变状态空间模型(1-8)在图 1-33 结构意义下的离散化二次建模问题。

一方面,由于零阶保持器的引入,关于输入控制量下式成立

$$\boldsymbol{u}(t)=\boldsymbol{u}(kh),\forall t\in[kh,(k+1)h),k=0,1,2,\cdots$$

另一方面,由状态向量微分方程的解公式,式(1-8)的状态向量解满足

$$\boldsymbol{x}(t)=\mathrm{e}^{\boldsymbol{A}(t-t_0)}\boldsymbol{x}(t_0)+\int_{t_0}^{t}\mathrm{e}^{\boldsymbol{A}(t-\tau)}\boldsymbol{Bu}(\tau)\mathrm{d}\tau,t\geqslant t_0$$

式中,t_0,$\mathrm{e}^{\boldsymbol{A}t}$ 和 $\boldsymbol{x}(t_0)$ 分别是初始时刻、状态转移矩阵和初始状态。

基于上式,离散时刻 $t=kh$ 和离散时刻 $t=(k+1)h$ 的状态向量分别是

$$\boldsymbol{x}(kh)=\mathrm{e}^{\boldsymbol{A}(kh-t_0)}\boldsymbol{x}(t_0)+\int_{t_0}^{kh}\mathrm{e}^{\boldsymbol{A}(kh-\tau)}\boldsymbol{Bu}(\tau)\mathrm{d}\tau,kh\geqslant t_0$$

和

$$\boldsymbol{x}((k+1)h)=\mathrm{e}^{\boldsymbol{A}((k+1)h-t_0)}\boldsymbol{x}(t_0)+\int_{t_0}^{(k+1)h}\mathrm{e}^{\boldsymbol{A}((k+1)h-\tau)}\boldsymbol{Bu}(\tau)\mathrm{d}\tau,kh\geqslant t_0$$

对比上面两式,可以得到从离散时刻 $t=kh$ 到离散时刻 $t=(k+1)h$ 的状态向量变化关系满足

$$\boldsymbol{x}((k+1)h)=\mathrm{e}^{\boldsymbol{A}h}\boldsymbol{x}(kh)+\int_{kh}^{(k+1)h}\mathrm{e}^{\boldsymbol{A}(kh-\tau)}\mathrm{d}\tau\boldsymbol{Bu}(kh),k=0,1,2,\cdots$$

将上式与式(1-8)的输出方程相结合,最终得到的离散状态空间模型,记为:

$$\begin{cases}\boldsymbol{x}((k+1)h)=\boldsymbol{A}_d\boldsymbol{x}(kh)+\boldsymbol{B}_d u(kh)\\ \boldsymbol{y}(kh)=\boldsymbol{C}_d\boldsymbol{x}(kh)+\boldsymbol{D}_d\boldsymbol{u}(kh)\end{cases},k=0,1,2,\cdots \tag{1-27}$$

其各系数矩阵定义为:

$$\boldsymbol{A}_d=\mathrm{e}^{\boldsymbol{A}h},\boldsymbol{B}_d=\int_0^h\mathrm{e}^{\boldsymbol{A}\tau}\mathrm{d}\tau\boldsymbol{B},\boldsymbol{C}_d=\boldsymbol{C},\boldsymbol{D}_d=\boldsymbol{D}$$

也就是说,离散状态空间模型具有差分方程的形式,且各系数矩阵与原连续时间状态空间方程的各系数矩阵有明确公式关系。其计算过程涉及连续时间系统的状态转移矩阵,关于其严格定义和计算步骤,请读者参见第二章的

有关讨论。需要注意的是,与式(1-26)不同,式(1-27)是关于状态向量、输入/输出向量在离散时间点上的精确关系。

最后,对于其他更为复杂的控制系统的离散化二次建模问题,有兴趣的读者可以参见第二章关于采样值控制系统的连续/离散混合建模的相关讨论。

§4 基于实验数据与模型辨识的系统建模

基于物理、化学等实验过程获得的数据,然后通过数学模型辨识方法推算出对象系统的模型。这样的建模方法是从对象系统的实验数据中提取数学关系的过程。因此,基于实验数据与模型辨识可以获得什么样的模型,取决于我们能获得什么样的实验数据。

为形象地理解实验建模的工程必要性和理论必然性,以对象系统在周期性输入作用下的频率响应特性建模为例进行说明。比如,图 1-34 的机械系统在时间周期性作用力的作用下的运动状态特性就是非常有趣的,也是许多实际工程应用中需要面对的基本实验测量技术问题。此时,在图 1-34 中,$F=F(t)=A\sin\omega t$,这相当于将幅值为 A、频率为 ω 的正弦时间函数作用力施加于质量体 m。

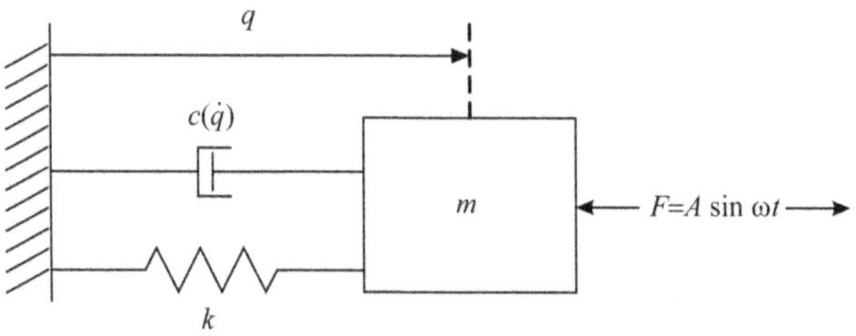

图 1-34 弹簧/质量体/阻尼器系统的振动实验

显然,$F=A\sin\omega t$ 的作用力与质量体的位置无关,所以尽管作用力是时变的,但以质量体位置作为控制观测量时,该控制系统处于开环控制状态。此时,关于图 1-34 的控制系统的如下几个问题是非常自然和必须面对的:(1) 整个系统在正弦作用力刺激下是否会发生振荡?(2) 在什么频率点或频率区间上这种振荡幅度最为激烈?(3) 这种振荡会导致系统的机械疲劳甚至因机械构件的破坏而崩溃吗?

简单的机械力学实验就可以告诉我们:(1) 由于弹簧和阻尼器的存在,在系统构件未发生机械破坏的范围内,机械振荡可能会发生也可能不会发生,这取决于作用力频率与系统固有频率是否一致;(2) 在正弦作用力幅值不变的条件下,当作用力频率与系统固有频率相同时,系统将发生谐振并形成最大振荡幅值;(3) 这涉及多个学科的问题,仅从控制系统与理论无法完全回答,但控制系统与理论必须回答的是,如何利用适当的控制作用削弱或减缓机械疲劳,避免发生系统崩溃。如何严格地回答这些问题,就是控制系统频域分析所要解决的。但在本书的范围内,我们关心的是,如何利用连续时间动态系统的正弦输入/输出响应特性的实验数据,通过数值处理建立对象系统传递函数模型。

考虑如下所示的单输入/单输出的线性时不变连续时间系统(图 1-35)。

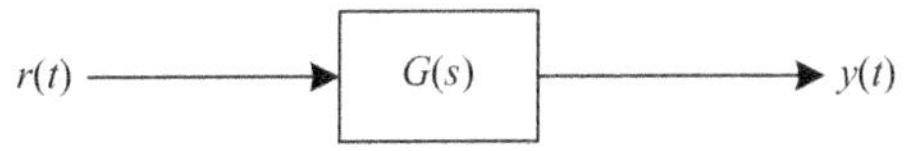

图 1-35　传递函数模型下的输入输出关系方框图

图 1-35 中,$G(s)$ 为对象系统的传递函数,输入 $r(t)=A\sin\omega t$ 为正弦函数。若稳态输出 $y(t)$ 亦为正弦函数,则频率响应特性为:

$$G(j\omega)=\boldsymbol{y}(t)/\boldsymbol{r}(t)\big|_{t\to\infty}$$

其中,$\boldsymbol{y}(t)$, $\boldsymbol{r}(t)$ 分别表示正弦信号 $y(t)$, $r(t)$ 的复相量(即正弦时间函数的复域极坐标表示)。

定义 1-3　线性时不变连续时间系统的频率响应特性是指在正弦输入作用下,系统稳态的正弦输出响应与正弦输入信号的复相量之比,记为 $G(j\omega)$。

这样定义的频率响应特性 $G(j\omega)$ 是以频率为自变量的复函数,因此,频率响应特性又简称频率特性。$G(j\omega)$ 中包含有幅值对频率和相角对频率的关系,分别表记为:

$$A(\omega)=|G(j\omega)|,\ \varphi(\omega)=\angle G(j\omega)$$

并分别称为 $G(j\omega)$ 的幅频特性与相频特性。可以证明,系统稳定的条件下,$G(j\omega)=G(s)\big|_{s=j\omega}$。

4.1　频域响应特性拟合的模型辨识

图 1-36 是对电路网络进行频率响应特性测试的实验装置示意图。

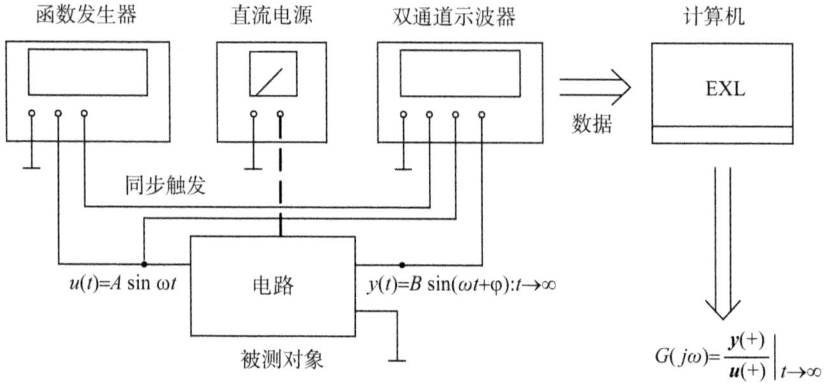

图 1-36　测量电路网络频率响应特性的实验装置示意图

当有关线性时不变系统的频率响应测量数据可用时，这些数据可以绘制成 Bode 图形或类似的频域特性曲线，然后可以通过分段折线近似方法识别出相应系统的传递函数。

4.1.1　频率响应特性的对数坐标图及其基本性质

当对象系统的传递函数可以划分成若干子系统串联形式时，其对数坐标图可按各子系统各自对数坐标图的代数和得到。换句话说，一般的有理传递函数的对数坐标图可由典型环节的对数坐标图的代数叠加而成。不失一般地，假设系统的频率响应特性函数表示成：

$$G(j\omega)=\frac{K(1+j\omega T_a)^{p_1}(1+j\omega T_b)^{p_2}\cdots}{(j\omega)^r(1+j\omega T_1)^{r_1}(1+j\omega T_2)^{r_1}\cdots[1+2\xi_{ni}(j\omega/\omega_{ni})+(j\omega/\omega_{ni})^2]} \tag{1-28}$$

式中，$-1/T_a$ 为$G(j\omega)$ 的 p_1 阶零点，$-1/T_b$ 为$G(j\omega)$ 的 p_2 重零点，…，而 $s=0$ 为 r 重极点，$-1/T_1$，$-1/T_2$，… 分别是$G(j\omega)$ 的 r_1 重、r_2 重的极点，而$-\xi_n\omega_{ni}\pm j\omega_{ni}\sqrt{1-\xi_{ni}^2}$ 为共轭复极点。不难看出，频率响应特性函数 $G(j\omega)$ 的幅值频率特性可写成：

$$A(\omega)=\frac{|K||1+j\omega T_a|^{p_1}|1+j\omega T_b|^{p_2}\cdots}{|j\omega|^r|1+j\omega T_1|^{p_1}|1+j\omega T_1|^{p_1}\cdots|1+2\xi_{ni}(j\omega/\omega_{ni})+(j\omega/\omega_{ni})^2|}$$

对其取对数运算，得到的对数幅频特性为：

$$
\begin{aligned}
L(\omega)=&20\lg|K|+p_1 20\lg|1+j\omega T_a|+p_2 20\lg|1+j\omega T_b| \\
&+\cdots-r20\lg|j\omega|-r_1 20\lg|1+j\omega T_1|-r_2 20\lg|1+j\omega T_1| \\
&-\cdots-20\lg|1+2\xi_{ni}(j\omega/\omega_{ni})+(j\omega/\omega_{ni})^2|
\end{aligned}
$$

相应的相频特性有

$$
\begin{aligned}
\varphi(\omega)=&p_1\arctan\ \omega T_a+p_2\arctan\ \omega T_b+\cdots-r\pi/2 \\
&-r_1\arctan\ \omega T_1-r_2\arctan\ \omega T_2-\cdots-\arctan\left\{\frac{2\xi_{ni}\omega_{ni}}{\omega_{ni}^2-\omega^2}\right\}
\end{aligned}
$$

对数幅频特性中,$20\lg|K|$为常数,而$p_1 20\lg|1+j\omega T_a|$,$p_2 20\lg|1+j\omega T_b|$,…转折频率分别位于$1/T_a$,$1/T_b$,…的比例微分环节的对数幅频特性放大p_1,p_2,…倍。在低频段,这些微分环节各自对应于位于0 dB的直线;在高频段则对应于每十倍频程上升$20p_1$,$20p_2$,…dB的斜线。$-r20\lg|j\omega|$只是将积分环节的对数幅频特性放大r倍,即成为每十倍频程下降$20r$dB的斜线。类似地,幅频特性$-r_1 20\lg|1+j\omega T_1|$,$-r_2 20\lg|1+j\omega T_2|$,…是将转折频率位于$1/T_1$,$1/T_2$,…的惯性环节的对数幅频特性放大了$r_1$,$r_2$,…倍;最后$-20\lg|1+2\xi_{ni}(j\omega/\omega_{ni})+(j\omega/\omega_{ni})^2|$…对应于振荡环节的对数幅频特性。$G(j\omega)$的分子部分也可能有二次因子,其对数幅频特性将是$20\lg|1+2\xi_{ni}(j\omega/\omega_{ni})+(j\omega/\omega_{ni})^2|$,与相应振荡环节的对数幅频特性只差负号关系。

对$G(j\omega)$的相频特性做类似分析,可知$p_1\arctan\omega T_a$,$p_2\arctan\omega T_b$,…只是转折频率位于$1/T_a$,$1/T_b$,…的比例微分环节的相频特性分别放大p_1,p_2,…倍。总之,对数幅频特性和相频特性都可分解为典型环节的串联,再按照对数幅频特性、相频特性的代数和就可得到频率响应特性函数整体的对数坐标图。具体步骤为:

- Step 1. 将$G(j\omega)$改写成式(1-28)的分子分母多项式的因式分解形式;
- Step 2. 分解出典型环节,确定各典型环节的转折频率;
- Step 3. 对各典型环节按其转折频率划分成低频段、高频段,并用近似对数幅频曲线和相频曲线表示,在转折频率附近利用误差曲线做必要修正;
- Step 4. 将各典型环节的对数幅频与相频曲线依频率ω轴分别相加。

基于频率响应特性函数概念与理论构建动态系统模型的建模方法,既可用于连续时间系统,表现为传递函数等,也可用于离散时间系统,表现为脉冲传递函数等。模型类型取决于频率特性的实验数据是针对哪类系统的以及对数据的处理方式。

4.1.2 基于对数坐标图的传递函数模型辨识

当传递函数模型结构已知但参数未知时，在测得对象系统频率响应特性函数的对数坐标图后，辨识传递函数模型参数就成为关键问题。具体步骤是：

● Step 1. 利用实验数据绘出对数幅频特性与相频特性曲线。对其用折线近似，尽量使折线斜率呈现出每十倍频程上升或下降 20 dB 的整倍数关系；

● Step 2. 折中各段近似折线的交叉点确定转折频率，即在交叉点及其附近找点使测量曲线与近似曲线的误差与熟知的误差关系相吻合；

● Step 3. 若某转折频率 ω_1 处，近似折线以每十倍频程 $20m$ dB(m 为正整数或 0)上升或下降，则频率响应特性函数中包含有 $(1+j\omega/\omega_1)^m$ 或 $1/(1+j\omega/\omega_1)^m$ 的项；

● Step 4. 若某转折频率 ω_2 处，近似折线以每十倍频程上升(或下降)40 dB，则频率响应特性函数有 $(1+j\omega/\omega_2)^2$ 或 $[1+j2\xi(\omega/\omega_2)+(j\omega/\omega_2)^2]$（有 $1/(1+j\omega/\omega_2)^2$ 或 $1/[1+2j\xi(\omega/\omega_2)+(j\omega/\omega_2)^2]$）的项。具体地，若近似折线与实测曲线误差为 6 dB(或−6 dB)，则频率响应特性函数有 $(1+j\omega/\omega_2)^2$（或 $1/(1+j\omega/\omega_2)^2$）；若近似折线与实测曲线误差为正值(或负值)，则频率响应特性函数有 $1/[1+j2\xi(\omega/\omega_2)+(j\omega/\omega_2)^2]$（或 $[1+j2\xi(\omega/\omega_2)+(j\omega/\omega_2)^2]$）的项。借助误差可求出二次阻尼系数 ξ；

● Step 5. 在 $\omega \to 0$ 的低频段，频率响应特性函数中若有 $K/(j\omega)^r$ 的项，则 K，r 可如下确定：当 $\omega \to 0$ 时，近似折线为 x dB 的水平线，则 $r=0$，且 $20\lg K=x$；或 $K=\lg^{-1}(x/20)$；当 $\omega \to 0$ 时，近似折线为每十倍频程下降 20 m dB，且交 0 dB 线于 ω_v（视情况可将近似折线延长到 $\omega=1$），则 $r=m$。当近似折线交 0 dB 线于 ω_v 时，有 $20\lg(K/\omega_v^r)=0$，从而 $K=\omega_v^r$；若近似折线需延长到 $\omega=1$，对数幅频特性曲线的读数即为 $20\lg K$。

例 1-5 已知实验频率响应特性函数的对数幅频曲线折线近似如图 1-37，求对应的传递函数。

由图 1-37 可以总结出如下对数幅频曲线的分段特点：

(1) 在低频段的 $0.1 \leqslant \omega \leqslant 0.3$ 上，对应于 $K/j\omega$ 环节，注意到 $20\lg|K/j\omega||_{\omega=0.1}=30\text{dB}$，从而可知 $K=3.16$；

(2) 在 $0.3 \leqslant \omega \leqslant 0.6$ 的频率段上，对数幅频特性由 −20dB/dec 变成

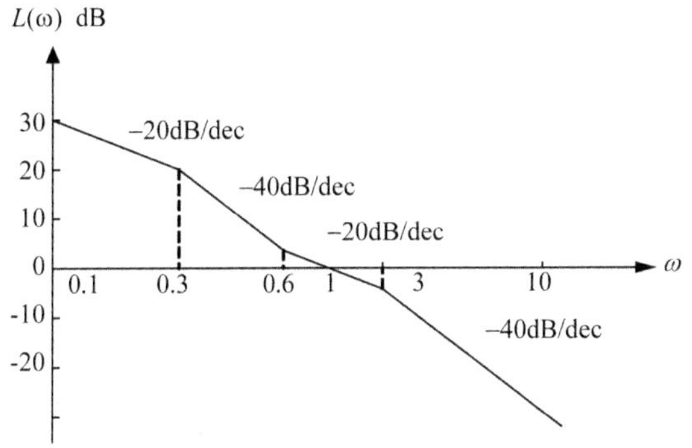

图 1-37 例 1-5 的实验曲线(已经用近似折线表示)

-40dB/dec,故 $\omega=0.3$ 为转折点且需增加环节 $1/(1+jT_1\omega)$,其中,$T_1=1/0.3=3.3$;

(3) 在 $0.6\leqslant\omega\leqslant3$ 的频率段上,对数幅频特性又从 -40dB/dec 变回到 -20dB/dec,从而需增加环节 $(1+j\omega T_2)$,且 $T_2=1/0.6=1.67$;

(4) 在 $3\leqslant\omega\leqslant10$ 的频率段上,对数幅频特性又变成了 -40dB/dec,从而需再加 $1/(1+j\omega T_3)$ 环节,且 $T_3=1/3=0.33$。

综合上述讨论,对象系统的频率响应特性是

$$G(j\omega)=\frac{3.16(1+j\omega1.6)}{j\omega(1+j\omega3.3)(1+j\omega0.33)}$$

相应的传递函数是

$$G(s)=\frac{3.16(1+1.6s)}{s(1+3.3s)(1+0.33s)}$$

需要指出的是,这里介绍的基于对数坐标图的传递函数模型参数辨识方法本质是曲线拟合。实际使用时需要有丰富的工程经验,过程中往往需要反复试凑参数数值。

4.2 基于最小二乘法的模型参数辨识

一般地,当所考虑的控制系统某种意义的输入/输出数据可用时,就可以用经典的最小二乘法建立系统输入/输出间的代数关系,对模型参数进行优化辨识。

为表述最小二乘法的优化算法过程,我们将对象系统的输入数据记为 $\{u_1,u_2,\cdots,u_N\}$,输出测量数据记为 $\{y_1,y_2,\cdots,y_N\}$,这里的下标表示输入/

输出数据的顺序关系。两者一一关联对应得到 N 个关于对象系统的输入/输出数据关系样本对 $\{(u_1,y_1),(u_2,y_2),\cdots,(u_N,y_N)\}$。假设所考虑对象系统的输入/输出关系满足代数模型

$$y=\theta_1\varphi_1(u)+\theta_2\varphi_2(u)+\cdots+\theta_n\varphi_n(u) \tag{1-29}$$

其中，$\{\varphi_i(u)\}_{i=1,2,\cdots,n}$ 代表关于 u 的已知基函数序列，而 $\{\theta_i\}_{i=1,2,\cdots,n}$ 是待辨识的模型参数。

相应于输入序列 $\{u_1,u_2,\cdots,u_N\}$，假设代数模型(1-29)的输出序列为 $\{\hat{y}_1,\hat{y}_2,\cdots,\hat{y}_N\}$，即

$$\begin{cases}\hat{y}_1=\theta_1\varphi_1(u_1)+\theta_2\varphi_2(u_1)+\cdots+\theta_n\varphi_n(u_1)\\ \hat{y}_2=\theta_1\varphi_1(u_2)+\theta_2\varphi_2(u_2)+\cdots+\theta_n\varphi_n(u_2)\\ \cdots\\ \hat{y}_N=\theta_1\varphi_1(u_N)+\theta_2\varphi_2(u_N)+\cdots+\theta_n\varphi_n(u_N)\end{cases} \tag{1-30}$$

于是，代数模型(1-29)的参数辨识问题设定为：确定参数 $\{\theta_i\}_{i=1,2,\cdots,n}$，使得建模误差

$$J=\sum_{k=1}^{N}(y_k-\hat{y}_k)^2 \tag{1-31}$$

在式(1-30)的输入/输出约束下达到最小值。由于 J 是利用 y_k 和 $\hat{y}_k$ 间差值的平方和表示的，这就是这种参数优化法被称为最小二乘法的原因。

为了简化参数辨识算法的表述，引入如下的向量与矩阵符号

$$\begin{cases}\theta=[\theta_1\quad \theta_2\quad \cdots\quad \theta_n]^{\mathrm{T}}\in\mathbf{R}^n\\ \mathbf{y}=[y_1\quad y_2\quad \cdots\quad y_N]^{\mathrm{T}}\in\mathbf{R}^N\\ \hat{\mathbf{y}}=[\hat{y}_1\quad \hat{y}_2\quad \cdots\quad \hat{y}_N]^{\mathrm{T}}\in\mathbf{R}^N\\ \boldsymbol{\Psi}=\begin{bmatrix}\varphi_1(u_1) & \varphi_2(u_1) & \cdots & \varphi_n(u_1)\\ \varphi_1(u_2) & \varphi_2(u_2) & \cdots & \varphi_n(u_2)\\ \vdots & \vdots & \vdots & \vdots\\ \varphi_1(u_N) & \varphi_2(u_N) & \cdots & \varphi_n(u_N)\end{bmatrix}\in\mathbf{R}^{N\times n}\end{cases}$$

显然，$\mathbf{y}$ 是输出数据 $\{y_1,y_2,\cdots,y_N\}$ 的对应向量，$\boldsymbol{\Psi}$ 是与输入数据 $\{u_1,u_2,\cdots,u_N\}$ 对应的模型基函数矩阵。

基于上述概念与符号，由式(1-30)和式(1-31)设定的问题可以表述为

$$\begin{cases} J=(\boldsymbol{y}-\hat{\boldsymbol{y}})^{\mathrm{T}}(\boldsymbol{y}-\hat{\boldsymbol{y}}) \\ \hat{\boldsymbol{y}}=\Psi\theta \end{cases}$$

由此得出最小二乘辨识问题为

$$\min_{\theta} J \quad \text{s.t.} \quad \hat{\boldsymbol{y}}=\Psi\theta \tag{1-32}$$

为了解决式(1-32)定义的误差准则函数最小值的问题,下面计算 J 对模型参数向量 θ 的偏导数。

$$\begin{aligned} \frac{\partial J}{\partial \theta} &= \begin{bmatrix} \frac{\partial J}{\partial \theta_1} & \frac{\partial J}{\partial \theta_2} & \cdots & \frac{\partial J}{\partial \theta_n} \end{bmatrix}^{\mathrm{T}} \\ &= \frac{\partial}{\partial \theta}((\boldsymbol{y}-\hat{\boldsymbol{y}})^{\mathrm{T}}(\boldsymbol{y}-\hat{\boldsymbol{y}})) \\ &= \frac{\partial}{\partial \theta}(\boldsymbol{y}^{\mathrm{T}}-\hat{\boldsymbol{y}}^{\mathrm{T}})(\boldsymbol{y}-\hat{\boldsymbol{y}})+(\boldsymbol{y}^{\mathrm{T}}-\hat{\boldsymbol{y}}^{\mathrm{T}})\frac{\partial}{\partial \theta}(\boldsymbol{y}-\hat{\boldsymbol{y}}) \\ &= -\left(\frac{\partial}{\partial \theta}\hat{\boldsymbol{y}}^{\mathrm{T}}\right)(\boldsymbol{y}-\hat{\boldsymbol{y}})-(\boldsymbol{y}^{\mathrm{T}}-\hat{\boldsymbol{y}}^{\mathrm{T}})\left(\frac{\partial}{\partial \theta}\hat{\boldsymbol{y}}\right) \\ &= -2(\boldsymbol{y}^{\mathrm{T}}-\hat{\boldsymbol{y}}^{\mathrm{T}})\left(\frac{\partial}{\partial \theta}\hat{\boldsymbol{y}}\right)=-2(\boldsymbol{y}^{\mathrm{T}}-\theta^{\mathrm{T}}\Psi^{\mathrm{T}})\left(\frac{\partial}{\partial \theta}\Psi\theta\right) \\ &= -2(\boldsymbol{y}^{\mathrm{T}}-\theta^{\mathrm{T}}\Psi^{\mathrm{T}})\Psi=-2(\boldsymbol{y}^{\mathrm{T}}\Psi-\theta^{\mathrm{T}}\Psi^{\mathrm{T}}\Psi) \end{aligned}$$

这意味着当 J 取极小值时,必须满足极值条件 $\partial J/\partial \theta=0$,从而需成立

$$\Psi^{\mathrm{T}}\Psi\theta=\Psi^{\mathrm{T}}\boldsymbol{y} \tag{1-33}$$

基于上式我们可以说,使误差准则函数 J 取得最小值的参数集 $\{\theta_1, \theta_2, \cdots, \theta_n\}$ 必须满足式(1-33)。特别地,如果 $\Psi^{\mathrm{T}}\Psi$ 是非奇异的,显然可以直接显式地写出为

$$\theta=(\Psi^{\mathrm{T}}\Psi)^{-1}\Psi^{\mathrm{T}}\boldsymbol{y} \tag{1-34}$$

基于参数辨识的系统模型构建算法使用时,需要注意以下相关问题:

● 输入的充分激励;激励输入的频谱应当足够宽且均匀,以便在测量输出中可以激发出并观察到对象系统的所有模态。在连续时间状态下,白噪声是最好的激励输入,而在离散时间状态下,需要使用所谓的长周期 M 一序列的激励输入。

● 激励输入作用时间应当足够长;也就是说,数据序列的长度 N 应当足够大。这与前一注释说明的实验意义是相似的,即对象系统的特性应当得

到充分激励和测量。

- 通过在模型误差函数 J 中引入权重因子,可以更好地反映所考虑对象系统的暂态或稳态行为特征,以应对实际工程对模型的要求。

上面仅仅通过系统的代数关系的辨识问题,阐述了典型最小二乘法的算法步骤。这种辨识方法同样可以用于动态系统的模型辨识。

作为最小二乘法模型参数辨识的具体应用示例,下面的讨论归纳关于线性时不变系统基于频域响应特性实验数据,获得最小均方误差意义的最优参数的辨识算法。

- Step 1. 将实验数据整理成与测量频率对应的输入正弦信号的复相量集合 $\{(\omega_i, U(j\omega_i))\}_{i=1,\cdots,N}$ 和输出响应正弦信号的复相量集合 $\{(\omega_i, Y(j\omega_i))\}_{i=1,\cdots,N}$;
- Step 2. 假设频率响应特性函数的标准形为

$$G(j\omega)=\frac{Y(j\omega)}{U(j\omega)}=\frac{b_{n-1}(j\omega)^{n-1}+\cdots+b_1 j\omega+b_0}{(j\omega)^n+a_{n-1}(j\omega)^{n-1}+\cdots a_1 j\omega+a_0}$$

- Step 3. 定义实验测量数据与模型数据之间的均方误差函数为

$$J=\sum_{i=1}^{N}\left|G(j\omega_i)-Y(j\omega_i)/U(j\omega_i)\right|^2$$

- Step 4. 关于各参数 $\{a_k\}_{k=0,1,\cdots,n-1}$ 和 $\{b_k\}_{k=0,1,\cdots,n-1}$ 分别对误差函数求偏导数 $\partial J/\partial a_k$ 和 $\partial J/\partial b_k$,建立导函数方程组。误差函数的极值条件为

$$\frac{\partial J}{\partial a_k}=0,\frac{\partial J}{\partial b_k}=0,k=0,1,\ \cdots,n-1$$

- Step 5. 通过适当方法求解上述极值条件方程组,得到的 $\{a_k\}_{k=0,1,\cdots,n-1}$ 和 $\{b_k\}_{k=0,1,\cdots,n-1}$ 就是最小均方误差函数意义的频率响应特性函数模型的最优参数。

需要补充说明的是,我们也可以把频率响应特性函数定义成其他的标准形,如式(1-29)的多项式关系,然后根据输入信号/输出信号的测量数据直接构造 Ψ,再通过式(1-34)就可计算出模型参数最优解。但需要注意的是,不同类型的标准模型需定义不同形式的误差函数,其意义是各异的,进而导致最优模型参数的意义也不尽相同。

§5 建模后处理技术与模型近似

无论对控制系统建立何种一次模型,都不可避免地遇到这样的问题:一次模型通常形式过于复杂,涉及众多因素和关系,不容易进行数学解析。在这种情况下,对一次模型进行各种意义的近似处理或形式变换就是不可避免的。本节讨论当对象系统的一次模型已经建立后,进行后续近似处理或形式变换时所涉及的主要问题与解决方法。

5.1 关于一次模型的建模后处理技术

一般地,模型后处理需要根据实际对象和模型特征有针对性地考虑,可以说,有多少种数学模型就会涉及多少种模型后处理的问题与方法。这里仅就最具普遍性的建模后处理技术从概念和理论意义上进行概略讨论。另外,需要提醒读者的是,虽然这里讨论的问题都是一次模型的后处理技术,但所涉及的模型近似和变换方法和原则适用于任何需要简化处理的数学模型。

5.1.1 建模后处理技术Ⅰ:平均近似

平均近似是经典模型后处理技术之一,根据平均近似处理的对象特征与方式,主要方法包括:参量/函数平均,群动态平均和随机/概率平均。

参量/函数平均处理 是针对某种函数周期性平均或模型参量的平均化近似,往往涉及参量变动或摄动的问题。比如,考虑非线性微分方程

$$\dot{x}=\varepsilon f_1(x,t)+\varepsilon^2 f_2(x,t,\varepsilon),x(0)=a \tag{1-35}$$

其中,非线性函数 $f_1(\cdot,\cdot)$ 和 $f_2(\cdot,\cdot,\cdot)$ 是时间变量 t 以 h 为周期的,且 $\varepsilon>0$ 是分段常数。

在假设 $\varepsilon>0$ 足够小的情况下,可以略去 ε^2 关联的项,然后对 t 求平均(此时,x 被视为常数),这样就很自然地简化了该微分方程,其平均微分方程为

$$\dot{z}=\varepsilon\overline{f}_1(z),z(0)=a \tag{1-36}$$

其中,$\overline{f}_1(z)=\dfrac{1}{h}\int_0^h f_1(z,\tau)\mathrm{d}\tau$。将平均方程式(1-36)与原始微分方程式(1-35)相对比,我们可以得到的基本结论是,在假设条件下,这两个微分方程的解可以在 $1/\varepsilon$ 量级的时间区间内保持相互近似。亦即存在常数 $c>0$ 和 $L>$

0，使解误差满足不等式

$$\| x(t) - z(t) \| \leqslant c\varepsilon, \forall 0 \leqslant t \leqslant L/\varepsilon$$

由于平均微分方程式(1-36)的形式比原微分方程式(1-35)简单得多，因此更容易得到解 z。这样就克服了直接求解微分方程式(1-35)时可能的数学解析困难。

群动态平均处理 由多个个体组成的控制对象群，如果将所有个体的非线性模型直接列写，将形成高阶非线性模型。这时，如果将注意力集中到群体的整体动态特征，原高阶非线性模型可以得到一定程度的简化。下面以多智能体蜂拥控制问题为例进行说明。

考虑有 N 个具有二阶积分形式的状态方程所表征的 n 维多智能体群，其中关于第 i 个智能体个体的状态方程为：

$$\dot{\boldsymbol{q}}_i(t) = \boldsymbol{p}_i(t), \dot{\boldsymbol{p}}_i(t) = \boldsymbol{u}_i(t), t \geqslant 0, i = 1, 2, \cdots, N$$

其中，$\boldsymbol{q}_i(t) \in \mathbf{R}^n$，$\boldsymbol{p}_i(t) \in \mathbf{R}^n$，$\boldsymbol{u}_i(t) \in \mathbf{R}^n$ 分别表示第 i 个智能体的位置、速度和加速度向量。

用 $(i \times j)$ 表示智能体 i 和智能体 j 间的无向连接，用于表示对应智能体可获取相互位置和速度信息。图 $N \times N = \{(i \times j): \forall i, j \in N, i \neq j\}$ 表示群中所有智能体都可以相互通信的情形，除去智能体自连接关系，其总数目为 $N \times (N-1)/2$。这样，t 时刻多智能体群的图为：

$$G(t) = \{(i \times j): j \in N_i(t), i \neq j, \forall i \in N\} \subset N \times N$$

也就是说，在 $t \subset [0, \infty)$，$G(t)$ 是 $N \times N$ 的子图。$N_i(t)$ 是时刻 t 的智能体 i 的连接关系集。

多智能体群的蜂拥控制问题是：假设各智能体只接受其邻域内其他智能体的位置和速度信息，同时将自身位置和速度信息发送给其邻域内的其他智能体。由此，智能体个体各自生成作用于自身的控制输入 $\boldsymbol{u}_i$。这样定义的控制操作量组 $\{\boldsymbol{u}_i\}_{i=1}^N$ 使多智能体群运动并满足：

$$\begin{cases} 0 < \| \boldsymbol{q}_i - \boldsymbol{q}_j \| < r, & \forall (i \times j) \in G(t), i \neq j, \forall t \in [0, \infty) \\ \lim_{t \to \infty} \| \boldsymbol{q}_i - \boldsymbol{q}_j \| = d, & \forall (i \times j) \in G(\infty), i \neq j \\ \lim_{t \to \infty} \boldsymbol{p}_i = \boldsymbol{p}^*, & \forall i \in N, \exists \boldsymbol{p}^* \in \mathbf{R}^n \end{cases}$$

其中，r 是邻域半径，$\boldsymbol{p}^*$ 是期望速度，d 是期望的智能体间的距离，$G(\infty)$ 表

示 $t \to \infty$ 时多智能体群的图。这样的问题设定保证被控的智能体群满足如下的 Reynolds 的蜂拥规则：

- 分离规则:个体间保持一定距离,避免邻域内个体间碰撞。
- 聚合规则:智能体靠拢聚集,保持所有个体形成紧凑队列。
- 速度匹配规则:使各智能体与其邻域内智能体的速度保持一致。

作为对所设定蜂拥控制问题的解决方案,在 Olfati-Saber 蜂拥控制算法的基础上,构造作用于第 i 个智能体的控制向量为：

$$\boldsymbol{u}_i = \underbrace{-\sum_{j\in N_i}\varphi(\boldsymbol{M}(\boldsymbol{q}_j-\boldsymbol{q}_i))\boldsymbol{M}^{\mathrm{T}}n_{ij}(\boldsymbol{M}(\boldsymbol{q}_i-\boldsymbol{q}_j))}_{\boldsymbol{u}_{1,i}} \underbrace{-\sum_{j\in N_i}a_{ij}(\boldsymbol{M}(\boldsymbol{q}_j-\boldsymbol{q}_i))\boldsymbol{M}^{\mathrm{T}}\boldsymbol{M}(\boldsymbol{p}_i-\boldsymbol{p}_j)}_{\boldsymbol{u}_{2,i}} \underbrace{-[\Phi^{\mathrm{T}}\Phi(\boldsymbol{q}_i-\boldsymbol{q}_r)+\Psi(\boldsymbol{p}_i-\boldsymbol{p}_r)]}_{\boldsymbol{u}_{3,i}}$$

其中, $\boldsymbol{M}\in\mathbf{R}^{n\times n}$ 是权重矩阵, $\Phi\in\mathbf{R}^{n\times n}$ 是给定非奇异矩阵, $0<\Psi^{\mathrm{T}}=\Psi\in\mathbf{R}^{n\times n}$ 是给定正定对称矩阵; $\varphi(\boldsymbol{M}(\boldsymbol{q}_i-\boldsymbol{q}_j))$, $a_{ij}(\boldsymbol{M}(\boldsymbol{q}_i-\boldsymbol{q}_j))$ 和 $n_{ij}(\boldsymbol{M}(\boldsymbol{q}_i-\boldsymbol{q}_j))$ 为满足下式关系的标量非线性函数,其严格的数学定义与这里的讨论无直接关系,故略去。

$$\begin{cases}\varphi(\boldsymbol{M}(\boldsymbol{q}_i-\boldsymbol{q}_j))=\varphi(\boldsymbol{M}(\boldsymbol{q}_j-\boldsymbol{q}_i)),\ \forall i,j=1,\cdots,N\\ a_{ij}(\boldsymbol{M}(\boldsymbol{q}_i-\boldsymbol{q}_j))=a_{ji}(\boldsymbol{M}(\boldsymbol{q}_j-\boldsymbol{q}_i)),\ \forall i,j=1,\cdots,N\\ n_{ij}(\boldsymbol{M}(\boldsymbol{q}_i-\boldsymbol{q}_j))=-n_{ji}(\boldsymbol{M}(\boldsymbol{q}_j-\boldsymbol{q}_i)),\ \forall i,j=1,\cdots,N\end{cases}$$

对于第三项 $\boldsymbol{u}_{3,i}$, 考虑单一的虚拟领导者的情形：

$$\dot{\boldsymbol{q}}_r=\boldsymbol{p}_r,\ \dot{\boldsymbol{p}}_r=\boldsymbol{u}_r,\ t\geqslant 0$$

虚拟领导者由 $\boldsymbol{u}_r$ 驱动提供路径信息,引领多智能体群跟随虚拟领导者。

控制操作量组 $\{\boldsymbol{u}_i\}_{i=1}^N$ 分散作用在各智能体上,以非线性加速度控制向量调控智能体个体的运动轨迹。于是,在 $\{\boldsymbol{u}_i\}_{i=1}^N$ 作用下的闭环多智能体群的状态空间模型必然是非线性的。为方便系统整体的动态特性描述,定义平均位置和速度向量：

$$\boldsymbol{q}_a=N^{-1}\sum_{i=1}^N\boldsymbol{q}_i,\ \boldsymbol{p}_a=N^{-1}\sum_{i=1}^N\boldsymbol{p}_i$$

并注意在推导过程中，使用如下控制作用量的代数和性质：

$$\begin{cases}\sum_{i=1}^{N}\boldsymbol{u}_{1,i}=0,\sum_{i=1}^{N}\boldsymbol{u}_{2,i}=0,\\ N^{-1}\sum_{i=1}^{N}\boldsymbol{u}_{3,i}=\Phi^{\mathrm{T}}\Phi(\boldsymbol{q}_a-\boldsymbol{q}_r)+\Psi(\boldsymbol{p}_a-\boldsymbol{p}_r)\end{cases}$$

于是，在上述蜂拥控制作用下，将各智能体表达式相加后乘以 $1/N$，得到：

$$\begin{cases}\dot{\boldsymbol{q}}_a=\boldsymbol{p}_a\\ \dot{\boldsymbol{p}}_a=-\Phi^{\mathrm{T}}\Phi(\boldsymbol{q}_a-\boldsymbol{q}_r)-\Psi(\boldsymbol{p}_a-\boldsymbol{p}_r)\end{cases}$$

即为闭环多智能体群的平均动态状态空间模型，该方程组是线性时不变的。这一关于平均动态的特性告诉我们，尽管群体中的所有个体都受到非线性控制的作用，导致个体的状态方程是本质非线性的，但群体的平均动态特性（即平均位置和平均速度）却可以通过线性时不变的状态方程描述。也就是说，群动态平均处理简化了复杂的群体运动的模型描述。

随机/概率平均处理 如果控制对象的动态特性具有随机性或概率分布性质的话，其数学模型往往就需要在随机/概率意义下进行构建与分析，最后形成随机/概率平均意义下的数学关系。比如，讨论随机过程的 Ito 微分方程就是典型的例子。由于相关理论已超出了本教材的范围，此不赘述，有兴趣的读者可参考相关文献。

平均化技术的形式非常多，需要具体问题具体分析，上面只是几个比较简单的例子，以说明平均化技术对于动态近似分析的有用性和有效性。

5.1.2 建模后处理技术Ⅱ：缓变动态的代数近似（奇异描述）

当控制系统的状态空间模型中的部分状态变量的动态变化相对于其他的状态变量的变化十分缓慢时，原微分方程式(1-1)可以近似地由如下代数微分方程式描述。

$$\begin{cases}\mathrm{d}\boldsymbol{x}_1(t)/\mathrm{d}t=\boldsymbol{f}_1(\boldsymbol{x}(t),t,\boldsymbol{u}(t))\\ 0=\boldsymbol{f}_2(\boldsymbol{x}(t),t,\boldsymbol{u}(t))\\ \boldsymbol{y}(t)=\boldsymbol{g}(\boldsymbol{x}(t),t,\boldsymbol{u}(t))\end{cases}$$

其中，$\boldsymbol{f}_1(\cdot,\cdot,\cdot)$ 和 $\boldsymbol{f}_2(\cdot,\cdot,\cdot)$ 为 $\boldsymbol{x}(t)$，t 和 $\boldsymbol{u}(t)$ 的函数，而 $\boldsymbol{x}_1(t)$ 代表 $\boldsymbol{x}(t)$ 中的部分向量，或者更准确地说 $\boldsymbol{x}(t)=[\boldsymbol{x}_1^{\mathrm{T}}(t),\boldsymbol{x}_2^{\mathrm{T}}(t)]^{\mathrm{T}}$。换言之，式(1-1)的标准状态空间模型简化为微分方程和代数方程的组合。特别地，有

时可以将上式的代数微分状态方程式紧凑地写成

$$\begin{cases}\boldsymbol{E}\dfrac{\mathrm{d}\boldsymbol{x}(t)}{\mathrm{d}t}=\boldsymbol{f}(\boldsymbol{x}(t),t,\boldsymbol{u}(t))\\ \boldsymbol{y}(t)=\boldsymbol{g}(\boldsymbol{x}(t),t,\boldsymbol{u}(t))\end{cases} \tag{1-37}$$

其中,$\boldsymbol{E}\in\mathbf{R}^{n\times n}$ 是不可逆的常数矩阵。由于系数矩阵 $\boldsymbol{E}$ 的奇异性,式(1-37)中的状态微分方程无法简单地转化为正则状态微分方程式,因此,式(1-37)又被称为奇异状态空间模型。在相关参考文献中,式(1-37)描述的控制系统也被称为描述系统。

也许有读者看到奇异状态空间模型的名称,会顾名思义地认为,这类模型描述的系统动态特性一定是"奇异"的,是不常见的。然而事实并非如此。例如,稳态运行中的电力网络,严格地说就需要用奇异状态空间模型描述。这是因为,即使在稳态时发电机等快变动态特性也必须用微分方程才能准确描述,而有些负荷的稳态特性变化微小而平缓,如照明设备,表现为缓慢变动的动态特性,此时只需利用代数关系就可以足够准确地描述其稳态特征了。这正是电力网络的潮流分析时所依据的电力潮流模型的数学特点。事实上,奇异状态空间模型在工程应用问题中是层出不穷,不胜枚举的。

5.1.3 建模后处理技术Ⅲ:线性化近似或线性化

最常用的建模后处理技术是对非线性模型的线性化近似处理。实际的控制系统或多或少都具有非线性特性,一般不能用式(1-6)或式(1-7)类型的线性微分(差分)方程直接描述。但求解非线性微分(差分)方程一般是极其困难的,需对非线性方程进行一次模型建模后的处理,将其近似转化为具有线性关系特性的数学模型,这一过程简称为线性化。

非线性关系的线性化方法非常多,具体哪种线性化方法可行和有效需要具体问题具体分析。这些线性化方法中比较典型的包括:曲线拟合意义下的线性化,小偏差意义下的线性化,稳态偏差意义的线性化,以及反馈控制意义下的线性化。前三种方法都是对状态变量或它们的非线性函数进行某种近似处理,以达到线性化的目的,而第四种技术实际上是解析线性化或完全线性化,即通过引入附加的反馈校正环节使得原非线性系统在反馈控制作用下形成闭环意义下的线性环节与系统。

非线性曲线拟合意义的线性化 若非线性状态方程式(1-1)中,

$f(\cdot, \cdot, \cdot)$ 如图实线所示。

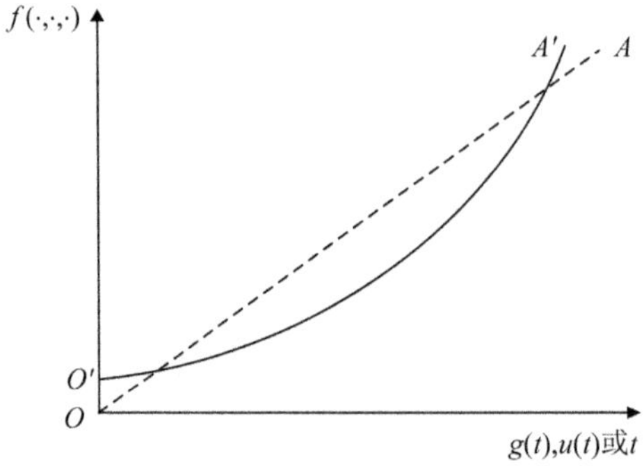

图 1-38　非线性函数的曲线拟合意义下的线性化

不难理解，图中虚线的线性直线关系 OA 是接近于非线性曲线 $O'A'$ 的，因此，我们不妨用 OA 的线性直线近似原非线性曲线 $O'A'$，即通过曲线拟合实现了对 $f(\cdot, \cdot, \cdot)$ 的线性化。

小偏差意义的线性化　某些非线性函数在某点附近变动，且偏离该点也不是很大时，非线性函数就可以用忽略掉偏离偏差的线性关系近似，如下图。这种意义下的线性化，一般需要借助于函数的级数展开，然后忽略展开式的二次以上的高次偏差实现线性化。

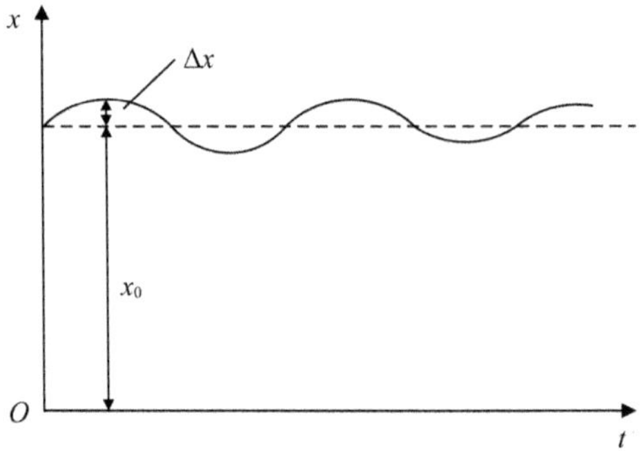

图 1-39　非线性函数的小偏差意义下的线性化

小偏差意义的线性化特别适用于围绕平衡点的非线性动态系统的线性化。下面以自治非线性系统为例，说明其动态特性是如何线性化的。

$$\dot{\boldsymbol{x}} = \boldsymbol{f}(\boldsymbol{x}) \tag{1-38}$$

其中，$\boldsymbol{f}: \mathbf{D} \to \mathbf{R}^n$ 是定义域 $\mathbf{D} \subset \mathbf{R}^n$ 上的连续可微映射。不失一般，假设平衡点

$\boldsymbol{x}=0\in\mathbf{D}$ 是孤立型的。根据微分中值定理,可以得到

$$\boldsymbol{f}(\boldsymbol{x})=\boldsymbol{f}(0)+\frac{\partial\boldsymbol{f}(\boldsymbol{z})}{\partial\boldsymbol{x}}\boldsymbol{x}$$

其中,$\boldsymbol{z}$ 是定义于点 $\boldsymbol{x}$ 和原点处的平衡点之间的向量空间中的一点,且

$$\frac{\partial\boldsymbol{f}(\boldsymbol{z})}{\partial\boldsymbol{x}}=:\frac{\partial\boldsymbol{f}(\boldsymbol{x})}{\partial\boldsymbol{x}}\bigg|_{x=z}$$

也就是说,$\partial\boldsymbol{f}(\boldsymbol{z})/\partial\boldsymbol{x}$ 是 $\boldsymbol{f}(\boldsymbol{x})$ 的 Jacobian 矩阵在 $\boldsymbol{x}=\boldsymbol{z}$ 处的赋值矩阵。

只要 $\boldsymbol{x}$ 与原点之间的向量完全位于 $\mathbf{D}$ 内,上述关系式对于任意点 $\boldsymbol{x}\in\mathbf{D}$ 成立。注意到 $\boldsymbol{x}=0\in\mathbf{D}$ 是平衡点,从而 $\boldsymbol{f}(0)=0$。 于是,我们可以得到

$$\boldsymbol{f}(\boldsymbol{x})=\frac{\partial\boldsymbol{f}(\boldsymbol{z})}{\partial\boldsymbol{x}}\boldsymbol{x}=\frac{\partial\boldsymbol{f}(0)}{\partial\boldsymbol{x}}\boldsymbol{x}+\left[\frac{\partial\boldsymbol{f}(\boldsymbol{z})}{\partial\boldsymbol{x}}-\frac{\partial\boldsymbol{f}(0)}{\partial\boldsymbol{x}}\right]\boldsymbol{x}$$

或者简洁地写为

$$\boldsymbol{f}(\boldsymbol{x})=\boldsymbol{A}\boldsymbol{x}+\boldsymbol{g}(\boldsymbol{x})$$

其中

$$\boldsymbol{A}=\frac{\partial\boldsymbol{f}(0)}{\partial\boldsymbol{x}},\boldsymbol{g}(\boldsymbol{x})=\left[\frac{\partial\boldsymbol{f}(\boldsymbol{z})}{\partial\boldsymbol{x}}-\frac{\partial\boldsymbol{f}(0)}{\partial\boldsymbol{x}}\right]\boldsymbol{x}$$

向量函数 $\boldsymbol{g}(\boldsymbol{x})$ 的各标量函数项满足 Hölder 不等式

$$|g_i(\boldsymbol{x})|\leqslant\left\|\frac{\partial\boldsymbol{f}(\boldsymbol{z})}{\partial\boldsymbol{x}}-\frac{\partial\boldsymbol{f}(0)}{\partial\boldsymbol{x}}\right\|_2\|\boldsymbol{x}\|_2,i=1,\cdots,n$$

基于 Jacobian 矩阵 $[\partial\boldsymbol{f}/\partial\boldsymbol{x}]$ 的连续性假设,可以看到

$$\frac{\|\boldsymbol{g}(\boldsymbol{x})\|_2}{\|\boldsymbol{x}\|_2}\to 0,\text{当 }\|\boldsymbol{x}\|_2\to 0$$

这意味着,将 $\boldsymbol{g}(\boldsymbol{x})$ 视为扰动,则在平衡点的足够小的邻域内,非线性状态方程式(1-38)的动态特性可以近似地由线性模型 $\dot{\boldsymbol{x}}=\boldsymbol{A}\boldsymbol{x}$ 的动态特性所反映,其中,$\boldsymbol{A}=[\partial\boldsymbol{f}/\partial\boldsymbol{x}]|_{x=0}$。 显而易见,因为 $\dot{\boldsymbol{x}}=\boldsymbol{A}\boldsymbol{x}$ 是线性时不变的向量微分方程,其动态特性的解析变得极为简单。

归纳上述讨论,小偏差意义下的线性化步骤为:

- Step 1:根据物理或化学定律列出原始方程,找出中间变量并消去中间变量,建立对象系统的原始微分(差分)方程,即一次模型;

● Step 2:在工作点(如平衡点)将微分(差分)方程的非线性函数展成 Taylor 级数,保留其一阶项,忽略二阶项以上高次项,形成线性化近似;

● Step 3:整理并写出线性微分或差分方程。

例 1-6 对图 1-40 的水平行车垂直圆摆系统,在忽略滑动摩擦力和空气阻力的条件下,建立系统动态特性的状态空间模型,确定其平衡点并在平衡点处对模型进行线性化近似。

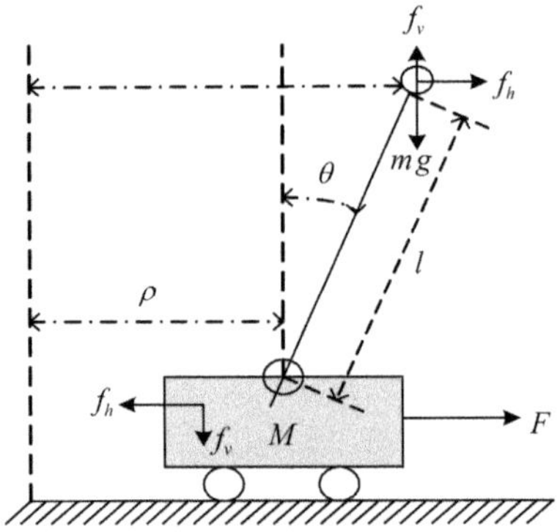

图 1-40 行车垂直圆摆系统的受力分析

图 1-40 中动力学系统的各符号定义与物理意义如下:

- M:为行车的质量;m:为摆球的质量;mg:为摆球 m 受到的重力;
- l:为刚性摆杆长度,摆杆质量忽略不计;
- F:为施加到行车上的外部作用力;
- f_h,f_v:分别为摆杆对摆球支撑力的水平和垂直方向的分量;
- ρ,θ:分别为行车相对固定坐标的位移,摆杆与行车垂直轴的夹角。

首先,根据行车水平方向受力分析,利用牛顿第二定律给出

$$M\frac{\mathrm{d}^2\rho(t)}{\mathrm{d}t^2}=F(t)-f_h(t) \tag{1-39}$$

其次,根据摆球的水平方向受力分析,利用牛顿第二定律得到

$$m\frac{\mathrm{d}^2}{\mathrm{d}t^2}[\rho(t)+l\sin\theta(t)]=f_h(t) \tag{1-40}$$

接下来,考虑摆球在摆杆支撑下转轴旋转运动的切线方向。此方向上摆球只受重力分量作用,于是,沿切线方向的牛顿运动方程为

$$ml\frac{\mathrm{d}^2\theta(t)}{\mathrm{d}t^2}=mg\cdot\sin\theta(t) \tag{1-41}$$

为理解上式，需注意到 $l(d\theta(t)/\mathrm{d}t)$ 为摆球切线方向的线速度，而 $l(\mathrm{d}^2\theta(t)/\mathrm{d}t^2)$ 为线加速度。

最后，基于式(1-39)，式(1-40)和式(1-41)，选择如下状态变量

$$x_1(t)=\rho(t),x_2(t)=\dot{\rho}(t),x_3(t)=\theta(t),x_4(t)=\dot{\theta}(t)$$

经过代数运算，消除中间变量 $f_h(t)$ 后，写成矩阵方程形式，即得

$$\begin{bmatrix}\dot{x}_1(t)\\\dot{x}_2(t)\\\dot{x}_3(t)\\\dot{x}_4(t)\end{bmatrix}=\begin{bmatrix}x_2(t)\\f_2(\boldsymbol{x}(t))\\x_4(t)\\f_3(\boldsymbol{x}(t))\end{bmatrix}+\begin{bmatrix}0\\1/f_1(\boldsymbol{x}(t))\\0\\-\cos x_3(t)/(l\cdot f_1(\boldsymbol{x}(t)))\end{bmatrix}F(t) \tag{1-42}$$

其中，$\boldsymbol{x}(t)=[x_1(t),x_2(t),x_3(t),x_4(t)]^{\mathrm{T}}\in\mathbf{R}^4$，且

$$\begin{cases}f_1(\boldsymbol{x}(t))=M+m-m\cos^2x_3(t)\\f_2(\boldsymbol{x}(t))=\dfrac{mlx_4^2(t)\sin x_3(t)-mg\sin x_3(t)\cos x_3(t)}{f_1(\boldsymbol{x}(t))}\\f_3(\boldsymbol{x}(t))=\dfrac{g\sin x_3(t)}{l}+\dfrac{mg\sin x_3(t)\cos^2x_3(t)-mglx_4^2(t)\sin x_3(t)\cos x_3(t)}{l\cdot f_1(\boldsymbol{x}(t))}\end{cases}$$

显然，式(1-42)为非线性的状态向量微分方程。由平衡点的定义，在 $F(t)=0$ 时的非强迫系统的平衡点方程为

$$\begin{bmatrix}0\\0\\0\\0\end{bmatrix}=\begin{bmatrix}x_{2e}\\f_2(\boldsymbol{x}_e)\\x_{4e}\\f_3(\boldsymbol{x}_e)\end{bmatrix}$$

注意到，对任何常数 $c\in\mathbf{R}$，$x_1(t)=c$，$\dot{x}_1(t)=0$。于是，平衡点方程的平衡点解需满足 $\boldsymbol{x}_e=[c,0,x_{3e},0]^{\mathrm{T}}$ 形式，且 $f_2(\boldsymbol{x}_e)=f_3(\boldsymbol{x}_e)=0$。由此，$x_{3e}=k\pi,k=0,\pm1,\cdots$ 不难看出，存在两组角度相差 2π 周期的平衡点，即

$$\boldsymbol{x}_e^{upper}=[c,0,0+k\pi,0]^{\mathrm{T}},\boldsymbol{x}_e^{lower}=[c,0,\pi+k\pi,0]^{\mathrm{T}}$$

这说明,图 1-40 的行车垂直圆摆系统有上下两个平衡点。在水平轨道任何一点,只要小车速度为零,摆杆垂直倒立或垂直下垂并停摆,则系统状态就达到了平衡点。以下分别称这样的平衡位置为垂直向上(向下)平衡位置。

由于式(1-42)是非线性状态向量微分方程,不便数学解析处理和对其系统特性的分析。为此,下面分别基于曲线拟合和小偏差近似方法建立状态方程式(1-42)在垂直向上(向下)平衡点处的线性化近似状态方程式。

首先,考虑对非线性状态方程式(1-42)在曲线拟合意义上的线性化。假设摆杆与垂直向上平衡点只有微小偏角,且摆角速度很慢,即 $x_3(t)\to 0$,$x_4(t)\to 0$。三角函数性质满足

$$\sin x_3(t)\approx x_3(t),\cos x_3(t)\approx 1 \tag{1-43}$$

代入式(1-42),其线性化近似状态方程为

$$\begin{aligned}\begin{bmatrix}\dot{x}_1(t)\\ \dot{x}_2(t)\\ \dot{x}_3(t)\\ \dot{x}_4(t)\end{bmatrix}&=\begin{bmatrix}0 & 1 & 0 & 0\\ 0 & 0 & -mg/M & 0\\ 0 & 0 & 0 & 1\\ 0 & 0 & (M+m)g/(Ml) & 0\end{bmatrix}\begin{bmatrix}x_1(t)\\ x_2(t)\\ x_3(t)\\ x_4(t)\end{bmatrix}+\begin{bmatrix}0\\ 1/M\\ 0\\ -1/(Ml)\end{bmatrix}F(t)\\ &=\boldsymbol{A}_u\boldsymbol{x}_u(t)+\boldsymbol{B}_uF(t)\end{aligned} \tag{1-44}$$

这里,$\boldsymbol{A}_u\in\mathbf{R}^{4\times4}$ 和 $\boldsymbol{B}_u\in\mathbf{R}^{4\times1}$ 是显然定义的常数矩阵。需要注意的是,与上述线性化状态矩阵处理相对应,式(1-44)的线性化近似状态方程中的输入矩阵 $\boldsymbol{B}_u$ 是式(1-42)的非线性模型中与输入相关部分在平衡点 $\boldsymbol{x}_e^{upper}=[c,0,0,0]^{\mathrm{T}}$ 赋值的结果,即

$$\boldsymbol{B}_u=\begin{bmatrix}0\\ 1/f_1(\boldsymbol{x}(t))\\ 0\\ -\cos x_3(t)/(l\cdot f_1(\boldsymbol{x}(t)))\end{bmatrix}\Bigg|_{\boldsymbol{x}=\boldsymbol{x}_e^{upper}}=\begin{bmatrix}0\\ 1/M\\ 0\\ -1/(Ml)\end{bmatrix}$$

式(1-44)是线性时不变的连续时间状态空间模型,是行车垂直圆摆系统在垂直向上平衡点 $\boldsymbol{x}_e^{upper}=[c,0,0,0]^{\mathrm{T}}$ 的线性化近似模型。

其次,考虑基于小偏差意义的线性化。具体地,考虑式(1-42)在其垂直向下平衡点 $\boldsymbol{x}_e^{lower}=[c,0,\pi,0]^{\mathrm{T}}$ 处的小偏差线性化近似处理。注意到,如下各偏导数运算关系成立:

$$\frac{\partial f_2(\boldsymbol{x})}{\partial x_3}=\frac{mlx_4^2\cos x_3-mg\cos^2 x_3}{M+m-m\cos^2 x_3}-\frac{(m^2lx_4^2\sin x_3-m^2g\sin x_3\cos x_3)\sin^2 x_3}{(M+m-m\cos^2 x_3)^2}$$

和

$$\frac{\partial f_2(\boldsymbol{x})}{\partial x_4}=\frac{2mlx_4\sin x_3}{M+m-m\cos^2 x_3},\ \frac{\partial f_3(x)}{\partial x_4}=\frac{-2mglx_4\sin x_3\cos x_3}{l(M+m-m\cos^2 x_3)}$$

$$\frac{\partial f_3(\boldsymbol{x})}{\partial x_3}=\frac{g\cos x_3}{l}+\frac{mg\cos^3 x_3-mg\sin x_3\sin^2 x_3-mglx_4^2\cos^2 x_3}{l(M+m-m\cos^2 x_3)}-\frac{m(mg\sin x_3\cos^2 x_3-mglx_4^2\sin x_3\cos x_3)\sin^2 x_3}{l(M+m-m\cos^2 x_3)^2}$$

于是依定义，在垂直向下平衡点 $x_e^{lower}=[c,0,\pi,0]^{\mathrm{T}}$ 处的线性化模型为

$$\begin{bmatrix}\dot{x}_1(t)\\ \dot{x}_2(t)\\ \dot{x}_3(t)\\ \dot{x}_4(t)\end{bmatrix}=\begin{bmatrix}0&1&0&0\\0&0&-mg/M&0\\0&0&0&1\\0&0&-(M+m)g/(Ml)&0\end{bmatrix}\begin{bmatrix}x_1(t)\\x_2(t)\\x_3(t)\\x_4(t)\end{bmatrix}+\begin{bmatrix}0\\1/M\\0\\1/(Ml)\end{bmatrix}F(t)$$

$$=\boldsymbol{A}_l\boldsymbol{x}_l(t)+\boldsymbol{B}_lF(t)\tag{1-45}$$

其中，

$$\boldsymbol{A}_l=\left.\begin{bmatrix}\dfrac{\partial x_2}{\partial x_1}&\dfrac{\partial x_2}{\partial x_2}&\dfrac{\partial x_2}{\partial x_3}&\dfrac{\partial x_2}{\partial x_4}\\[2mm]\dfrac{\partial f_2(x)}{\partial x_1}&\dfrac{\partial f_2(x)}{\partial x_2}&\dfrac{\partial f_2(x)}{\partial x_3}&\dfrac{\partial f_2(x)}{\partial x_4}\\[2mm]\dfrac{\partial x_4}{\partial x_1}&\dfrac{\partial x_4}{\partial x_2}&\dfrac{\partial x_4}{\partial x_3}&\dfrac{\partial x_4}{\partial x_4}\\[2mm]\dfrac{\partial f_3(x)}{\partial x_1}&\dfrac{\partial f_3(x)}{\partial x_2}&\dfrac{\partial f_3(x)}{\partial x_3}&\dfrac{\partial f_3(x)}{\partial x_4}\end{bmatrix}\right|_{\boldsymbol{x}=\boldsymbol{x}_e^{lower}}$$

$$=\begin{bmatrix}0&1&0&0\\0&0&-mg/M&0\\0&0&0&1\\0&0&-(M+m)g/(Ml)&0\end{bmatrix}$$

需要注意的是，式(1-45)的线性化近似状态方程式中的输入矩阵 $\boldsymbol{B}_l$ 是式(1-42)的非线性模型中与输入相关部分在垂直向下平衡点赋值的结果，即

$$\boldsymbol{B}_l=\left[\begin{bmatrix}0\\1/f_1(\boldsymbol{x}(t))\\0\\-\cos x_3(t)/(l\cdot f_1(\boldsymbol{x}(t)))\end{bmatrix}\right]_{\boldsymbol{x}=\boldsymbol{x}_e^{lower}}=\begin{bmatrix}0\\1/M\\0\\1/(Ml)\end{bmatrix}$$

显然,状态向量方程式(1-42)对垂直向上和向下平衡点处的线性化近似状态方程式的输入矩阵是不一样的。

关于式(1-44)和式(1-45)的线性化近似状态方程,可以归纳如下结论:

- 式(1-45)的线性化过程烦琐。读者会问,为什么在垂直向下平衡点不可以按照曲线拟合近似。原因是该平衡点处,式(1-43)的三角函数近似关系不成立。可以证明,垂直向上平衡点处的线性化模型也可通过小偏差意义的线性化近似处理获得。
- 式(1-44)与原始状态方程(1-42)的垂直向上平衡点是一致的,即

$$\boldsymbol{x}_e^{upper}=[c,0,0,0]^{\mathrm{T}}=\boldsymbol{x}_{e,u}$$

换句话说,线性化近似状态方程在平衡点 $\boldsymbol{x}_{e,u}=[c,0,0,0]^{\mathrm{T}}$ 附近的状态向量轨迹可以直接视为原始状态方程在平衡点 $\boldsymbol{x}_e^{upper}=[c,0,0,0]^{\mathrm{T}}$ 附近的状态轨迹,即 $\boldsymbol{x}(t)\approx\boldsymbol{x}_u(t)$。

- 式(1-45)与原始状态方程(1-42)的垂直向下平衡点并不一致,即

$$\boldsymbol{x}_e^{lower}=[c,0,\pi,0]^{\mathrm{T}}\neq[c,0,0,0]^{\mathrm{T}}=\boldsymbol{x}_{e,l}$$

换句话说,线性化近似状态方程在平衡点 $\boldsymbol{x}_{e,l}=[c,0,0,0]^{\mathrm{T}}$ 附近的状态向量轨迹应该与原始状态方程在平衡点 $\boldsymbol{x}_e^{lower}=[c,0,\pi,0]^{\mathrm{T}}$ 附近的状态轨迹以 $\boldsymbol{x}(t)\approx\boldsymbol{x}_{e,l}(t)+[0,0,\pi,0]^{\mathrm{T}}$ 相关联。

- 线性化近似状态方程式(1-44)和式(1-45)的特征多项式可表示为

$$\det(s\boldsymbol{I}-\boldsymbol{A}(L))=\det\left(\begin{bmatrix}s&-1&0&0\\0&s&mg/M&0\\0&0&s&-1\\0&0&L&s\end{bmatrix}\right)=s^2(s^2+L)$$

这里,如果 $\boldsymbol{A}(L)$ 是指对应垂直向上平衡点的状态矩阵 $\boldsymbol{A}_u$,则 $L=-(M+m)g/(Ml)$,对应的特征值为 $s_1=s_2=0$,$s_{3,4}=\pm\sqrt{(M+m)g/(Ml)}$,其中有一个正实部的特征值,该平衡点是不稳定的。如果 $\boldsymbol{A}(L)$ 是指对应垂

直向下平衡点的状态矩阵 $\mathbf{A}_l$,则 $L=(M+m)g/(Ml)$,对应特征值为 $s_1=s_2=0$,$s_{3,4}=\pm j\sqrt{(M+m)g/(Ml)}$。由于有位于虚轴上的特征值,垂直向下平衡点的稳定性无法确定。

例 1-7 考虑例 1-4 的矢量推力喷气机的动力学特性。假设选择控制作用 $u_1=u_2=0$,那么引入状态向量 $\boldsymbol{z}=[x,y,\theta,\dot{x},\dot{y},\dot{\theta}]^{\mathrm{T}}\in\mathbf{R}^6$ 后,喷气机的状态方程式(1-19)可写成

$$\frac{\mathrm{d}\boldsymbol{z}}{\mathrm{d}t}=\begin{bmatrix} z_4 \\ z_5 \\ z_6 \\ -g\sin z_3-\dfrac{c}{m}z_4 \\ -g(\cos z_3-1)-\dfrac{c}{m}z_5 \\ 0 \end{bmatrix}=F(\boldsymbol{z}) \tag{1-46}$$

基于式(1-46),通过设置质点位移速度 $\dot{x}$,$\dot{y}$ 和机体旋转角速度 $\dot{\theta}$ 为零,并选择对应的平衡点处 θ_e 足够小,从而如下的三角函数关系成立:

$$-g\sin\theta_e\approx 0\ \text{且}\ -g(\cos\theta_e-1)\approx 0\ \Rightarrow\ z_{3,e}=\theta_e\to 0$$

基于上述近似关系,喷气机的平衡点方程可以理解为:

$$\begin{bmatrix}0\\0\\0\\0\\0\\0\end{bmatrix}=\begin{bmatrix}\dot{z}_{1,e}\\\dot{z}_{2,e}\\\dot{z}_{3,e}\\\dot{z}_{4,e}\\\dot{z}_{5,e}\\\dot{z}_{6,e}\end{bmatrix}=\begin{bmatrix} z_{4,e} \\ z_{5,e} \\ z_{6,e} \\ -g\sin z_{3,e}-\dfrac{c}{m}z_{4,e} \\ -g(\cos z_{3,e}-1)-\dfrac{c}{m}z_{5,e} \\ 0 \end{bmatrix}=\begin{bmatrix} z_{4,e} \\ z_{5,e} \\ z_{6,e} \\ -\dfrac{c}{m}z_{4,e} \\ -\dfrac{c}{m}z_{5,e} \\ 0 \end{bmatrix}$$

可见,在任何 $\dot{x}$,$\dot{y}$ 和 $\dot{\theta}$ 为零的条件下,上式的平衡点方程都有解,而且与平衡点处的 x 和 y 的具体位置无关。事实上,平衡点处的 x_e 和 y_e 可以通过坐标平移到新的位置并且仍然保持为平衡点。

为判断垂直方向平衡点的稳定性,利用 Jacobian 矩阵计算线性化状态

矩阵：

$$\boldsymbol{A}=\frac{\partial F(\boldsymbol{z})}{\partial \boldsymbol{z}}\bigg|_{z=z_e}=\begin{bmatrix}0 & 0 & 0 & 1 & 0 & 0\\0 & 0 & 0 & 0 & 1 & 0\\0 & 0 & 0 & 0 & 0 & 1\\0 & 0 & -g & -c/m & 0 & 0\\0 & 0 & 0 & 0 & -c/m & 0\\0 & 0 & 0 & 0 & 0 & 0\end{bmatrix}$$

可得状态矩阵 $\boldsymbol{A}$ 的特征值为 $\lambda(\boldsymbol{A})=\{0,0,0,0,-c/m,-c/m\}$。由于存在零特征值，喷气机的垂直方向平衡点无法判断是否是渐近稳定的。

在喷气机系统垂直方向的平衡点是否是 Lyapunov 意义上稳定的，需要用到状态矩阵 $\boldsymbol{A}$ 的 Jordan 标准形。可以证明，$\boldsymbol{A}$ 的 Jordan 标准形为

$$\boldsymbol{J}=\begin{bmatrix}0 & 0 & 0 & 0 & 0 & 0\\0 & 0 & 1 & 0 & 0 & 0\\0 & 0 & 0 & 1 & 0 & 0\\0 & 0 & 0 & 0 & 0 & 0\\0 & 0 & 0 & 0 & -c/m & 0\\0 & 0 & 0 & 0 & 0 & -c/m\end{bmatrix}$$

由于第二个 Jordan 块的特征值为 0，且非单一特征值，因此线性化模型是不稳定的。本例可以说明 Jordan 标准形在线性化模型稳定性分析中的应用。

基于稳态偏差的线性化　某些非线性状态空间模型难于进行前述两种意义的线性化，但若我们把注意力放在状态变量、输入/输出量相对于其稳态值的偏差上，有时可以建立这些系统偏差变量动态特性的线性描述，下例就是这种稳态偏差线性化思想的具体说明。

例 1-8　设某质量为 m 的卫星在轨运行系统如图 1-24 所示。卫星对地坐标位置由极坐标 $r(t)$、$\theta(t)$ 和 $\varphi(t)$ 表示。对卫星的驱动力 $u_\sigma(t)$ 通过三个相互正交的矢量推力 $u_r(t)$、$u_\theta(t)$ 和 $u_\varphi(t)$ 的合力表示。为阅读方便起见，这里将第 3.4 节部分内容简述如下。

卫星在轨运行系统的状态向量、输入控制向量和输出向量分别为

$$\boldsymbol{x}(t)=\begin{bmatrix} r(t) \\ \dot{r}(t) \\ \theta(t) \\ \dot{\theta}(t) \\ \varphi(t) \\ \dot{\varphi}(t) \end{bmatrix} \in \mathbf{R}^6, \boldsymbol{u}(t)=\begin{bmatrix} u_r(t) \\ u_\theta(t) \\ u_\varphi(t) \end{bmatrix} \in \mathbf{R}^3, \boldsymbol{y}(t)=\begin{bmatrix} r(t) \\ \theta(t) \\ \varphi(t) \end{bmatrix} \in \mathbf{R}^3$$

那么，根据天体动力学定律，该卫星在轨运行系统的状态空间模型为

$$\dot{\boldsymbol{x}}=h(\boldsymbol{x},\boldsymbol{u})=\begin{bmatrix} \dot{r} \\ r\dot{\theta}^2\cos^2\varphi+r\dot{\varphi}^2-k/r^2+u_r/m \\ \dot{\theta} \\ -2\dot{r}\dot{\theta}/r+2\dot{\theta}\dot{\varphi}\sin\varphi/\cos\varphi+u_\theta/mr\cos\varphi \\ \dot{\varphi} \\ -\dot{\theta}^2\cos\varphi\sin\varphi-2\dot{r}\dot{\varphi}/r+u_\varphi/mr \end{bmatrix} \tag{1-47}$$

$$\boldsymbol{y}=\begin{bmatrix} 1 & 0 & 0 & 0 & 0 & 0 \\ 0 & 0 & 1 & 0 & 0 & 0 \\ 0 & 0 & 0 & 0 & 1 & 0 \end{bmatrix}\boldsymbol{x} \tag{1-48}$$

这里，$r_o^3\omega_o^3=k$ 是天体物理常数。为简明起见，式中的时间变量 t 均被省略。

在发动机关闭时，$\boldsymbol{u}(t)=\boldsymbol{u}_o(t)=0$。此时，假设卫星在赤道圆轨道做匀速圆周运行，则状态方程式(1-47)的 $\dot{\boldsymbol{x}}(t)=0$ 时的稳态解具有如下形式：

$$\boldsymbol{x}_o=[r_o \quad 0 \quad \omega_o t \quad 0 \quad 0 \quad 0]^{\mathrm{T}}$$

这里，r_o 为圆周轨道半径，ω_o 为圆周运动角速度等设定轨道常数。稳态解的形式说明，卫星到达设定稳态轨道后，只要没有扰动，它就会留在该轨道上。若卫星偏离轨道，则需要施加推力 $\boldsymbol{u}(t)\neq 0$ 将其推回轨道。

下面考虑式(1-47)的非线性微分方程的线性化问题。为此，定义：

$$\boldsymbol{x}(t)=\boldsymbol{x}_o+\Delta\boldsymbol{x}(t), \boldsymbol{u}(t)=\boldsymbol{u}_o(t)+\Delta\boldsymbol{u}(t), \boldsymbol{y}(t)=\boldsymbol{y}_o(t)+\Delta\boldsymbol{y}(t)$$

这里，$\boldsymbol{u}_o(t)=0$，而 $\boldsymbol{y}_o(t)$ 为对应 $\boldsymbol{x}_o$ 的式(1-48)的输出向量；$\Delta\boldsymbol{x}(t)$，$\Delta\boldsymbol{u}(t)$ 和 $\Delta\boldsymbol{y}(t)$ 分别是对状态向量、输入向量和输出向量的扰动项。假设这些扰动量都很小，略去关于这些扰动量的二次及二次以上等高次无穷小项，

由式(1-47)和式(1-48)可以分别得到如下近似关系式。

$$\Delta\dot{\boldsymbol{x}}(t)=\begin{bmatrix}0 & 1 & 0 & 0 & 0 & 0\\ 3\omega_o^2 & 0 & 0 & 2\omega_o r_o & 0 & 0\\ 0 & 0 & 0 & 1 & 0 & 0\\ 0 & \dfrac{-2\omega_o}{r_o} & 0 & 0 & 0 & 1\\ 0 & 0 & 0 & 0 & -\omega_o^2 & 0\end{bmatrix}\Delta\boldsymbol{x}(t)$$

$$+\begin{bmatrix}0 & 0 & 0\\ m^{-1} & 0 & 0\\ 0 & 0 & 0\\ 0 & (mr_o)^{-1} & 0\\ 0 & 0 & 0\\ 0 & 0 & (mr_o)^{-1}\end{bmatrix}\Delta\boldsymbol{u}(t) \tag{1-49}$$

$$\Delta\boldsymbol{y}(t)=\begin{bmatrix}1 & 0 & 0 & 0 & 0 & 0\\ 0 & 0 & 1 & 0 & 0 & 0\\ 0 & 0 & 0 & 0 & 1 & 0\end{bmatrix}\Delta\boldsymbol{x}(t) \tag{1-50}$$

基于式(1-49)和式(1-50),我们得到如下观察与理解:

- 两式构成标准的状态空间模型,其中,状态矩阵 $\boldsymbol{A}$、输入矩阵 $\boldsymbol{B}$ 和输出矩阵 $\boldsymbol{C}$ 都是常数矩阵,于是近似模型是线性时不变的。但它们不是原非线性状态空间模型的线性化模型。事实上,两式是关于原系统状态向量、输入向量/输出向量相对于其各自稳态值之间的扰动向量的关系方程式。
- 注意到近似模型的系数矩阵都是分块对角阵。因此可以将状态向量分解为两个非耦合部分,其中的一个部分向量涉及 r 和 θ 变量(4 阶模型),另一个部分向量仅涉及 φ 变量(2 阶模型)。通过分别研究这两个低阶的状态空间模型,可以简化对高维系统整体的动态特性的分析和设计。

例 1-9 在化工过程系统中,需要考虑液位保持的控制问题。图 1-41 是由两个储液罐连接形成的简化模型。假设正常工作情况(即稳态工作状态)下,两个储液罐的流入量和流出量均为 Q,液位分别为 H_1 和 H_2。设 u 为第一个储液罐的流入扰动,它将引起液位扰动 x_1 和流出量扰动 y_1。这些扰动变化将导致第二个储液罐的液位扰动变化 x_2 和流出量扰动 y。

根据图 1-41,一方面,各储液罐的液位与输出变动的关系分别满足:

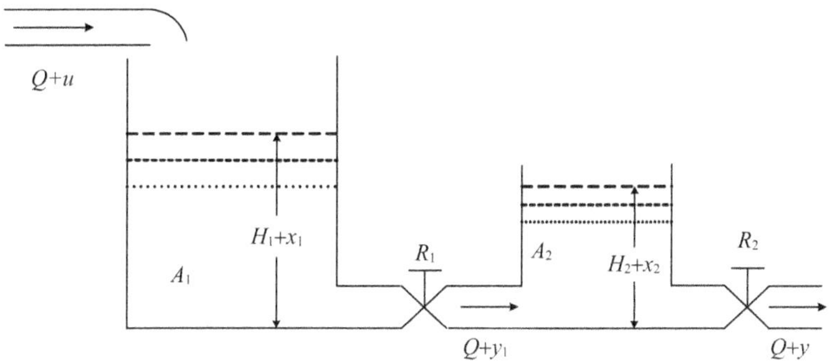

图 1-41　例 1-9 的液面保持控制过程的示意图

$$y_1=\frac{x_1-x_2}{R_1},y=\frac{x_2}{R_2}$$

式中，R_i 为流动阻力，取决于液体的法向高度 H_1 和 H_2。另一方面，两储液罐也由各自的阀门控制，对应的液位扰动变化分别满足：

$$A_1\mathrm{d}x_1=(u-y_1)\mathrm{d}t,A_2\mathrm{d}x_2=(y_1-y)\mathrm{d}t$$

其中，A_i，$i=1,2$ 是相应储液罐的横截面。

从上述数学关系式，我们可以整理得到：

$$\begin{cases}\dot{x}_1=\dfrac{u}{A_1}-\dfrac{x_1-x_2}{A_1R_1},\dot{x}_2=\dfrac{x_1-x_2}{A_2R_1}-\dfrac{x_2}{A_2R_2}\\ y=\dfrac{x_2}{R_2}\end{cases}$$

由此，写成状态向量形式的状态空间模型，有

$$\begin{cases}\begin{bmatrix}\dot{x}_1\\ \dot{x}_2\end{bmatrix}=\begin{bmatrix}-1/A_2R_2 & 1/A_1R_1\\ 1/A_2R_1 & -(1/A_2R_1+1/A_2R_2)\end{bmatrix}\begin{bmatrix}x_1\\ x_2\end{bmatrix}+\begin{bmatrix}1/A_1\\ 0\end{bmatrix}u\\ y=[0\quad 1/R_2]\begin{bmatrix}x_1\\ x_2\end{bmatrix}\end{cases}$$

该状态空间模型是线性时不变的。另外，依照定义，其传递函数为

$$G(s)=\boldsymbol{C}(s\boldsymbol{I}-\boldsymbol{A})^{-1}\boldsymbol{B}=\frac{1}{A_1A_2R_1R_2s^2+(A_1R_1+A_1R_2+A_2R_2)s+1}$$

这里，$\boldsymbol{A}\in\mathbf{R}^{2\times2}$，$\boldsymbol{B}\in\mathbf{R}^{1\times2}$ 和 $\boldsymbol{C}\in\mathbf{R}^{2\times1}$ 是在状态空间模型中显然定义的。

反馈控制下的线性化　某些非线性系统可以通过引入附加的反馈控制作用，使其内部的非线性特性得以抵消，使得闭环系统整体呈现为严格的线性关系。这种通过引入反馈控制作用使得非线性系统精确地转换为线性系统的方法称为反馈线性化，如图 1-42 所示。

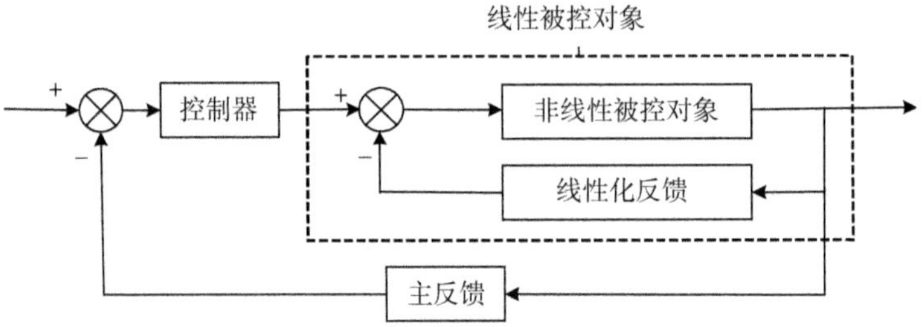

图 1-42　反馈线性化的结构模型解释

完成反馈线性化后，针对原非线性被控对象系统的主反馈和主控制器是基于反馈线性化后的线性模型进行分析与设计的，这使得成熟的线性系统控制理论与方法得以应用。

最具代表性的反馈线性化方法是平衡点调度线性化。简单地说，设计反馈线性化控制器并整定其参数将闭环系统的状态平衡点移动到期望的稳态工作点，然后在该平衡点处实施针对闭环系统的小偏差意义线性化。

反馈线性化的优势与缺陷都是明显的。反馈线性化是对非线性系统的精确的和解析的线性化，具有模型确定和特性明确的技术优势，但反馈线性化仅适合于特定的非线性系统，实施方法与步骤也需要具体问题具体分析。特别是，反馈线性化控制器本身往往也是非线性的，会导致被控对象的进一步复杂化。限于篇幅，本书不做深入讨论。

5.2　关于二次模型的建模后处理技术

本节讨论当控制系统的二次模型获得后，对其进一步近似处理或形式变换涉及的建模后处理技术。与一次模型的建模后处理不同的是，二次模型在数学关系式上已经典型化和规范化了，这时所面临的问题更多是二次模型有某种复杂性，依然不利于直接用于问题的解决。这时，能够降低二次模型复杂性的相关建模后处理技术就非常必要。

5.2.1 传递函数模型降阶的问题设定

当系统模型的阶次较高时,需考虑利用低阶模型进行近似处理,以简化后续系统分析与设计。模型降阶时,原高阶模型的稳定性,稳态特性及瞬态特性等需要在低阶模型中得以保持。通常的要求是,降阶模型也应稳定且与原高阶模型有相同或相似的稳态特性和瞬态特性。对模型降阶过程也有其他要求,如频率响应特性匹配等。

这里仅限于单输入/单输出的线性时不变系统,讨论传递函数模型降阶问题。这时,模型降阶是指针对高阶传递函数,重构出阶次较低的传递函数,并使后者与前者有相同或相似的动态特性。考虑高阶传递函数为

$$G(s)=\frac{b_m s^m+\cdots+b_1 s+b_0}{s^n+a_{n-1}s+\cdots+a_1 s+a_0}$$

构建低阶传递函数

$$\tilde{G}(s)=\frac{\tilde{b}_q s^q+\cdots+\tilde{b}_1 s+\tilde{b}_0}{s^p+\tilde{a}_{n-1}s+\cdots+\tilde{a}_1 s+\tilde{a}_0}$$

满足 $p<n$ 和 $q\leqslant m$,且 $G(s)$ 和 $\tilde{G}(s)$ 稳定性相同并具有相似的稳态特性和瞬态特性。

有多种方法可以用于传递函数模型的降阶处理,这些方法需要满足:

- 低阶模型的时域和/或频域特性与高阶模型的特性应足够接近;
- 原始模型与降阶模型是在相同意义上稳定的。

5.2.2 传递函数模型降阶的 Pade 近似法

设原系统模型为

$$G(s)=\sum\nolimits_{i=0}^{m}b_i s^i\Big/\sum\nolimits_{j=0}^{n}a_j s^j,a_n\neq 0 \tag{1-51}$$

设降阶模型为

$$G_r(s)=\sum\nolimits_{i=0}^{r-1}\beta_i s^i\Big/\sum\nolimits_{j=0}^{r}\alpha_j s^j,r<n \tag{1-52}$$

现将 $G(s)$ 在 $s=0$ 点展开成 Maclaurin 级数展式,则有

$$G(s)=\sum\nolimits_{k=0}^{+\infty}c_k s^k$$

由于 $G_r(s)$ 是对 $G(s)$ 的近似，为此可以在两者的 Maclaurin 级数各阶系数相同或相近意义下构建降阶模型，即

$$G_r(s)=\frac{\sum_{i=0}^{r-1}\beta_i s^i}{\sum_{j=0}^{r}\alpha_j s^j}=\sum_{k=0}^{+\infty}c_k s^k$$

两边交叉相乘就有 $(\sum_{j=0}^{r}\alpha_j s^j)(\sum_{k=0}^{+\infty}c_k s^k)=\sum_{i=0}^{r-1}\beta_i s^i$，将两边展开并比较 s^k 的同次幂，并注意到，$\beta_j=0$，$j=r$，$r+1$，…，就有

$$\begin{cases}\beta_0=\alpha_0 c_0\\ \beta_1=\alpha_0 c_1+\alpha_1 c_0\\ \cdots\cdots\\ \beta_{r-1}=\alpha_0 c_{r-1}+\alpha_1 c_{r-2}+\cdots+\alpha_{r-1}c_0\\ 0=\alpha_0 c_r+\alpha_1 c_{r-1}+\cdots+\alpha_r c_0\\ \cdots\cdots\\ 0=\alpha_0 c_{r+i}+\alpha_1 c_{r-1+i}+\cdots+\alpha_r c_i,i=0,1,2,\cdots\end{cases}\tag{1-53}$$

不失一般性，设 $\alpha_r=1$，并使上式的第 $r+1$ 式直至第 $2r$ 式成立，即

$$\alpha_0 c_{r+1}+\alpha_1 c_{r-1+i}+\cdots+\alpha_{r-1}c_{i+1}=-\alpha_r c_i=-c_i,i=0,1,\cdots,r-1$$

以上诸式写成矩阵形式就是

$$\begin{bmatrix}c_r & c_{r-1} & \cdots & c_1\\ c_{r+1} & c_r & \cdots & c_2\\ \vdots & \vdots & & \vdots\\ c_{2r-1} & c_{2r-2} & \cdots & c_r\end{bmatrix}\begin{bmatrix}\alpha_0\\ \alpha_1\\ \vdots\\ \alpha_{r-1}\end{bmatrix}=-\begin{bmatrix}c_0\\ c_1\\ \vdots\\ c_{r-1}\end{bmatrix}$$

从而等价地，我们得到

$$\begin{bmatrix}\alpha_0\\ \alpha_1\\ \vdots\\ \alpha_{r-1}\end{bmatrix}=-\begin{bmatrix}c_r & c_{r-1} & \cdots & c_1\\ c_{r+1} & c_r & \cdots & c_2\\ \vdots & \vdots & & \vdots\\ c_{2r-1} & c_{2r-2} & \cdots & c_r\end{bmatrix}^{-1}\begin{bmatrix}c_0\\ c_1\\ \vdots\\ c_{r-1}\end{bmatrix}\tag{1-54}$$

将式(1-53)的前 r 个关系式也写成矩阵形式，并结合式(1-54)，则

$$\begin{bmatrix}\beta_0\\\beta_1\\\vdots\\\beta_{r-1}\end{bmatrix}=-\begin{bmatrix}c_0&0&\cdots&0\\c_1&c_0&\cdots&0\\\vdots&\vdots&&\vdots\\c_{r-1}&c_{r-2}&\cdots&c_0\end{bmatrix}\begin{bmatrix}c_r&c_{r-1}&\cdots&c_1\\c_{r+1}&c_r&\cdots&c_2\\\vdots&\vdots&&\vdots\\c_{2r-1}&c_{2r-2}&\cdots&c_r\end{bmatrix}^{-1}\begin{bmatrix}c_0\\c_1\\\vdots\\c_{r-1}\end{bmatrix}\tag{1-55}$$

式(1-54)与式(1-55)给出了式(1-52)定义的降阶模型的分子/分母多项式系数的计算关系。

总之,由 Pade 近似方法得到的降阶传递函数模型的特点有:

- $G_r(s)$ 的 Maclaurin 级数前 $2r$ 个系数与 $G(s)$ 的前 $2r$ 个系数相同;
- 降阶模型与高阶模型的稳态特性相同。事实上,以下式子成立

  $\lim_{s\to 0}G(s)=b_0/a_0$, $\lim_{s\to 0}G_r(s)=\beta_0/\alpha_0=c_0=b_0/a_0$

- 降阶模型的稳定性得不到保证,瞬态特性也无法调整,如例 1-10 所示。

例 1-10 试利用 Pade 方法求取下式的四阶传递函数模型的降阶模型。

$$G(s)=\frac{10+7.5s+2.06s^2+0.116s^3}{1+1.5s+0.85s^2+0.15s^3+0.008354s^4}$$

注意到,高阶传递函数 $G(s)$ 的 Maclaurin 级数的部分展开式是

$$G(s)=10-7.5s+4.8167s^2+2.2333s^3+0.2974s^4+0.7922s^5+\cdots$$

同时,原传递函数的极点为 $-1.197\pm j0.693$ 与 $-7.803\pm j1.358$,故原系统是稳定的。

由式(1-54)与式(1-55),可计算得到 $G(s)$ 的三阶降阶模型:

$$G_{r3}(s)=\frac{10+7.094s+1.73s^2}{1+1.4564s+0.7858s^2+0.1098s^3}$$

类似地,计算得到的二阶降阶模型:

$$G_{r2}(s)=\frac{10+9.5633s}{1+1.7063s+0.7981s^2}$$

计算可知,$G_{r3}(s)$ 的极点为 -4.771 与 $-1.193\pm j0.697$,而 $G_{r2}(s)$ 的极点是 $-1.069\pm j0.332$,故二阶和三阶 Pade 降阶模型均是稳定的。

例 1-11 试利用 Pade 方法求取下面四阶传递函数模型的降阶模型。

$$G(s)=\frac{100+385s+527s^2+267s^3}{1+4s+6s^2+4s^3+s^4}$$

直接依定义,可知高阶传递函数 $G(s)$ 的 Maclaurin 级数的部分展开式是

$$G(s)=100-15s+13s^2+9s^3+2s^4+5s^5+\cdots$$

利用式(1-54)与式(1-55),可求出其三阶 Pade 降阶模型:

$$G_{r3}(s)=\frac{100-231.26s-5857s^2}{1-2.1626s-0.7801s^2-0.4881s^3}$$

通过该传递函数极点计算可知三阶降阶模型具有不稳定极点。

5.2.3 传递函数模型降阶的 Routh-Pade 近似法

为保证降阶模型与高阶模型保持相同稳定性,可将 Routh 判据与 Pade 模型降阶方法相结合。具体地,考虑高阶系统传递函数模型(1-51),其极点多项式方程式是:

$$P_n(s)=\sum\nolimits_{j=0}^{n}a_js^j=0$$

设对应的 Routh 阵列构造如下

$$\begin{array}{lllll}
s^n & a_n & a_{n-2} & a_{n-4} & \cdots \\
s^{n-1} & a_{n-1} & a_{n-3} & a_{n-5} & \\
s^{n-2} & a_{n-2,n-2} & a_{n-4,n-2} & & \\
s^{n-3} & a_{n-3,n-3} & a_{n-5,n-3} & & \\
\cdots & \cdots & \cdots & & \\
s^3 & a_{33} & a_{13} & & \\
s^2 & a_{22} & a_{02} & & \\
s^1 & a_{11} & & & \\
s^0 & a_{00} & & &
\end{array}$$

从第 s^{n-2} 行开始的各行的所有元素有两个下标,其第一个是对应 s 的幂次,而第二个为行标。

利用上面的 Routh 阵列,构造多项式函数序列:

$$Q_i(s)=\sum_{j=0}^{i}a_{ji}s^j, i=n-2,n-3,\cdots$$

其中，$a_{ji}=0$，若 i 为偶数，j 为奇数；或 i 为奇数，j 为偶数(要理解这一点，只需注意 Routh 阵列中 s 的幂次与多项式系数的对应关系即可)。再定义

$$P_i(s)=Q_i(s)+KQ_{i-1}(s) \tag{1-56}$$

其中，$K>0$ 为待定系数。不难看出，若 $P_n(s)$ 是 Hurwitz 多项式，则式(1-56)定义的多项式 $P_i(s)$ 也是 Hurwitz 的。这是因为，$P_i(s)$ 的 Routh 阵列正是 $P_n(s)$ 的 Routh 阵列从第 i 行开始向下的部分，只是第 $i-1$，$i-3$，$\cdots$ 等行乘以正数 K，而这不改变 $P_i(s)$ 首列各数的正负关系。

利用上述结果，若降阶模型定义为

$$G_r(s)=\sum_{i=0}^{r-1}\beta_i s^i/P_r(s) \tag{1-57}$$

则当选择任何 $K>0$ 时，式(1-57)中的降阶模型必定是稳定的。

现在的问题是，如何选择 $K>0$ 使 $G_r(s)$ 与 $G(s)$ 稳态特性相近。这里依然采用两者的 Maclaurin 级数系数对应相等处理。为此，将 $P_r(s)$ 写成

$$P_r(s)=\sum_{k=0}^{r}a_{kr}s^k+K\sum_{k=0}^{r-1}a_{k\ r-1}s^k=\sum_{k=0}^{r}\alpha_k s^k$$

比较上式两边，则有

$$\begin{cases}\alpha_r=a_{rr}\\ \alpha_{r-1}=a_{r-1,r}+Ka_{r-1,r-1}\\ \cdots\cdots\\ \alpha_0=a_{0r}+Ka_{0r-1}\end{cases} \tag{1-58}$$

又因为考虑 $G_r(s)$ 是 $G(s)$ 的低阶近似，取 $\sum_{i=0}^{r-1}\beta_i s^i/P_r(s)=\sum_{k=0}^{+\infty}c_k s^k$。将其两边交叉相乘，就是 $\sum_{i=0}^{r-1}\beta_i s^i=(\sum_{k=0}^{+\infty}c_k s^k)\cdot(\sum_{k=0}^{r}\alpha_k s^k)$。将其展开后比较两边各 s^k 的同次幂，则

$$\begin{cases}\beta_0=\alpha_0c_0\\ \beta_1=\alpha_0c_1+\alpha_1c_0\\ \cdots\\ \beta_{r-1}=\alpha_0c_{r-1}+\cdots+\alpha_{r-1}c_0\\ 0=\alpha_0c_r+\cdots+\alpha_rc_0\end{cases}$$

将式(1-58)代入上面方程组的各式，则

$$\begin{cases}\beta_0=(a_{0r}+Ka_{0r-1})c_0\\ \beta_1=(a_{0r}+Ka_{0r-1})c_1+(a_{1r}+Ka_{1r-1})c_0\\ \cdots\\ \beta_{r-1}=(a_{0r}+Ka_{0r-1})c_{r-1}+\cdots+(a_{r-1r}+Ka_{r-1r-1})c_0\\ 0=(a_{0r}+Ka_{0r-1})c_r+\cdots+a_{rr}c_0\end{cases}$$

将上式中的前 r 个方程写成矩阵，则有

$$\begin{bmatrix}\beta_0\\ \beta_1\\ \vdots\\ \beta_{r-1}\end{bmatrix}=\begin{bmatrix}c_0 & 0 & \cdots & 0\\ c_1 & c_0 & \cdots & 0\\ \vdots & \vdots & & \vdots\\ c_{r-1} & c_{r-2} & \cdots & c_0\end{bmatrix}\begin{bmatrix}a_{0r}\\ a_{1r}\\ \vdots\\ a_{r-1r}\end{bmatrix}+K\begin{bmatrix}a_{0r-1}\\ a_{1r-1}\\ \vdots\\ a_{r-1r-1}\end{bmatrix} \tag{1-59}$$

由上述方程组的最后一个标量代数方程，则有

$$K=\sum_{k=0}^{r}a_{kr}c_{r-k}/(\sum_{k=0}^{r-1}a_{kr-1}c_{r-k}) \tag{1-60}$$

总之，利用 Routh-Pade 法得到的降阶传递函数模型的特点是：

- 可保证降阶模型与原模型有相同的稳态特征，但不能调整瞬态特性。
- 由于式(1-60)的 K 不能保证总为正，稳定性可能得不到满足。

该法是以牺牲 $G(s)$ 与 $G_r(s)$ 的 Maclaurin 级数的对等系数个数来保证降阶模型与高阶模型有相同稳定性的，对等关系至多为 $r+1$ 个。

例 1-12 考虑如下四阶传递函数模型，试求 Routh－Pade 法的降阶模型。

$$G(s)=\frac{100+385s+527s^2+267s^3}{1+4s+6s^2+4s^3+s^4}$$

给定高阶模型极点多项式方程对应的 Routh 阵列如下

$$\begin{array}{llll} s^4 & 1 & 6 & 1\\ s^3 & 4 & 4 & \\ s^2 & 5 & 1 & \\ s^1 & 1 & & \\ s^0 & 1 & & \end{array} \quad\Rightarrow\quad \begin{cases}a_{33}=4, & a_{13}=4\\ a_{22}=5, & a_{02}=1\\ a_{11}=16/5, & a_{00}=1\end{cases}$$

将这些系数和原模型的 Maclaurin 展开式系数代入式(1-58)、式(1-59)以及式(1-60)，则得三阶 Routh-Pade 降阶模型是

$$G_{r3}(s)=\frac{527.2727+320.9091s+2507.818s^2}{5.2727+4s+26.3636s^2+4s^3}$$

其中，$K=5.2727>0$。由于这里的 $K>0$，所以该降阶模型是稳定的。

类似地，可以得到二阶 Routh-Pade 降阶模型是

$$G_{r2}(s)=\frac{100+3231.667s}{1+4s+32.4667s+5s^2}$$

其中，$K=10.1458>0$。由于 $K>0$，降阶模型是稳定的。

5.2.4 传递函数模型降阶的 Routh 近似法

Routh-Pade 方法虽然使降阶模型的稳定性得到保证，但系数计算关系繁杂，为此人们提出了直接由 Routh 阵列构造降阶模型的方法。

设高阶传递函数为式(1-51)，其分子与分母多项式的 Routh 阵列见表 3.7。

表 3.7 $G(s)$分子和分母多项式的 Routh 阵列

b_{11}	b_{12}	b_{13}	b_{14}	…	a_{11}	a_{12}	a_{13}	q_{14}	…
b_{21}	b_{22}	b_{23}	b_{24}	…	a_{21}	a_{22}	a_{23}	a_{24}	…
b_{31}	b_{32}	b_{33}	…	…	a_{31}	a_{32}	a_{33}	…	…
b_{41}	b_{42}	b_{43}	…	…	a_{41}	a_{42}	a_{43}	…	…
…	…				…	…			
$b_{m,1}$	$b_{m+1,1}$				$a_{m,1}$	$a_{m+1,1}$			

其中，

$$b_{ij}=b_{i-2,j+1}b_{i-1,1}-b_{i-2,1}b_{i-1,j+1}/b_{i-1,1}\quad i\geqslant 3,1\leqslant j\leqslant \text{int}[(m-i+3)/2]$$

$$a_{ij}=a_{i-2,j+1}a_{i-1,1}-a_{i-2,1}a_{i-1,j+1}/a_{i-1,1}\quad i\geqslant 3,1\leqslant j\leqslant \text{int}[(n-i+3)/2]$$

这里，int[•] 表示对实数(•)取其下侧最邻近整数的取整数运算。

利用表 3.7 的 Routh 阵列关系，将 $G(s)$ 的 r 阶降阶模型构造成

$$G_r(s)=\frac{b_{(m+2-r),1}s^{r-1}+b_{(m+3-r),1}s^{r-2}+b_{(m+2-r),2}s^{r-3}+\cdots}{a_{(n+1-r),1}s^{r-1}+a_{(n+2-r),1}s^{r-1}+a_{(n+1-r),1}s^{r-2}+\cdots}\tag{1-61}$$

也就是说，$G_r(s)$ 的分子/分母多项式的 Routh 阵列分别是 $G(s)$ 的分子/分

母多项式的 Routh 阵列从第 $n-r$ 行开始向下的部分。当高阶模型稳定时，降阶模型 $G_r(s)$ 也是稳定的。

总之，基于 Routh 法的降阶模型有如下特点：

- 高阶模型是稳定的，则降阶模型一定是稳定的；
- 降阶模型与高阶模型具有相同的稳态特征。

例 1-13 考虑如下高阶系统模型的降阶近似。

$$G(s)=\frac{35s^7+1086s^6+13285s^5+82402s^4+278376s^3+511812s^2+482964s+194480}{s^8+33s^7+437s^6+3017s^5+11870s^4+27470s^3+37492s^2+28880s+9600}$$

给定高阶模型的分子分母多项式的 Routh 阵列分别如下：

35	13285	278376	482964
1086	82402	511812	194480
10629.3	261881.1	476696.1	
55645.5	463107.8	194480.0	
173419.1	439546.9		
322069	194480		
334828.5			
194480			

1	437	11870	37492	9600
33	3017	27470	28880	
345.6	11037.6	36616.8	9600	
1963	23973.4	27963.3		
6817.2	31694	9600		
14847.1	25199			
20123.7	9600			
18116.2				
9600				

由此，直接按式(1-61)构造出的二阶降阶模型是：

$$G_2(s)=\frac{334828.5s+194480}{20123.7s^2+18116.2s+9600}$$

类似地，五阶降阶模型是

$$G_5(s)=\frac{55645.5s^4+173419.1s^3+463107.8s^2+439546.9s+194480}{1963s^5+6817.2s^4+23973.4s^3+31694s^2+27963.3s+9600}$$

5.2.5 传递函数模型降阶的对数坐标图法

绘制高阶传递函数的频率响应特性函数的对数坐标图后，通过对其进行折线近似成低阶频率特性函数是传递函数模型降阶的一种实用性很强的方法。事实上，对高阶系统的对数坐标图通过具有更少转折点的折线近似后，基于模型辨识步骤就可以得到降阶模型。具体步骤与基于对数坐标图的模型辨识步骤无本质区别，这里不再重复说明。

不难理解，基于对数坐标图的传递函数模型降阶方法有如下特点：

- 近似折线的低频段应与原高阶模型对数坐标图的低频特性一致,这样高阶模型的稳态特形可以在降阶模型中得到保留;
- 近似折线中频段的对数幅频特性和相频特性关系应该与高阶模型的对数坐标图关系保持一致,这样降阶模型的稳定性可以得到保证;
- 瞬态特性可以通过高频段的折线近似一致性得以反映,比如,若利用折线进行高频率幅值的近似,瞬态响应速度会比较快。遗憾的是,通过这种方法精确调整瞬态特性却非常困难。

§6 控制系统动态特性的主要图解方法

在对控制系统的状态响应特性和输入/输出信号关系进行数值模拟和仿真分析时,通常需要以某种形式对数值计算结果进行图形化表现并理解,以便形象而清晰地说明对象系统的动态特性含义与控制作用效果等。本节概述几种说明系统动态特性在时域、频域或参数空间等表征时常用的图解工具与使用方法。这些概略化的说明,对于理解本文的各种特性曲线的定义、意义和作用也是有帮助的。对于尚未学过的相关图形工具与概念等,初学者可以略去不读,这并不会对后续内容的学习与理解产生任何困难。

6.1 时域图解法

所谓时域图解法,是指在进行对象系统动态特性的曲线化、图形化描述过程中,所绘制的曲线、图形等是以系统动态特性相对于时间轴的时间演进来表现的。控制系统中的典型时域图解曲线包括脉冲响应曲线、阶跃响应曲线。这类曲线很好地揭示了系统动态特性是如何随时间演进而变化的,因而得到十分广泛的应用。

时域图解法适用范围很广,可以用于任何对象系统动态特性的时域响应解析求解或数值求解可能的情形。但对于三阶及三阶以上的高阶系统而言,由于时域演进曲线呈现为四维及四维以上的高维向量,其图解形式需要分维和/或截面化表现和解释,图形绘制并不直观也不方便,特别是难于形成视觉直观性而限制了其应用。

6.2 频域图解法

所谓频域图解法,是指在进行对象系统动态特性的曲线化、图形化描述过程中，所绘制的曲线、图形是以系统动态特性相对于频率信号（正弦信号）形式呈现的。控制系统中的代表性频域曲线和图形有，极坐标图、对数坐标图（Bode 图）以及 Nyquist 轨迹等。这类曲线主要用于揭示在正弦输入信号作用下，系统动态特性是如何随着正弦频率（或角频率）的变化而变化的。

频域图解法的适用范围比较窄，只适合于对象系统可以定义频域特性的情形，比如振动与谐波问题。一般地，频域图解法不适合于非线性系统，如果其频率特性无法定义或系统谐波特性不确定的话。同样地，对于高阶系统而言，其频域特性同样也呈现为高维向量，其图解形式也需要分维和/或截面化表现，导致绘制和使用上的不便。

6.3 参量轨迹图解法

控制系统的参量动态特性图解法往往既有时域图解法的特点，又具有频域图解法的特点，也可表现为系统动态特性与模型结构参变量的关系。控制理论中最具代表性的参量轨迹图解法有三类：一是，以模型结构参变量等非时间变量为参变量的轨迹图解法，比如线性时不变系统特征多项式方程根分析的根轨迹图法；二是，直接以时间变量为参变量的特性响应图解法，比如非线性系统分析的相轨迹图解法；三是，间接以时间变量为参变量的特性图解法，如频率特性函数的幅相频率特性曲线。第三类中使用最频繁的是 Nyquist 轨迹图，这里之所以称其为间接时间参变量意义上的，是因为频率参变量本质依然是时间意义上的。

6.3.1 特征多项式方程的根轨迹图

根轨迹定义于反馈控制系统的特征多项式方程，通常只能对线性时不变系统才能定义传递函数及其极点，从而才有严格意义的开闭环特征多项式方程。事实上，根轨迹法是线性时不变反馈控制系统的由开环传递函数零极点特征分析其闭环传递函数极点特征的方法之一。为定性说明根轨迹方法的定义与意义，给出如图 1-43 的反馈控制系统。

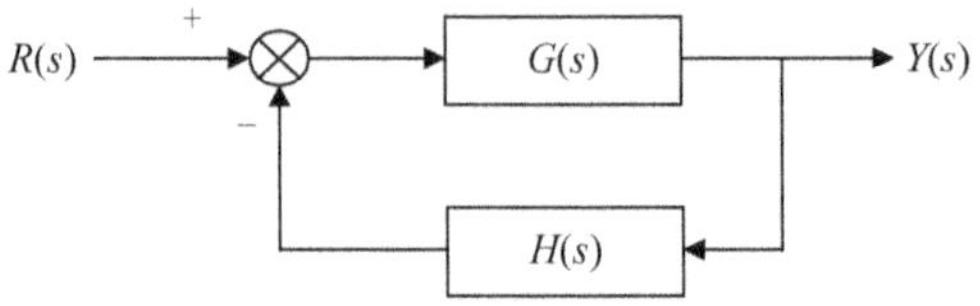

图 1-43　典型线性时不变反馈控制系统结构框图

显然，闭环传递函数为 $G_B(s)=G(s)/[1+G(s)H(s)]$，对应的闭环特征多项式方程是

$$1+G(s)H(s)=0 \tag{1-62}$$

若令

$$G(s)H(s)=K\prod_{i=1}^{m}(s+z_i)/\prod_{k=1}^{n}(s+p_k) \tag{1-63}$$

这里，K 称开环增益；$-z_i, i=1,2,\cdots,m$ 和 $-p_k, k=1,2,\cdots,n$ 分别为开环传递函数的零点和极点，简称开环零极点；特征多项式方程式(1-62)的根即闭环系统传递函数的极点，简称闭环极点。

将式(1-62)可以改写成

$$G(s)H(s)=-1 \tag{1-64}$$

或基于式(1-63)，将闭环特征多项式方程直接表达为

$$\prod_{i=1}^{m}(s+z_i)/\prod_{k=1}^{n}(s+p_k)=-1/K \tag{1-65}$$

因此，使式(1-64)或式(1-65)成立的 $s\in\mathbf{C}$ 值，也是闭环极点。根轨迹法就是利用上述开环传递函数 $G(s)H(s)$ 与闭环特征多项式方程(1-65)的关系，通过解析或图解方式描述和确定反馈系统的闭环极点随开环增益 K 变动规律的方法。即有

定义 1-4 当 $K\in(-\infty,+\infty)$ 变化时，满足式(1-64)或式(1-65)的 $s\in\mathbf{C}$ 点在复平面上变动的轨迹称为图 1-43 所示反馈控制系统的根轨迹。

例 1-14 考虑下图所示的单位反馈二阶系统的根轨迹。

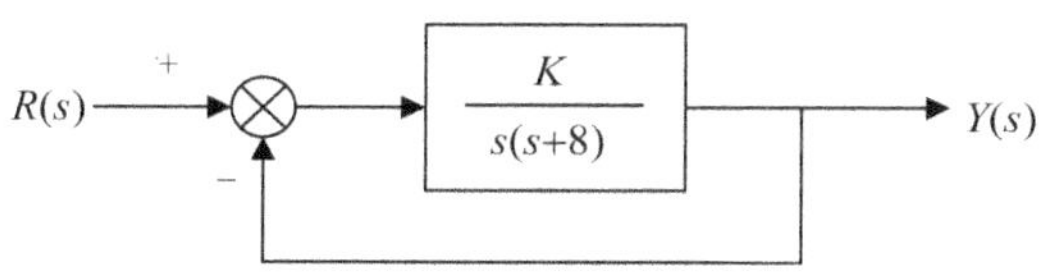

图 1-44 例 1-14 的反馈系统的方框图

图 1-44 所示系统的闭环传递函数是 $G_B(s)=K/(s^2+8s+K)$，从而闭环系统的特征多项式方程为 $s^2+8s+K=0$。于是，闭环特征根的解公式为 $s_{1,2}=-4\pm\sqrt{16-K}$。当以开环增益参量 $K\in(-\infty,+\infty)$ 变动时，在复平面上绘制出 $s_{1,2}$ 随 K 变动的轨迹，可以得图 1-45 所示的根轨迹曲线。

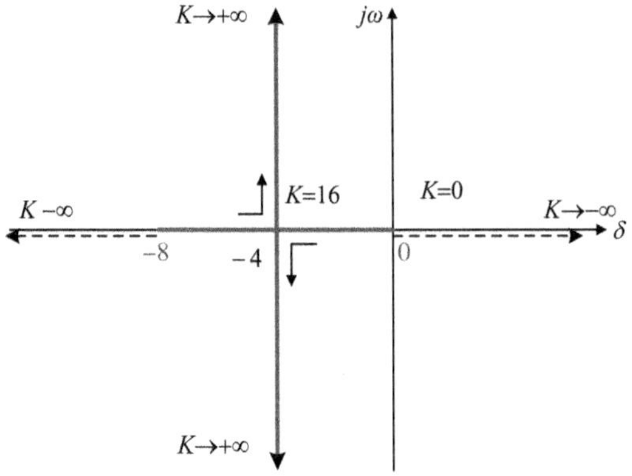

图 1-45　例 1-14 的二阶线性系统的根轨迹图

基于图 1-45 的根轨迹曲线，我们有如下的观察：

- 当 $K \in (-\infty, 0)$ 变动时，$s_{1,2}$ 均为实数，如图中虚线部分所示。需要说明的是，图中的虚线实际上与实轴是重叠的，为了表示其存在便于理解将其画在实轴的下侧。
- 当 $K \in [0, 16)$ 变动时，$s_{1,2}$ 均为实数，如图中与实轴重叠的粗实线部分所示。
- 当 $K \in [16, +\infty)$ 变动时，$s_{1,2}$ 为一对共轭复数，如图中与实轴垂直的粗实线部分所示。

本例中的根轨迹图虽然十分简单，但可以足够清晰地说明根轨迹作为开环增益的参量轨迹图解是如何形象而具体地反映出闭环传递函数极点与开环增益值选择的定性关系的，这种技术特点对于反馈系统分析与设计有很好的启发与指导作用。

根轨迹法仅适用于线性时不变且低阶次的反馈控制系统。原因很简单，闭环特征多项式方程只能定义于线性时不变系统结构情形；当系统动态特性的阶次较高时，除去根轨迹的特殊点（如出发点、终止点、虚轴穿越点等）外，绝大部分根轨迹很难甚至无法进行定量分析。

6.3.2　二阶状态空间方程的相轨迹图

相轨迹图是系统状态向量微分方程的状态向量解随时间演进的图形化描述。这里，轨迹参变量为时间变量，其他关联因素还包括初始条件和外部输入。注意到相轨迹图需要绘制于二维平面上，所以相轨迹图法本质上仅适用于二阶系统动态特性的定性(而非定量)描述。例如,闭合的相轨迹反映状态向量微分方程存在周期解(或持续振荡),而收敛(发散)的螺旋状相轨迹则对应状态变动中存在衰减(增长)的振荡。

一般二阶自治系统的状态方程式为:

$$\dot{\boldsymbol{x}}=\boldsymbol{f}(\boldsymbol{x}) \tag{1-66}$$

其中,

$$\boldsymbol{x}=\begin{bmatrix}x_1\\x_2\end{bmatrix}\in\mathbf{R}^2,\boldsymbol{f}(\boldsymbol{x})=\begin{bmatrix}f_1(x_1,x_2)\\f_2(x_1,x_2)\end{bmatrix}\in\mathbf{R}^2$$

状态向量点或轨迹以 (x_1,x_2) 的形式在二维欧氏空间 $\mathbf{R}^2$ 中形成的 (x_1,x_2) 平面,称为状态相量平面或相平面;式(1-66)在相平面上绘制的状态解轨迹簇称为式(1-66)系统的相轨迹。

计算与绘制二阶状态空间方程相轨迹的基本步骤:

- Step 1:找到所考虑系统的所有平衡点;
- Step 2:在感兴趣的平衡点周围的相平面上选择一个矩形区域。在其范围内,绘制出描述状态向量随时间变动的相轨迹。有界矩形框通常选为

$$x_{1\min}\leqslant x_1\leqslant x_{1\max},x_{2,\min}\leqslant x_2\leqslant x_{2\max}$$

这里,$x_{1\min}$ 和 $x_{1\max}$ 表示变量 x_1 的绘图范围,$x_{2\min}$ 和 $x_{2\max}$ 可类似理解。

- Step 3:选择矩形框内若干点作为初始状态;初始状态通常选为矩形框内的网格交点;
- Step 4:利用适当的微分方程数值求解算法,计算从初始点出发的状态解轨迹;
- Step 5:在矩形框内绘制状态解轨迹,在其上标明时间演进的方向即得到相轨迹。

例 1-15 考虑单机无穷大母线(SMIB)电力系统的功率动摇方程

$$\begin{cases}\dot{\delta}=\omega\\ \dot{\omega}=-\dfrac{b}{M}\sin\delta-\dfrac{D}{M}\omega+\dfrac{1}{M}P_m\end{cases}$$

设 $\dot{\delta}=0$ 且 $\dot{\omega}=0$,依照平衡点定义 1—1 构造平衡点方程,解之可知该系统存在无穷多孤立型平衡点,$[k\pi+\arcsin(P_m/b),0]^{\mathrm{T}}\in\mathbf{R}^2$,$k=0,\pm1,$

±2,…。对应 $k=0,1$ 的平衡点附近的相轨迹图如图 1-46(a)所示，图 1-46(b)是在多个不同初始条件下对应的系统状态变量的时间响应曲线。

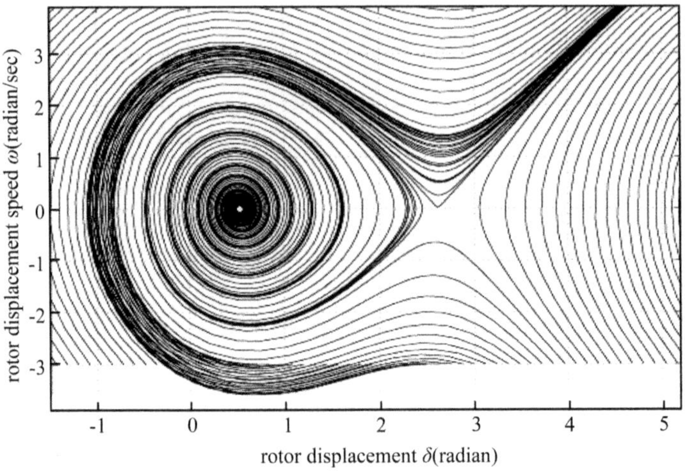

(a) 功率动摇方程状态解的相轨迹

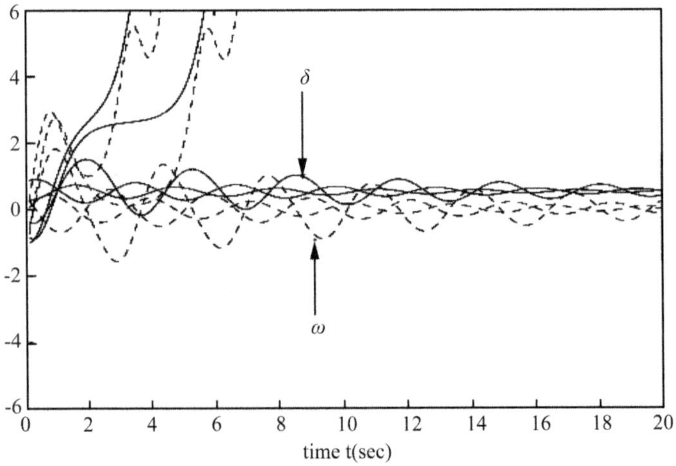

(b) 功率动摇方程状态解的时间响应曲线

图 1-46 功率动摇方程的相轨迹图和时间响应曲线

比较图 1-46(a)和(b)不难看出，状态方程的状态向量解的相轨迹图能够更为形象和直观地揭示状态向量随时间变动的趋向性特征。

显然，对四阶及四阶以上的高阶状态向量微分方程，其状态向量轨迹在高维欧氏空间的数学理论上是存在的，也有完整和严谨的几何与代数意义，但高维相轨迹的绘制与理解只能抽象化地进行,所以相轨迹图解法一般不用于高阶状态空间模型动态特性的图解分析。

第一章习题

题 1-1 线性系统和非线性系统的本质区别是什么?

题 1-2 状态空间模型与传递函数模型有什么区别与联系?

题 1-3 线性时不变状态空间模型有哪两种标准形式?它们分别用于哪种类型的系统?

题 1-4 下图所示为手动调压装置。通过改变滑动变阻器 R_f 改变直流发电机励磁电流 I_f(U_f 为直流电压),由此改变发电机 F 的定子磁场强度,进而使发电机转子绕组产生的电动势发生变化并表现为端电压随变阻器的调节而变动,最终使负载 L 两端的电压达到期望值。当负载频繁变动时,为保持负载电压的稳定,就需要不断地手动调节变阻器 R_f,这显然很不方便。为此,考虑将该手动装置改为自动调压系统。试在图示手动调压装置上添加反馈关系形成闭环反馈系统,试绘制闭环系统的结构化模型框图并简要说明反馈工作原理。

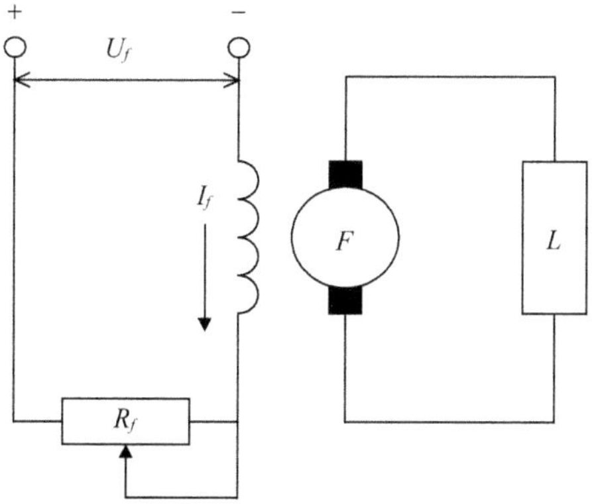

图 1-47 题 1-4 的发电机负载电压控制系统的工作原理图

题 1-5 试分别写出描述图 1-48 中垂直单摆锤与双摆锤系统的状态空间方程。两类系统的建模方法也可用于单连杆或双连杆机械手的建模。如果 θ,θ_1 和 θ_2 都很小,请问这两个系统的状态空间模型可以近似为线性状态空间模型吗?

题 1-6 图 1-49 为飞机简化模型。假设飞机的俯仰角为 θ,升降舵偏转

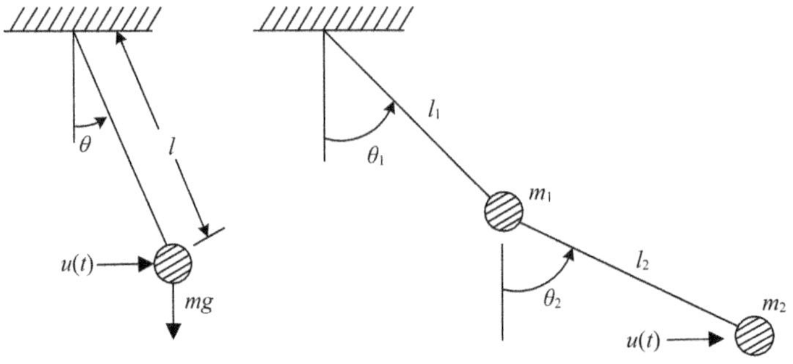

图 1-48　单摆锤系统(左图)和双摆锤系统(右图)的动态特性

角为 u，高度为 h 以及速度为 v。假设在俯仰角为 θ_0，升降舵偏转角为 u_0，高度为 h_0，以及巡航速度为 v_0 时，飞机处于平衡状态。此外，假设俯仰角 θ 和升降舵偏转角 u 小角度偏离稳态值时，驱动装置可产生如图所示的空气作用力 $f_1=k_1\theta$ 和 $f_2=k_2u$。令 m 为飞机的质量，I 为飞机关于质心 P 的转动惯量，$b\dot{\theta}$ 为飞机的气动阻尼，h 为飞机高度与稳态高度 h_0 间的偏差。试构建状态方程描述该飞机系统，同时证明在忽略转动惯量 I 影响的条件下，从 u 到 h 的传递函数为：

$$\hat{g}(s)=\frac{\hat{h}(s)}{\hat{u}(s)}=\frac{k_1k_2l_2-k_2bs}{ms^2(bs+k_1l_1)}$$

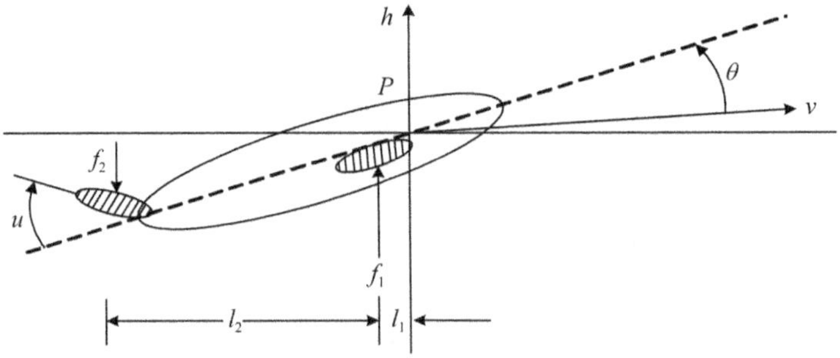

图 1-49　飞机的飞行俯仰姿态控制系统的示意图

题 1-7　在月球上降落时进入软着陆阶段的登月舱如图 1-50 所示。假设产生的推力与 $\dot{m}$ 成比例，其中，m 是登月舱质量，其到月面的高度为 y。该着陆系统可以用微分方程 $m\ddot{y}=-k\dot{m}-mg$ 描述，其中，g 是月球表面的重力加速度系数。将该系统的状态变量定义为 $x_1=y$，$x_2=\dot{y}$，$x_3=m$，而控制输

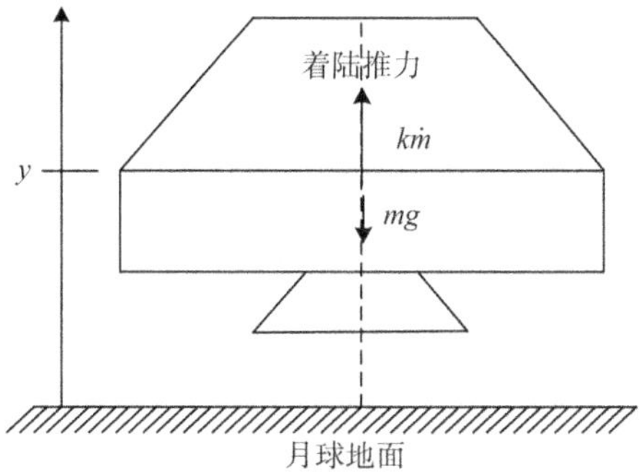

图 1-50　月面软着陆系统的动态特性示意图

入取为 $u=\dot{m}$，试构建状态空间模型描述该着陆系统。

题1-8　试求图 1-51 所示的双液压油箱系统从 u 到 y_1 以及从 y_1 到 y 的传递函数。试证明从 u 到 y 的传递函数是否等于两油箱各自传递函数的乘积。

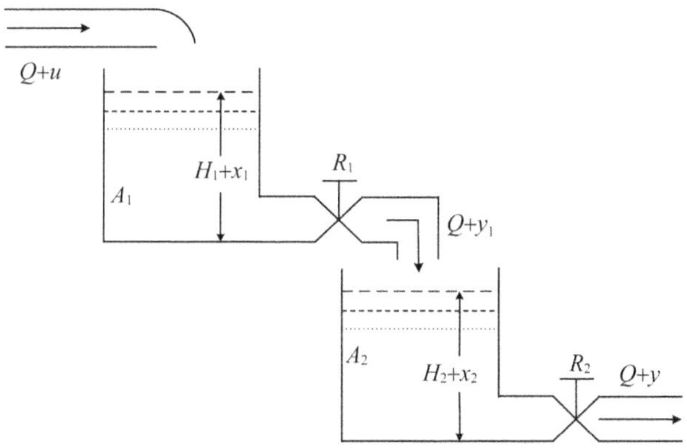

图 1-51　双油箱液位控制系统的示意图

题1-9　试构建图 1-52 所示电路网络的状态空间模型，同时求出从 u 到 y 的传递函数。

题 1-10　求图 1-53 所示电路网络的状态空间模型，同时计算从 $[u_1,u_2]^T$ 到 y 的传递函数矩阵。

题 1-11　考虑图 1-54 所示的机械系统。I 表示连杆和质量块绕固定于墙体上的铰链的转动惯量。假设角位移 θ 很小，同时如图所示有外力 u 作用在连杆上。y 是质量为 m_2 模块在平衡状态下的位移。试求描述此系统动态

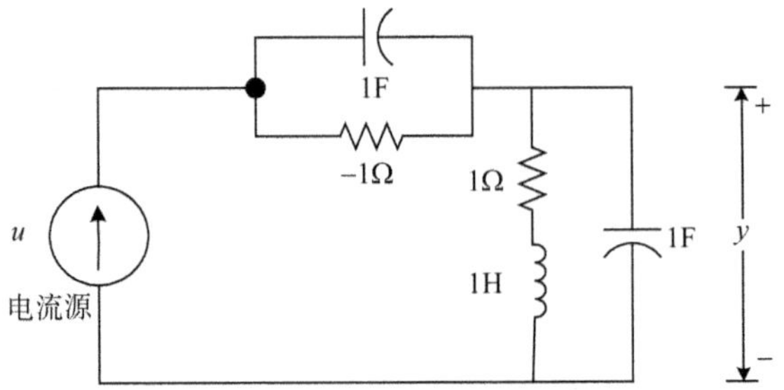

图 1-52　线性时不变电路网络系统

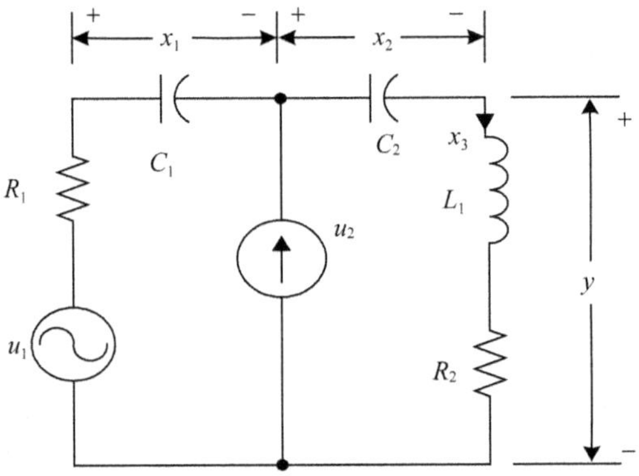

图 1-53　线性时不变电路网络系统

特性的状态空间模型,并求从 u 到 y 的传递函数。

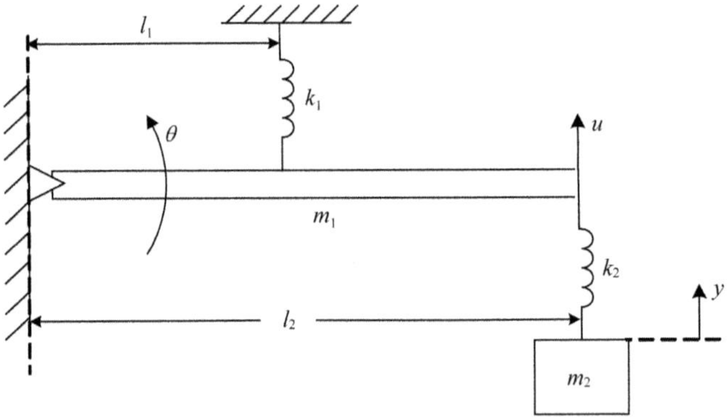

图 1-54　连杆悬挂系统的力学关系示意图

题 1-12　设弹簧与滑动阻尼器构成的机械系统如图 1-55 所示。其中,

x_i 是输入位移，x_o 是输出位移，试写出以 x_i 为输入信号，x_o 为输出信号的系统状态空间模型。阻尼器与弹簧的基本力学关系为 $F_{k_i}=-k_i\Delta x_{k_i}$，$F_{f_i}=-f_i\Delta\dot{x}_{f_i}$，$i=1,2$。其中，$\Delta x_{k_i}$ 表示位移差，而 $\Delta\dot{x}_{f_i}$ 表示位移对时间的一阶导数；k_i 和 f_i 分别表示阻尼系数和弹性系数。

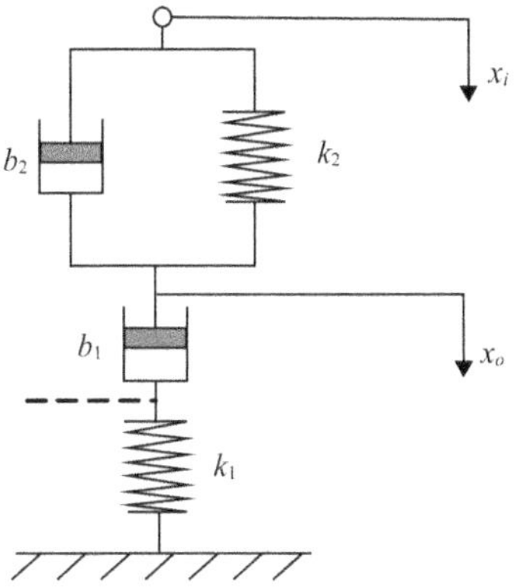

图 1-55　弹簧/阻尼器的组合系统

提示：在图中下半部分的弹簧和阻尼器之间引入辅助位置点（即图 1-55 中的虚线所标位置），设其位移为 x，方向向下，在忽略重力的条件下，根据力平衡关系建立力学方程。

第二章
状态空间模型建模与仿真的理论基础

从控制系统建模与模型后处理技术的讨论中，我们已经知道控制系统的动态特性可以通过高阶微分/差分方程或一阶微分/差分方程组描述。特别地，在引入状态向量概念并将各状态变量的一阶微分/差分方程组写成向量矩阵方程的紧凑形式后，后者被称为对象系统的状态（向量）空间模型。本章围绕控制系统状态空间模型的状态解析、特性分析、性能评价以及对（视为二次模型的）传递函数重构形成（视为一次模型的）状态空间模型的实现问题等展开讨论。有关结论将告诉我们，控制系统状态空间模型无论视为一次模型还是二次模型，都能够对各种结构特性和性能特征给出严格、精细和完整的描述，使得我们在利用状态空间模型进行控制系统数值仿真时可以获得概念、理论与方法的支撑。

总之，本章将有助于读者对于状态空间模型在控制系统动态特性分析和性能评价中作为数学基础的作用与意义产生实质性认识。对于本科生而言，本章是控制系统建模与仿真的教学参考；对于工程学科的研究生而言，本章则是控制系统建模的理论基础和研究课题导引。

§1　状态空间模型的基本概念与形式

1.1　状态空间模型的基本概念

一般地，我们将 n 个标量状态变量列写为状态向量形式，即

$$\boldsymbol{x}(t)=[x_1(t),x_2(t),\cdots,x_n(t)]^{\mathrm{T}}\in\mathbf{R}^n$$

与此相对应，状态空间是指所有状态向量 $\boldsymbol{x}(t)$ 的点集合。在 n 维欧氏空间上形成的状态向量的点集合又称为 n 维状态空间。状态向量 $\boldsymbol{x}(t)$ 随时间演进

在状态空间中的运动轨迹又称为状态轨迹，只不过当 $\boldsymbol{x}(t)$ 的维数 $n>3$ 时，状态轨迹比较难以直接几何形象化而已。

在控制系统的状态空间模型中，状态向量与输入向量/输出向量的对应关系可以理解为，状态变量描述系统内部动态特性，作为外部特性的输入向量和输出向量将通过内部状态向量相联系，形成系统内部结构与外部结构及其连接关系，如下图所示。

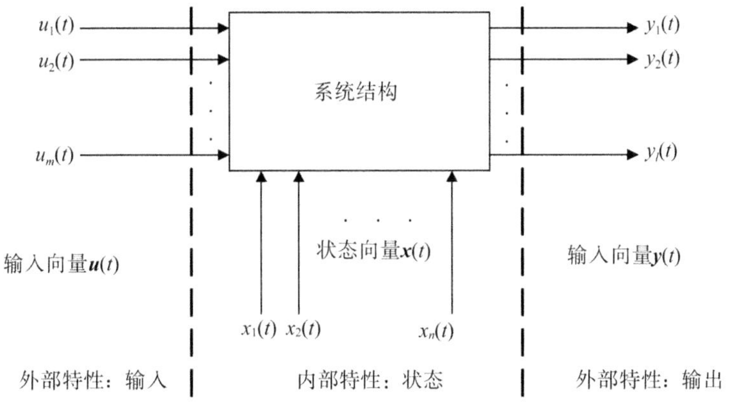

图 2-1　状态变量与输入/输出变量的关系

状态空间模型可一般化地用于描述多个状态变量形成的状态向量空间，多个输入变量形成的输入向量空间、多个输出变量形成的输出向量空间之间的映射关系，即输入向量空间经状态向量空间的映射到输出向量空间。状态空间模型对内部状态向量和外部输入/输出向量的维数都没有特定的限定，因此这种模型描述方式既适用于单输入/单输出系统（single-input/single-output，SISO），又适用于多输入/多输出系统（multi-input/multi-output，MIMO），这使得状态空间模型具有极大的泛化性和普遍性。

1.2　线性系统状态空间模型的一般形式

对于有 m 个输入，l 个输出和 n 个状态变量的线性控制系统，其每个状态变量都可以列写成一阶线性微分方程的形式，即

$$\begin{aligned}\dot{x}_i(t)=&a_{i1}(t)x_1(t)+a_{i2}(t)x_2(t)+\cdots+a_{in}(t)x_n(t)\\&+b_{i1}(t)u_1(t)+b_{i2}(t)u_2(t)+\cdots+b_{im}(t)u_m(t)\end{aligned}\tag{2-1}$$

相应的每个输出量可表示成线性代数方程的形式，即

$$\begin{aligned} y_j(t) = & c_{j1}(t)x_1(t) + c_{j2}(t)x_2(t) + \cdots + c_{jn}(t)x_n(t) \\ & + d_{j1}(t)u_1(t) + d_{j2}(t)u_2(t) + \cdots + d_{jm}(t)u_m(t) \end{aligned} \tag{2-2}$$

将状态向量、输入向量/输出向量分别表记为

$$\boldsymbol{x}(t) = [x_1(t), x_2(t), \cdots, x_n(t)]^{\mathrm{T}} \in \mathbf{R}^n$$
$$\boldsymbol{y}(t) = [y_1(t), y_2(t), \cdots, y_l(t)]^{\mathrm{T}} \in \mathbf{R}^l$$
$$\boldsymbol{u}(t) = [u_1(t), u_2(t), \cdots, u_m(t)]^{\mathrm{T}} \in \mathbf{R}^m$$

于是,式(2-1)和式(2-2)的标量微分和代数方程组可写成向量矩阵方程

$$\begin{cases} \dot{\boldsymbol{x}}(t) = \boldsymbol{A}(t)\boldsymbol{x}(t) + \boldsymbol{B}(t)\boldsymbol{u}(t) \\ \boldsymbol{y}(t) = \boldsymbol{C}(t)\boldsymbol{x}(t) + \boldsymbol{D}(t)\boldsymbol{u}(t) \end{cases} \tag{2-3}$$

其中,$\dot{\boldsymbol{x}}(t) = \mathrm{d}\boldsymbol{x}(t)/\mathrm{d}t$ 即状态向量的各标量状态的时间导数,以及

$$\boldsymbol{A}(t) = \begin{bmatrix} a_{11}(t) & \cdots & a_{1n}(t) \\ \vdots & \ddots & \vdots \\ a_{n1}(t) & \cdots & a_{nn}(t) \end{bmatrix} \in \mathbf{R}^{n\times n}, \boldsymbol{B}(t) = \begin{bmatrix} b_{11}(t) & \cdots & b_{1m}(t) \\ \vdots & \ddots & \vdots \\ b_{n1}(t) & \cdots & b_{nm}(t) \end{bmatrix} \in \mathbf{R}^{n\times m}$$

$$\boldsymbol{C}(t) = \begin{bmatrix} c_{11}(t) & \cdots & c_{1n}(t) \\ \vdots & \ddots & \vdots \\ c_{l1}(t) & \cdots & c_{ln}(t) \end{bmatrix} \in \mathbf{R}^{l\times n}, \boldsymbol{D}(t) = \begin{bmatrix} d_{11}(t) & \cdots & d_{1m}(t) \\ \vdots & \ddots & \vdots \\ d_{l1}(t) & \cdots & d_{lm}(t) \end{bmatrix} \in \mathbf{R}^{l\times m}$$

这里,$\boldsymbol{A}(t)$、$\boldsymbol{B}(t)$、$\boldsymbol{C}(t)$ 和 $\boldsymbol{D}(t)$ 分别称为系统的状态矩阵,输入矩阵,输出矩阵、直通传输矩阵。式(2-3)称为所考虑的控制系统的状态(向量)空间模型。特别地,式(2-3)的第一式为矩阵微分方程,称为状态方程,而第二式为矩阵代数方程,称为输出方程。当 $m>1$ 和/或 $l>1$ 时,式(2-3)对应的是多输入/多输出(MIMO)的系统,而 $m=1$ 且 $l=1$ 时,式(2-3)对应的是单输入/单输出(SISO)的系统。若所考虑的控制系统是线性时不变的,是指状态空间模型(2-3)中的系数矩阵 $\boldsymbol{A}(t)$、$\boldsymbol{B}(t)$、$\boldsymbol{C}(t)$ 和 $\boldsymbol{D}(t)$ 为常数矩阵的情形。

§2 状态空间模型的解析解与状态转移矩阵

状态空间模型确定后,就需要通过其分析状态向量的动态特性。了解系统动态特性最直接的方法就是确定状态空间模型状态向量的解公式(解析

解)。当然,对线性时变状态空间模型(2-3)求解涉及众多数学概念和种种理论问题。因此,下面仅讨论式(2-3)为线性时不变状态空间模型的情形。

2.1 线性时不变状态空间模型的求解

仿照标量微分方程的求解过程,考虑如下状态空间模型组的求解:

$$\begin{cases}\dot{\boldsymbol{x}}(t)=\boldsymbol{A}\boldsymbol{x}(t)+\boldsymbol{B}\boldsymbol{u}(t)\\ \boldsymbol{y}(t)=\boldsymbol{C}\boldsymbol{x}(t)+\boldsymbol{D}\boldsymbol{u}(t)\end{cases} \tag{2-4}$$

具体地,假设矩阵指数函数 $\mathrm{e}^{\boldsymbol{A}t}$ 存在并具有和标量指数函数 e^{at} 相同的代数性质,这样对式(2-4)的状态方程进行简单的微积分代数运算处理,可得

$$\boldsymbol{x}(t)=\mathrm{e}^{\boldsymbol{A}(t-t_0)}\boldsymbol{x}(t_0)+\int_{t_0}^{t}\mathrm{e}^{\boldsymbol{A}(t-\tau)}\boldsymbol{B}\boldsymbol{u}(\tau)\mathrm{d}\tau \tag{2-5}$$

将上式代入式(2-4)的输出方程,则输出向量解就是

$$\boldsymbol{y}(t)=\boldsymbol{C}\mathrm{e}^{\boldsymbol{A}(t-t_0)}\boldsymbol{x}(t_0)+\boldsymbol{C}\int_{t_0}^{t}\mathrm{e}^{\boldsymbol{A}(t-\tau)}\boldsymbol{B}\boldsymbol{u}(\tau)\mathrm{d}\tau+\boldsymbol{D}\boldsymbol{u}(t) \tag{2-6}$$

式(2-5)和式(2-6)分别称为状态空间模型(2-4)的状态向量解公式和输出向量解公式。两公式具有线性时不变标量微分方程解可分解为零输入时间响应与零状态时间响应的和的特性。同时,$\boldsymbol{x}(t)$、$\boldsymbol{y}(t)$ 除与初始状态 $\boldsymbol{x}(t_0)$ 及 $[t_0,\ t]$ 区间上的输入向量 $\boldsymbol{u}(t)$ 有关系外,还与矩阵指数函数 $\mathrm{e}^{\boldsymbol{A}t}$ 有关。换言之,矩阵指数函数 $\mathrm{e}^{\boldsymbol{A}t}$ 的存在性与性质是状态空间模型各方程求解的关键因素。以下的讨论中,矩阵指数函数直接称为状态转移矩阵。

已经获得状态转移矩阵 $\mathrm{e}^{\boldsymbol{A}t}$ 后,对状态空间模型的状态向量和输出向量求解就是式(2-5)和式(2-6)的直接计算。下面的算例清楚地说明了这一点。

例 2-1 设某系统的状态空间模型为

$$\begin{cases}\dot{\boldsymbol{x}}(t)=\begin{bmatrix}0 & 1\\ -2 & -3\end{bmatrix}\boldsymbol{x}(t)+\begin{bmatrix}0\\ 1\end{bmatrix}\boldsymbol{u}(t)\\ \boldsymbol{y}(t)=[2,1]\boldsymbol{x}(t)\end{cases}$$

设输入为单位阶跃函数,初始状态为 $\boldsymbol{x}(0)=[-1\quad 0]^{\mathrm{T}}$。试求系统的状态时间响应与输出时间响应。

由后续讨论的适当方式,可求出给定系统的状态转移矩阵为

$$e^{\boldsymbol{A}t}=\begin{bmatrix}2e^{-t}-e^{-2t} & e^{-t}-e^{-2t}\\ -2e^{-t}+2e^{-2t} & -e^{-t}+2e^{-2t}\end{bmatrix}$$

代入式(2-5),则状态向量的时间响应为

$$\begin{aligned}\boldsymbol{x}(t)&=e^{\boldsymbol{A}t}x(0)+\int_0^t e^{\boldsymbol{A}(t-\tau)}\boldsymbol{Bu}(\tau)d\tau\\&=\begin{bmatrix}2e^{-t}-e^{-2t} & e^{-t}-e^{-2t}\\ -2e^{-t}+2e^{-2t} & -e^{-t}+2e^{-2t}\end{bmatrix}\begin{bmatrix}-1\\0\end{bmatrix}\\&\quad+\int_0^t\begin{bmatrix}2e^{-(t-\tau)}-e^{-2(t-\tau)} & e^{-(t-\tau)}-e^{-2(t-\tau)}\\ -2e^{-(t-\tau)}+2e^{-2(t-\tau)} & -e^{-(t-\tau)}+2e^{-2(t-\tau)}\end{bmatrix}\begin{bmatrix}-1\\0\end{bmatrix}d\tau\\&=\begin{bmatrix}e^{-2t}-2e^{-t}\\2e^{-t}-2e^{-2t}\end{bmatrix}+\begin{bmatrix}\frac{1}{2}-e^{-t}+\frac{1}{2}e^{-2t}\\ e^{-t}-e^{-2t}\end{bmatrix}=\begin{bmatrix}\frac{1}{2}+\frac{3}{2}e^{-2t}-3e^{-t}\\ 3e^{-t}-3e^{-2t}\end{bmatrix}\end{aligned}$$

输出向量的时间响应由式(2-6),可导出为

$$\boldsymbol{y}(t)=[2,1]\boldsymbol{x}(t)=[2,1]\begin{bmatrix}\frac{1}{2}+\frac{3}{2}e^{-2t}-3e^{-t}\\ 3e^{-t}-3e^{-2t}\end{bmatrix}=1-3e^{-t}$$

下一小节对状态转移矩阵的定义、性质与求取方法进行归纳与讨论。

2.2 线性时不变系统状态转移矩阵的定义、性质和求取

2.2.1 状态转移矩阵的定义

定义 2-1 称矩阵指数函数 $e^{\boldsymbol{A}t}$ 为状态空间模型(2-4)的状态转移矩阵,且

$$\Phi(t)=e^{\boldsymbol{A}t}=\boldsymbol{I}+\frac{1}{1!}\boldsymbol{A}t+\frac{1}{2!}(\boldsymbol{A}t)^2+\cdots \tag{2-7}$$

状态转移矩阵的几何意义。设式(2-4)系统模型的输入向量为 $\boldsymbol{u}(t)=0$ 时,则状态向量的解公式(2-5)就变为 $\boldsymbol{x}(t)=e^{\boldsymbol{A}(t-t_0)}\boldsymbol{x}(t_0)$。若考虑的是二阶系统,即 $\boldsymbol{x}(t)=[x_1(t),x_2(t)]^T\in\mathbf{R}^2$,在二维坐标系中可将解公式 $\boldsymbol{x}(t)=e^{\boldsymbol{A}(t-t_0)}\boldsymbol{x}(t_0)$ 理解为图 2-2 所示的状态轨迹的时间演进关系。换句话说,状态转移矩阵 $\Phi(t)=e^{\boldsymbol{A}t}$ 刻画了状态向量从初始状态点到另一状态点转

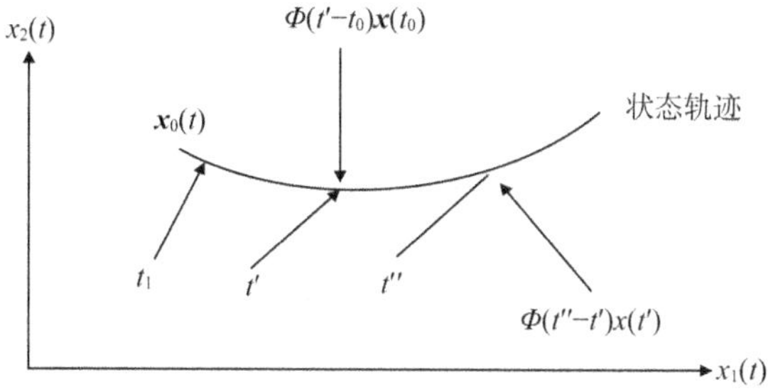

图 2-2 二阶线性系统的状态转移矩阵的几何意义

移的过程。当 $\boldsymbol{u}(t)=0$ 时，状态转移矩阵刻画了状态向量仅在系统内在动力学特性驱动下从一个状态点转移到另一个状态点的过程。当 $\boldsymbol{u}(t)\neq 0$ 时，输入向量对状态向量的影响也会通过状态转移矩阵而引入。这说明，外部输入信号必须通过内部状态特性才能发挥作用。若考虑一般的 $n>2$ 的线性系统，$\Phi(t)$ 的作用可理解成将 $\boldsymbol{x}(t)\in\mathbf{R}^n$ 从 n 维欧氏空间坐标系上的一点向另一点转移的描述，这正是状态转移矩阵名称的由来。

2.2.2 状态转移矩阵的基本性质

状态转移矩阵 e^{At} 总是存在的，并具有矩阵代数性质，包括：

- $\Phi(t)=\boldsymbol{I}_n$，$t=0$。这里，I_n 为 n 维单位矩阵。即 $t=0$ 时无状态转移，由式(2-5)就有 $\boldsymbol{x}(t_0)=e^{\boldsymbol{A}(t_0-t_0)}\boldsymbol{x}(t_0)=e^{\boldsymbol{A}\cdot 0}\boldsymbol{x}(t_0)=\boldsymbol{I}_n x(t_0)$。
- $\Phi^{-1}(t)=\Phi(-t)$。且 $\Phi^{-1}(t)=(e^{\boldsymbol{A}t})^{-1}=e^{\boldsymbol{A}(-t)}=\Phi(-t)$。这意味着，$\Phi(t)$ 是可逆且唯一的。
- $\Phi(t_2-t_1)\Phi(t_1-t_0)=\Phi(t_2-t_0)$。事实上，$\Phi(t_2-t_1)\Phi(t_1-t_0)=e^{\boldsymbol{A}(t_2-t_1)}e^{\boldsymbol{A}(t_1-t_0)}=e^{\boldsymbol{A}(t_2-t_1+t_1-t_0)}=\Phi(t_2-t_0)$。
- $\{\Phi(t)\}^k=\Phi(kt), k=1,2,\cdots$ 且 $\{\Phi(t)\}^k=(e^{\boldsymbol{A}t})^k=e^{\boldsymbol{A}(kt)}=\Phi(kt)$。

在讨论上述性质时，是以式(2-7)的 e^{At} 存在为前提的，其他性质可以严格通过矩阵理论加以推证。需要注意的是，式(2-7)的定义方式仅对线性时不变系统的状态空间模型有效。但上述状态转移矩阵性质对一般线性系统也是严格而普遍成立的。

2.2.3 线性时不变系统状态转移矩阵的计算

给定线性时不变状态空间模型的状态矩阵 $\boldsymbol{A}$，状态转移矩阵 e^{At} 是系统特性分析与评价中不可或缺的。下面列举几种代表性的计算方法。

Laplace 逆变换法 以下用 $L\{\cdot\}$ 表示对 $(\cdot)$ 的 Laplace 变换。即记 $\boldsymbol{U}(s)=L\{\boldsymbol{u}(t)\}\in\mathbf{C}^m$ 和

$$\boldsymbol{X}(s)=L\{\boldsymbol{x}(t)\}=\begin{bmatrix}L\{x_1(t)\}\\L\{x_2(t)\}\\\vdots\\L\{x_n(t)\}\end{bmatrix}=\begin{bmatrix}X_1(s)\\X_2(s)\\\vdots\\X_n(s)\end{bmatrix}\in\mathbf{C}^n$$

设状态向量初始值为 $\boldsymbol{x}(t_0)$，对式(2-4)的状态方程求 Laplace 变换并结合微分定理，于是

$$s\boldsymbol{X}(s)-\boldsymbol{x}(t_0)=\boldsymbol{A}\boldsymbol{X}(s)+\boldsymbol{B}\boldsymbol{U}(s)$$

从而上式可整理成 $(s\boldsymbol{I}-\boldsymbol{A})\boldsymbol{X}(s)=\boldsymbol{x}(t_0)+\boldsymbol{B}\boldsymbol{U}(s)$，两边同时左乘矩阵 $(s\boldsymbol{I}-\boldsymbol{A})^{-1}$，则有

$$\boldsymbol{X}(s)=(s\boldsymbol{I}-\boldsymbol{A})^{-1}\boldsymbol{x}(t_0)+(s\boldsymbol{I}-\boldsymbol{A})^{-1}\boldsymbol{B}\boldsymbol{U}(s) \tag{2-8}$$

为保证式(2-8)中的多项式矩阵的逆矩阵有意义，需要假设 $\det(s\boldsymbol{I}-\boldsymbol{A})\neq 0$(即 $\det(s\boldsymbol{I}-\boldsymbol{A})$ 对所有 $s\in\mathbf{C}$ 不恒为零)，这对于常数方矩阵总是成立的。

再对式(2-8)两边求 Laplace 逆变换，就得到如下时域关系式

$$\boldsymbol{x}(t)=L^{-1}[(s\boldsymbol{I}-\boldsymbol{A})^{-1}]\boldsymbol{x}(t_0)+L^{-1}[(s\boldsymbol{I}-\boldsymbol{A})^{-1}]\cdot\boldsymbol{B}\boldsymbol{u}(t)$$

将上式与式(2-5)的状态向量解公式相比较，注意到 $\Phi(t)$ 是唯一的，则成立

$$\mathrm{e}^{\boldsymbol{A}t}=L^{-1}[(s\boldsymbol{I}-\boldsymbol{A})^{-1}]=\Phi(t)$$

无穷级数法 在 $t=0$ 处，将 $\mathrm{e}^{\boldsymbol{A}t}$ 展成矩阵形式 Taylor 级数，则有

$$\begin{aligned}\mathrm{e}^{\boldsymbol{A}t}&=\mathrm{e}^{\boldsymbol{A}t}\big|_{t=0}+\frac{1}{1!}(\mathrm{e}^{\boldsymbol{A}t}\boldsymbol{A})\big|_{t=0}\cdot t+\frac{1}{2!}(\mathrm{e}^{\boldsymbol{A}t}\boldsymbol{A}^2)\big|_{t=0}\cdot t^2+\cdots\\&=\boldsymbol{I}+\frac{1}{1!}\boldsymbol{A}t+\frac{1}{2!}\boldsymbol{A}^2t^2+\frac{1}{3!}\boldsymbol{A}^3t^3+\cdots\end{aligned} \tag{2-9}$$

显然，上式与定义式(2-7)完全相同。这说明，$\mathrm{e}^{\boldsymbol{A}t}$ 的 Taylor 无穷级数总是收敛的。式(2-9)涉及 $\boldsymbol{A}$ 矩阵的幂运算，当 k 较大时，$\boldsymbol{A}^k$ 的计算量十分可观，故一般情形下直接使用式(2-9)并不方便。但当 $\boldsymbol{A}$ 为对角线矩阵时，状态转移矩阵的级数求和法就非常简便了。

Fajeyeva 法 在利用 Laplace 逆变换法求状态转移矩阵 $\Phi(t)$ 时,需要对多项式矩阵求逆运算,如果该逆运算能得以简化的话,状态转移矩阵的运算也能得到简化。注意到

$$\det(s\boldsymbol{I}-\boldsymbol{A})\boldsymbol{I}=(s\boldsymbol{I}-\boldsymbol{A})\operatorname{adj}(s\boldsymbol{I}-\boldsymbol{A}) \tag{2-10}$$

由于 $(s\boldsymbol{I}-\boldsymbol{A})$ 是 n 阶方阵, $\operatorname{adj}(s\boldsymbol{I}-\boldsymbol{A})$ 也是 n 阶方阵,即

$$\operatorname{adj}(s\boldsymbol{I}-\boldsymbol{A})=s^{n-1}\boldsymbol{I}+s^{n-2}\boldsymbol{B}_{n-2}+\cdots+s\boldsymbol{B}_1+\boldsymbol{B}_0 \tag{2-11}$$

其中, $\boldsymbol{B}_i\in\mathbf{R}^{n\times n},i=1,2,\cdots,n-2$。设 $\det(s\boldsymbol{I}-\boldsymbol{A})=s^n+a_{n-1}s^{n-1}+\cdots+a_1s+a_0$,将该多项式和式(2-11)代入式(2-10)后展开并整理,则有

$$s^n\boldsymbol{I}+s^{n-1}\boldsymbol{B}_{n-2}+\cdots+s^2\boldsymbol{B}_1+s\boldsymbol{B}_0-s^{n-1}\boldsymbol{A}-s^{n-2}\boldsymbol{A}\boldsymbol{B}_{n-2}-\cdots-s\boldsymbol{A}\boldsymbol{B}_1-\boldsymbol{A}\boldsymbol{B}_0$$
$$=s^n\boldsymbol{I}+a_{n-1}s^{n-1}\boldsymbol{I}+\cdots+a_1\boldsymbol{I}+a_0\boldsymbol{I}$$

比较上式两边同次幂项,有

$$\begin{cases}\boldsymbol{B}_{n-2}=\boldsymbol{A}+a_{n-1}\boldsymbol{I}\\ \boldsymbol{B}_{n-3}=\boldsymbol{A}\boldsymbol{B}_{n-2}+a_{n-2}\boldsymbol{I}\\ \vdots\\ \boldsymbol{B}_0=\boldsymbol{A}\boldsymbol{B}_1+a_1\boldsymbol{I}\\ 0=\boldsymbol{A}\boldsymbol{B}_0+a_0\boldsymbol{I}\end{cases} \tag{2-12}$$

上式说明,如果 $a_i,i=0,1,\cdots,n-1$ 为已知,就可依次递推出 $\boldsymbol{B}_i,i=n-2,\cdots,1,0$,从而列写出伴随阵 $\operatorname{adj}(s\boldsymbol{I}-\boldsymbol{A})$,最终导出 $(s\boldsymbol{I}-\boldsymbol{A})^{-1}$。

注意到 $a_i,i=0,1,\cdots,n-1$ 是多项式 $\det(s\boldsymbol{I}-\boldsymbol{A})$ 的系数,展开 $\det(s\boldsymbol{I}-\boldsymbol{A})$ 求取是最直接的方法。但这是不必要的。下面给出通过 $\boldsymbol{A}$, $\boldsymbol{B}_i,i=0,1,\cdots,n-2$ 递推 $a_i,i=0,1,\cdots,n-1$ 的算法。

为此,设 $p_1,p_2,\cdots,p_n$ 是 $\boldsymbol{A}$ 矩阵的特征值(包括重根),令

$$S_k=p_1^k+p_2^k+\cdots+p_n^k,k=1,2,\cdots,n$$

由多项式根与系数关系的牛顿公式,得

$$-ka_{n-k}=S_k+a_{n-1}S_{k-1}+\cdots+a_{n-k+1}S_1,k=1,2,\cdots,n \tag{2-13}$$

另外,若 $\boldsymbol{A}$ 矩阵的 Jordan 标准形为 $\boldsymbol{J}$,则有可逆变换阵 $\boldsymbol{T}$,使得 $\boldsymbol{A}=\boldsymbol{T}\boldsymbol{J}\boldsymbol{T}^{-1}$,从而 $\boldsymbol{A}^k=\boldsymbol{T}\boldsymbol{J}^k\boldsymbol{T}^{-1}$。再由 $\operatorname{tr}(\boldsymbol{A}\cdot\boldsymbol{B})=\operatorname{tr}(\boldsymbol{B}\cdot\boldsymbol{A})$,可以证明

$$\mathrm{tr}(\boldsymbol{A}^k)=\mathrm{tr}[\boldsymbol{TJ}^k\boldsymbol{T}^{-1}]=\mathrm{tr}(\boldsymbol{J}^k)=S_k,k=1,2,\cdots,n$$

这样,式(2-13)可改写成

$$a_{n-k}=-\frac{1}{k}\{\mathrm{tr}(\boldsymbol{A}^k)+a_{n-1}\mathrm{tr}(\boldsymbol{A}^{k-1})+\cdots+a_{n-k+1}\mathrm{tr}(\boldsymbol{A})\},k=1,2,\cdots,n$$

列写成递推关系就是

$$\begin{cases}a_{n-1}=-\mathrm{tr}(\boldsymbol{A})\\ a_{n-2}=-\dfrac{1}{2}\{\mathrm{tr}(\boldsymbol{A}^2)+a_{n-1}\mathrm{tr}(\boldsymbol{A})\}\\ \cdots\cdots\\ a_0=-\dfrac{1}{n}\{\mathrm{tr}(\boldsymbol{A}^n)+a_{n-1}\mathrm{tr}(\boldsymbol{A}^{n-1})+\cdots+a_1\mathrm{tr}(\boldsymbol{A})\}\end{cases}\tag{2-14}$$

也就是说,特征多项式 $\det(s\boldsymbol{I}-\boldsymbol{A})$ 的系数 $a_i,i=0,1,\cdots,n-1$ 可通过计算各上式关系获得。

注意到,式(2-14)仍然涉及矩阵幂 $\boldsymbol{A}^k$。为此将式(2-12)改写成

$$\begin{aligned}\boldsymbol{B}_{n-k-1}&=\boldsymbol{AB}_{n-k}+a_{n-k}\boldsymbol{I}\\&=\boldsymbol{A}(\boldsymbol{AB}_{n-k+1}+a_{n-k+1}\boldsymbol{I})+a_{n-k}\boldsymbol{I}=\boldsymbol{A}^2\boldsymbol{B}_{n-k+1}+\boldsymbol{A}a_{n-k+1}+a_{n-k}\boldsymbol{I}\\&=\boldsymbol{A}^2(\boldsymbol{AB}_{n-k+2}+a_{n-k+2}\boldsymbol{I})+\boldsymbol{A}a_{n-k+1}+a_{n-k}\boldsymbol{I}=\cdots\\&=\boldsymbol{A}^k+a_{n-1}\boldsymbol{A}^{k-1}+\cdots+a_{n-k+1}\boldsymbol{A}+a_{n-k}\boldsymbol{I}\end{aligned}$$

这里,$k=1,2,\cdots,n-1$。从而

$$\begin{aligned}\mathrm{tr}(\boldsymbol{B}_{n-k+1})=\mathrm{tr}(\boldsymbol{AB}_{n-k})+a_{n-k}\mathrm{tr}(\boldsymbol{I})=\mathrm{tr}(\boldsymbol{A}^k)+a_{n-1}\mathrm{tr}(\boldsymbol{A}^{k-1})+\cdots\\+a_{n-k+1}\mathrm{tr}(\boldsymbol{A})+a_{n-k}\mathrm{tr}(\boldsymbol{I})\end{aligned}$$

注意到,$\mathrm{tr}(\boldsymbol{I})=n$,再由式(2-14),可知

$$\mathrm{tr}(\boldsymbol{A}^k)+a_{n-1}\mathrm{tr}(\boldsymbol{A}^{k-1})+\cdots+a_1\mathrm{tr}(\boldsymbol{A})=-ka_{n-k}$$

上式说明,$\mathrm{tr}(\boldsymbol{AB}_{n-k})+na_{n-k}=-ka_{n-k}+na_{n-k}$,即

$$a_{n-k}=-\frac{1}{k}\mathrm{tr}(\boldsymbol{AB}_{n-k}),k=0,1,\cdots,n$$

列写成递推关系就是

$$\begin{cases} a_{n-1} = -\mathrm{tr}(\boldsymbol{A}) \\ a_{n-2} = -\dfrac{1}{2}\mathrm{tr}(\boldsymbol{AB}_{n-2}) \\ \quad\vdots \\ a_0 = -\dfrac{1}{n}\mathrm{tr}(\boldsymbol{AB}_0) \end{cases} \tag{2-15}$$

其中，$\boldsymbol{B}_{n-1}=\boldsymbol{I}$，$a_n=1$。这样，式(2-12)与式(2-15)的递推关系结合起来，就可以依次迭代出 $a_{n-1},a_{n-2},\cdots,a_0$ 和 $\boldsymbol{B}_{n-2},\boldsymbol{B}_{n-3},\cdots,\boldsymbol{B}_0$。代入下式可得逆矩阵计算关系

$$(s\boldsymbol{I}-\boldsymbol{A})^{-1}=\sum_{i=0}^{n-1}s^i\boldsymbol{B}_i\Big/\sum_{i=0}^{n}a_is^i \tag{2-16}$$

化对角矩阵法 设非奇异矩阵 $\boldsymbol{Q}$ 可以使矩阵 $\boldsymbol{A}$ 转化为对角化矩阵，即 $\boldsymbol{Q}^{-1}\boldsymbol{AQ}=\Lambda$。其中，$\Lambda=\mathrm{diag}(p_1,p_2,\cdots,p_n)$，这里，$p_1,p_2,\cdots,p_n$ 为矩阵 $\boldsymbol{A}$ 的特征值。在式(2-7)的两边同时左乘 $\boldsymbol{Q}^{-1}$，右乘 $\boldsymbol{Q}$ 就有

$$\begin{aligned} \boldsymbol{Q}^{-1}\mathrm{e}^{\boldsymbol{A}t}\boldsymbol{Q} &= \boldsymbol{Q}^{-1}\boldsymbol{IQ}+\frac{1}{1!}\boldsymbol{Q}^{-1}\boldsymbol{AQ}t+\frac{1}{2!}\boldsymbol{Q}^{-1}\boldsymbol{A}^2\boldsymbol{Q}t^2+\cdots \\ &= I+\frac{1}{1!}\Lambda t+\frac{1}{2!}\boldsymbol{Q}^{-1}\boldsymbol{AQQ}^{-1}\boldsymbol{AQ}t^2+\cdots \\ &= I+\frac{1}{1!}\Lambda t+\frac{1}{2!}\Lambda^2t^2+\cdots=\mathrm{e}^{\Lambda t} \end{aligned}$$

再在上式两边同时左乘 $\boldsymbol{Q}$，右乘 $\boldsymbol{Q}^{-1}$ 就有

$$\mathrm{e}^{\boldsymbol{A}t}=\boldsymbol{Q}\mathrm{e}^{\Lambda t}\boldsymbol{Q}^{-1} \tag{2-17}$$

注意到

$$\mathrm{e}^{\Lambda t}=\begin{bmatrix}1 & & 0\\ & 1 & \\ & & \ddots \\ 0 & & 1\end{bmatrix}+\frac{1}{1!}\begin{bmatrix}p_1 & & 0\\ & p_2 & \\ & & \ddots \\ 0 & & p_n\end{bmatrix}t+\cdots=\begin{bmatrix}\mathrm{e}^{p_1t} & & 0\\ & \mathrm{e}^{p_2t} & \\ & & \ddots \\ 0 & & \mathrm{e}^{p_nt}\end{bmatrix}$$

于是，结合使矩阵 $\boldsymbol{A}$ 对角化的变换阵 $\boldsymbol{Q}$，式(2-17)可以给出 $\mathrm{e}^{\boldsymbol{A}t}$。

现在的问题是实现上述对角化运算的 $\boldsymbol{Q}$ 矩阵与 $\boldsymbol{A}$ 的特征值 $p_1,p_2,\cdots,p_n$ 如何求取。根据 $\boldsymbol{A}$ 阵特征值的分布特点分为以下两种情况。

第一种情况：若 $p_1,p_2,\cdots,p_n$ 两两互异，有对角矩阵 Λ，$\boldsymbol{Q}$ 存在，使得 $\boldsymbol{AQ}=\boldsymbol{Q}\Lambda$。令

$$\boldsymbol{Q}=[\boldsymbol{q}_1,\boldsymbol{q}_2,\cdots,\boldsymbol{q}_n]\in\mathbf{R}^{n\times n},\boldsymbol{q}_i\in\mathbf{R}^n,i=1,2,\cdots,n$$

于是可写成

$$\boldsymbol{A}[\boldsymbol{q}_1,\boldsymbol{q}_2,\cdots,\boldsymbol{q}_n]=[\boldsymbol{q}_1,\boldsymbol{q}_2,\cdots,\boldsymbol{q}_n]\Lambda=[p_1\boldsymbol{q}_1,p_2\boldsymbol{q}_2,\cdots,p_n\boldsymbol{q}_n]$$

比较矩阵方程两边就有

$$\boldsymbol{A}\boldsymbol{q}_i=p_i\boldsymbol{q}_i,i=1,2,\cdots,n$$

上式说明，如果 p_i 是矩阵 $\boldsymbol{A}$ 的特征值，则 $\boldsymbol{q}_i$ 是矩阵 $\boldsymbol{A}$ 对应的特征向量。换言之，当特征值互异时，求出各特征值及其特征向量，并依顺序构成变换矩阵 $\boldsymbol{Q}$，即可使式(2-17)成立。

第二种情况：若 $p_1,p_2,\cdots,p_n$ 中有重根时，一般不存在非异矩阵 $\boldsymbol{Q}$ 使 A 对角化，但一定存在线性变换矩阵 $\boldsymbol{Q}$，使 $\boldsymbol{A}$ 变换成 Jordan 标准形。即

$$\boldsymbol{Q}^{-1}\boldsymbol{AQ}=\boldsymbol{J} \tag{2-18}$$

不失一般地，设状态矩阵 $\boldsymbol{A}$ 的特征值中只有 p_1 是 r 重根，其余的 p_2，$p_3,\cdots,p_{n-r}$ 为单根。于是，对应的 Jordan 标准形可表记为

$$\boldsymbol{J}=\begin{bmatrix} p_1 & 1 & 0 & \vdots & 0 & 0 & \cdots & \cdots & 0 \\ 0 & \ddots & \ddots & \vdots & & & & & \vdots \\ \vdots & & \ddots & 1 & & & & & \\ 0 & \cdots & \cdots & p_1 & & & & & \\ 0 & & & & p_2 & & & & \\ \vdots & & & & & p_3 & & & \\ & & & & & \vdots & \ddots & & \vdots \\ \vdots & & & & & \vdots & & \ddots & 0 \\ 0 & \cdots & & & \cdots & 0 & \cdots & 0 & p_{n-r} \end{bmatrix}$$

现在的问题是，满足式(2-18)的变换矩阵 $\boldsymbol{Q}$ 如何构造。为此，令变换阵为 $\boldsymbol{Q}=[\boldsymbol{q}_1,\boldsymbol{q}_2,\cdots,\boldsymbol{q}_n]\in\mathbf{C}^{n\times n}$。由此，式(2-18)成立就意味着 $\boldsymbol{A}[\boldsymbol{q}_1,\boldsymbol{q}_2,\cdots,\boldsymbol{q}_n]=[\boldsymbol{q}_1,\boldsymbol{q}_2,\cdots,\boldsymbol{q}_n]\boldsymbol{J}$，比较两边的对应列向量，得

$$
\begin{cases}
\boldsymbol{A}\boldsymbol{q}_1 = p_1\boldsymbol{q}_1 \\
\boldsymbol{A}\boldsymbol{q}_2 = \boldsymbol{q}_1 + p_1\boldsymbol{q}_2 \\
\cdots\cdots \\
\boldsymbol{A}\boldsymbol{q}_r = \boldsymbol{q}_{r-1} + p_1\boldsymbol{q}_r \\
\boldsymbol{A}\boldsymbol{q}_{r+1} = p_2\boldsymbol{q}_{r+1} \\
\cdots\cdots \\
\boldsymbol{A}\boldsymbol{q}_n = p_{n-r}\boldsymbol{q}_n
\end{cases}
\tag{2-19}
$$

不难看出,前 r 个方程对应于 r 重根,后 $n-r$ 个方程对应其余的 $n-r$ 个单根。由式(2-19)可在特征值 $p_1, p_2, \cdots, p_{n-r}$ 已知时,导出使式(2-18)成立的 Jordan 标准形的变换阵 $\boldsymbol{Q}$。

类似于对式(2-17)的推导过程,不难得到:

$$
\mathrm{e}^{\boldsymbol{A}t} = \boldsymbol{Q}\mathrm{e}^{\boldsymbol{J}t}\boldsymbol{Q}^{-1} \tag{2-20}
$$

其中,$\mathrm{e}^{\boldsymbol{J}t} = \boldsymbol{I} + \boldsymbol{J}t/1! + \boldsymbol{J}^2t^2/2! + \cdots$。由于 $\boldsymbol{J}$ 是上三角的,$\boldsymbol{J}^k$ 计算量比 $\boldsymbol{A}^k$ 少得多。一般地记:

$$
\boldsymbol{J} = \mathrm{diag}[\boldsymbol{J}_1 \quad \boldsymbol{J}_2 \quad \cdots \quad \boldsymbol{J}_q] \in \mathbf{C}^{n\times n}
$$

其中

$$
\boldsymbol{J}_i = \begin{bmatrix} p_i & 1 & & \\ 0 & p_i & \ddots & \\ \vdots & \vdots & \ddots & 1 \\ 0 & 0 & \cdots & p_i \end{bmatrix} \in \mathbf{C}^{r_i\times r_i}, i = 1, 2, \cdots, q
$$

且 $\sum_{i=r}^{q} r_i = n$,则 $\mathrm{e}^{\boldsymbol{J}t}$ 由下式的分块矩阵关系直接表示:

$$
\mathrm{e}^{\boldsymbol{J}t} = \mathrm{diag}[\mathrm{e}^{\boldsymbol{J}_1 t} \quad \mathrm{e}^{\boldsymbol{J}_2 t} \quad \cdots \quad \mathrm{e}^{\boldsymbol{J}_q t}] \in \mathbf{C}^{n\times n}
$$

其中

$$
\mathrm{e}^{\boldsymbol{J}_i t} = \begin{bmatrix} \mathrm{e}^{p_i t} & t\mathrm{e}^{p_i t} & \cdots & \dfrac{t^{r_i-1}\mathrm{e}^{p_i t}}{(r_i-1)!} \\ 0 & \mathrm{e}^{p_i t} & \cdots & \dfrac{t^{r_i-2}\mathrm{e}^{p_i t}}{(r_i-2)!} \\ \vdots & \vdots & & \vdots \\ 0 & 0 & \cdots & \mathrm{e}^{p_i t} \end{bmatrix} \in \mathbf{C}^{r_i\times r_i}, i = 1, 2, \cdots, q
$$

对能控标准形的化对角线法 将 $\boldsymbol{A}$ 矩阵化成对角线阵或上三角的 Jordan 标准形，再求状态转移矩阵时都涉及 $\boldsymbol{A}$ 矩阵的特征值和特征向量计算，过程十分繁杂。当矩阵 $\boldsymbol{A}$ 具有特定形式时，上述过程是可以程式化的。比如，当状态矩阵 $\boldsymbol{A}$ 为所谓的能控标准形

$$\boldsymbol{A}=\begin{bmatrix} 0 & 1 & 0 & \cdots & 0 \\ 0 & 0 & 1 & \cdots & 0 \\ \vdots & \vdots & \vdots & & \vdots \\ 0 & 0 & 0 & \cdots & 1 \\ -a_0 & -a_1 & -a_2 & \cdots & -a_{n-1} \end{bmatrix} \tag{2-21}$$

时，下面讨论其 Jordan 变换矩阵 $\boldsymbol{Q}$ 的构成和特点，分如下两种情况。

第一种情况：$\boldsymbol{A}$ 的特征值 $p_1, p_2, \cdots, p_n$ 互异，则 $\boldsymbol{A}$ 可对角化，且设

$$\boldsymbol{Q}=[\boldsymbol{q}_1, \boldsymbol{q}_2, \cdots, \boldsymbol{q}_n] \in \mathbf{C}^{n\times n}$$

这里，$\boldsymbol{q}_i$ 为 p_i 特征值的特征向量，即 $(p_i\boldsymbol{I}-\boldsymbol{A})\boldsymbol{q}_i=0$，将上述有关矩阵与向量代入就有：

$$\begin{bmatrix} p_i & -1 & 0 & \cdots & 0 \\ 0 & p_i & -1 & \cdots & 0 \\ \vdots & \vdots & \vdots & & \vdots \\ 0 & 0 & 0 & \cdots & -1 \\ -a_0 & -a_1 & -a_2 & \cdots & -a_{n-1} \end{bmatrix} \begin{bmatrix} q_{i1} \\ q_{i2} \\ \vdots \\ q_{in-1} \\ q_{in} \end{bmatrix} = 0$$

即有：

$$\begin{cases} p_i q_{i1} - q_{i2} = 0 \\ p_i q_{i2} - q_{i3} = 0 \\ \vdots \\ p_i q_{in-1} - q_{in} = 0 \\ a_0 p_{i1} + a_1 q_{i2} + \cdots + a_{n-2} q_{in-1} + (-p_i + a_{n-1}) q_{in} = 0 \end{cases}$$

令 $q_{i1}=1$，解之得 $q_{ij}=p_i^{j-1}, j=1,2,\cdots,n$。于是 $q_i=[1 \quad p_i \quad \cdots \quad p_i^{n-1}]^{\mathrm{T}} \in \mathbf{C}^n$，变换阵为

$$Q=\begin{bmatrix}1 & 1 & \cdots & 1\\ p_1 & p_2 & \cdots & p_n\\ p_1^2 & p_2^2 & \cdots & p_n^2\\ \vdots & \vdots & \ddots & \vdots\\ p_1^{n-1} & p_2^{n-1} & \cdots & p_n^{n-1}\end{bmatrix}$$

上式具有 Vandermonde 矩阵的形式，由此可构成将式(2-21)定义的能控标准形状态矩阵转化为对角化矩阵的变换矩阵。

第二种情况：$\boldsymbol{A}$ 的特征值有重根，则 $\boldsymbol{A}$ 矩阵只能转化为 Jordan 标准形，为讨论方便，不失一般性设 p_1 为 $\boldsymbol{A}$ 的 r 重根，其余 $p_2,p_3,\cdots,p_{n-r}$ 为单特征值，于是其 Jordan 标准形为：

$$\boldsymbol{J}=\begin{bmatrix}p_1 & 1 & \cdots & 0 & 0 & \cdots & 0\\ 0 & p_1 & \cdots & 0 & 0 & \cdots & 0\\ \vdots & \vdots & \ddots & \vdots & \vdots & \cdots & \vdots\\ 0 & 0 & \cdots & 1 & 0 & \cdots & 0\\ 0 & 0 & \cdots & p_1 & 0 & \cdots & 0\\ 0 & 0 & \cdots & 0 & p_2 & \cdots & 0\\ \vdots & \vdots & \vdots & \vdots & \vdots & \ddots & \vdots\\ 0 & 0 & \cdots & 0 & 0 & \cdots & p_{n-r}\end{bmatrix}\in \mathbf{C}^{n\times n}$$

那么，存在变换矩阵 $\boldsymbol{Q}=[\boldsymbol{q}_1,\boldsymbol{q}_2,\cdots,\boldsymbol{q}_n]$ 使得 $\boldsymbol{AQ}=\boldsymbol{QJ}$。于是，对于 $\boldsymbol{Q}$ 矩阵的前 r 列将有：

$$\begin{cases}\boldsymbol{Aq}_1=p_1\boldsymbol{q}_1\\ \boldsymbol{Aq}_2=\boldsymbol{q}_1+p_1\boldsymbol{q}_2\\ \vdots\\ \boldsymbol{Aq}_r=\boldsymbol{q}_{r-1}+p_1\boldsymbol{q}_r\end{cases}\tag{2-22}$$

而后 $n-r$ 列有：

$$\begin{cases}\boldsymbol{Aq}_{r+1}=p_2\boldsymbol{q}_{r+1}\\ \quad\vdots\\ \boldsymbol{Aq}_{n-r}=p_{n-r}\boldsymbol{q}_{n-r}\end{cases}\tag{2-23}$$

将式(2-22)中的第一式展开为如下代数方程组：

$$\begin{cases} p_1 q_{11} - q_{12} = 0 \\ p_1 q_{12} - q_{13} = 0 \\ \vdots \\ p_1 q_{1n-1} - q_{1n} = 0 \\ a_0 q_{11} + a_1 q_{12} + \cdots + a_{n-2} q_{1n-1} + (a_{n-1} p_1) q_{1n} = 0 \end{cases}$$

解之,得 $\boldsymbol{q}_1 = [1 \quad p_1 \quad \cdots \quad p_1^{n-1}]^{\mathrm{T}}$。展开式(2-22)中的第二式为

$$\begin{cases} p_1 q_{21} - q_{22} = -q_{11} \\ p_1 q_{22} - q_{23} = -q_{12} \\ \vdots \\ p_1 q_{2n-1} - q_{2n} = -q_{1n-1} \\ a_0 q_{21} + a_0 q_{22} + \cdots + a_{n-2} a_{2n-1} + (a_{n-1} - p_1) q_{2n} = 0 \end{cases}$$

解之,得 $\boldsymbol{q}_2 = [0 \quad 1 \quad 2p_1 \quad \cdots \quad (n-1)p_1^{n-1}]^{\mathrm{T}}$。以此类推可得

$$\boldsymbol{q}_i = \begin{bmatrix} \dfrac{1}{(i-1)!} \dfrac{\mathrm{d}^{i-1} q_{11}}{\mathrm{d}p_1^{i-1}} \\ \dfrac{1}{(i-1)!} \dfrac{\mathrm{d}^{i-1} q_{12}}{\mathrm{d}p_1^{i-1}} \\ \vdots \\ \dfrac{1}{(i-1)!} \dfrac{\mathrm{d}^{i-1} q_{1n}}{\mathrm{d}p_1^{i-1}} \end{bmatrix}, i = 3, \cdots, r \tag{2-24}$$

进一步,解式(2-23)的所有 $(n-r)$ 个方程式,可得:

$$\boldsymbol{q}_i = \begin{bmatrix} 1 \\ p_i \\ p_i^2 \\ \vdots \\ p_i^{n-1} \end{bmatrix}, i = r+1, \cdots, n-r \tag{2-25}$$

将式(2-24)与式(2-25)按特征值与特征向量对应顺序写成矩阵就是:

$$\boldsymbol{Q} = \begin{bmatrix} 1 & 0 & \cdots & 0 & 1 & \cdots & 1 \\ p_1 & 1 & \cdots & 0 & p_2 & \cdots & p_{n-r} \\ p_1^2 & 2p_1 & \cdots & 0 & p_2^2 & \cdots & p_{n-r}^2 \\ \vdots & \vdots & & \vdots & \vdots & & \vdots \\ p_1^{n-1} & (n-1)p_1^{n-2} & \cdots & rp_1 & p_2^{n-1} & \cdots & p_{n-r}^{n-1} \end{bmatrix} \in \mathbf{C}^{n \times n}$$

(2-26)

Caley-Hamilton 定理的余数法 这里介绍由 Caley-Hamilton 定理和多项式余数定理相结合求解状态转移矩阵的方法。这种方法的本质是求取 e^{At} 的无穷级数法的变形，但这种变形使得 A^k 的幂矩阵计算量大大减少。作为预备，先讨论以下两个重要引理。

引理 2-1 （Caley-Hamilton 定理）设矩阵 $A \in \mathbf{R}^{n\times n}$ 的特征多项式 $p(s)=\det(sI-A)$，则 $p(A)=0$。

引理 2-2 （多项式余数定理）设多项式 $f(s)$ 是收敛的无穷幂级数，即 $f(s)=\sum_{k=0}^{+\infty}a_k s^k$，而 $p(s)$ 为 s 的 n 次多项式，则存在多项式 $q(s)$、$r(s)$ 使得 $f(s)=q(s)p(s)+r(s)$。其中，$r(s)$ 多项式的最高次数为 $n-1$，即 $r(s)=r_{n-1}s^{n-1}+r_{n-2}s^{n-2}+\cdots+r_1 s+r_0$。

基于引理 2-1 和引理 2-2，由式(2-9)导出状态转移矩阵 e^{At}。为此，设

$$f(a,t)=e^{at}=e^{at}\big|_{t=0}+\frac{1}{1!}ae^{at}\big|_{t=0}\cdot t+\frac{1}{2!}a^2e^{at}\big|_{t=0}\cdot t^2+\cdots$$

因此，有 $f(A,t)=e^{At}$，且 $f(A,t)=q(A,t)p(A)+r(A,t)$。由引理 2－1，$p(A)=0$，于是

$$f(A,t)=r(A,t)=r_{n-1}(t)A^{n-1}+\cdots+r_1(t)A+r_0(t)I \tag{2-27}$$

上式说明，如果 $r_0(t),r_1(t),\cdots,r_{n-1}(t)$ 已知，则可由式(2-27)直接求出 e^{At}。注意到，若 $p_1,p_2,\cdots,p_n$ 为特征多项式 $p(s)$ 的根，则有

$$f(p_i,t)=q(p_i,t)p(p_i)+r(p_i,t),i=1,2,\cdots,n$$

且 $p(p_i)=0$，于是对每个 $i=1,2,\cdots,n$，分别成立

$$f(p_i,t)=r(p_i,t)=r_{n-1}(t)p_i^{n-1}+r_{n-2}(t)p_i^{n-2}+\cdots+r_1(t)p_i+r_0(t)$$

由此可见，由特征值 $p_i,i=1,2,\cdots,n$ 可以算出式(2-27)的系数函数 $r_0(t)$，$r_1(t),\cdots,r_{n-1}(t)$。

下面给出计算 $r_0(t),r_1(t),\cdots,r_{n-1}(t)$ 的具体关系式，分两种情况讨论。

第一种情况：若特征值 $p_1,p_2,\cdots,p_n$ 互异，于是由上式写出：

$$\begin{cases} f(p_1,t)=e^{p_1t}=r_{n-1}p_1^{n-1}+r_{n-2}p_1^{n-2}+\cdots+r_1p_1+r_0 \\ \cdots\cdots\cdots \\ f(p_n,t)=e^{p_nt}=r_{n-1}p_n^{n-1}+r_{n-2}p_n^{n-2}+\cdots+r_1p_n+r_0 \end{cases}$$

写成矩阵形式就是：

$$\begin{bmatrix} 1 & p_1 & p_1^2 & \cdots & p_1^{n-1} \\ 1 & p_2 & p_2^2 & \cdots & p_2^{n-1} \\ \vdots & \vdots & \vdots & & \vdots \\ 1 & p_n & p_n^2 & \cdots & p_n^{n-1} \end{bmatrix} \begin{bmatrix} r_0(t) \\ r_1(t) \\ \vdots \\ r_{n-1}(t) \end{bmatrix} = \begin{bmatrix} e^{p_1 t} \\ e^{p_2 t} \\ \vdots \\ e^{p_2 t} \end{bmatrix} \tag{2-28}$$

注意到，该矩阵代数方程的系数矩阵就是 Vandermonde 矩阵，在 $p_1,p_2,\cdots,p_n$ 互异且不为零时为非奇异阵，故从式(2-28)可唯一地解出 $r_0(t)$，$r_1(t),\cdots,r_{n-1}(t)$。

第二种情况：若特征值 $p_1,p_2,\cdots,p_n$ 中有重根，不失一般性，设 p_1 为 q 重根，其余的 $n-q$ 个根为互异单根，记为 $p_{q+1},p_{q+2},\cdots,p_{n-q}$。由于 p_1 为 $q(s)$ 的 q 重根，则：

$$\frac{\mathrm{d}^k p(s)}{\mathrm{d}s^k}\Big|_{s=p_1}=0,k=0,1,\cdots,q-1$$

由余数定理，得：

$$\frac{\mathrm{d}^k f(s,t)}{\mathrm{d}s^k}\Big|_{s=p_1}=\frac{\mathrm{d}^k r(s,t)}{\mathrm{d}s^k}\Big|_{s=p_1}$$

也就是说，对于 q 重根的 p_1 有：

$$\begin{cases} e^{p_1 t}=r_{n-1}(t)p_1^{n-1}+r_{n-2}(t)p_1^{n-2}+\cdots+r_1(t)p_1+r_0(t) \\ te^{p_1 t}=(n-1)r_{n-1}(t)p_1^{n-1}+(n-2)r_{n-2}(t)p_1^{n-3}+\cdots+2r_2(t)p_1+r_1(t) \\ t^2e^{p_1 t}=(n-1)(n-2)r_{n-1}(t)p_1^{n-2}+(n-2)(n-3)r_{n-2}(t)p_1^{n-4} \\ \qquad +\cdots+2r_3(t)p_1+2r_2(t) \\ \qquad \vdots \\ t^{q-1}e^{p_1 t}=(n-1)(n-2)\cdots(n-q+1)r_{n-q}(t)p_1^{n-q} \\ \qquad +(n-2)(n-3)\cdots(n-q)r_{n-q-1}(t)p_1^{n-q-1}+\cdots+(q-1)!\ r_{q-1}(t)p_1 \end{cases} \tag{2-29}$$

事实上，式(2-29)的各式可统一地表述为：

$$\frac{\mathrm{d}^k e^{p_1 t}}{\mathrm{d}p_1^k}=\frac{\mathrm{d}^k}{\mathrm{d}p_1^k}\{\sum_{i=0}^{n-1}r_i(t)p_1^i\},k=0,1,\cdots,q-1$$

对其他的 $n-q$ 个互异特征值有：

$$\begin{cases} e^{q_{q+1}t}=r_{n-1}(t)p_{q+1}^{n-1}+r_{n-2}(t)p_{q+1}^{n-2}+\cdots+r_1(t)p_{q+1}+r_0(t) \\ \qquad \vdots \\ e^{q_{n-q}t}=r_{n-1}(t)p_{n-q}^{n-1}+r_{n-2}(t)p_{n-q}^{n-2}+\cdots+r_1(t)p_{n-q}+r_0(t) \end{cases} \tag{2-30}$$

这样，将式(2-29)与式(2-30)合并写成单一矩阵形式，有

$$\begin{bmatrix} 1 & p_1 & p_1^2 & \cdots & p_1^{n-1} \\ \dfrac{d_1}{dp_1} & \dfrac{dp_1}{dp_1} & \dfrac{dp_1^2}{dp_1} & \cdots & \dfrac{dp_1^{n-1}}{dp_1} \\ \dfrac{d_1^2}{dp_1^2} & \dfrac{d^2p_1}{dp_1^2} & \dfrac{d^2p_1^2}{dp_1^2} & \cdots & \dfrac{d^2p_1^{n-1}}{dp_1^2} \\ \vdots & \vdots & \vdots & & \vdots \\ \dfrac{d_1^{q-1}}{dp_1^{q-1}} & \dfrac{d^{q-1}p_1}{dp_1^{q-1}} & \dfrac{d^{q-1}p_1^2}{dp_1^{q-1}} & \cdots & \dfrac{d^{q-1}p_1^{n-1}}{dp_1^{q-1}} \\ 1 & p_{q+1} & p_{q+1}^2 & \cdots & p_{q+1}^{n-1} \\ \vdots & \vdots & \vdots & & \vdots \\ 1 & p_{n-q} & p_{n-q}^w & \cdots & p_{n-q}^{n-1} \end{bmatrix} \begin{bmatrix} r_0(t) \\ r_1(t) \\ r_2(t) \\ \vdots \\ r_{q-1}(t) \\ r_q(t) \\ \vdots \\ r_{n-1}(t) \end{bmatrix} = \begin{bmatrix} e^{p_1 t} \\ \dfrac{d e^{p_1 t}}{dp_1} \\ \dfrac{d^2 e^{p_1 t}}{dp_1^2} \\ \vdots \\ \dfrac{d^{q-1} e^{p_1 t}}{dp_1^{q-1}} \\ e^{p_{q+1} t} \\ \cdots \\ e^{p_{n-q} t} \end{bmatrix} \tag{2-31}$$

当矩阵代数方程式(2-31)的系数矩阵非奇异时，该方程式有唯一解 $r_0(t)$，$r_1(t)$，…，$r_{n-1}(t)$，将其解代入式(2-27)即可算出状态转移矩阵。

Sylvester 展开式法 设状态矩阵 $\mathbf{A} \in \mathbf{R}^{n\times n}$ 的特征多项式为 $p(s)=s^n+a_{n-1}s^{n-1}+\cdots+a_1 s+a_0$，其特征值为 $p_1,p_2,\cdots,p_q$，因此，特征多项式的因式分解可写为

$$p(s)=(s-p_1)^{d_1}(s-p_2)^{d_2}\cdots(s-p_q)^{d_q}$$

且 $\sum_{i=1}^{q} d_i=n$。再设指数函数 $f(s,t)=e^{st}$。于是，$f(s,t)/p(s)$ 的部分分式展开满足

$$\frac{f(s,t)}{p(s)}=\sum_{i=1}^{q}\left[\frac{a_{i1}(t)}{(s-p_i)^{d_i}}+\frac{a_{i2}(t)}{(s-p_i)^{d_{i-1}}}+\cdots+\frac{a_{id_i}(t)}{s-p_i}\right] \tag{2-32}$$

其中，$a_{ik}(t)$ 为相应极点 p_i 的 k 阶留数，即

$$a_{ik}(t)=\frac{1}{(k-1)!}\left[\frac{d^{l-1}}{ds^{l-1}}\frac{(s-p_i)^{d_i}f(s,t)}{p(s)}\right]\Big|_{s\to p_i},k=1,2,\cdots,d_i$$

显然，式(2-32)又可改写成多项式关系

$$f(s,t)=\sum_{i=1}^{q}[a_{i1}(t)+a_{i2}(t)(s-p_i)+\cdots+a_{id_i}(t)(s-p_i)^{d_{i-1}}]\xi_i(s) \tag{2-33}$$

其中，$\xi_i(s)=p(s)/(s-p_i)^{d_i}$。注意到，$f(\mathbf{A},t)=e^{\mathbf{A}t}$。于是，式(2-33)就

意味着

$$f(\boldsymbol{A},t)=\sum\nolimits_{i=1}^{q}\{a_{i1}(t)\boldsymbol{I}+a_{i2}(t)(\boldsymbol{A}-p_i\boldsymbol{I})+\cdots+$$
$$a_{id_i}(t)(\boldsymbol{A}-p_i\boldsymbol{I})^{d_{i-1}}\}\xi_i(\boldsymbol{A})$$

作为特殊情况，若特征多项式方程 $p(s)=0$ 的特征值均两两互异，则有

$$a_{i1}(t)=\frac{(s-p_i)f(s,t)}{p(s)}\bigg|_{s\to p_i}=\frac{e^{p_it}}{\prod\nolimits_{j=1,i\neq j}^{n}(p_i-p_j)},i=1,2,\cdots,m$$

且 $\xi_i(s)=\prod\nolimits_{j=1,j\neq i}^{n}(s-p_j)$。将上述关系代入 $f(\boldsymbol{A},t)$ 就有

$$e^{\boldsymbol{A}t}=\sum\nolimits_{i=1}^{n}e^{p_it}\prod\nolimits_{j=1,j\neq i}^{n}\frac{(\boldsymbol{A}-p_j\boldsymbol{I})}{(p_i-p_j)}\tag{2-34}$$

矩阵谱展开法 在将 $\boldsymbol{A}$ 转化为对角矩阵(或 Jordan 标准形)求解状态转移矩阵 $e^{\boldsymbol{A}t}$ 的方法中，若 $\boldsymbol{A}$ 是可对角化矩阵，可利用谱展开定理而无须计算变换矩阵 $\boldsymbol{Q}$ 的方法，为此给出如下引理。

引理 2-3 设 $\boldsymbol{A}\in\mathbf{R}^{n\times n}$ 具有 k 个相异特征值 $\lambda_1,\cdots,\lambda_k$，则 $\boldsymbol{A}$ 可相似化简为对角矩阵当且仅当存在 k 个幂等阵 $\boldsymbol{E}_i\in\mathbf{R}^{n\times n},i=1,2,\cdots,k$，满足：(1) $\boldsymbol{E}_i\boldsymbol{E}_j=\begin{cases}0,i\neq j\\ \boldsymbol{E}_i,i=j\end{cases}$；(2) $\sum\nolimits_{i=1}^{k}\boldsymbol{E}_i=\boldsymbol{I}_n$；(3) $\boldsymbol{A}=\sum\nolimits_{i=1}^{K}\lambda_i\boldsymbol{E}_i$。这里，$\boldsymbol{E}_i$ 是由矩阵 $\boldsymbol{A}$ 唯一确定的。若 $\boldsymbol{A}$ 的最小多项式为 $\varphi(s)=(s-\lambda_1)(s-\lambda_2)\cdots(s-\lambda_k)$，记 $\varphi_i(s)=\varphi(s)/(s-\lambda_i),i=1,2,\cdots,k$，则 $\boldsymbol{E}_i=\varphi_i^{-1}(\lambda_i)\varphi_i(\boldsymbol{A})$。

基于引理 2-3，在假设 $\boldsymbol{A}$ 为可对角化矩阵的条件下，注意到

$$\begin{aligned}
e^{\boldsymbol{A}t}&=\boldsymbol{I}+\boldsymbol{A}t+\frac{1}{2!}\boldsymbol{A}^2t^2+\cdots\\
&=\sum_{i=1}^{k}\boldsymbol{E}_i+(\sum_{i=1}^{k}\lambda_i\boldsymbol{E}_i)t+\frac{1}{2!}(\sum_{i=1}^{k}\lambda_i\boldsymbol{E}_i)2t^2+\cdots\\
&=\sum_{i=1}^{k}\boldsymbol{E}_i+(\sum_{i=1}^{k}\lambda_i\boldsymbol{E}_i)t+\frac{1}{2!}(\sum_{i=1}^{k}\lambda_i^2\boldsymbol{E}_i^2+\sum_{ij}2\lambda_i\lambda_j\boldsymbol{E}_i\boldsymbol{E}_j)t^2+\cdots\\
&=\sum_{i=1}^{k}\boldsymbol{E}_i+(\sum_{i=1}^{k}\lambda_i\boldsymbol{E}_i)t+\frac{1}{2!}(\sum_{i=1}^{k}\lambda_i^2\boldsymbol{E}_i)t^2+\cdots\\
&=\sum_{i=1}^{k}\boldsymbol{E}_i+\sum_{i=1}^{k}\lambda_it\boldsymbol{E}_i+(\sum_{i=1}^{k}\frac{1}{2!}\lambda_i^2t^2\boldsymbol{E}_i)+\cdots\\
&=\sum_{i=1}^{k}(1+\lambda_it+\frac{1}{2!}t^2+\cdots)\boldsymbol{E}_i=\sum_{i=1}^{k}e^{\lambda_it}\boldsymbol{E}_i
\end{aligned}$$

上式表明，若 $\boldsymbol{A}$ 为可对角化的且其特征值 $\lambda_1,\cdots,\lambda_k$ 互异，则可通过构造各特征值 λ_i 对应的幂等阵 $\boldsymbol{E}_i$ 代入上式直接解出 $e^{\boldsymbol{A}t}$。

§3 状态空间模型与传递函数模型的关系

利用状态空间模型进行线性时不变控制系统的时域分析时，虽然状态向量的解析解可以完整精确地反映系统的动态特性，但线性时不变系统状态向量解的直接求取一般并不方便。因此，人们致力于讨论不需要直接而显式地求解就可以分析动态特性的方法。事实上，我们已经知道系统动态特性也取决于其传递函数作为复变函数所具有的形式与性质，所以，有必要讨论状态空间模型与传递函数矩阵模型之间的关系。

考虑线性时不变系统的状态空间模型

$$\begin{cases}\dot{\boldsymbol{x}}(t)=\boldsymbol{A}\boldsymbol{x}(t)+\boldsymbol{B}\boldsymbol{u}(t)\\ \boldsymbol{y}(t)=\boldsymbol{C}\boldsymbol{x}(t)+\boldsymbol{D}\boldsymbol{u}(t)\end{cases} \tag{2-35}$$

其中，$\boldsymbol{x}(t)\in\mathbf{R}^n$，$\boldsymbol{u}(t)\in\mathbf{R}^m$，$\boldsymbol{y}(t)\in\mathbf{R}^l$，系数矩阵 $\boldsymbol{A}$、$\boldsymbol{B}$、$\boldsymbol{C}$、$\boldsymbol{D}$ 为相应维数的常数矩阵。

对式(2-35)在零初始状态的条件下进行 Laplace 变换，则

$$s\boldsymbol{X}(s)=\boldsymbol{A}\boldsymbol{X}(s)+\boldsymbol{B}\boldsymbol{U}(s),\boldsymbol{Y}(s)=\boldsymbol{C}\boldsymbol{X}(s)+\boldsymbol{D}\boldsymbol{U}(s)$$

其中，$\boldsymbol{X}(s)=L\{\boldsymbol{x}(t)\}$，$\boldsymbol{U}(s)=L\{\boldsymbol{u}(t)\}$ 和 $\boldsymbol{Y}(s)=L\{\boldsymbol{y}(t)\}$ 是按照对向量各标量元素进行 Laplace 变换定义的。消去状态向量 $\boldsymbol{X}(s)$，则有

$$\boldsymbol{Y}(s)=[C(s\boldsymbol{I}-\boldsymbol{A})^{-1}\boldsymbol{B}+\boldsymbol{D}]\boldsymbol{U}(s)=\boldsymbol{G}(s)\boldsymbol{U}(s) \tag{2-36}$$

不难理解，$\boldsymbol{G}(s)\in\mathbf{C}^{l\times m}$。也就是说，依照式(2-36)定义的 $\boldsymbol{G}(s)$ 是对应有 m 个输入量、l 个输出量的 MIMO 系统的复变函数矩阵；若 $l=m=1$，上式对应为 SISO 系统的标量复变函数。

根据式(2-36)的定义式直接计算传递函数虽然不存在实质性的数学困难，但当阶次较高时，因涉及高阶矩阵求逆，会导致计算复杂性。为了降低计算复杂度，下面介绍通过计算系统的 Markov 系数，在不涉及逆运算前提下的传递函数(矩阵)的计算方法。

为此，由式(2-36)，注意到

$$\boldsymbol{G}(s)=\frac{\boldsymbol{C}\mathrm{adj}(s\boldsymbol{I}-\boldsymbol{A})\boldsymbol{B}}{\det(s\boldsymbol{I}-\boldsymbol{A})}+\boldsymbol{D}$$

其中，$\boldsymbol{G}(s)$ 中的第二项 $\boldsymbol{D}$ 是常数矩阵，该项不会对以下算法处理产生本质影响，因此，不失一般性，在下面的讨论中认为 $\boldsymbol{D}=0$。

显然，式(2-35)所定义系统的状态矩阵的特征多项式方程是

$$p(s)=\det(s\boldsymbol{I}-\boldsymbol{A})=s^n+a_{n-1}s^{n-1}+\cdots+a_1s+a_0=0$$

可以将多项式分式矩阵 $(s\boldsymbol{I}-\boldsymbol{A})^{-1}$ 展开成无穷级数，即

$$(s\boldsymbol{I}-\boldsymbol{A})^{-1}=\frac{\boldsymbol{I}}{s}+\frac{\boldsymbol{A}}{s^2}+\frac{\boldsymbol{A}^2}{s^3}+\cdots=\sum_{k=1}^{\infty}\boldsymbol{A}^{k-1}s^{-k}$$

由 Cayley－Hamilton 定理（即引理 2-1），有 $p(\boldsymbol{A})=0$。于是，$\boldsymbol{A}^n=-a_{n-1}\boldsymbol{A}^{n-1}-a_{n-2}\boldsymbol{A}^{n-2}-\cdots-a_1\boldsymbol{A}-a_0\boldsymbol{I}$。这说明，矩阵幂 $\boldsymbol{A}^i, i\geqslant n$ 可由 $\boldsymbol{I}, \boldsymbol{A}, \boldsymbol{A}^2, \cdots, \boldsymbol{A}^{n-1}$ 的线性组合表示出来，即下式成立：

$$(s\boldsymbol{I}-\boldsymbol{A})^{-1}=q_0(s)\boldsymbol{I}+q_1(s)\boldsymbol{A}+q_2(s)\boldsymbol{A}^2+\cdots+q_{n-1}(s)\boldsymbol{A}^{n-1} \tag{2-37}$$

其中，$q_i(s), i=0,1,\cdots,n-1$ 为变元 s 的有理分式函数。

现在对式(2-37)的两边左乘矩阵 $(s\boldsymbol{I}-\boldsymbol{A})$，可得

$$\begin{aligned}\boldsymbol{I}=&sq_0(s)\boldsymbol{I}+sq_1(s)\boldsymbol{A}+\cdots+sq_{n-1}(s)\boldsymbol{A}^{n-1}-q_0(s)\boldsymbol{A}-q_1(s)\boldsymbol{A}^2-\cdots\\&-q_{n-1}(s)\boldsymbol{A}^n\end{aligned}$$

将 $\boldsymbol{A}^n$ 由 $\boldsymbol{I}, \boldsymbol{A}, \boldsymbol{A}^2, \cdots, \boldsymbol{A}^{n-1}$ 的线性组合表示，代入上式并加以整理就是

$$\begin{aligned}\boldsymbol{I}=&[sq_0(s)+a_0q_{n-1}(s)]\boldsymbol{I}+[sq_1(s)-q_0(s)+a_1q_{n-1}(s)]\boldsymbol{A}+\cdots\\&+[sq_{n-1}(s)-q_{n-2}(s)+a_{n-1}q_{n-1}(s)]\boldsymbol{A}^{n-1}\end{aligned}$$

令上式两边关于矩阵 $\boldsymbol{A}$ 的相同幂次的对应系数相等，可得

$$\begin{cases}sq_0(s)+a_0q_{n-1}(s)=1\\sq_1(s)-q_0(s)+a_1q_{n-1}(s)=0\\\qquad\cdots\cdots\\sq_{n-1}(s)-q_{n-2}(s)+a_{n-1}(s)=0\end{cases} \tag{2-38}$$

在式(2-38)的各方程式中，第二式乘上变元 s，第三式乘上 s^2，…，第 n 式乘上 s^{n-1} 等，然后将对应形成的各方程式相加，就有

$$(a_0+a_1s+a_2s^2+\cdots+a_{n-1}s^{n-1}+a^n)q_{n-1}(s)=1$$

或写成

$$q_{n-1}(s)=\frac{1}{s^n+a_{n-1}s^{n-1}+\cdots+a_1s+a_0}=\frac{1}{p(s)}$$

代回到式(2-38),依次可以解出:

$$\begin{cases}q_0(s)=p^{-1}(s)(s^{n-1}+a_{n-1}s^{n-2}+\cdots+a_2s+a_1)\\q_1(s)=p^{-1}(s)(s^{n-2}+a_{n-1}s^{n-3}+\cdots+a_3s+a_2)\\\cdots\cdots\\q_{n-2}(s)=p^{-1}(s)(s+a_{n-1})\\q_{n-1}(s)=p^{-1}(s)\end{cases}\tag{2-39}$$

如果令 $p_{i-1}(s)=M(s^{-i}\det(s\boldsymbol{I}-\boldsymbol{A})),i=1,2,\cdots,n$,其中,用 $M(\cdot)$ 表示提取多项式 $(\cdot)$ 的正幂次和零幂次部分。更为准确地,有:

$$\begin{cases}p_0(s)=s^{n-1}+a_{n-1}s^{n-2}+\cdots+a_2s+a_1\\p_1(s)=s^{n-2}+a_{n-1}s^{n-3}+\cdots+a_3s+a_2\\\cdots\cdots\\p_{n-2}(s)=s+a_{n-1}\\p_{n-1}(s)=1\end{cases}\tag{2-40}$$

于是,由式(2-39),我们可导出:

$$q_{i-1}(s)=p^{-1}(s)p_{i-1}(s),i=1,2,\cdots,n\tag{2-41}$$

将上述关系式代入式(2-37),整理后,则有:

$$(s\boldsymbol{I}-\boldsymbol{A})^{-1}=\sum\nolimits_{i=1}^{n}q_{i-1}(s)\boldsymbol{A}^{i-1}=\sum\nolimits_{i=1}^{n}p^{-1}(s)p_{i-1}(s)\boldsymbol{A}^{i-1}$$

再由式(2-41),有:

$$\begin{aligned}\boldsymbol{G}(s)&=\sum\nolimits_{i=1}^{n}p^{-1}(s)p_{i-1}(s)\boldsymbol{CA}^{i-1}\boldsymbol{B}\\&=\sum\nolimits_{i=1}^{n}p^{-1}(s)M(s^{-i}p(s))\boldsymbol{CA}^{i-1}\boldsymbol{B}\end{aligned}\tag{2-42}$$

式中,$\boldsymbol{CA}^{i-1}\boldsymbol{B},i=1,2,\cdots,n$ 称为状态空间模型(2-35)的 Markov 系数。

例 2-2 设某系统的状态空间模型如下,试求其传递函数矩阵 $\boldsymbol{G}(s)$。

$$\begin{cases} \dot{\boldsymbol{x}}(t)=\begin{bmatrix} 0 & 1 & 0 \\ 0 & 0 & 1 \\ -2 & -4 & -3 \end{bmatrix}\boldsymbol{x}(t)+\begin{bmatrix} 1 & 0 \\ 0 & 1 \\ -1 & 1 \end{bmatrix}\boldsymbol{u}(t) \\ \boldsymbol{y}(t)=\begin{bmatrix} 0 & 1 & -1 \\ 1 & 2 & 1 \end{bmatrix}\boldsymbol{x}(t) \end{cases}$$

首先，确定特征多项式 $p(s)=\det(s\boldsymbol{I}-\boldsymbol{A})=s^3+3s^2+4s+2$。其次，求系统的 Markov 系数：

$$\boldsymbol{CA}^0\boldsymbol{B}=\begin{bmatrix} 1 & 0 \\ 0 & 3 \end{bmatrix},\boldsymbol{CAB}=\begin{bmatrix} -2 & 8 \\ -1 & -4 \end{bmatrix},\boldsymbol{CA}^2\boldsymbol{B}=\begin{bmatrix} 0 & -22 \\ 2 & 2 \end{bmatrix}$$

接下来，计算 $p_{i-1}(s),i=1,2,\cdots,n$，得到：

$$p_0(s)=M(s^{-1}p(s))=s^2+3s+4$$

$$p_1(s)=M(s^{-2}p(s))=s^3,p_2(s)=M(s^{-3}p(s))=1$$

最后，由式(2-40)，可得：

$$\boldsymbol{G}(s)=\frac{1}{\det(s\boldsymbol{I}-\boldsymbol{A})}(p_0(s)\boldsymbol{CA}^0\boldsymbol{B}+p_1(s)\boldsymbol{CAB}+p_2(s)\boldsymbol{CA}^2\boldsymbol{B})$$

$$=\frac{1}{\det(s\boldsymbol{I}-\boldsymbol{A})}\left((s^2+3s+4)\begin{bmatrix} 1 & 6 \\ 0 & 3 \end{bmatrix}+(s+3)\begin{bmatrix} -2 & 8 \\ -1 & -4 \end{bmatrix}+\begin{bmatrix} 0 & -22 \\ 2 & 2 \end{bmatrix}\right)$$

$$=\begin{bmatrix} \frac{s^2+s-2}{s^3+3s^2+4s+2} & \frac{8s+2}{s^3+3s^2+4s+2} \\ -\frac{s+1}{s^3+3s^2+4s+2} & \frac{3s^2+5s+2}{s^3+3s^2+4s+2} \end{bmatrix}+\begin{bmatrix} \frac{s^2+s-2}{s^3+3s^2+4s+2} & \frac{8s+2}{s^3+3s^2+4s+2} \\ -\frac{1}{s^3+2s+2} & \frac{3s+2}{s^3+2s+2} \end{bmatrix}$$

§4 基于状态空间模型的系统稳定性分析

稳定性分析是控制系统分析的基本而重要问题之一，这在基于状态空间模型的系统动态特性分析与设计中亦如此。由状态空间模型与传递函数模型的关系可知，通过传递函数的稳定性似乎可以推断状态空间模型的稳定性，但注意到传递函数是系统输入/输出的外部关系的描述，这种方法是否可以完全揭示系统内部的状态稳定性，以及状态稳定性与传递函数稳定性是何种关系，都是有待回答的问题。基于这样的考虑，本章讨论由系统状态空间模型进行稳定性判定的方法与结论，并与基于传递函数的稳定性判定主要方法与结论相关联。

4.1 状态向量动态特性意义的系统(内部)稳定性

当关注于状态空间模型的状态向量在其平衡点及其邻域的动态特性是否具有保持和回归其平衡点的趋势时，实际上我们就是在从系统内部状态变量的视角探讨系统的稳定性，简称系统的内部稳定性。下面针对主要类型的状态空间模型，分别进行稳定性的定义和说明。

4.1.1 自治系统的状态稳定性的定义

考虑自治非线性系统(即时不变系统)的状态稳定性，即系统模型为

$$\dot{\boldsymbol{x}}=\boldsymbol{f}(\boldsymbol{x}) \tag{2-43}$$

其中，$\boldsymbol{f}:\mathbf{D}\rightarrow\mathbf{R}^n$ 是域 $\mathbf{D}\subset\mathbf{R}^n$ 上关于 $\boldsymbol{x}$ 是局部 Lipschitz 的。不失一般性，设式(2-43)的状态平衡点为坐标原点，即 $\boldsymbol{x}_e=0$ 和 $\boldsymbol{f}(0)=0$。若存在 $\boldsymbol{x}_e\neq 0$，利用坐标变换 $\boldsymbol{y}=\boldsymbol{x}-\boldsymbol{x}_e$，则有：

$$\dot{\boldsymbol{y}}=\dot{\boldsymbol{x}}=\boldsymbol{f}(\boldsymbol{y}+\boldsymbol{x}_e)=\boldsymbol{g}(\boldsymbol{y}),\ \boldsymbol{g}(0)=\boldsymbol{f}(\boldsymbol{x}_e)=0$$

从而，系统 $\dot{\boldsymbol{y}}=\boldsymbol{g}(\boldsymbol{y})$ 在新的 $\boldsymbol{y}$ 坐标系的原点处具有状态平衡点。

定义 2-2 关于式(2-43)的自治系统的平衡点 $\boldsymbol{x}_e=0$，称系统状态向量关于该平衡点是：

- Lyapunov 意义稳定的，如果对于每个 $\varepsilon>0$，都有 $\delta(\varepsilon)>0$，使得

$$\|\boldsymbol{x}(0)\|<\delta(\varepsilon)\Rightarrow\|\boldsymbol{x}(t)\|<\varepsilon,\ \forall t\geqslant 0$$

- Lyapunov 意义不稳定的，如果对于每个 $\varepsilon>0$，都找不到 $\delta(\varepsilon)>0$，使得上式成立；

- 渐近稳定的，如果系统状态是 Lyapunov 意义稳定的，并且总存在 $\delta(\varepsilon)>0$ 使得

$$\|\boldsymbol{x}(0)\|<\delta(\varepsilon)\Rightarrow\lim_{t\rightarrow\infty}\|\boldsymbol{x}(t)\|=0$$

- 指数稳定的，如果存在常数 $\delta(\varepsilon)>0$，$k>0$ 和 $\lambda>0$ 使得

$$\|\boldsymbol{x}(t)\|\leqslant k\|\boldsymbol{x}(0)\|\exp\{-\lambda t\},\ \forall t\geqslant 0 \text{ 并且 } \forall\ \|\boldsymbol{x}(0)\|<\delta(\varepsilon)$$

这里的 $\delta(\varepsilon)$ 可以独立于 ε。

当自治系统(2-43)具有定义 2-2 意义上的某种稳定性时，我们通常称该系统在平衡点及其邻域是状态稳定的，或简单地说系统是内部稳定的，或系统是稳定的。在以下的陈述中，我们将等价地使用这些说法。

以二阶系统为例，图 2-3 至图 2-5 分别图示了定义 2—2 的状态向量关于平衡点的各类稳定性的动态特性意义。在各图中，(a)图是绘制在所谓相平面上的状态向量的相轨迹，而(b)图是状态向量的时间响应曲线。

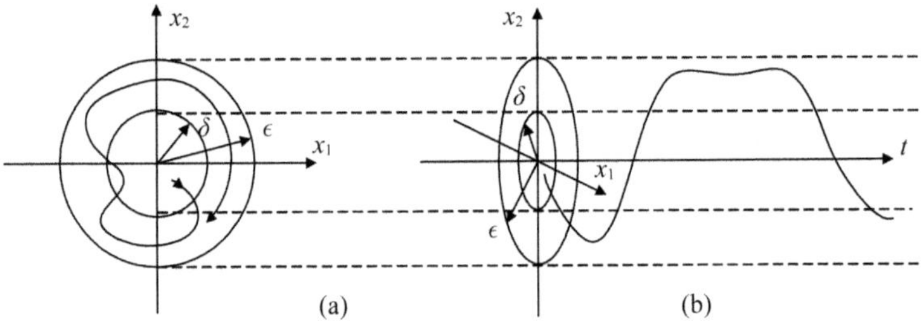

图 2-3　Lyapunov 意义稳定性的动态特性意义

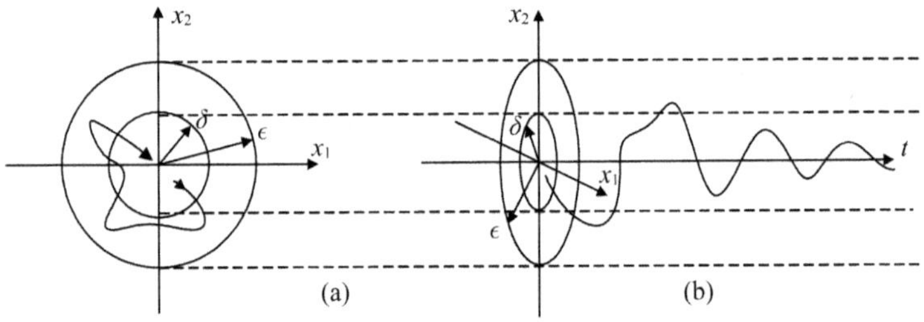

图 2-4　渐近稳定性的动态特性意义

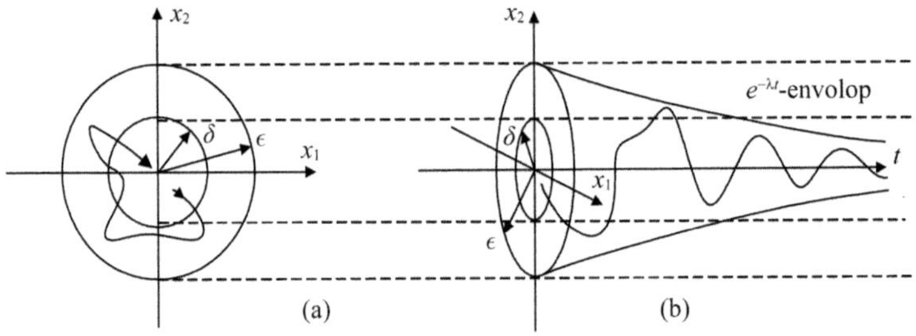

图 2-5　指数稳定性的动态特性意义

4.1.2 非自治系统状态稳定性的定义

要定义非自治(即时变)非线性系统的关于状态向量在平衡点处的稳定性,必须考虑非自治非线性系统的平衡点是否能随时间演进保持不变性的问题。换句话说,在定义时变系统的状态向量关于平衡点的稳定性时,必须考虑系统平衡点自身的时间依赖性。

具体地,考虑非自治系统

$$\dot{\boldsymbol{x}}=\boldsymbol{f}(t,\boldsymbol{x}) \tag{2-44}$$

其中,$\boldsymbol{f}:[0,\infty)\times\mathbf{D}\rightarrow\mathbf{R}^n$ 在时间 t 上是分段连续的,$\mathbf{D}\subset\mathbf{R}^n$ 是包含原点 $\boldsymbol{x}=0$ 的定义域,且在 $[0,\infty)\times\mathbf{D}$ 上,$\boldsymbol{f}(\cdot,\cdot)$ 关于状态向量 $\boldsymbol{x}$ 是局部 Lipschitz 的。若 $\forall t\geqslant t_0\geqslant 0$,$\boldsymbol{f}(t,0)=0$ 成立,则 $\boldsymbol{x}=0$ 被称为式(2-44)的非自治系统在初始时刻 t_0 的平衡点。关于与形如 $\dot{\boldsymbol{x}}=\boldsymbol{f}(\boldsymbol{x})$ 的自治系统的平衡点关系与区别可参见第一章定义 1-1 及相关讨论。

与自治系统的状态空间模型的状态向量解仅与 $t-t_0$ 有关不同,非自治系统的状态向量解则可能同时与 $t-t_0$、t 和 t_0 都有关。鉴于此,非自治系统的平衡点稳定性自然也与初始时刻 t_0 有关。这就是为什么在定义非自治系统的稳定性时,需要针对某个具体初始时刻进行陈述的根本原因。

定义 2-3 关于式(2-44)的状态空间模型描述的非自治系统,假设其存在有初始时刻 t_0 的平衡点 $\boldsymbol{x}=0$,我们称系统状态在该平衡点及其邻域是

- 稳定的,如果对于每个 $\varepsilon>0$,都有 $\delta=\delta(\varepsilon,t_0)>0$ 则

$$\|\boldsymbol{x}(t_0)\|<\delta\Rightarrow\|\boldsymbol{x}(t)\|<\varepsilon,\forall t\geqslant t_0\geqslant 0 \tag{2-45}$$

- 一致稳定的,若对每个 $t_0\geqslant 0$,都存在 $\delta=\delta(\varepsilon,t_0)>0$ 满足不等式(2-45);
- 不稳定的,若不等式(2-45)不成立;
- 渐近稳定的,如果使得不等式(2-45)成立的 $\boldsymbol{x}(t)$,当 $t\rightarrow\infty$ 时均满足 $\boldsymbol{x}(t)\rightarrow 0$;
- 一致渐近稳定的,如果存在独立于 t_0 的常数 $c>0$,使得所有 $\|\boldsymbol{x}(t_0)\|<c$ 的初始条件下,当 $t\rightarrow\infty$ 时,$\boldsymbol{x}(t)\rightarrow 0$;
- 全局一致渐近稳定的,如果状态是一致渐近稳定的,且常数 $c>0$ 独立于 t_0 可取任意大;

- 指数稳定的，如果存在常数 $c>0$，$k>0$ 和 $\lambda>0$，且独立于 t_0，使得

$$\|\boldsymbol{x}(t)\|<k\|\boldsymbol{x}(t_0)\|\exp\{-\lambda(t-t_0)\},\ \forall\ \|\boldsymbol{x}(t_0)\|<c \quad (2-46)$$

- 全局指数稳定的，如果存在常数 $c>0$，$k>0$ 和 $\lambda>0$，且与 t_0 无关，使得不等式(2-46)对于任何初始状态 $\boldsymbol{x}(t_0)$ 都成立。

4.2 输入/输出关系意义上的系统(外部)稳定性

当我们仅仅关注于对象系统的输入向量/输出向量及其关系的动态/静态特性是否具有某种形式与性质的数学收敛性时，实际上我们就是在从系统的外部特征的角度探讨对象系统的稳定性，这类稳定性又简称外部稳定性。

与系统状态向量关于平衡点的稳定性定义不同，系统的外部稳定性有更为复杂多样的定义方式。事实上，除状态空间模型外，用于刻画系统的输入/输出关系的外部模型更具多样性，所以不同类型与特征的外部关系模型也会导出不同类型的外部稳定性定义。以下几小节将整理和归纳几类常见的描述系统外部关系特性的模型。

如果在状态空间模型上同时考虑其内部和外部稳定性，两类稳定性之间存在联系与区别是毫不奇怪的，但这不是本书范围内的问题，此不赘述。

4.2.1 函数空间和函数范数

设 $\boldsymbol{u}:[0,\infty)\rightarrow\mathbf{R}^m$ 是将时间区间 $[0,\infty)$ 映射到欧氏空间 $\mathbf{R}^m$ 的函数(或信号)向量，其中，m 是向量$\boldsymbol{u}$ 的维数；即，$\boldsymbol{u}=[u_1,u_2,\cdots,u_m]^{\mathrm{T}}$。为了度量信号 $\boldsymbol{u}$ 的“幅度”，定义

- 函数向量 $\boldsymbol{u}$ 的 $\mathcal{L}_p^m$ 函数范数 $\|\boldsymbol{u}\|_{\mathcal{L}_p^m}=\left(\int_0^\infty\|u(\tau)\|_p^p\mathrm{d}\tau\right)^{1/p}$，$1\leqslant p\leqslant\infty$
- 函数向量 $\boldsymbol{u}$ 的 $\mathcal{L}_\infty^m$ 函数范数 $\|\boldsymbol{u}\|_{\mathcal{L}_\infty^m}=\sup\limits_{\forall t\geqslant0}\|\boldsymbol{u}(t)\|_\infty$

这里，$\|\boldsymbol{u}(\cdot)\|_*$ 表示函数向量$\boldsymbol{u}(\cdot)$ 在其自变量 $(\cdot)$ 赋值后所形成的数值向量 $\boldsymbol{u}(\cdot)$ 的向量范数。

典型的向量范数包括：

$$\begin{cases}p=1:\|\boldsymbol{u}(\cdot)\|_1=\sum_{i=1}^m|u_i(\cdot)|\\p=2:\|\boldsymbol{u}(\cdot)\|_2=\left(\sum_{i=1}^m|u_i(\cdot)|^2\right)^{1/2}\\p=\infty:\|\boldsymbol{u}(\cdot)\|_\infty=\max\{|u_1(\cdot)|,\cdots,|u_m(\cdot)|\}\end{cases}$$

其中，$|u_i(\cdot)|$ 表示标量函数 $u_i(\cdot)$ 的绝对值。为简便起见，只要所讨论的范数意义是明确的，所涉及的向量维数可以从上下文确定时，将略去范数符号的维数上下标。将符号 $\mathcal{L}_p^m$ 简记为 $\mathcal{L}_p$，而 $\|\boldsymbol{u}(\cdot)\|_*$ 简记为 $\|\boldsymbol{u}(\cdot)\|$。

基于上述函数范数概念和符号约定，这里列举几个典型的函数向量空间。

- $\mathcal{L}_1 =: \{\boldsymbol{u}:[0,\infty) \to \mathbf{C}^n \mid \int_0^{\infty} \|\boldsymbol{u}(\tau)\| \mathrm{d}\tau < \infty\}$ 是指所有绝对可积函数向量组成的集合。
- $\mathcal{L}_2 =: \{\boldsymbol{u}:[0,\infty) \to \mathbf{C}^n \mid (\int_0^{\infty} \|\boldsymbol{u}(\tau)\|^2 \mathrm{d}\tau)^{1/2} < \infty\}$ 是指所有平方可积函数向量组成的集合。
- $\mathcal{L}_\infty =: \{\boldsymbol{u}:[0,\infty) \to \mathbf{C}^n \mid \sup\limits_{\forall \tau \geqslant 0} \|\boldsymbol{u}(\tau)\| < \infty\}$ 是指所有分段连续和有界函数向量组成的集合。

根据泛函分析的有关结论，如下的函数向量空间性质成立：

- 函数向量空间 $\mathcal{L}_1, \mathcal{L}_2, \cdots, \mathcal{L}_\infty$ 均为完备的赋范线性空间（简称 Banach 空间），这是因为对于每个特定的 p，$\mathcal{L}_p$ 是赋予函数范数 $\|\cdot\|_{\mathcal{L}_p}$ 的完备的线性空间；
- $\mathcal{L}_2$ 是完备的赋范线性空间的同时，还是所谓的 Hilbert 空间，即在其上可定义函数向量的内积 $\|\cdot\|_{\mathcal{L}_2}^2 = \langle \cdot, \cdot \rangle$。
- 函数向量的线性空间 $\mathcal{L}_1, \mathcal{L}_2, \cdots, \mathcal{L}_\infty$ 满足 $\mathcal{L}_1 \subset \mathcal{L}_2 \subset \cdots \subset \mathcal{L}_\infty$。

4.2.2 扩张函数向量空间与系统输入/输出模型

控制系统的输入/输出模型可以将对象系统的输出向量与输入向量通过外部关系描述直接相关联，而不必涉及状态空间模型的内部状态。为了一般化地定义控制系统的输入/输出模型，需要引入函数向量空间 $\mathcal{L}_1$，$\mathcal{L}_2$ 和 $\mathcal{L}_\infty$ 的扩张函数向量空间的概念。

对应 $1 \leqslant p \leqslant \infty$ 的函数向量空间 $\mathcal{L}_P$，$\mathcal{L}_{pe}$ 是 $\mathcal{L}_p$ 的扩张函数向量空间

$$\mathcal{L}_{pe} = \{\boldsymbol{u}:\boldsymbol{u}_\tau \in \mathcal{L}_p, \forall \tau \in [0,\infty)\}$$

其中，$\boldsymbol{u}_\tau$ 表示对时间 τ 之前 $\boldsymbol{u}$ 的函数向量的截断运算，即：

$$\boldsymbol{u}_\tau(t) = \begin{cases} \boldsymbol{u}(t), & 0 \leqslant t \leqslant \tau \\ 0, & t > \tau \end{cases}$$

对应每个具体的 $1 \leqslant p \leqslant \infty$，扩张函数向量空间 $\mathcal{L}_{pe} \subset \mathcal{L}_p$ 也是线性向量

空间。我们可以通过使用扩张函数向量空间 $\mathcal{L}_{pe}$ 来处理无界信号。常用扩张函数向量空间为 $\mathcal{L}_{1e}$，$\mathcal{L}_{2e}$ 和 $\mathcal{L}_{\infty e}$。

定义输入/输出关系模型描述的系统

$$\boldsymbol{y}=H\boldsymbol{u} \text{ 或 } H:\mathcal{L}_{pe}^{m}\rightarrow\mathcal{L}_{pe}^{q}:\boldsymbol{u}\rightarrow\boldsymbol{y}$$

也就是说，算子或映射 H 将输入向量 $\boldsymbol{u}$ 映射为输出向量 $\boldsymbol{y}$。为了严格定义即便输入向量属于 $\mathcal{L}_p$，输出向量可能不属于 $\mathcal{L}_p$ 的关系，可将 $\boldsymbol{y}=H\boldsymbol{u}$ 视为从 $\mathcal{L}_{pe}^{m}$ 到 $\mathcal{L}_{pe}^{q}$ 的映射。这里，m 和 q 分别表示输入 $\boldsymbol{u}$ 和输出 $\boldsymbol{y}$ 的维度。为简便起见，以下讨论将略去维数上标。

4.2.3　系统输入/输出稳定性的定义

基于控制系统的输入/输出模型，我们可以陈述输入/输出稳定性的定义。

定义 2-4　考虑输入/输出映射 $H:\mathcal{L}_{pe}\rightarrow\mathcal{L}_{pe}$ 所描述的系统。

- 如果在时间区间 $[0,\infty)$ 上存在 K 类函数 α 和常数 $\beta\geqslant 0$，使得

$$\|(H\boldsymbol{u})_{\tau}\|_{\mathcal{L}_p}\leqslant\alpha(\|\boldsymbol{u}_{\tau}\|_{\mathcal{L}_p})+\beta \tag{2-47}$$

对所有 $\boldsymbol{u}\in\mathcal{L}_{pe}$ 和 $\tau\in[0,\infty)$ 成立，则该系统是 $\mathcal{L}_p$ 稳定的；

- 如果存在常数 $\gamma\geqslant 0$ 和 $\beta\geqslant 0$，使得

$$\|(H\boldsymbol{u})_{\tau}\|_{\mathcal{L}_p}\leqslant\gamma\|\boldsymbol{u}_{\tau}\|_{\mathcal{L}_p}+\beta \tag{2-48}$$

对所有 $\boldsymbol{u}\in\mathcal{L}_{pe}$ 和 $\tau\in[0,\infty)$ 成立，则该系统是有限增益 $\mathcal{L}_p$ 稳定的。

定义 2-4 中的 K 类函数的定义，可参见 Hassan K. Khalil 的专著[17]。

定义 2-5　考虑输入/输出关系映射 $H:\mathcal{L}_{pe}\rightarrow\mathcal{L}_{pe}$ 所描述的系统。如果存在常数 $r>0$，使得不等式(2-47)(或不等式(2-48))对所有满足 $\sup_{0\leqslant t<\infty}\|\boldsymbol{u}(t)\|\leqslant r$ 的 $\boldsymbol{u}\in\mathcal{L}_{pe}$ 成立，则该系统是小信号 $\mathcal{L}_p$ 稳定的(或小信号有限增益 $\mathcal{L}_p$ 稳定的)。

这里罗列几个关于系统的输入/输出稳定性的术语：

- 当 $p=\infty$，系统的输入/输出模型 $\boldsymbol{y}=H\boldsymbol{u}$ 的 $\mathcal{L}_{\infty}$ 稳定性又称为该系统的有界输入/有界输出(bounded input/bounded output，BIBO)稳定性；
- 不等式(2-47)和不等式(2-48)中的常数 $\beta\geqslant 0$ 称为偏置；这时我们可以讨论系统 $\boldsymbol{y}=H\boldsymbol{u}$ 在 $\boldsymbol{u}=0$ 时稳态响应不为零时的输入/输出稳定性；
- 不等式(2-48)成立的最小 $\gamma\geqslant 0$ 称为系统的 $\mathcal{L}_p$ 增益；如果不等式(2-48)对某 $\gamma\geqslant 0$ 为真，则该系统的 $\mathcal{L}_p$ 增益至少是小于或等于 γ 的。

4.3 状态稳定性分析的若干数学概念

在利用状态空间模型进行状态稳定性分析时会涉及更为深入的数学概念,这里集中加以介绍。

正定函数 若标量函数 $V(\boldsymbol{x}(t)) \in \mathbf{R}$ 满足,$\forall \boldsymbol{x}(t) \neq 0 \in \mathbf{R}^n$,有 $V(\boldsymbol{x}(t)) > 0$,且 $V(0)=0$,则称 $V(\boldsymbol{x}(t))$ 为正定的;反之,若 $\forall \boldsymbol{x}(t) \neq 0 \in \mathbf{R}^n$,$V(\boldsymbol{x}(t)) < 0$,则称 $V(\boldsymbol{x}(t))$ 为负定的;若同时存在 $\boldsymbol{x}'(t) \neq 0 \in \mathbf{R}^n$,$V(\boldsymbol{x}'(t)) > 0$,$\boldsymbol{x}''(t) \neq 0 \in \mathbf{R}^n$,$V(\boldsymbol{x}''(t)) < 0$,以及 $\boldsymbol{x}'''(t) \in \mathbf{R}^n$,$V(\boldsymbol{x}'''(t))=0$,则称 $V(\boldsymbol{x}(t))$ 是不定的。显然,若 $V(\boldsymbol{x}(t))$ 是正定的,则 $-V(\boldsymbol{x}(t))$ 一定为负定的,反之亦然。

二次型函数 称如下标量函数为二次型函数:

$$V(\boldsymbol{x}(t))=\boldsymbol{x}^{\mathrm{T}}(t)\boldsymbol{Q}\boldsymbol{x}(t) \tag{2-49}$$

这里,$\boldsymbol{x}(t) \in \mathbf{R}^n$ 且系数矩阵 $\boldsymbol{Q} \in \mathbf{R}^{n\times n}$ 是对称的,记为 $\boldsymbol{Q}^{\mathrm{T}}=\boldsymbol{Q}=[q_{ij}]$。显然,式(2-49)的右边展开的结果将是标量函数,即 $V(\boldsymbol{x}(t))=\sum_{i,j=1}^{n} q_{ij}x_i(t)x_j(t)$,其中的每个单项关于标量元素 $x_i(t)$ 的幂次和均为2。这里,$x_i(t)$ 为 $\boldsymbol{x}(t)$ 向量的第 i 个标量元素。

对称矩阵的正定性判定条件 二次型函数的矩阵 $\boldsymbol{Q}$ 是对称的,其正定性、负定性可由矩阵 $\boldsymbol{Q}$ 的特征值的正定性、负定性所决定,也可由 Sylvester 判据判定。为此,表记

$$\boldsymbol{Q}=\begin{bmatrix} q_{11} & q_{12} & \cdots & q_{1n} \\ q_{21} & q_{22} & \cdots & q_{2n} \\ \vdots & \vdots & & \vdots \\ q_{n1} & q_{n2} & \cdots & q_{nn} \end{bmatrix}$$

则称由 $\boldsymbol{Q}$ 的前 i 行前 i 列的交叉位置的部分矩阵的行列式,即

$$\det(\boldsymbol{Q}_i)=\begin{vmatrix} q_{11} & \cdots & q_{1i} \\ \vdots & \ddots & \vdots \\ q_{i1} & \cdots & q_{ii} \end{vmatrix}, i=1,2,\cdots,n$$

为矩阵 $\boldsymbol{Q}$ 的第 i 阶顺序主子式。基于顺序主子式的概念,如下的 Sylvester 判据成立。

引理 2-4 (Sylvester 判据)式(2-49)的二次型标量函数正定的充分必要条件是，$\boldsymbol{Q}=\boldsymbol{Q}^{\mathrm{T}}$ 的各顺序主子式均为正，即 $\det(\boldsymbol{Q}_i)>0, i=1,2,\cdots,n$。

引理 2-4 给出了二次型函数判断其正定性的充要条件。若要推断二次型函数 $V(\boldsymbol{x}(t))$ 的负定性，则只需判断矩阵 $-\boldsymbol{Q}$ 是否具有正定性即可。

4.4 系统状态稳定性分析的 Lyapunov 第二法

Lyapunov 第二法稳定性分析的方法步骤是，首先，通过构造正定性的能量函数，其次，求其沿状态方程的一阶时间导数，最后，利用能量函数导函数的定号性(正定性或负定性)来判定系统的状态稳定性。

定理 2-1 考虑自治状态方程 $\dot{\boldsymbol{x}}(t)=\boldsymbol{f}(\boldsymbol{x}(t))$，设 $\boldsymbol{x}_e=0$ 为平衡点，即 $\boldsymbol{f}(\boldsymbol{x}_e)=0, \forall t\geqslant 0$，则

(1) 若有正定函数 $V(\boldsymbol{x}(t))$，其对时间的一阶导数 $\dot{V}(\boldsymbol{x}(t))$ 是负定的，则系统的状态向量关于平衡点 $\boldsymbol{x}_e=0$ 是渐近稳定的；

(2) 若有正定函数 $V(\boldsymbol{x}(t))$，其对时间的一阶导数 $\dot{V}(\boldsymbol{x}(t))$ 是正定的，则系统的状态向量关于平衡点 $\boldsymbol{x}_e=0$ 是 Lyapunov 意义上不稳定的；

(3) 若找不到合适的正定函数 $V(\boldsymbol{x}(t))$，或 $V(\boldsymbol{x}(t))$ 的时间一阶导数是不定的，则系统的状态向量关于平衡点 $\boldsymbol{x}_e=0$ 稳定与否无法判断。

应当注意的是，Lyapunov 第二法是判断系统状态稳定性的间接法，且只是充分性条件。另外，不论是能量函数的构造，还是对其求时间一阶导数，以及导函数的定号性判断都是在时域进行的。因此，该判据是从状态空间模型的时域特征角度进行稳定性分析的。Lyapunov 第二法产生的诸稳定判据是线性矩阵不等式(linear matrix inequality，LMI)方法的理论基础。

4.5 线性时不变状态空间模型的稳定性分析

当从系统的状态空间模型进行其内部状态的稳定性分析时，通常会遇到几个典型的问题。典型问题一，状态向量关于平衡点的稳定性与传递函数关于输入/输出关系的稳定性之间具有何关系；典型问题二，状态空间模型有无外部控制输入时的状态稳定性是何关系；典型问题三，对于线性时不变系统，有无直接基于状态空间模型系数矩阵的稳定判据。

下面仅限于在线性时不变系统，对这几个问题进行简要讨论。

4.5.1 线性时不变系统的状态稳定性与输入/输出稳定性

本节讨论系统的状态空间模型的状态稳定性与其传递函数模型的输入/

输出稳定性的关系。为此，考虑连续时间线性时不变系统的状态空间模型

$$\begin{cases}\dot{\boldsymbol{x}}(t)=\boldsymbol{Ax}(t)+\boldsymbol{Bu}(t)\\ \boldsymbol{y}(t)=\boldsymbol{Cx}(t)\end{cases} \tag{2-50}$$

其中，$\boldsymbol{x}(t)\in\mathbf{R}^n$，$\boldsymbol{u}(t)\in\mathbf{R}^m$，$\boldsymbol{y}(t)\in\mathbf{R}^l$，且 $\boldsymbol{A}$、$\boldsymbol{B}$、$\boldsymbol{C}$ 为常数矩阵。

式(2-50)的传递函数矩阵是 $\boldsymbol{G}(s)=\boldsymbol{C}(s\boldsymbol{I}-\boldsymbol{A})^{-1}\boldsymbol{B}\in\mathbf{C}^{l\times m}$。若令

$$\boldsymbol{G}(s)=\begin{bmatrix} g_{11}(s) & \cdots & g_{m1}(s)\\ \vdots & \ddots & \vdots\\ g_{l1}(s) & \cdots & g_{lm}(s)\end{bmatrix}\in\mathbf{C}^{l\times m}$$

则 $\boldsymbol{G}(s)$ 的标量元素可写成

$$g_{ij}(s)=\frac{N_{ij}(s)}{\det(s\boldsymbol{I}-\boldsymbol{A})},i=1,2,\cdots,l,j=1,2,\cdots,m$$

其中，$N_{ij}(s)$ 为至多 $n-1$ 阶的多项式。由 $g_{ij}(s)$ 的定义式，第 j 个输入 $u_j(t)$ 与第 i 个输出 $y_i(t)$ 间的输入/输出有界稳定的充分条件是特征多项式 $\Delta(s)=\det(s\boldsymbol{I}-\boldsymbol{A})=0$ 的根全部位于左半 s 一平面内(不包括虚轴)，即

$$\mathrm{Re}(s_i)<0,\forall i=1,2,\cdots,n$$

这里，s_i 为特征多项式方程 $\Delta(s)=0$ 的根。由于状态空间模型中可能存在不能控制和/或不能观测的特征值模态，特征多项式方程 $\Delta(s)=0$ 的根不一定全部以传递函数矩阵极点的形式出现于 $\boldsymbol{G}(s)$ 的极点多项式中，所以 $\Delta(s)=0$ 的特征根全部位于左半 s 一平面内仅仅是传递函数矩阵的输入/输出稳定性的充分条件，而非必要条件。

事实上，已经证明传递函数矩阵 $\boldsymbol{G}(s)$ 的极点多项式仅仅是状态空间模型的特征多项式 $\Delta(s)$ 的部分因式，因此传递函数矩阵的输入/输出有界稳定性通过对 $\Delta(s)=0$ 根位置来判定问题，可能涉及属于状态空间模型的系统极点但不属于传递函数矩阵极点的结构部分。换句话说，虽然通过 $\det(s\boldsymbol{I}-\boldsymbol{A})=0$ 的特征根可以判断状态空间模型的状态稳定性，进而推断对应的传递函数矩阵的输入/输出稳定性，但反过来由传递函数矩阵的输入/输出稳定性却无法完全推断状态空间模型的状态稳定性。

4.5.2 强迫/非强迫线性时不变系统状态稳定性

这里仅限于对线性时不变的状态空间模型进行讨论。定理 2-1 所考虑

的非强迫状态空间模型 $\dot{\boldsymbol{x}}(t)=\boldsymbol{f}(\boldsymbol{x}(t))$ 的状态稳定性等价于下式描述的齐次向量微分方程的状态稳定性。

$$\dot{\boldsymbol{x}}(t)=\boldsymbol{A}\boldsymbol{x}(t) \tag{2-51}$$

其中，$\boldsymbol{x}(t)\in\mathbf{R}^{n}$ 且 $\boldsymbol{A}\in\mathbf{R}^{n\times n}$。

定理 2-2 考虑式(2-51)所描述的齐次状态方程，该系统状态关于平衡点为渐近稳定的充分必要条件是 $\mathrm{Re}(\lambda_i)<0, i=1,2,\cdots,n$。其中，$\lambda_i\in\lambda(\boldsymbol{A})$ 为矩阵 $\boldsymbol{A}$ 的第 i 个特征值。

从定理 2-2 可知，齐次状态方程(2-51)的渐近稳定性条件同样关联于特征多项式方程 $\det(s\boldsymbol{I}-\boldsymbol{A})=0$ 的特征值分布。

下面讨论当所考虑系统的外部输入 $\boldsymbol{u}(t)\neq 0$ 时，即为强迫状态方程的情形时，非齐次状态方程的渐近稳定性同齐次状态方程的渐近稳定性的关系。考虑非齐次线性状态方程

$$\dot{\boldsymbol{x}}(t)=\boldsymbol{A}\boldsymbol{x}(t)+\boldsymbol{g}(t) \tag{2-52}$$

其中，$\boldsymbol{g}(t)$ 可理解成与一般控制输入 $\boldsymbol{u}(t)$ 相关的部分。

定理 2-3 齐次状态方程式(2-51)的系统状态关于平衡点渐近稳定的充分必要条件是，非齐次线性状态方程式(2-52)在任何有界 $\boldsymbol{g}(t)$ 作用下的状态解 $\boldsymbol{x}(t)$ 有界。

定理 2-3 说明，在外部输入有界的条件下，非齐次(亦即强迫的)线性时不变系统的状态渐近稳定性与具体输入无关。也就是说，对于线性时不变状态空间模型，其系统状态的渐近稳定性可以只通过对齐次(亦即非强迫的)状态方程部分进行判断即可。

4.5.3 线性时不变系统的 Lyapunov 稳定判据

本节我们讨论针对式(2-51)描述的线性时不变系统的状态稳定性的 Lyapunov 判据。为此，构造二次型能量函数 $V(\boldsymbol{x}(t))=\boldsymbol{x}^{\mathrm{T}}(t)\boldsymbol{Q}\boldsymbol{x}(t)$，其中，$0<\boldsymbol{Q}=\boldsymbol{Q}^{\mathrm{T}}\in\mathbf{R}^{n\times n}$ 为正定对称实数矩阵，从而 $V(\boldsymbol{x}(t))$ 是正定标量函数。沿状态方程式(2-51)求 $V(\boldsymbol{x}(t))$ 的关于时间的一阶导数，则

$$\frac{\mathrm{d}V(\boldsymbol{x}(t))}{\mathrm{d}t}=\boldsymbol{x}^{\mathrm{T}}(t)\boldsymbol{A}^{\mathrm{T}}\boldsymbol{Q}\boldsymbol{x}(t)+\boldsymbol{x}^{\mathrm{T}}(t)\boldsymbol{Q}\boldsymbol{A}\boldsymbol{x}(t)=\boldsymbol{x}^{\mathrm{T}}(t)(\boldsymbol{A}^{\mathrm{T}}\boldsymbol{Q}+\boldsymbol{Q}\boldsymbol{A})\boldsymbol{x}(t)$$

由此定义矩阵代数 Lyapunov 方程

$$A^{\mathrm{T}}Q+QA=-P \tag{2-53}$$

该矩阵代数方程对于给定的 $P=P^{\mathrm{T}}>0$ 的解矩阵 Q，其正定性/负定性反映了状态方程式(2-51)关于平衡点的状态稳定性，如定理 2-4 所述。由于该定理的证明过程非常经典，对其他类型系统的 Lyapunov 稳定性分析有参考价值，定理证明也完整地给出。

定理 2-4 齐次状态方程式(2-51)的平衡点 $x_e=0$ 渐近稳定的充分必要条件是，对任意给定的对称矩阵 $0<P=P^{\mathrm{T}}\in\mathbf{R}^{n\times n}$ 均存在唯一的解矩阵 $0<Q=Q^{\mathrm{T}}\in\mathbf{R}^{n\times n}$，满足矩阵代数方程(2-53)。

证明：(充分性)。设存在 $P=P^{\mathrm{T}}$ 和 $Q=Q^{\mathrm{T}}$ 均为正定对称矩阵，使式(2-53)成立，则

$$V(x(t))=x^{\mathrm{T}}(t)Qx(t)>0,\frac{\mathrm{d}}{\mathrm{d}t}(V(x(t)))=-x^{\mathrm{T}}(t)(A^{\mathrm{T}}P+PA)x(t)<0$$

由定理 2-1，式(2-51)系统的状态关于平衡点 $x_e=0$ 是渐近稳定的。

(必要性)设式(2-51)系统的平衡点 $x_e=0$ 是渐近稳定的。定理 2-2 说明，A 的特征值必满足 $\mathrm{Re}(\lambda_i)<0,i=1,2,\cdots,n$，注意到 A^{T} 的特征值也是 λ_i，从而 $\lambda_i+\lambda_j\neq 0$，$\forall i,j=1,2,\cdots,n$。

设 $P=P^{\mathrm{T}}>0$ 为给定正定对称阵，若取式(2-53)的解矩阵为 $Q=\int_0^{+\infty}\mathrm{e}^{A^{\mathrm{T}}\tau}P\mathrm{e}^{A\tau}\mathrm{d}\tau$。依此定义可知 $Q=Q^{\mathrm{T}}$，将其代入式(2-53)的左边，并进行如下的矩阵代数运算。

$$\begin{aligned}A^{\mathrm{T}}Q+QA&=\int_0^{+\infty}\mathrm{e}^{A^{\mathrm{T}}\tau}Pd(\mathrm{e}^{A\tau})+\int_0^{+\infty}d(\mathrm{e}^{A^{\mathrm{T}}\tau})P\mathrm{e}^{A\tau}\\&=\mathrm{e}^{A^{\mathrm{T}}\tau}P\mathrm{e}^{A\tau}\Big|_{\tau=0}^{+\infty}-\int_0^{+\infty}(d(\mathrm{e}^{A^{\mathrm{T}}\tau}P))\mathrm{e}^{A\tau}+\int_0^{+\infty}(d\,\mathrm{e}^{A^{\mathrm{T}}\tau})P\mathrm{e}^{A\tau}\\&=\mathrm{e}^{A^{\mathrm{T}}\tau}P\mathrm{e}^{A\tau}\Big|_{\tau=+\infty}-P=-P\end{aligned}$$

这说明，矩阵 Q 的确是式(2-53)的对于给定 P 的解。

接下来，证明这样的 Q 是正定的。为此，注意到 P 为正定对称矩阵，于是一定存在非奇异矩阵 M，使得 $P=M^{\mathrm{T}}M$。考虑任意的 $0\neq y\in\mathbf{R}^n$，于是

$$\begin{aligned}y^{\mathrm{T}}Qy&=\int_0^{+\infty}y^{\mathrm{T}}\mathrm{e}^{A^{\mathrm{T}}\tau}P\mathrm{e}^{A\tau}y\,\mathrm{d}\tau=\int_0^{+\infty}y^{\mathrm{T}}\mathrm{e}^{A^{\mathrm{T}}\tau}M^{\mathrm{T}}M\mathrm{e}^{A\tau}y\,\mathrm{d}\tau\\&=\int_0^{+\infty}(M\mathrm{e}^{A\tau}y)^{\mathrm{T}}M\mathrm{e}^{A\tau}y\,\mathrm{d}\tau>0\end{aligned}$$

注意到，对任何 $0 \neq \boldsymbol{y} \in \mathbf{R}^n$，一定有 $\boldsymbol{M}\mathrm{e}^{\boldsymbol{A}\tau}\boldsymbol{y} \neq 0$；从而，对任何 $\tau \geqslant 0$ 和 $0 \neq \boldsymbol{y} \in \mathbf{R}^n$，$(\boldsymbol{M}\mathrm{e}^{\boldsymbol{A}\tau}\boldsymbol{y})^{\mathrm{T}}\boldsymbol{M}\mathrm{e}^{\boldsymbol{A}\tau}\boldsymbol{y} > 0$ 总成立。由此，对任何 $0 \neq \boldsymbol{y} \in \mathbf{R}^n$，$\boldsymbol{y}^{\mathrm{T}}\boldsymbol{Q}\boldsymbol{y} > 0$ 成立，即 $\boldsymbol{Q}$ 是正定的。

最后，证明 $\boldsymbol{Q}$ 是唯一的。为此，反设有 $\boldsymbol{Q}_1 = \boldsymbol{Q}_1^{\mathrm{T}} > 0$ 和 $\boldsymbol{Q}_2 = \boldsymbol{Q}_2^{\mathrm{T}} > 0$ 但 $\boldsymbol{Q}_1 \neq \boldsymbol{Q}_2$，使下式成立：

$$\boldsymbol{A}^{\mathrm{T}}\boldsymbol{Q}_1 + \boldsymbol{Q}_1\boldsymbol{A} = -\boldsymbol{P},\ \boldsymbol{A}^{\mathrm{T}}\boldsymbol{Q}_2 + \boldsymbol{Q}_2\boldsymbol{A} = -\boldsymbol{P}$$

将上面两式对应求矩阵差，可得：

$$\boldsymbol{A}^{\mathrm{T}}(\boldsymbol{Q}_1 - \boldsymbol{Q}_2) + (\boldsymbol{Q}_1 - \boldsymbol{Q}_2)\boldsymbol{A} = 0$$

对其左乘 $\mathrm{e}^{\boldsymbol{A}^{\mathrm{T}}t}$，右乘 $\mathrm{e}^{\boldsymbol{A}t}$ 得 $\mathrm{e}^{\boldsymbol{A}^{\mathrm{T}}t}\boldsymbol{A}^{\mathrm{T}}(\boldsymbol{Q}_1 - \boldsymbol{Q}_2)\mathrm{e}^{\boldsymbol{A}t} + \mathrm{e}^{\boldsymbol{A}^{\mathrm{T}}t}(\boldsymbol{Q}_1 - \boldsymbol{Q}_2)\boldsymbol{A}\mathrm{e}^{\boldsymbol{A}t} = 0$，从而 $\mathrm{d}[\mathrm{e}^{\boldsymbol{A}^{\mathrm{T}}t}(\boldsymbol{Q}_1 - \boldsymbol{Q}_2)\mathrm{e}^{\boldsymbol{A}t}]/\mathrm{d}t = 0$。等价地说，存在常数矩阵 $\boldsymbol{N} \in \mathbf{R}^{n\times n}$，使得：

$$\mathrm{e}^{\boldsymbol{A}^{\mathrm{T}}t}(\boldsymbol{Q}_1 - \boldsymbol{Q}_2)\mathrm{e}^{\boldsymbol{A}t} = \boldsymbol{N},\ \forall t \geqslant 0$$

一方面，在 $t=0$ 处，将 $\mathrm{e}^{\boldsymbol{A}\cdot 0} = \boldsymbol{I}$ 代入上式，得 $0 \neq \boldsymbol{Q}_1 - \boldsymbol{Q}_2 = \boldsymbol{N}$；另一方面，因为 $\lim_{t\to\infty}\mathrm{e}^{\boldsymbol{A}t} = 0$，在 $t\to\infty$ 处赋值上式，又得 $0=\boldsymbol{N}$。这两种情况引发矛盾，$\boldsymbol{Q}$ 的唯一性得证。证毕

根据定理 2-4，线性时不变系统的状态稳定性的 Lyapunov 判据条件是充分必要的，这不同于非线性系统的 Lyapunov 状态稳定性条件一般为充分性的情况。结合关于式(2-51)系统的初始条件，上述证明过程说明初始条件对线性时不变系统的状态稳定性无影响。因此，若线性时不变系统是 Lyapunov 意义稳定的，则一定是大范围渐近稳定的。事实上，对于线性时不变系统而言，其状态关于平衡点的渐近稳定性与指数稳定性也是等价的。

4.6 状态空间模型的部分状态稳定性

Lyapunov 意义上的稳定性是针对孤立型(isolated)平衡点严格定义的，并且数学本质上是针对系统状态向量的所有(标量)状态变量的，是将状态向量整体进行范数度量，并评价其对平衡点收敛性意义的。但在许多复杂控制系统中，我们经常观察到的是，系统存在有连续体型(continuum)的平衡点，对这类系统的状态向量整体的范数度量并不能判断其稳定与否，但其部分状态变量依然可能具有范数度量的收敛性，进而具有 Lyapunov 意义上的部分稳定性，如果仅仅局限于这些部分状态变量进行稳定分析的话。关于状态向

量的部分状态变量的所谓部分稳定性的概念与理论就应运而生了。

严格地说，部分状态变量的部分稳定性通常需要在某种反馈闭环结构中才能有明确的工程意义。这类稳定性问题极其频繁地出现于旋转运动或振动过程的机械工程问题中。比如说，在航天器万向节陀螺仪的稳定分析中，为寻求航天器平衡点的渐近稳定性，需要陀螺仪轴相对于航天器具有Lyapunov意义的稳定性，同时又要求陀螺仪自身旋转运动具有鲁棒稳定性。又比如，在质量分布不平衡的旋转机械的控制中，关于非主惯性轴的自旋稳定性是相对于子系统而不是系统整体的平衡点而言的。另外，自适应控制也需要部分稳定性概念的支撑，这是因为此时控制器设计只需要保证闭环系统状态的渐近稳定性即可，而不必要求控制器保证被控量误差的收敛性。

下面通过几个比较直观的机械控制系统的例子，具体形象地说明部分稳定性的概念与理论在工程应用中的实用性和必要性。

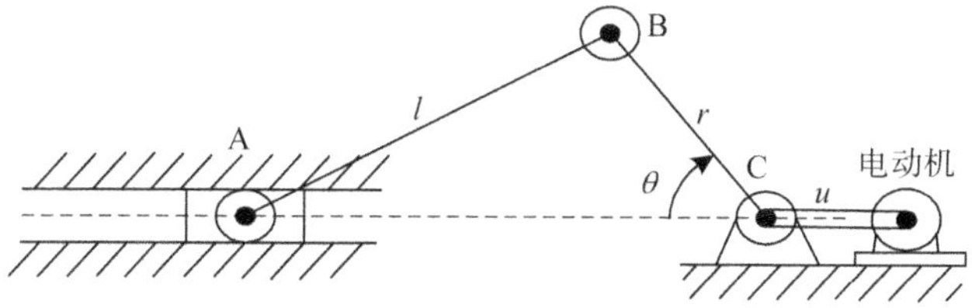

图 2-6　曲柄滑块机构示意图

首先，我们考虑图 2-6 所示的曲柄滑块机构的稳定性问题。

$$f_1(\theta(t))\ddot{\theta}(t)+f_2(\theta(t))\dot{\theta}^2(t)=u(t),\theta(0)=\theta_0,\dot{\theta}(0)=\dot{\theta}_0,t\geqslant 0 \tag{2-54}$$

其中，m_A 和 m_B 是 A、B 两转轴处质点的质量，r 和 l 是两连杆的长度且连杆质量忽略不计，$u(\cdot)$ 是电机通过传动装置施加到转轴 C 上的控制转矩，且

$$f_1(\theta(t))=m_Br^2+m_Ar^2\left(\sin\theta(t)+\frac{r\cos\theta(t)\sin\theta(t)}{\sqrt{l^2-r^2\sin^2\theta(t)}}\right)^2$$

$$f_2(\theta(t))=m_Ar^2\left(\sin\theta(t)+\frac{r\cos\theta(t)\sin\theta(t)}{\sqrt{l^2-r^2\sin^2\theta(t)}}\right)\cdot\left(\cos\theta+r\frac{l^2(1-2\sin^2\theta(t))+r^2\sin^4\theta(t)}{(l^2-r^2\sin^2\theta(t))^{3/2}}\right)$$

这里，$f_1(\theta(t))$ 和 $f_2(\theta(t))$ 均为关于 C 轴角位移的非线性函数。

假设选择某反馈控制律 $u=\varphi(\theta,\dot{\theta})$ 使得曲柄轴 C 的角速度的稳态值可以调整为常数值,即 $t\to\infty$ 时,$\dot{\theta}(t)\to\Omega$,其中 $\Omega>0$。这意味着,在 $t\to\infty$ 的稳态意义上,$\theta(t)\approx\Omega t\to\infty$ 成立。此外,由于 $f_1(\theta(t))$ 和 $f_2(\theta(t))$ 都是 $\theta(t)$ 的函数,所以我们不能忽略角位置 $\theta(t)$ 对稳定性的影响。但由于角位置 $\theta(t)$ 本身的不收敛性,式(2-54)的 $\theta(t)$ 解通常在 Lyapunov 意义上是不稳定的。显然,在 $\dot{\theta}(t)$ 收敛意义上却是部分状态渐近稳定的。

其次,考虑图 2-7 所示的机械控制系统的稳定性问题。该系统的模型可作为转动/平动激励下振荡器检测质量体的平动镇定设计的模型。该系统的动态过程涉及平动振荡的偏心旋转惯性,导致无阻尼振荡和旋转刚体运动模式之间的非线性耦合。

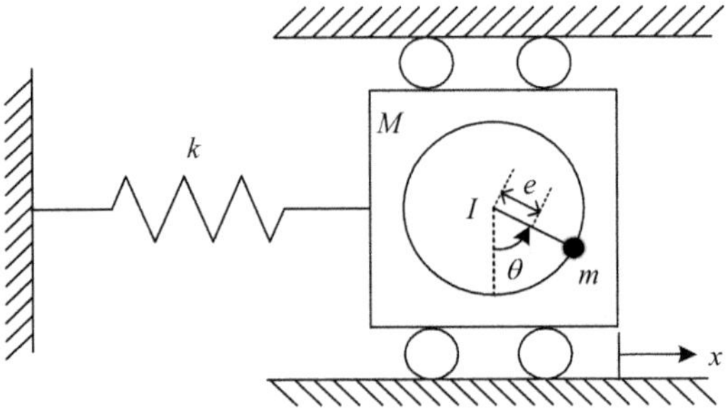

图 2-7　旋转激励下的平移标准质量振荡器

在图 2-7 的系统中,质量为 M 的平动振荡行车通过刚度为 k 的线性弹簧连接到固定支架上。行车被上下导轨约束而仅能进行一维运动,并且旋转振荡器由检测质量 m 和质量惯性矩 I 的径向连杆组成,检测体的质量 m 和惯性矩 I 位于行车质心距离为 e 之处。为构建系统模型,设 $q(t)$, $\dot{q}(t)$, $\theta(t)$ 和 $\dot{\theta}(t)$ 分别表示行车平动的位移和位移速度,以及旋转检测质量块的角位置和角速度,则系统平动和转动运动的动力学方程满足:

$$(M+m)\ddot{q}(t)+me[\ddot{\theta}(t)\cos\theta(t)-\dot{\theta}^2(t)\sin\theta(t)]+kq(t)=0 \tag{2-55}$$

$$(I+me^2)\theta(t)+me\ddot{q}(t)\cos\theta(t)=0 \tag{2-56}$$

其中,$t\geqslant 0$, $q(0)=q_0$, $\dot{q}(0)=\dot{q}_0$, $\theta(0)=\theta_0$,以及 $\dot{\theta}(0)=\dot{\theta}_0$。需注意的是,由于行车的运动被限制在水平面的一维轨道上,因此可以不考虑重力的作用

与影响。分析式(2-55)和式(2-56),可得出其零解 $[q(t),\dot{q}(t),\theta(t),\dot{\theta}(t)]^{\mathrm{T}}=[0,0,0,0]^{\mathrm{T}}$ 在标准平衡点意义上是不稳定的,但相对于 $q(t)$,$\dot{q}(t)$ 与 $\dot{\theta}(t)$ 的部分状态变量却是 Lyapunov 稳定的。此例说明,通常 Lyapunov 稳定性理论是不能给出该系统关于状态向量整体稳定性的判断的。究其原因,是因为在式(2-55)和式(2-56)中,我们是不能把旋转检测质量体的角位置 $\theta(t)$ 在 $t\rightarrow\infty$ 时所呈现的 $\theta(t)\rightarrow\infty$ 的稳态特征忽略的。

最后,考虑图 2-8 所示的轮毂制动控制系统的稳定性问题。

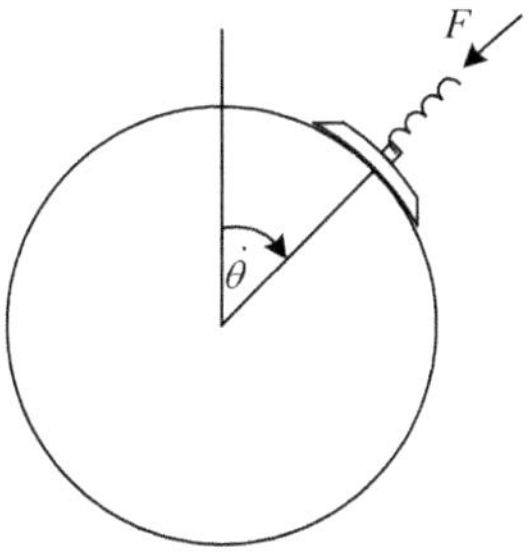

图 2-8　轮毂制动模型示意图

在制动器中,制动片和轮毂之间的摩擦力取决于制动片对车轮的压力和轮毂的角速度 $\dot{\theta}(t)$。这里,假设对应于恒定压力的简化干摩擦关系为 $F=-F_0\operatorname{sgn}(\dot{\theta}(t))$。因此,如果车轮在非制动情况下是自由旋转的,则其旋转运动的牛顿方程为

$$I\ddot{\theta}(t)=-F_0 a\operatorname{sgn}(\dot{\theta}(t))$$

其中,I 是车轮的惯性转矩,而 a 是轮毂的半径。

通过适当代数变换,改写上述微分方程,可以得到角位移微分方程:

$$I\dot{\theta}(t)\frac{\mathrm{d}\dot{\theta}(t)}{\mathrm{d}\theta}=-F_0 a\operatorname{sgn}(\dot{\theta}(t))$$

特别地,分别考虑 $\dot{\theta}(t)\geqslant 0$ 时 $\dot{\theta}<0$ 时,上式等价于

$$\begin{cases}2^{-1}I\dot{\theta}^2(t)=-F_0 a\theta(t)+c_1,\dot{\theta}(t)\geqslant 0\\ 2^{-1}I\dot{\theta}^2=F_0 a\theta+c_2,\dot{\theta}(t)<0\end{cases}$$

这里,c_1 和 c_2 是与初始条件有关的待定常数。根据平衡点定义 1-1,取

$\dot{\theta}(t)=0$ 并求两方程的解 $\theta(t)$ 后可以看出，对每个固定的 θ，$(\theta,0)$ 都是制动系统的平衡点，即系统具有平衡点连续体。

上述两个微分方程实际上代表了在 $(\theta,\dot{\theta})$ 的相平面上开口方向相反的两组抛物线，对应不同 θ 值的平衡点（即图中实心黑圆点）的相轨迹图如 2-9 所示。

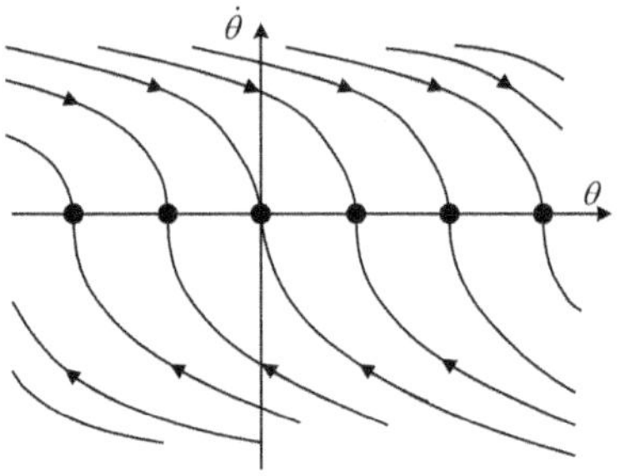

图 2-9　轮毂制动系统模型的相轨迹图

图 2-9 说明，对每个固定的 θ，平衡点 $(\theta,0)$ 都是 Lyapunov 意义上稳定的。这种稳定性需要在特定的角位移下理解，而不是对平衡点连续体而言的。

4.7　状态空间模型的鲁棒稳定性

无论是非线性系统的相平面法还是描述函数法，其严格适用的条件是十分苛刻的，并不具有一般性。具体地说，相平面法是非线性系统时域分析法，涉及微分方程求解与解的图示，只适合于可以求解的二阶或三阶系统；描述函数法是非线性系统的频域分析法，只适合于结构化建模为线性环节与非线性环节形成反馈回环的控制系统，基于其上可以近似进行稳态正弦响应分析的情形，另外对线性环节还有稳定性和低通滤波特性等要求。

同样对结构化建模为线性环节与非线性环节反馈回环的控制系统，还有基于线性时不变系统环节的传递函数正实性和扇区非线性的所谓 Luré 系统，其稳定分析时的条件可以放宽至线性时不变环节与无记忆的、时变的扇区非线性环节形，且分析过程无需对非线性环节严格建模。Luré 系统的鲁棒稳定性圆盘判据和 Popov 判据最为典型。

4.7.1　Luré 型非线性系统的结构化建模和术语

Luré 非线性反馈系统的结构化模型　假设非线性系统可以归结为如图 2-10，由扇区非线性环节和线性时不变状态空间模型形成的反馈回环。这类系统被称之为 Luré 型系统。

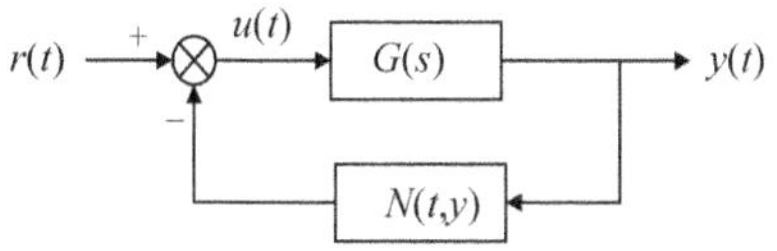

图 2-10 Luré 型系统的结构化模型的框图

一方面,在图 2-10 中,假设单输入/单输出线性时不变系统的状态空间模型为

$$G(s):\begin{cases}\dot{\boldsymbol{x}}(t)=\boldsymbol{A}\boldsymbol{x}(t)+\boldsymbol{B}u(t)\\ y(t)=\boldsymbol{C}\boldsymbol{x}(t)+\boldsymbol{D}u(t)\end{cases}$$

这里,$\boldsymbol{x}(t)\in\mathbf{R}^n$ 为状态向量,而 $u(t)\in\mathbf{R}$ 为输入,$y(t)\in\mathbf{R}$ 为输出,图 2-10 中的 $r(t)\in\mathbf{R}$ 为对整个非线性系统的外部输入;从而,$\boldsymbol{A}\in\mathbf{R}^{n\times n}$,$\boldsymbol{B}\in\mathbf{R}^{n\times 1}$,$\boldsymbol{C}\in\mathbf{R}^{1\times n}$ 和 $\boldsymbol{D}\in\mathbf{R}$ 为常数矩阵。另外,假设线性时不变环节中,矩阵对 $(\boldsymbol{A},\boldsymbol{B})$ 是能控的,而矩阵对 $(\boldsymbol{A},\boldsymbol{C})$ 是能观测的。也就是说,给定状态空间模型是传递函数 $G(s)$ 的最小实现。

另一方面,在图 2-10 中,非线性环节 $N(t,y)$ 是无记忆扇区非线性。非线性函数的无记忆性是指,其任意时刻的输出响应只与该时刻的输入有关。

无记忆性的扇区非线性 是指非线性环节 $N(t,y):[0,\infty)\times\mathbf{R}\rightarrow\mathbf{R}$ 是时变的且关于 $t\in[0,\infty)$ 是分段连续,满足图 2-11 的输入/输出关系,而且关于 $y\in\mathbf{R}$ 是 Lebesgue 可测的。假设 $N(t,0)=0$。因此,$[\boldsymbol{x}_e^{\mathrm{T}},y^{\mathrm{T}}]^{\mathrm{T}}=[x_e^{\mathrm{T}},0]^{\mathrm{T}}$ 是 Luré 型系统的平衡点,其中,$\boldsymbol{x}_e$ 为线性系统的状态平衡点,即 $0=\boldsymbol{A}\boldsymbol{x}_e$。

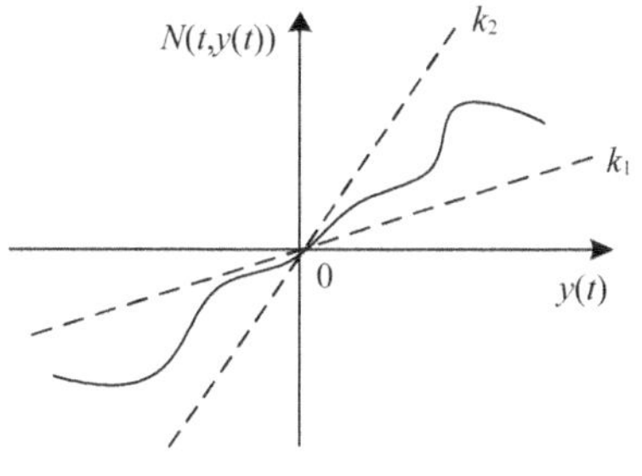

图 2-11 扇区非线性的输入/输出特性的示意图

图 2-11 中,虚线的 k_1 和 k_2 是扇区特性上下边界的直线斜率。

定义 2-6 无记忆函数 $N(t,y):[0,\infty)\times\mathbf{R}\to\mathbf{R}$ 称为扇区非线性,记为

- $N(t,y)\in[0,\infty]$, 如果对任何 $y\in\mathbf{R}$, $yN(t,y)\geqslant 0$ 成立;
- $N(t,y)\in[k_1,\infty]$, 如果对任何 $y\in\mathbf{R}$, $y[N(t,y)-k_1y]\geqslant 0$ 成立;
- $N(t,y)\in[0,k_2]$, 如果对任何 $y\in\mathbf{R}$, $N(t,y)[N(t,y)-k_2y]\leqslant 0$ 成立;
- $N(t,y)\in[k_1,k_2]$, 如果对任何 $y\in\mathbf{R}$, $[N(t,y)-k_1y][N(t,y)-k_2y]\leqslant 0$ 成立。

这里,闭区间 $[k_1,k_2]$ 表示扇区边界本身也包括在非线性特性中,除此之外的情况,分别用 $[k_1,k_2)$, $(k_1,k_2]$ 和 (k_1,k_2) 表示的各扇区非线性类型的意义可类似理解。

Luré 问题设定及其稳定性意义 图 2-10 所示的 Luré 型系统又简单地记为 $(G(s),N(t,y))$。探讨关于 $G(s)$ 和 $N(t,y)$ 在什么条件下,闭环的非线性系统 $(G(s),N(t,y))$ 对于已知范围内的任何扇区非线性 $N(t,y)$ 是否全局一致渐近稳定(即绝对稳定)的问题,就是所谓 Luré 问题。这里,一致性是时间意义上的,是针对于时变非线性环节而言的,以扩展 Luré 型系统的适应范围。如果所考虑的非线性环节是时不变的,则稳定性定义中的一致性就可以移除。显然,绝对稳定性是一种具有特定反馈结构形式和特定非线性类型意义上的鲁棒稳定性。

为方便记,将 Luré 型系统 $(G(s),N(t,y))$ 的联合状态空间模型记为:

$$\begin{cases}\dot{\boldsymbol{x}}(t)=\boldsymbol{Ax}(t)+\boldsymbol{B}u(t)\\ y(t)=\boldsymbol{Cx}(t)+\boldsymbol{D}u(t)\\ u(t)=r(t)-N(t,y(t))\end{cases}\tag{2-57}$$

其中,$r(t)$ 是对 Luré 系统的外部输入向量。式(2-57)的线性时不变模型部分除了满足前述假设条件外,还需要用到传递函数矩阵正实性(positive realness)的概念,定义如下:

定义 2-7 条件 i)传递函数矩阵 $\boldsymbol{G}(s)$ 所有极点均具有非正实部,即 $\mathrm{Re}(s_i)\leqslant 0$;条件 ii)如果 $j\omega$ 不是 $\boldsymbol{G}(s)$ 极点,则 $\boldsymbol{G}(j\omega)+\boldsymbol{G}^{\mathrm{H}}(j\omega)\geqslant 0$ 是半正定的;条件 iii)如果 $j\omega$ 是 $\boldsymbol{G}(s)$ 的单极点,且留数矩阵 $\lim_{s\to j\omega}(s-j\omega)\boldsymbol{G}(s)$ 是半正定的 Hermitian 矩阵,或更严格地说,下式成立:

$$\lim_{s\to j\omega}(s-j\omega)\boldsymbol{G}(s)=[\lim_{s\to j\omega}(s-j\omega)\boldsymbol{G}(s)]^{\mathrm{H}}\geqslant 0$$

则称 $\boldsymbol{G}(s)$ 为正实的。条件 vi)如果 $\boldsymbol{G}(s-\varepsilon)$ 对某实数 $\varepsilon>0$ 是正实的，则称 $\boldsymbol{G}(s)$ 为严格正实的。这里 $(\cdot)^{\mathrm{H}}$ 表示对矩阵 $(\cdot)$ 的共轭转置。

下面的引理建立了传递函数正实性与 Lyapunov 能量函数之间的联系。

引理 2-5 (Kalman-Yakubovich-Popov 引理)假设具有适当维数的四联矩阵组 $(\boldsymbol{A},\boldsymbol{B},\boldsymbol{C},\boldsymbol{D})$ 是传递函数矩阵 $\boldsymbol{G}(s)\in\mathbf{C}^{p\times p}$ 的最小状态空间实现，即矩阵对 $(\boldsymbol{A},\boldsymbol{B})$ 是能控的而矩阵对 $(\boldsymbol{A},\boldsymbol{C})$ 是能观测的。那么，传递函数矩阵 $\boldsymbol{G}(s)$ 是严格正实的，当且仅当存在矩阵 $\boldsymbol{P}=\boldsymbol{P}^{\mathrm{T}}>0$，$\boldsymbol{L}$ 和 $\boldsymbol{W}$，以及某个常数 $\varepsilon>0$ 使得如下的矩阵代数方程组成立：

$$\begin{cases}\boldsymbol{PA}+\boldsymbol{A}^{\mathrm{T}}\boldsymbol{P}=-\boldsymbol{L}^{\mathrm{T}}\boldsymbol{L}-\varepsilon\boldsymbol{P}\\ \boldsymbol{PB}=\boldsymbol{C}^{\mathrm{T}}-\boldsymbol{L}^{\mathrm{T}}\boldsymbol{W}\\ \boldsymbol{W}^{\mathrm{T}}\boldsymbol{W}=\boldsymbol{D}+\boldsymbol{D}^{\mathrm{T}}\end{cases}$$

引理 2-5 的意义在于，如果传递函数矩阵 $\boldsymbol{G}(s)$ 是严格正实的，那么，$V(\boldsymbol{x})=(1/2)\boldsymbol{x}^{\mathrm{T}}\boldsymbol{Px}$ 就是适用于对非线性状态空间模型(2-57)进行稳定性分析的可行 Lyapunov 能量函数。这一点对于论证 Luré 型系统的绝对稳定性的圆盘判据和 Popov 判据是至关重要的。

4.7.2 Luré 型非线性系统的经典圆盘稳定判据

这里首先将单输入单输出 Luré 型系统的经典圆盘稳定判据表述为定理 2-5，严格的证明可参见 Luré 型系统绝对稳定分析的文献著作。

定理 2-5 考虑式(2-57)描述的 Luré 型系统 $(G(s),N(t,y))$ 为单输入单输出的情形，即 $l=m=1$。如果满足下列条件之一，则闭环非线性系统 $(G(s),N(t,y))$ 是绝对稳定的。

- 若 $0<k_1<k_2<\infty$，以 $G(j\omega)|_{\omega\in(-\infty,\infty)}$ 的 Nyquist 轨迹不进入圆盘 $\mathbf{D}(k_1,k_2)$ 而且以逆时针绕行方向将其包围 v 次，其中，v 表示 $G(s)$ 的具有正实部极点的个数；
- 若 $0=k_1<k_2<\infty$，$G(s)$ 的所有极点均具有负实部，以 $G(j\omega)|_{\omega\in(-\infty,\infty)}$ 的 Nyquist 轨迹位于复平面垂直线 $\mathrm{Re}[s]=-1/k_2$ 的右侧；
- 若 $k_1<0<k_2<\infty$，$G(s)$ 所有极点有负实部，Nyquist 轨迹 $G(j\omega)|_{\omega\in(-\infty,\infty)}$ 在 $\mathbf{D}(k_1,k_2)$ 内；

● 若$k_1 < k_2 \leqslant 0$，将$G(s)$替换为$-G(s)$，k_1替换为$-k_2$，k_2替换为$-k_1$，并适用前两个条件。

这里，$\mathbf{D}(k_1, k_2)$表示实轴上以区间$[-1/k_1, -1/k_2]$为直径的复圆盘。

4.7.3 Luré 型非线性系统的 Popov 稳定判据

假设非线性反馈控制系统可以用一个非线性环节ψ与一个输入/输出变量个数相同的严格真线性时不变系统Σ的 Luré 型系统建模，简记为(Σ, ψ)。即这里所考虑的 Luré 型系统可以描述为联合状态空间模型

$$(\Sigma, \psi): \begin{cases} \dot{\boldsymbol{x}} = \boldsymbol{A}\boldsymbol{x} + \boldsymbol{B}\boldsymbol{u}, \boldsymbol{y} = \boldsymbol{C}\boldsymbol{x} \\ \boldsymbol{u} = \boldsymbol{r} - \psi(\boldsymbol{y}) \end{cases} \tag{2-58}$$

其中，$\boldsymbol{r}$是外部输入，且$m = l = p$，$\boldsymbol{r}, \boldsymbol{u}, \boldsymbol{y} \in \mathbf{R}^p$。进一步的假设和定义：

● 矩阵对$(\boldsymbol{A}, \boldsymbol{B})$是能控的，而矩阵对$(\boldsymbol{A}, \boldsymbol{C})$是能观测的；换言之，式(2-58)中的前两个方程是传递函数$\boldsymbol{G}(s) = \boldsymbol{C}(s\boldsymbol{I}_n - \boldsymbol{A})^{-1}\boldsymbol{B}$的最小实现。显然，$\boldsymbol{G}(s) \in \mathbf{C}^{p \times p}$是严格真的。同时，在假设对每一给定的输入向量/状态向量关系对$(\boldsymbol{r}, \boldsymbol{x})$，代数方程$\boldsymbol{u} = \boldsymbol{r} - \psi(\boldsymbol{C}\boldsymbol{x})$都有唯一解$\boldsymbol{u}$的意义上，称 Luré 型系统$(\Sigma, \psi)$是可以严格定义的。

● 假设$\psi: \mathbf{R}^p \rightarrow \mathbf{R}^p$是无记忆的、时不变的、多通道的扇区非线性环节；$\psi(\cdot)$对于所有的$\boldsymbol{y} \in \mathbf{R}^p$是 Lebesgue 可测的。如果对于所有的$\boldsymbol{y} \in \mathbf{R}^p$都有$\boldsymbol{y}^{\mathrm{T}}[\psi(\boldsymbol{y}) - \boldsymbol{K}_1\boldsymbol{y}] \geqslant 0$，则记为$\psi \in [\boldsymbol{K}_1, \infty]$；如果对于所有的$\boldsymbol{y} \in \mathbf{R}^p$都有$[\psi(\boldsymbol{y}) - \boldsymbol{K}_1\boldsymbol{y}]^{\mathrm{T}}[\psi(\boldsymbol{y}) - \boldsymbol{K}_2\boldsymbol{y}] \leqslant 0$，则记为$\psi \in [\boldsymbol{K}_1, \boldsymbol{K}_2]$，其中，$\boldsymbol{K}_1$和$\boldsymbol{K}_2$为如下对角矩阵：

$$\boldsymbol{K}_1 = \mathrm{diag}[k_{11}, k_{12}, \cdots, k_{1p}], \boldsymbol{K}_2 = \mathrm{diag}[k_{21}, k_{22}, \cdots, k_{2p}] \tag{2-59}$$

其中，对于每个$i = 1, \cdots, p$都有$k_{1i} < k_{2i} \leqslant \infty$。假设$\psi(0) = 0$，因此$\boldsymbol{x} = 0$是系统$(\Sigma, \psi)$的平衡点。多扇区非线性$\psi$在$\psi_i(\boldsymbol{y}) = \psi_i(y_i)$（对于每个$i = 1, \cdots, p$）意义下是通道解耦的，各通道的非线性关系之间没有交叉影响。

● 对于给定扇区中的任何非线性特性，如果式(2-58)的零解$\boldsymbol{x} = 0$是全局渐近稳定的，则称式(2-58)定义的 Luré 型系统(Σ, ψ)是绝对稳定的。由于这里假设的线性环节Σ和非线性环节ψ是时不变的，所以不需要考虑稳定性的时间一致性。

需要注意的是，虽然定理 2-5 和下面陈述的定理 2-6 都是针对 Luré 型非

线性系统的绝对稳定性给出的充分性判别条件，但两者所适用的非线性环节的类型是有本质不同的。基于上述假设条件，对于式(2-58)模型下的 Luré 问题的回答，可以利用 Popov 判据给出。

定理 2-6 考虑式(2-58)描述的 Luré 型系统 (Σ,ψ)，其中，$l=m=p\geqslant 1$，且 $\psi(\cdot)\in[\boldsymbol{K}_1,\boldsymbol{K}_2]$，这里，$\boldsymbol{K}_1$ 和 $\boldsymbol{K}_2$ 满足式(2-59)。设 $\boldsymbol{K}=\boldsymbol{K}_2-\boldsymbol{K}_1$ 和存在对角矩阵 $\boldsymbol{N}=\mathrm{diag}[n_1,n_2,\cdots,n_p]\geqslant 0$，且对于所有 $i=1,\cdots,p$，$n_i\geqslant 0$ 时，如果 $\boldsymbol{I}_p+\boldsymbol{K}(\boldsymbol{I}_p+\boldsymbol{N}s)[\boldsymbol{I}_p+\boldsymbol{G}(s)\boldsymbol{K}_1]^{-1}\boldsymbol{G}(s)$ 是严格正实的，并且对任何特征值 $\lambda_i\in\lambda(\boldsymbol{A})$，$i=1,\cdots,n$，$\det(\boldsymbol{I}_p+\lambda_i\boldsymbol{N})\neq 0$ 成立。那么，该 Luré 型系统 (Σ,ψ) 是绝对稳定的。

§5 系统状态的能控性和能观测性

考虑线性时不变系统的状态空间模型

$$\begin{cases}\dot{\boldsymbol{x}}(t)=\boldsymbol{A}\boldsymbol{x}(t)+\boldsymbol{B}\boldsymbol{u}(t)\\ \boldsymbol{y}(t)=\boldsymbol{C}\boldsymbol{x}(t)+\boldsymbol{D}\boldsymbol{u}(t)\end{cases}\tag{2-60}$$

式中，$\boldsymbol{x}(t)\in\mathbf{R}^n$，$\boldsymbol{y}(t)\in\mathbf{R}^q$，$\boldsymbol{u}(t)\in\mathbf{R}^p$；且 $\boldsymbol{A}\in\mathbf{R}^{n\times n}$，$\boldsymbol{B}\in\mathbf{R}^{n\times p}$，$\boldsymbol{C}\in\mathbf{R}^{q\times n}$，$\boldsymbol{D}\in\mathbf{R}^{q\times p}$。对控制系统引入静态的状态反馈或输出反馈时，需要考虑控制器的存在性和有效性，换句话说，我们需要考虑利用控制输入对状态特性的配置能力(能控性)和由输出测量推算状态特征的能力(能观测性)。

5.1 状态能控性的定义与判据

5.1.1 能控性：控制输入对状态向量的调整能力

定义 2-8 如果在有限时间区间 $t_0\leqslant t\leqslant t_1$ 内，存在无约束的控制输入向量，可以使系统状态 $\boldsymbol{x}(t_0)$ (或初始状态)转移到期望的状态 $\boldsymbol{x}(t_1)$ (或终止状态)，则称系统在 $t=t_0$ 的状态是能控的。如果在有限时间内，任何初始状态都能控，则称系统是状态完全能控的(或简单地说，是状态能控的)。如存在某初始状态不能控，则称该状态不能控。若存在状态不能控时，则系统就是状态不完全能控的，或简单地说，系统是不能控的。

5.1.2 线性时不变系统的状态能控性条件

假定初始状态为 $\boldsymbol{x}(t_0)$，而终止状态为 $\boldsymbol{x}(t_1)$。不失一般地，假设终止状

态为状态空间的原点 $\boldsymbol{x}(t_1)=0$。根据定义 2—8，由任意的初始状态，加以适当的控制输入量 $\boldsymbol{u}(t)$，在有限时间内，可以将初始状态转移到状态空间原点，则式(2-60)的系统在 t_0 时是状态完全能控的。

状态能控的条件推导如下。不失一般地，设 $t_0=0$，于是式(2-60)系统的 t_1 时刻状态向量解为

$$\boldsymbol{x}(t_1)=\Phi(t_1-0)\boldsymbol{x}(0)+\int_0^{t_1}\Phi(t_1-\tau)\boldsymbol{Bu}(\tau)\mathrm{d}\tau=0$$

这里，$\Phi(t)$ 是状态转移矩阵。从而

$$\Phi(t_1)\boldsymbol{x}(0)=-\int_0^{t_1}\Phi(t_1-\tau)\boldsymbol{Bu}(\tau)\mathrm{d}\tau$$

上式两边同时右乘 $\Phi^{-1}(t_1)$ 得

$$\boldsymbol{x}(0)=-\Phi(-t_1)\int_0^{t_1}\Phi(t_1-\tau)\boldsymbol{Bu}(\tau)\mathrm{d}\tau=-\int_0^{t_1}\Phi(-\tau)\boldsymbol{Bu}(\tau)\mathrm{d}\tau \tag{2-61}$$

注意到，$\Phi(-\tau)=\mathrm{e}^{-\boldsymbol{A}\tau}=\sum_{k=0}^{\infty}\boldsymbol{A}^k\tau^k(-1)^k/k!$ 成立。应用 Caley-Hamilton 定理（即引理 2—1），可以求得 $\mathrm{e}^{-\boldsymbol{A}\tau}=\sum_{j=0}^{n-1}a_j(\tau)\boldsymbol{A}^j$，其中，$a_j(\tau)$ 是系数函数。将该关系代入式(2-61)，得到

$$\boldsymbol{x}(0)=-\sum_{j=0}^{n-1}\boldsymbol{A}^j\boldsymbol{B}\int_0^{t_1}a_j(\tau)u(\tau)\mathrm{d}\tau=-\sum_{j=0}^{n-1}\boldsymbol{A}^j\boldsymbol{B}\beta_j$$

这里，$\int_0^{t_1}a_j(\tau)\boldsymbol{u}(\tau)\mathrm{d}\tau=\beta_j$。将上式的关系写为分块矩阵形式，则有

$$\boldsymbol{x}(0)=-\sum_{j=0}^{n-1}\boldsymbol{A}^j\boldsymbol{B}\beta_j=-[\boldsymbol{B}\quad \boldsymbol{AB}\quad \cdots\quad \boldsymbol{A}^{n-1}\boldsymbol{B}]\begin{bmatrix}\beta_0\\ \beta_1\\ \vdots\\ \beta_{n-1}\end{bmatrix} \tag{2-62}$$

于是，对任意状态 $\boldsymbol{x}(0)$ 完全能控就意味着，总存在控制输入 $\boldsymbol{u}(t)$，使在有限时刻 $t=t_1$，状态向量达到 $\boldsymbol{x}(t_1)=0$。也就是说，式(2-62)的矩阵代数方程的解 β_j（$j=0,1,\cdots,n-1$）存在。注意到式(2-62)包含 n 个未知量。于是，对任意 $x(0)$ 使解 β_j 存在，则系数矩阵

$$[\boldsymbol{B}\ \ \boldsymbol{AB}\ \ \cdots\ \ \boldsymbol{A}^{n-1}\boldsymbol{B}] \in \mathbf{R}^{n\times(np)} \tag{2-63}$$

的秩必须为 n。式(2-63)的矩阵称为式(2-60)系统的能控性判别矩阵，或能控性矩阵。

定理 2-7 式(2-60)系统是完全能控的，当且仅当式(2-63)的能控性矩阵行满秩(即行秩等于状态向量的维数)，即 $\mathrm{rank}([\boldsymbol{B}\ \ \boldsymbol{AB}\ \ \cdots\ \ \boldsymbol{A}^{n-1}\boldsymbol{B}])=n$。

5.1.3 状态能控性判别条件的若干推论

推论 2-1 对于式(2-60)的系统，以下的能控性条件是等价的。

(ⅰ) $\mathrm{rank}([\boldsymbol{B}\ \ \boldsymbol{AB}\ \ \cdots\ \ \boldsymbol{A}^{n-1}\boldsymbol{B}])=n$，即能控性矩阵是行满秩的；

(ⅱ) $\mathrm{rank}([s\boldsymbol{I}-\boldsymbol{A},\boldsymbol{B}])=n,\ \forall s\in\mathbf{C}$，即 $\mathrm{rank}([s_i\boldsymbol{I}-\boldsymbol{A},\boldsymbol{B}])=n,\ \forall s_i\in\lambda(\boldsymbol{A}),i=1,2,\cdots,n$；

(ⅲ) $\sum_{i=0}^{n-1}\boldsymbol{BA}^i(\boldsymbol{A}^i)^{\mathrm{T}}\boldsymbol{B}^{\mathrm{T}}$ 是正定的，即 $\det(\sum_{i=0}^{n-1}\boldsymbol{BA}^i(\boldsymbol{A}^i)^{\mathrm{T}}\boldsymbol{B}^{\mathrm{T}})>0$；

(ⅳ) 存在某有限时刻 $t_1>t_0=0$，使 Gram 矩阵 $\boldsymbol{W}(t_1)=\int_0^{t_1}\mathrm{e}^{-\boldsymbol{A}\tau}\boldsymbol{BB}^{\mathrm{T}}\mathrm{e}^{-\boldsymbol{A}^{\mathrm{T}}\tau}\mathrm{d}\tau$ 是非奇异的。

推论 2-1 的判别条件(ⅰ)就是通常的状态能控性的秩判据，其使用涉及矩阵秩的计算；条件(ⅱ)称为 PBH(Popov-Belevitch-Hautus)判据，涉及矩阵特征值的计算；条件(ⅲ)为行列式判据；条件(ⅳ)称 Gram 矩阵判据，涉及状态转移矩阵计算。从判据条件数和数值计算量来看，推论 2—1 中的行列式条件(ⅲ)在绝大多数情况下是最为简洁的。

5.2 状态能观测性的定义与判据

5.2.1 能观测性：由输出向量确定出状态向量的能力

定义 2-9 如果系统的某状态 $\boldsymbol{x}(t_0)$ 可在有限时间区间 $t_0\leqslant t\leqslant t_1$ 上，由该系统的输出观测值 $\boldsymbol{y}(t)$ 确定，则称该状态 $\boldsymbol{x}(t_0)$ 为能观测的，或者说状态 $\boldsymbol{x}(t_0)$ 是能观测的。若系统的每个状态都是能观测的，则称该系统是完全能观测的，或简单地说系统是能观测的。如存在某初始状态是不能观测的，则称该状态是不能观测的。若存在某状态不能观测时，则系统是状态不完全能观测的，或简单地说系统是不能观测的。

5.2.2 线性时不变系统的状态能观测性条件

考虑式(2-60)系统的能观测性条件。注意到,系统(2-60)的输出解为:

$$\boldsymbol{y}(t)=\boldsymbol{C}\Phi(t-t_0)\boldsymbol{x}(t_0)+\boldsymbol{C}\int_{t_0}^{t}\Phi(t-\tau)\boldsymbol{B}\boldsymbol{u}(\tau)\mathrm{d}\tau+\boldsymbol{D}\boldsymbol{u}(t) \tag{2-64}$$

根据定义 2-9, $\boldsymbol{x}(t_0)$ 的能观测性本质上仅依赖于式(2-64)右边的第一项,即控制输入不影响状态的能观测性。于是,不妨取 $\boldsymbol{u}(t)=0$, 这样

$$\boldsymbol{y}(t)=\boldsymbol{C}\Phi(t-t_0)\boldsymbol{x}(t_0)=\boldsymbol{C}\mathrm{e}^{\boldsymbol{A}(t-t_0)}\boldsymbol{x}(t_0)=\boldsymbol{C}\sum_{j=0}^{n-1}a_j(t-t_0)\boldsymbol{A}^j\boldsymbol{x}(t_0)$$

$$=[a_0(t-t_0)\boldsymbol{I},a_1(t-t_0)\boldsymbol{I},\cdots,a_{n-1}(t-t_0)\boldsymbol{I}]\begin{bmatrix}\boldsymbol{C}\\\boldsymbol{CA}\\\vdots\\\boldsymbol{CA}^{n-1}\end{bmatrix}\boldsymbol{x}(t_0)$$

因此,将上式视为在某固定时间点 t 上的线性代数方程式,为使状态 $\boldsymbol{x}(t_0)$ 能观测,或者说,在 $t_0\leqslant t\leqslant t_1$ 时间内,可以通过观测系统输出 $\boldsymbol{y}(t)$ 唯一性地确定初始状态 $\boldsymbol{x}(t_0)$ 的解,其充分与必要条件是上式的线性代数方程式的 $n\times n$ 系数矩阵

$$[a_0(t-t_0)\boldsymbol{I},a_1(t-t_0)\boldsymbol{I},\cdots,a_{n-1}(t-t_0)\boldsymbol{I}]\begin{bmatrix}\boldsymbol{C}\\\boldsymbol{CA}\\\vdots\\\boldsymbol{CA}^{n-1}\end{bmatrix} \tag{2-65}$$

为可逆矩阵(即秩为 n)。依 Cayley-Hamilton 定理,矩阵 $[a_0(t-t_0)\boldsymbol{I},a_1(t-t_0)\boldsymbol{I},\cdots,a_{n-1}(t-t_0)\boldsymbol{I}]$ 总是行满秩的,所以式(2-65)的系数矩阵是可逆的,当且仅当如下矩阵为列满秩的:

$$[\boldsymbol{C}^{\mathrm{T}},\boldsymbol{A}^{\mathrm{T}}\boldsymbol{C}^{\mathrm{T}},\cdots,(\boldsymbol{A}^{\mathrm{T}})^{n-1}\boldsymbol{C}^{\mathrm{T}}]^{\mathrm{T}}$$

该矩阵又称为系统(2-60)的能观测性矩阵。

按上述讨论,如下的判据条件可判断线性时不变系统的状态能观测性。

定理 2-8 式(2-60)系统是状态完全能观测的充分必要条件是,能控性矩阵是列满秩的(即秩等于状态向量的维数),即 $\mathrm{rank}([\boldsymbol{C}^{\mathrm{T}},\boldsymbol{A}^{\mathrm{T}}\boldsymbol{C}^{\mathrm{T}},\cdots,(\boldsymbol{A}^{\mathrm{T}})^{n-1}\boldsymbol{C}^{\mathrm{T}}]^{\mathrm{T}})=n$。

5.2.3 状态能观测性判别条件的推论

推论 2-2 关于式(2-60)的系统,以下能观测性条件是等价的。

(ⅰ) $\mathrm{rank}([\boldsymbol{C}^{\mathrm{T}},\boldsymbol{A}^{\mathrm{T}}\boldsymbol{C}^{\mathrm{T}},\cdots,(\boldsymbol{A}^{n-1})^{\mathrm{T}}\boldsymbol{C}^{\mathrm{T}}]^{\mathrm{T}})=n$,即能观测性矩阵是列满秩的;

(ⅱ) $\mathrm{rank}\left(\begin{bmatrix} s\boldsymbol{I}-\boldsymbol{A} \\ \boldsymbol{C} \end{bmatrix}\right)=n,\forall s\in\mathbf{C}$,即 $\mathrm{rank}\left(\begin{bmatrix} s_i\boldsymbol{I}-\boldsymbol{A} \\ \boldsymbol{C} \end{bmatrix}\right)=n,\forall s_i\in\lambda(\boldsymbol{A}),i=1,2,\cdots,n$;

(ⅲ) $\sum_{i=0}^{n-1}(\boldsymbol{A}^i)^{\mathrm{T}}\boldsymbol{C}^{\mathrm{T}}\boldsymbol{C}\boldsymbol{A}^i$ 是正定的,即 $\det\left(\sum_{i=0}^{n-1}(\boldsymbol{A}^i)^{\mathrm{T}}\boldsymbol{C}^{\mathrm{T}}\boldsymbol{C}\boldsymbol{A}^i\right)>0$;

(ⅳ) 存在某有限时刻 $t_1>t_0=0$,使得 Gram 矩阵 $V(t_1)=\int_0^{t_1}\mathrm{e}^{-\boldsymbol{A}^{\mathrm{T}}\tau}\boldsymbol{C}^{\mathrm{T}}\boldsymbol{C}\mathrm{e}^{-\boldsymbol{A}\tau}\mathrm{d}\tau$ 是非奇异的。

5.3 状态能控性与能观测性的对偶性

5.3.1 状态能控性与能观测性的对偶性

考虑如下两个系统的状态空间模型

$$\begin{cases}\dot{\boldsymbol{x}}(t)=\boldsymbol{A}\boldsymbol{x}(t)+\boldsymbol{B}\boldsymbol{u}(t)\\ \boldsymbol{y}(t)=\boldsymbol{C}\boldsymbol{x}(t)\end{cases}\tag{2-66}$$

$$\begin{cases}\dot{\tilde{\boldsymbol{x}}}(t)=\boldsymbol{A}^{\mathrm{T}}\tilde{\boldsymbol{x}}(t)+\boldsymbol{C}^{\mathrm{T}}\tilde{\boldsymbol{u}}(t)\\ \tilde{\boldsymbol{y}}(t)=\boldsymbol{B}^{\mathrm{T}}\tilde{\boldsymbol{x}}(t)\end{cases}\tag{2-67}$$

这里,$\boldsymbol{x}(t),\tilde{\boldsymbol{x}}(t)\in\mathbf{R}^n$, $\boldsymbol{y}(t),\tilde{\boldsymbol{u}}(t)\in\mathbf{R}^q$, $\boldsymbol{u}(t),\tilde{\boldsymbol{y}}(t)\in\mathbf{R}^p$;且 $\boldsymbol{A}\in\mathbf{R}^{n\times n}$, $\boldsymbol{B}\in\mathbf{R}^{n\times p}$, $\boldsymbol{C}\in\mathbf{R}^{q\times n}$。

状态空间模型(2-66)的能控性矩阵和状态空间模型(2-67)的能观测性矩阵分别是:

$$[\boldsymbol{B}\ \ \boldsymbol{A}\boldsymbol{B}\ \ \cdots\ \ \boldsymbol{A}^{n-1}\boldsymbol{B}]=\boldsymbol{Q},\quad \begin{bmatrix}\boldsymbol{B}^{\mathrm{T}}\\ \boldsymbol{B}^{\mathrm{T}}\boldsymbol{A}^{\mathrm{T}}\\ \vdots\\ \boldsymbol{B}^{\mathrm{T}}(\boldsymbol{A}^{\mathrm{T}})^{n-1}\end{bmatrix}=\tilde{\boldsymbol{Q}}$$

于是,$\boldsymbol{Q}^{\mathrm{T}}=\tilde{\boldsymbol{Q}}$,从而 $\mathrm{rank}(\boldsymbol{Q})=\mathrm{rank}(\tilde{\boldsymbol{Q}})$。这显然说明,状态空间模型(2-

66)是状态完全能控的,当且仅当状态空间模型(2-67)是状态完全能观测的。

类似地,直接依据能控性/能观测性的定义可知,状态空间模型(2-66)的能观测性矩阵和状态空间模型(2-67)的能控性矩阵分别是:

$$\begin{bmatrix} \boldsymbol{C} \\ \boldsymbol{CA} \\ \vdots \\ \boldsymbol{CA}^{n-1} \end{bmatrix} = \boldsymbol{O}, \ [\boldsymbol{C}^{\mathrm{T}}, \boldsymbol{A}^{\mathrm{T}}\boldsymbol{C}^{\mathrm{T}}, \cdots, (\boldsymbol{A}^{\mathrm{T}})^{n-1}\boldsymbol{C}^{\mathrm{T}}] = \tilde{\boldsymbol{O}}$$

同样不难说明,状态空间模型(2-66)是状态完全能观测的,当且仅当状态空间模型(2-67)是状态完全能控的。

以上讨论揭示,状态空间模型(2-66)的状态能控性(能观测性)与状态空间模型(2-67)的状态能观测(能控性)是等价的,这种等价性称为这两个系统的能控性与能观测性的对偶性。有时也说,在能控性(或能观测性)意义上,状态空间模型(2-66)与状态空间模型(2-67)是互为对偶的。对偶性原则可以用于关联和分析不同状态空间模型间的结构特性。

5.3.2 状态能控性与能观测性的结构特性

下例关于电路网络的状态空间模型的能控性/能观测性的讨论,形象而直观地解释了导致状态变量的能控性或能观测性的有无的原因,本质上是由系统构成环节的物理特性(比如元器件的电气特性)以及环节间的结构关系等因素共同决定的。

例 2-3 考虑图 2-12 所示 RLC 电路网络的能控性与能观测性。其中,输入 u 为理想电流源。

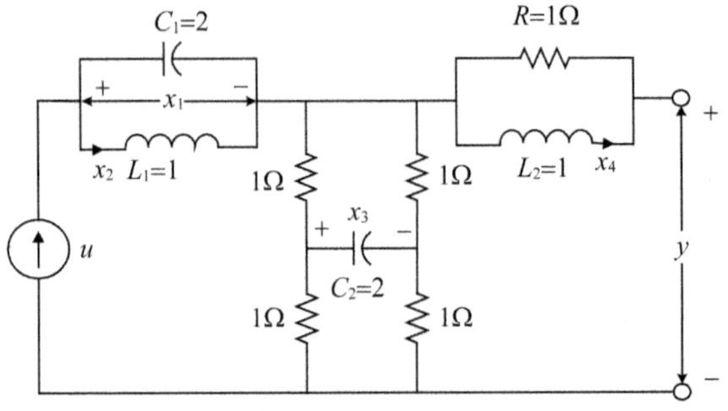

图 2-12 例 2-3 的 RLC 电路网络

按照电路中所标注的状态变量，取 $x_1=u_{C_1}$，$x_2=i_{L_2}$，$x_3=u_{C_2}$ 和 $x_4=i_{L_2}$。基于各电容/电感的电流/电压关系，显然下列各式成立

$$L_1\dot{x}_2=x_1,\ C_1\dot{x}_1+x_2=u,\ \dot{x}_3=0,\ L_2\dot{x}_4+Rx_4=0$$

上面的第一式是由 C_1 和 L_1 具有并联关系所决定的；第二式则是由 C_1 和 L_1 并联后与理想电流源串联所致；第三式是由电容 C_2 处于平衡的电阻电桥结构所致；第四式则是在开路输出端的 R 和 L_2 并联电路中适用电压定律的结果。显然，输出端开路电压满足

$$y=-Rx_4+R_bu$$

这里，电容 $R_b=1\Omega$ 是平衡电阻电桥的等效电阻。最后，代入有关电容、电感和电阻值，将上述诸式合并成四阶的状态空间模型，得到

$$\begin{cases}\begin{bmatrix}\dot{x}_1\\ \dot{x}_2\\ \dot{x}_3\\ \dot{x}_4\end{bmatrix}=\begin{bmatrix}0 & -0.5 & 0 & 0\\ 1 & 0 & 0 & 0\\ 0 & 0 & 0 & 0\\ 0 & 0 & 0 & -1\end{bmatrix}\begin{bmatrix}x_1\\ x_2\\ x_3\\ x_4\end{bmatrix}+\begin{bmatrix}0.5\\ 0\\ 0\\ 0\end{bmatrix}u\\ y=\begin{bmatrix}0 & 0 & 0 & -1\end{bmatrix}\begin{bmatrix}x_1\\ x_2\\ x_3\\ x_4\end{bmatrix}+1\cdot u\end{cases}$$

这样，图 2-12 的电路网络从输入 u 到输出 y 的传递函数为 $G(s)=\boldsymbol{C}(s\boldsymbol{I}-\boldsymbol{A})^{-1}\boldsymbol{B}+\boldsymbol{D}=1$。

注意到，所示状态空间模型的状态矩阵的特征多项式为 $\det(s\boldsymbol{I}-\boldsymbol{A})=s(s+1)(s^2+0.5)$，其四个特征根均未出现于传递函数 $G(s)$ 中。这说明，该电路网络中的四个特征值对应动态模态全部从输入/输出传递关系中被抵消了，换言之，所选择的四个状态变量都是不能控的和/或不能观测的。事实上，从电路角度说，C_1 和 L_1 的并联部分由于理想电流源的钳制，其动态特性无法反映到输出端，因此，C_1 和 L_1 的状态变量从输出量测中是无法观测的。类似地，L_2 的状态变量由于输出端的开路状态，也不能反映于输出电压的量测中。另外，由于四个 1Ω 的电阻形成的桥式电路平衡，导致与 C_2 相关的状态变量既不能控也不能观测。

通过移除图 2-12 的电路网络的既不能控也不能观测的状态变量后，图 2-12 所示的电路网络可等效为图 2-13。

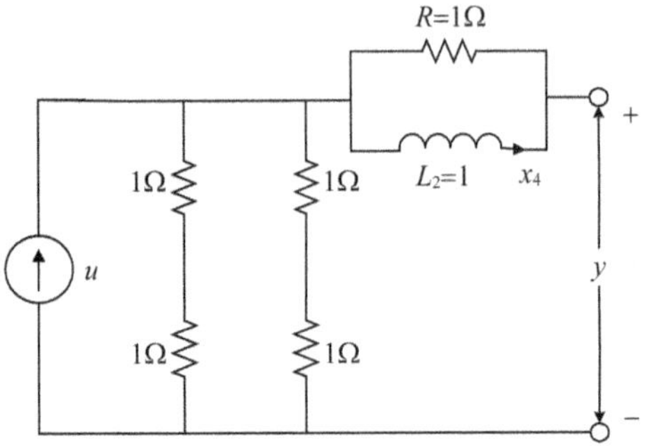

图 2-13　图 2-12 电路的一阶等价

显然，图 2-13 的电路网络满足如下电流/电压关系式：

$$L_2\dot{x}_4+Rx_4=0,\ y=-Rx_4+R_bu$$

代入有关电感、电阻值，写成如下一阶状态空间模型，即有：

$$\begin{cases}\dot{x}_4=-x_4\\ y=-x_4+u\end{cases}$$

简单计算表明，图 2-13 所示电路从输入 u 到输出 y 的传递函数为 $G(s)=1$。

如果仅仅从传递函数 $G(s)=1$ 的最小状态空间实现来考虑，图 2-12 的电路网络可以直接等价为图 2-14 的纯电阻电路。

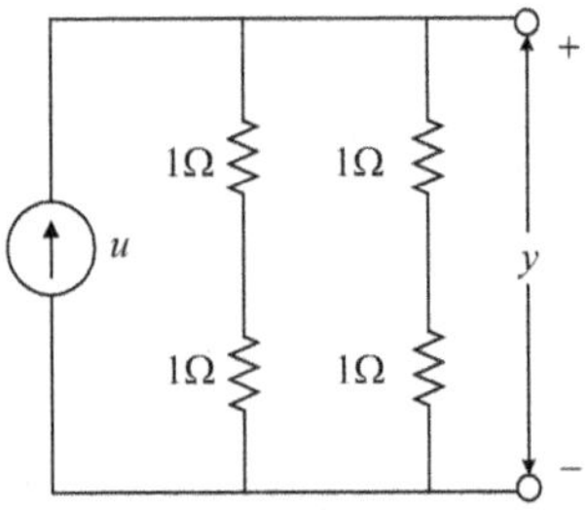

图 2-14　图 2-12 电路的零阶等价（纯电阻电路）

注意到输入 u 为理想电流源，图 2-14 两个支路的电流均为 $u/2$。因此，输出电压关系满足 $y=2\cdot(u/2)$ 或 $y=u$。因此，从输入 u 到输出 y 的传递函数依然为 $G(s)=1$。

讨论第一章中例 1-6 的行车垂直圆摆系统在平衡点处的线性化状态空间模型，同样可揭示二次模型的传递函数的结构特性及其零点/极点特征，是与平衡点邻域内的状态能控性/能观测性密切相关的。

例 2-4 计算例 1-6 的线性化近似模型的二次模型传递函数及其与原始系统结构的关系。

首先，计算线性化近似模型的传递函数模型。以第一章中图 1-40 所示的水平行车位置 $x_1(t)=\rho(t)$ 为输出观测量的话，则输出方程为：

$$y(t)=[1 \quad 0 \quad 0 \quad 0]\boldsymbol{x}(t)=\boldsymbol{C}_\rho \boldsymbol{x}(t) \tag{2-68}$$

或以摆角 $x_3(t)=\theta(t)$ 为输出观测量的话，则输出方程为：

$$y(t)=[0 \quad 0 \quad 1 \quad 0]\boldsymbol{x}(t)=\boldsymbol{C}_\theta \boldsymbol{x}(t) \tag{2-69}$$

这样，线性化近似状态方程(1-44)(或(1-45))和输出方程式(2-68)合并，可以给出如下的行车垂直圆摆系统在垂直向上(向下)平衡点附近的线性化近似状态空间模型。

$$\Sigma_\rho:\begin{cases}\dot{\boldsymbol{x}}(t)=\boldsymbol{A}(L)\boldsymbol{x}(t)+\boldsymbol{B}F(t)\\ y(t)=\boldsymbol{C}_\rho \boldsymbol{x}(t)\end{cases}$$

这里，状态矩阵 $\boldsymbol{A}(L)$ 和输入矩阵 $\boldsymbol{B}$ 的定义式参见式(1-44)和式(1-45)，选择何种定义式取决于所考虑的是行车垂直圆摆系统的垂直向上(向下)平衡点中的哪一个。更为具体地，如果考虑的是该系统垂直向上平衡点附近的线性化近似状态方程，即式(1-44)，则有

$$\boldsymbol{A}(L)\mid_{L=-(M+m)g/(Ml)}=\boldsymbol{A}_u,\boldsymbol{B}=\boldsymbol{B}_u$$

如是垂直向下平衡点附近的线性化近似状态方程，即式(1-45)，则有

$$\boldsymbol{A}(L)\mid_{L=(M+m)g/(ml)}=\boldsymbol{A}_l,\boldsymbol{B}=\boldsymbol{B}_l$$

Σ_ρ 对应二次模型的传递函数矩阵是：

$$\begin{aligned}\boldsymbol{G}_\rho(s)&=\boldsymbol{C}_\rho(s\boldsymbol{I}-\boldsymbol{A}(L))^{-1}\boldsymbol{B}\\ &=[1 \quad 0 \quad 0 \quad 0]\begin{bmatrix} s & -1 & 0 & 0\\ 0 & s & mg/M & 0\\ 0 & 0 & s & -1\\ 0 & 0 & L & s\end{bmatrix}^{-1}\begin{bmatrix}0\\ 1/M\\ 0\\ \mp 1/(Ml)\end{bmatrix}\end{aligned}$$

$$
=[1\quad 0\quad 0\quad 0]\begin{bmatrix}\begin{bmatrix}s & -1\\ 0 & s\end{bmatrix}^{-1} & -\begin{bmatrix}s & -1\\ 0 & s\end{bmatrix}^{-1}\begin{bmatrix}0 & 0\\ mg/M & 0\end{bmatrix}\begin{bmatrix}s & -1\\ L & s\end{bmatrix}^{-1}\\ 0 & \begin{bmatrix}s & -1\\ L & s\end{bmatrix}^{-1}\end{bmatrix}\begin{bmatrix}0\\ 1/M\\ 0\\ \mp 1/(Ml)\end{bmatrix}
\tag{2-70}
$$

进一步,注意到

$$
\begin{bmatrix}s & -1\\ 0 & s\end{bmatrix}^{-1}=\begin{bmatrix}s^{-1} & s^{-2}\\ 0 & s^{-1}\end{bmatrix},\ \begin{bmatrix}s & -1\\ L & s\end{bmatrix}^{-1}=\begin{bmatrix}\dfrac{s}{s^2+L} & \dfrac{1}{s^2+L}\\ \dfrac{-L}{s^2+L} & \dfrac{s}{s^2+L}\end{bmatrix}
$$

于是,将上述逆矩阵关系代入式(2-70)后,下式成立:

$$
\begin{aligned}
\boldsymbol{G}_\rho(s)&=[1\quad 0\quad 0\quad 0]\begin{bmatrix}s^{-1} & s^{-2} & -\dfrac{s^{-1}mg/M}{s^2+L} & -\dfrac{s^{-2}mg/M}{s^2+L}\\ 0 & s^{-1} & -\dfrac{mg/M}{s^2+L} & -\dfrac{s^{-1}mg/M}{s^2+L}\\ 0 & 0 & \dfrac{s}{s^2+L} & \dfrac{1}{s^2+L}\\ 0 & 0 & \dfrac{-L}{s^2+L} & \dfrac{s}{s^2+L}\end{bmatrix}\begin{bmatrix}0\\ 1/M\\ 0\\ \mp 1/(Ml)\end{bmatrix}\\
&=\begin{bmatrix}s^{-1} & s^{-2} & -\dfrac{s^{-1}mg/M}{s^2+L} & -\dfrac{s^{-2}mg/M}{s^2+L}\end{bmatrix}\begin{bmatrix}0\\ 1/M\\ 0\\ \mp 1/(Ml)\end{bmatrix}\\
&=\frac{1}{Ms^2}\pm\frac{mg}{M^2ls^2(s^2+L)}=\frac{1}{Ms^2}\pm\frac{mg}{Ms^2(Mls^2\mp(M+m)g)}
\end{aligned}
\tag{2-71}
$$

换句话说,在垂直向上(向下)平衡点附近的线性化近似状态空间模型上,从控制输入 $F(t)$ 到行车位置 $\rho(t)$ 之间的传递函数 $\boldsymbol{G}_\rho(s)$ 分别为:

$$
\frac{1}{Ms^2}+\frac{mg}{Ms^2(Mls^2-(M+m)g)},\ \frac{1}{Ms^2}-\frac{mg}{Ms^2(Mls^2+(M+m)g)}
$$

类似地,将垂直向上(向下)平衡点附近的线性化近似状态方程(1-44)(或式(1-45))和输出方程式(2-69)合并,可以给出在垂直向上(向下)平衡点附近的线性化近似状态空间模型为:

$$\Sigma_\theta:\begin{cases}\dot{\boldsymbol{x}}(t)=\boldsymbol{A}(L)\boldsymbol{x}(t)+\boldsymbol{B}F(t)\\ y(t)=\boldsymbol{C}_\theta\boldsymbol{x}(t)\end{cases}$$

Σ_θ 对应二次模型的传递函数矩阵是：

$$\boldsymbol{G}_\theta(s)=[0\quad 0\quad 1\quad 0]\begin{bmatrix}s^{-1} & s^{-2} & -\dfrac{s^{-1}mg/M}{s^2+L} & -\dfrac{s^{-2}mg/M}{s^2+L}\\ 0 & s^{-1} & -\dfrac{mg/M}{s^2+L} & -\dfrac{s^{-1}mg/M}{s^2+L}\\ 0 & 0 & \dfrac{s}{s^2+L} & \dfrac{1}{s^2+L}\\ 0 & 0 & \dfrac{-L}{s^2+L} & \dfrac{s}{s^2+L}\end{bmatrix}\begin{bmatrix}0\\ 1/M\\ 0\\ \mp 1/(Ml)\end{bmatrix}$$

$$=\begin{bmatrix}0 & 0 & \dfrac{s}{s^2+L} & \dfrac{1}{s^2+L}\end{bmatrix}\begin{bmatrix}0\\ 1/M\\ 0\\ \mp 1/(Ml)\end{bmatrix}=\mp\frac{1}{Mls^2\mp(M+m)g}$$

(2-72)

换句话说，在垂直向上（向下）平衡点附近的线性化近似状态空间模型上，从控制输入 $F(t)$ 到圆摆臂摆角 $\theta(t)$ 之间的传递函数 $\boldsymbol{G}_\theta(s)$ 分别为：

$$-\frac{1}{Mls^2-(M+m)g},\ \frac{1}{Mls^2+(M+m)g}$$

基于式(2-71)和式(2-72)，可以归纳出行车垂直圆摆系统在垂直向上（向下）平衡点附近的线性化近似状态空间模型与传递函数模型的若干特点：

- 尽管 Σ_ρ 和 Σ_θ 的线性时不变状态空间模型是 4 阶的向量微分方程组，$\boldsymbol{G}_\rho(s)$ 为 4 阶传递函数，但 $\boldsymbol{G}_\theta(s)$ 为 2 阶的传递函数。不难看出，线性化近似状态方程(1-44)（或(1-45)）的四个特征值作为传递函数极点均出现于 $\boldsymbol{G}_\rho(s)$ 中，但 $\boldsymbol{G}_\theta(s)$ 仅包含其中的两个极点。
- Σ_ρ 的能控性和能观测性。首先，构造 Σ_ρ 的能控性矩阵

$$\boldsymbol{Q}_{c,\rho}(s,L)=[s\boldsymbol{I}-\boldsymbol{A}(L)\ \ \boldsymbol{B}]=\begin{bmatrix}s & -1 & 0 & 0 & 0\\ 0 & s & mg/M & 0 & 1/M\\ 0 & 0 & s & -1 & 0\\ 0 & 0 & \mp(M+m)g/(Ml) & s & \mp 1/(Ml)\end{bmatrix}$$

基于矩阵初等行列变换，可以进行以下矩阵秩条件的等价关系推导：

$$\operatorname{rank}\boldsymbol{Q}_{c,\rho}(s,L)=\operatorname{rank}\begin{bmatrix} s & -1 & 0 & 0 & 0\\ 0 & s & 0 & 0 & 1\\ 0 & 0 & s & -1 & 0\\ 0 & 0 & \mp g/l & s & \mp 1/l \end{bmatrix}$$

$$=\operatorname{rank}\begin{bmatrix} s & -1 & 0 & 0 & 0\\ 0 & s & \pm g & 0 & 1\\ 0 & 0 & s & -1 & 0\\ 0 & 0 & 0 & s & \mp 1/l \end{bmatrix}=4,\ \forall s\in\mathbf{C}$$

于是，行车垂直圆摆系统的四个状态变量在上下两平衡点附近是能控的；即选择对行车的作用力 $F(t)$ 是可以实现对行车垂直圆摆系统的所有状态变量的特性调整的。

其次，构造 Σ_ρ 的能观测性矩阵，有：

$$\boldsymbol{Q}_{o,\rho}(s,L)=\begin{bmatrix} s\boldsymbol{I}-\boldsymbol{A}(L)\\ \boldsymbol{C}_\rho \end{bmatrix}=\begin{bmatrix} s & -1 & 0 & 0\\ 0 & s & mg/M & 0\\ 0 & 0 & s & -1\\ 0 & 0 & \mp(M+m)g/(Ml) & s\\ & & 1\ \ 0\ \ 0\ \ 0 & \end{bmatrix}$$

基于矩阵初等行列变换，可以进行如下矩阵秩条件的等价关系推导：

$$\operatorname{rank}\boldsymbol{Q}_{o,\rho}(s,L)=\operatorname{rank}\begin{bmatrix} 0 & -1 & 0 & 0\\ 0 & 0 & mg/M & 0\\ 0 & 0 & s & -1\\ 0 & 0 & \mp(M+m)g/(Ml) & s\\ & & 1\ \ 0\ \ 0\ \ 0 & \end{bmatrix}$$

$$=\operatorname{rank}\begin{bmatrix} 0 & -1 & 0 & 0\\ 0 & 0 & mg/M & 0\\ 0 & 0 & 0 & -1\\ 0 & 0 & 0 & s\\ & 1\ \ 0\ \ 0\ \ 0 & & \end{bmatrix}=\operatorname{rank}\begin{bmatrix} 0 & -1 & 0 & 0\\ 0 & 0 & mg/M & 0\\ 0 & 0 & 0 & -1\\ 0 & 0 & 0 & 0\\ & 1\ \ 0\ \ 0\ \ 0 & & \end{bmatrix}=4,\ \forall s\in\mathbf{C}$$

所以，线性化近似状态空间模型 Σ_ρ 的状态在垂直向上(向下)平衡点附近是能观测的，即基于对行车位置的测量是可以推算出其他状态变量的。

● Σ_θ 的能控性和能观测性。由于 Σ_θ 的能控性矩阵与 Σ_ρ 的能控性矩阵完全相同，对 Σ_θ 能控性的讨论是关于 Σ_ρ 能控性的讨论的简单重复。这里，仅考虑 Σ_θ 的能观测性。为此，构造 Σ_θ 的能观测性矩阵为：

$$\boldsymbol{Q}_{o,\theta}(s,L)=\begin{bmatrix} s\boldsymbol{I}-\boldsymbol{A}(L) \\ \boldsymbol{C}_\theta \end{bmatrix}=\begin{bmatrix} s & -1 & 0 & 0 \\ 0 & s & mg/M & 0 \\ 0 & 0 & s & -1 \\ 0 & 0 & \mp(M+m)g/(Ml) & s \\ 0 & 0 & 1 & 0 \end{bmatrix}$$

基于矩阵初等行列变换，有如下矩阵秩的等价条件关系：

$$\operatorname{rank}\boldsymbol{Q}_{o,\theta}(s,L)=\operatorname{rank}\begin{bmatrix} s & -1 & 0 & 0 \\ 0 & s & 0 & 0 \\ 0 & 0 & 0 & -1 \\ 0 & 0 & 0 & s \\ 0 & 0 & 1 & 0 \end{bmatrix}=\operatorname{rank}\begin{bmatrix} s & -1 & 0 & 0 \\ 0 & s & 0 & 0 \\ 0 & 0 & 0 & -1 \\ 0 & 0 & 0 & 0 \\ 0 & 0 & 1 & 0 \end{bmatrix}=3<4, s=0$$

所以，线性化近似状态空间模型 Σ_θ 的状态变量在垂直向上(向下)平衡点附近不是完全能观测的，即基于摆角测量是无法推算其他状态变量的。也就是说，通过摆角特征无法将行车位置与速度反映在传递函数 $\boldsymbol{G}_\theta(s)$ 上。这就是为什么传递函数 $\boldsymbol{G}_\theta(s)$ 阶次比传递函数 $\boldsymbol{G}_\rho(s)$ 阶次低的原因：不能被观测的特征值从传递函数中被对消掉了。

§6 各类零点/极点与结构特性的关系

无论是定义于传递函数模型的零点/极点还是定义于状态空间模型的零点/极点，本质上都是线性时不变控制系统几何与代数结构特性的定性与定量的表征。本节将回顾几种关于线性时不变控制系统最主要的零点和极点的定义，然后概括性地说明它们与状态能控性和能观测性的关系。

6.1 预备知识及相关概念与术语

这里的讨论将围绕如下的线性时不变状态空间模型展开。

$$\begin{cases}\dot{\boldsymbol{x}}=\boldsymbol{A}\boldsymbol{x}+\boldsymbol{B}\boldsymbol{u}\\ \boldsymbol{y}=\boldsymbol{C}\boldsymbol{x}+\boldsymbol{D}\boldsymbol{u}\end{cases} \tag{2-73}$$

式中，$\boldsymbol{x}(t)\in\mathbf{R}^n$，$\boldsymbol{y}(t)\in\mathbf{R}^q$，$\boldsymbol{u}(t)\in\mathbf{R}^p$；且 $\boldsymbol{A}\in\mathbf{R}^{n\times n}$，$\boldsymbol{B}\in\mathbf{R}^{n\times p}$，$\boldsymbol{C}\in\mathbf{R}^{q\times n}$ 和 $\boldsymbol{D}\in\mathbf{R}^{q\times p}$ 为常数矩阵。式(2-73)状态空间模型的传递函数矩阵为：

$$\boldsymbol{G}(s):=\boldsymbol{C}(s\boldsymbol{I}-\boldsymbol{A})^{-1}\boldsymbol{B}+\boldsymbol{D}=:\begin{bmatrix}\frac{n_{11}(s)}{d_{11}(s)} & \cdots & \frac{n_{1m}(s)}{d_{1m}(s)}\\ \vdots & \ddots & \vdots\\ \frac{n_{l1}(s)}{d_{l1}(s)} & \cdots & \frac{n_{lm}(s)}{d_{lm}(s)}\end{bmatrix}=:\boldsymbol{N}(s)/d(s)\in\mathbf{C}^{l\times m} \tag{2-74}$$

其中，$n_{ij}(s)$ 和 $d_{ij}(s)$ 分别是 $\boldsymbol{G}(s)$ 在矩阵位置 (i,j) 处标量元素复分式函数的分子多项式和分母多项式，并且为避免歧义，假设各对多项式均是互质的。$\boldsymbol{N}(s)$ 是复变元 s 的 $l\times m$ 多项式矩阵，$d(s)$ 是所有的分母多项式 $\{d_{ij}(s)\mid i=1,\cdots,l;j=1,\cdots,m\}$ 的最小公倍式。

此外，状态空间模型(2-73)对应的所谓系统多项式矩阵记为

$$\Sigma(s):=\begin{bmatrix}s\boldsymbol{I}-\boldsymbol{A} & \boldsymbol{B}\\ -\boldsymbol{C} & \boldsymbol{D}\end{bmatrix}\in\mathbf{C}^{(n+l)\times(n+m)} \tag{2-75}$$

6.2 控制系统的各类零点/极点及其性质

6.2.1 传递函数的零点/极点：传递零点/极点

为便于陈述，用非负整数 r_G 表示式(2-74)定义的传递函数矩阵 $\boldsymbol{G}(s)$ 的正则秩(或者说多项式矩阵 $\boldsymbol{N}(s)$ 的正则秩)，即

$$\begin{aligned}r_G&=\max\{\mathrm{rank}[\boldsymbol{G}(s)]:\text{for a. e. } s\in\mathbf{C}\}\\&=\max\{\mathrm{rank}[\boldsymbol{N}(s)]:\text{for a. e. } s\in\mathbf{C}\}\end{aligned}$$

其中，a. e. 是英文 almost every 的首字母缩写，用于表达‘几乎所有’的数学意义。$\boldsymbol{G}(s)=\boldsymbol{N}(s)/d(s)$ 总可以被表示为相应的 Smith-McMillan 形：

$$N(s)/d(s)=L(s)\begin{bmatrix}\frac{z_1(s)}{p_1(s)} & \cdots & 0 & 0 & \cdots & 0\\ \vdots & \ddots & \vdots & \vdots & \vdots & \vdots\\ 0 & \cdots & \frac{z_{r_G}(s)}{p_{r_G}(s)} & 0 & \cdots & 0\\ 0 & \cdots & 0 & 0 & \cdots & 0\\ \vdots & \cdots & \vdots & \vdots & \vdots & \vdots\\ 0 & \cdots & 0 & 0 & \cdots & 0\end{bmatrix}R(s)$$

其中，$L(s)$ 和 $R(s)$ 分别是 $l\times l$ 和 $m\times m$ 的单模态的多项式矩阵(以下简称单模态矩阵)；且 $z_i(s)$ 和 $p_i(s)$ 是互质的标量多项式并满足如下的递阶多项式整除关系：

$$\begin{cases}z_i(s)\mid z_{i+1}(s),\ \forall i=1,2,\cdots,r_G-1\\ p_i(s)\mid p_{i-1}(s),\ \forall i=2,3,\cdots,r_G\end{cases}$$

这里，$(\cdot)\mid(*)$ 表示在多项式除法意义上多项式 $(\cdot)$ 可以整除多项式 $(*)$。

基于传递函数矩阵 $G(s)$ 的 Smith－McMillan 形，定义传递函数的零点集合/极点集合：

$$\begin{cases}Z_i^G:=\{s\in\mathbf{C}\mid z_i(s)=0\},i=1,2,\cdots,r_G\\ P_i^G:=\{s\in\mathbf{C}\mid p_i(s)=0\},i=1,2,\cdots,r_G\end{cases}$$

这里，多项式方程 $z_i(s)=0$ 和 $p_i(s)=0$ 的根需要计及其所有根的代数重数，余同。比如，$\{s\in\mathbf{C}\mid(s-a)^2(s+b)=0\}=\{a,a,-b\}$。根据 Smith-McMillan 形的性质，零点/极点集合满足：

$$\begin{cases}Z^G:=Z_1^G+\cdots+Z_{r_G}^G,Z_1^G\subseteq Z_2^G\subseteq\cdots\subseteq Z_{r_G}^G\subseteq Z^G\\ P^G:=P_1^G+\cdots+P_{r_G}^G,P^G\supseteq P_1^G\supseteq P_2^G\supseteq\cdots\supseteq P_{r_G}^G\\ P_1^G=\{s\in\mathbf{C}\mid d(s)=0\}\end{cases}\tag{2-76}$$

这里，两个集合的直接和运算 $\{\cdot\}+\{\cdot\}$ 定义为两集合所有元素直接合并的集合；比如，$\{a,a,-b\}+\{a,-b,c\}=\{a,a,a,-b,-b,c\}$。另外，无论 $\{\cdot\}\subseteq\{\cdot\}$ 和 $\{\cdot\}\supseteq\{\cdot\}$ 的两个集合间的包含关系都需要计及所有相同元素的个数，下文中余同。

传递函数矩阵的零点/极点又称为传递零点/极点。基于式(2-76)，围绕传递函数矩阵$\boldsymbol{G}(s)$的各类零点/极点的定义，引入以下的概念与术语：

- Z^G的元素称为$\boldsymbol{G}(s)$的传递零点；Z_i^G的元素称为第i类传递零点；
- P^G的元素称为$\boldsymbol{G}(s)$的传递极点；P_i^G的元素称为第i类传递极点；
- Z_1^G的元素也被称为传递阻塞零点。

6.2.2 系统多项式矩阵的零点/极点：系统零点/极点

用$r_{\sum}$表示包含$s\boldsymbol{I}-\boldsymbol{A}$矩阵子块的系统多项式矩阵$\Sigma(s)$的所有$(n+\alpha)\times(n+\beta)$子矩阵的正则秩，这里必有$1\leqslant\alpha,\beta\leqslant\min\{m,l\}$，即

$$r_{\sum}:=\max\left\{\operatorname{rank}\left[\begin{array}{c|c}s\boldsymbol{I}-\boldsymbol{A} & \boldsymbol{B}^{\alpha}\\ \hline -\boldsymbol{C}_{\beta} & \boldsymbol{D}_{\beta}^{\alpha}\end{array}\right]:\text{for a. e. } s\in\mathbf{C},\forall\alpha,\beta\right\}-n$$

其中，$\boldsymbol{B}^{\alpha}$表示矩阵$\boldsymbol{B}$的某个$n\times\alpha$子矩阵，$\boldsymbol{C}_{\beta}$表示矩阵$\boldsymbol{C}$的某个$\beta\times m$子矩阵，$\boldsymbol{D}_{\beta}^{\alpha}$表示矩阵$\boldsymbol{D}$的某个$\beta\times\alpha$子矩阵。$\Sigma(s)$中任意类似$(n+r)\times(n+r)$的方形子矩阵可表示为：

$$\left[\begin{array}{c|c}s\boldsymbol{I}-\boldsymbol{A} & \boldsymbol{B}^{\alpha}\\ \hline -\boldsymbol{C}_{\beta} & \boldsymbol{D}_{\beta}^{\alpha}\end{array}\right]=:\Sigma(s)(\alpha,\beta)\in\mathbf{C}^{(n+r)\times(n+r)}$$

其中，$1\leqslant r\leqslant r_{\sum}$和$\alpha,\beta$决定了$\Sigma(s)$中哪个方形子矩阵是对应定义的。这里的上下标$\alpha$和$\beta$是所指的子系统输入/输出位置关系的简略代指符号。

现在定义如下序列多项式：

$$z_i(s)=\text{g. c. d}\{\det(\Sigma(s)(\alpha,\beta))\mid\forall k,j\},i=1,\cdots,r_{\sum}$$

这里，g. c. d表示取对应多项式组的最大公因式的缩写。由该定义，对于任何$i=1,\cdots,r_{\sum}-1$，$z_i(s)\mid z_{i+1}(s)$一定成立，且对每个i定义

$$\varepsilon_i(s)=z_{i+1}(s)/z_i(s),i=1,\cdots,r_{\sum}-1$$

是明确的s的多项式，同时满足：

$$\varepsilon_i(s)\mid\varepsilon_{i+1}(s),\forall i=1,2,\cdots,r_{\sum}-1 \tag{2-77}$$

基于式(2-77)定义系统多项式矩阵的零点/极点集合

$$\begin{cases}Z_i^S:=\{s\in\mathbf{C}\mid\varepsilon_i(s)=0\},i=1,\cdots,r_{\sum}\\ P^S:=\{s\in\mathbf{C}\mid\det(s\boldsymbol{I}-\boldsymbol{A})=0\}\end{cases}$$

则如下的集合关系可以得到证明。

$$\begin{cases} Z^S := Z_1^S + \cdots + Z_{r_\Sigma}^S \\ Z_1^S \subseteq Z_2^S \subseteq \cdots \subseteq Z_{r_\Sigma}^S \subseteq Z^S \end{cases} \tag{2-78}$$

为简明起见，关于系统多项式矩阵的零点/极点又称为系统零点/极点。基于式(2-78)，围绕 $\Sigma(s)$ 的各类零点/极点定义，引入以下的概念与术语：

- Z^S 中的元素被称为 $\Sigma(s)$ 的系统零点；Z_i^S 的元素被称为 $\Sigma(s)$ 的第 i 类系统零点；
- P^S 中的元素被称为系统多项式矩阵 $\Sigma(s)$ 的系统极点；
- Z_1^S 中的元素被称为系统多项式矩阵 $\Sigma(s)$ 的系统阻塞零点。

6.2.3 系统多项式矩阵的其他类型零点/极点：各类解耦零点

设 $\boldsymbol{Q}_c(s)$ 和 $\boldsymbol{Q}_o(s)$ 分别为式(2-73)所描述的线性时不变连续时间状态空间模型的能控性多项式矩阵和能观测性多项式矩阵，具体为：

$$\begin{cases} \boldsymbol{Q}_c(s) := [s\boldsymbol{I} - \boldsymbol{A} \mid \boldsymbol{B}] \in \mathbf{C}^{n\times(n\times m)} \\ \boldsymbol{Q}_o(s) := \begin{bmatrix} s\boldsymbol{I} - \boldsymbol{A} \\ \hline \boldsymbol{C} \end{bmatrix} \in \mathbf{C}^{(n+l)\times n} \end{cases}$$

因此，我们可以写出 $\boldsymbol{Q}_c(s)$ 和 $\boldsymbol{Q}_o(s)$ 的 Smith 规范形分别如下：

$$\begin{cases} \boldsymbol{Q}_c(s) = \boldsymbol{L}_c(s) \begin{bmatrix} z_1^c(s) & \cdots & 0 & 0 & \cdots & 0 \\ \vdots & \ddots & \vdots & \vdots & & \vdots \\ 0 & \cdots & z_n^c(s) & 0 & \cdots & 0 \end{bmatrix} \boldsymbol{R}_c(s) \\ \boldsymbol{Q}_o(s) = \boldsymbol{L}_o(s) \begin{bmatrix} z_1^o(s) & \cdots & 0 \\ \vdots & \ddots & \vdots \\ 0 & \cdots & z_n^o(s) \\ 0 & \cdots & 0 \\ \vdots & & \vdots \\ 0 & \cdots & 0 \end{bmatrix} \boldsymbol{R}_o(s) \end{cases}$$

其中，$\boldsymbol{L}_c(s)$ 和 $\boldsymbol{R}_c(s)$ 分别是 $n\times n$ 和 $(n+m)\times(n+m)$ 的单模态多项式矩阵。类似地，$\boldsymbol{L}_o(s)$ 和 $\boldsymbol{R}_o(s)$ 分别是 $(n+l)\times(n+l)$ 和 $n\times n$ 的单模态多项式矩阵。此外，$z_i^c(s)$ 和 $z_i^o(s)$ 是满足以下多项式递阶整除条件的标量多项式：

$$z_i^c(s) \mid z_{i+1}^c(s), z_i^c(s) \mid z_{i+1}^c(s), \forall i = 1, 2, \cdots, n-1$$

基于 $\boldsymbol{Q}_c(s)$ 和 $\boldsymbol{Q}_o(s)$ 的 Smith 规范形，定义如下集合：

$$\begin{cases} Z_{i.d}=\{s\in\mathbf{C}\mid \Pi_{k=1}^{n}z_k^c(s)=0\} \\ Z_{o.d}=\{s\in\mathbf{C}\mid \Pi_{k=1}^{n}z_k^o(s)=0\} \end{cases} \tag{2-79}$$

这里，下标 $i.d.$ 和 $o.d.$ 是输入解耦的英文 input decoupling 和输出解耦的英文 output decoupling 的缩写。此外，如果 $s_0\in Z_{i,d}$ 和 $s_0\in Z_{o,d}$ 中的 s_0 对应状态矩阵 $\mathbf{A}$ 的同一特征值，则 A 的所有这些特征值的集合定义为：

$$Z_{i.o.d}=\{s_0\in Z_{i.d}\cap Z_{o.d}:s_0\text{ 对应状态矩阵 }\mathbf{A}\text{ 的同一特征值}\}$$

这里，下标 $i.o.d$ 表示输入/输出解耦的英文 input/output decoupling 的缩写。另外，两个集合交集运算 $\{\cdot\}\cap\{\cdot\}$ 定义为前后两集合所有相同元素组成的集合，其中需要计及每个相同元素的个数，下文中余同。

最后，定义集合的直接和关系：

$$Z_d:=Z_{i.d}+Z_{o.d}-Z_{i.o.d} \tag{2-80}$$

这里，集合差运算 $\{\cdot\}-\{\cdot\}$ 定义为从前一集合 $\{\cdot\}$ 元素中直接剔除后一集合 $\{\cdot\}$ 的所有元素；比如，$\{a,a,-b,c\}-\{a,-b\}=\{a,c\}$，下文中余同。

根据式(2-79)和式(2-80)，围绕系统多项式矩阵 $\Sigma(s)$ 的分块多项式矩阵上的各类解耦零点的定义，引入以下的概念与术语：

- $Z_{i.d}$ 中的元素被称为系统多项式矩阵 $\Sigma(s)$ 的输入解耦零点；
- $Z_{o.d}$ 中的元素被称为系统多项式矩阵 $\Sigma(s)$ 的输出解耦零点；
- $Z_{i.o.d}$ 中的元素被称为 $\Sigma(s)$ 的输入/输出解耦零点。

一般来说，即便是线性时不变状态空间模型，直接而明确计算 $Z_{i,d}$、$Z_{o,d}$ 和 $Z_{i,o,d}$ 并不简单。但当式(2-73)描述的线性时不变状态空间模型具有所谓的 Kalman 状态空间分解形式

$$\begin{cases} \begin{bmatrix} \dot{\boldsymbol{x}}_{co} \\ \dot{\boldsymbol{x}}_{c\bar{o}} \\ \hline \dot{\boldsymbol{x}}_{\bar{c}o} \\ \dot{\boldsymbol{x}}_{\bar{c}\bar{o}} \end{bmatrix} = \begin{bmatrix} \mathbf{A}_{co} & 0 & \mathbf{A}_{13} & 0 \\ \mathbf{A}_{21} & \mathbf{A}_{c\bar{o}} & \mathbf{A}_{23} & \mathbf{A}_{24} \\ 0 & 0 & \mathbf{A}_{\bar{c}o} & 0 \\ 0 & 0 & \mathbf{A}_{43} & \mathbf{A}_{\bar{c}\bar{o}} \end{bmatrix} \begin{bmatrix} \boldsymbol{x}_{co} \\ \boldsymbol{x}_{c\bar{o}} \\ \hline \boldsymbol{x}_{\bar{c}o} \\ \boldsymbol{x}_{\bar{c}\bar{o}} \end{bmatrix} + \begin{bmatrix} \boldsymbol{B}_{co} \\ \boldsymbol{B}_{c\bar{o}} \\ \hline 0 \\ 0 \end{bmatrix}\boldsymbol{u} \\ \boldsymbol{y}=\left[\begin{array}{cc|cc} \boldsymbol{C}_{co} & 0 & \boldsymbol{C}_{\bar{c}o} & 0 \end{array}\right] \begin{bmatrix} \boldsymbol{x}_{co} \\ \boldsymbol{x}_{c\bar{o}} \\ \hline \boldsymbol{x}_{\bar{c}o} \\ \boldsymbol{x}_{\bar{c}\bar{o}} \end{bmatrix} + \boldsymbol{D}\boldsymbol{u} \end{cases}$$

时，则这些解耦零点的集合可被明确表示为：

$$
\begin{cases}
Z_{i.d}=\{s\in\mathbf{C}\mid\det(s\boldsymbol{I}_{\bar{c}}-\begin{bmatrix}\boldsymbol{A}_{\bar{c}o} & 0\\ \boldsymbol{A}_{43} & \boldsymbol{A}_{\bar{c}\bar{o}}\end{bmatrix})=0\}\\
Z_{o.d}=\{s\in\mathbf{C}\mid\det(s\boldsymbol{I}_{\bar{o}}-\begin{bmatrix}\boldsymbol{A}_{co} & 0\\ \boldsymbol{A}_{21} & \boldsymbol{A}_{c\bar{o}}\end{bmatrix})=0\}\\
Z_{i.o.d}=\{s\in\mathbf{C}\mid\det(s\boldsymbol{I}_{\bar{c}\bar{o}}-\boldsymbol{A}_{\bar{c}\bar{o}})=0\}
\end{cases}
\tag{2-81}
$$

其中，$\boldsymbol{I}_{\bar{c}}$，$\boldsymbol{I}_{\bar{o}}$ 和 $\boldsymbol{I}_{\bar{c}\bar{o}}$ 是相应维数的单位矩阵。

由于线性时不变状态空间模型的 Kalman 状态空间分解形式是普遍存在的，结合式(2-81)的各类解耦零点的定义关系，可以得到如下结论：

- 每个输入解耦零点对应一个不能控模态(或不能控的系统极点)；
- 每个输出解耦零点对应一个不能观测模态(或不能观测的系统极点)；
- 每个输入/输出解耦零点对应一个既不能控也不能观测的模态(或既不能控也不能观测的系统极点)；
- 各类解耦零点与 Kalman 状态空间分解规范形的特征值关系式成立：

$$
\begin{cases}
Z_{i.d}=\lambda(\boldsymbol{A}_{\bar{c}o})+\lambda(\boldsymbol{A}_{\bar{c}\bar{o}})\\
Z_{o.d}=\lambda(\boldsymbol{A}_{co})+\lambda(\boldsymbol{A}_{c\bar{o}})\\
Z_{i.o.d}=\lambda(\boldsymbol{A}_{\bar{c}\bar{o}})
\end{cases}
$$

其中，$\lambda(\cdot)$ 表示方矩阵 $(\cdot)$ 的所有特征值的集合。

6.2.4 系统多项式矩阵的其他类型零点：不变零点

假设用正整数 r_I 表示系统多项式矩阵 $\Sigma(s)$ 的正则秩，即

$$
r_I:=\max\{\text{rank}[\Sigma(s)]:\text{for a. e. } s\in\mathbf{C}\}
$$

这样，$\Sigma(s)$ 总可以被表示为 Smith 规范形：

$$
\Sigma(s)=\boldsymbol{L}(s)\begin{bmatrix}
z_1(s) & \cdots & 0 & 0 & \cdots & 0\\
\vdots & \ddots & \vdots & \vdots & \vdots & \vdots\\
0 & \cdots & z_{r_I}(s) & 0 & \cdots & 0\\
0 & \cdots & 0 & 0 & \cdots & 0\\
\vdots & \cdots & \vdots & \vdots & \vdots & \vdots\\
0 & \cdots & 0 & 0 & \cdots & 0
\end{bmatrix}\boldsymbol{R}(s)\in\mathbf{C}^{(n+l)(n+m)}
$$

其中，$\boldsymbol{L}(s)$ 和 $\boldsymbol{R}(s)$ 分别是 $(n+l)\times(n+l)$ 和 $(n+m)\times(n+m)$ 的单模态矩阵。此外，$z_1(s)$，…，$z_{r_I}(s)$ 是满足以下整除关系条件的多项式组：

$$z_i(s) \mid z_{i+1}(s), \forall i=1,2,\cdots,r_I-1 \tag{2-82}$$

基于式(2-82)的多项式递阶整除关系，定义如下集合：

$$Z_i^I=\{s\in \mathbf{C} \mid z_i(s)=0\}, i=1,\cdots,r_I$$

这样定义的集合必满足集合递阶包含关系：

$$\begin{cases} Z^I:=Z_1^I+\cdots+Z_{r_I}^I \\ Z_1^I\subseteq Z_2^I\subseteq\cdots\subseteq Z_{r_I}^I\subseteq Z^I \end{cases} \tag{2-83}$$

系统多项式矩阵 $\Sigma(s)$ 的 Smith 规范形的零点又称为不变零点。基于式(2-83)，围绕系统多项式矩阵的各类零点，引入如下的概念和术语：

- Z^I 中的元素称为不变零点；Z_i^I 中的元素称为第 i 类不变零点；
- Z_1^I 中的元素也称为系统阻塞零点。

6.3 控制系统的各类零点/极点及其与结构特性的关系

本节归纳各类零点/极点间的主要而基本的关系，并将这些关系与系统整体或局部的能控性/能观测性等结构特性联系起来。

6.3.1 各类零点/极点之间的关系

下式所列线性时不变系统的各类零点/极点集合之间关系，有助于我们严格而准确地理解系统动态特性与其各类零点/极点的代数表征间的关系。

$$\begin{cases} P^S=P^G+Z_d=P^G+Z_{i.d}+Z_{o.d}-Z_{i.o.d} \\ Z^S=Z^G+Z_d=Z^G+Z_{i.d}+Z_{o.d}-Z_{i.o.d} \\ Z_1^S=Z_1^G+Z_d=Z_1^G+Z_{i.d}+Z_{o.d}-Z_{i.o.d} \\ Z^I\subseteq Z^S, Z_1^I\subseteq Z_1^S \end{cases} \tag{2-84}$$

基于式(2-84)，可以将各类零点/极点与结构特性联系起来，具体有：

- 传递函数矩阵不出现解耦零点。当从状态空间模型计算对应的传递函数矩阵时，计算过程出现的零点与极点的相消可以归因于不能控和/或不能观测模态的存在。换句话说，传递函数矩阵仅反映了控制系统中的既能控又能观测模态的那部分模态。式(2-84)的前两个零点/极点集合关系清晰地说明了这一系统结构特性的代数表征。

- 式(2-84)的第三个集合关系说明，系统阻塞零点是由传递阻塞零点和解耦零点组成的。

- 所有不变零点的集合只是该系统的所有系统零点集合的一个子集。不变零点和传递零点之间尚未确认有其他的等价或从属关系。

6.3.2 子系统零点/极点和系统阶层复杂性的关系

在各类零点/极点定义与性质讨论中，我们是将状态空间模型视为一个整体来处理的。事实上，这样定义的各类零点/极点也可以在同一系统的各子系统层面上进行定义和诠释，这样，各类零点/极点就能够反映子系统的结构特性。实际上，系统整体的零点/极点和其各子系统的零点/极点是可以系统而严格地关联起来的，并以层级关联形式揭示系统整体及其各子系统之间的递阶层级关系。这些关系是线性系统结构复杂性的重要特征。

为此，引入以下数学符号。设 $\boldsymbol{G}(s)$ 和 $\Sigma(s)$ 是分别由式(2-74)和式(2-75)定义的传递函数矩阵和系统多项式矩阵。将式(2-73)定义状态空间模型的第 $i_1,i_2,\cdots,i_k$ 个输入和第 $j_1,j_2,\cdots,j_k$ 个输出之间的子系统部分的系统多项式矩阵表示为：

$$\Sigma(s)\begin{pmatrix} i_1,i_2,\cdots,i_k \\ j_1,j_2,\cdots,j_q \end{pmatrix}:=\left[\begin{array}{c|c} s\boldsymbol{I}-\boldsymbol{A} & \boldsymbol{B}^{i_1,i_2,\cdots,i_k} \\ \hline -\boldsymbol{C}_{j_1,j_2,\cdots,j_q} & \boldsymbol{D}^{i_1,i_2,\cdots,i_k}_{j_1,j_2,\cdots,j_q} \end{array}\right]\in\mathbf{C}^{(n+q)\times(n+k)}$$

而相应的传递函数矩阵(即 $\boldsymbol{G}(s)$ 的子矩阵)表示为

$$\boldsymbol{G}(s)\begin{pmatrix} i_1,i_2,\cdots,i_k \\ j_1,j_2,\cdots,j_q \end{pmatrix}:=\boldsymbol{G}(s)\begin{matrix} i_1,i_2,\cdots,i_k \\ j_1,j_2,\cdots,j_q \end{matrix}\in\mathbf{C}^{q\times k}$$

其中，$(\cdot)^{i_1,i_2,\cdots,i_k}_{j_1,j_2,\cdots,j_q}$ 是指位于矩阵 $(\cdot)$ 的第 $i_1,i_2,\cdots,i_k$ 列和第 $j_1,j_2,\cdots,j_q$ 行的交叉点上的元素的子矩阵。为简化叙述，该子系统的输入/输出关系标记在上下文可以通顺理解时将简写为 $(\cdot)$，即

$$(\cdot)=\begin{pmatrix} i_1,i_2,\cdots,i_k \\ j_1,j_2,\cdots,j_q \end{pmatrix}$$

简单地说，使用 $Z^G(\cdot)$，$P^G(\cdot)$，$Z^S(\cdot)$，$P^S(\cdot)$，$Z_{i.d}(\cdot)$，$Z_{o.d}(\cdot)$，$Z_{i.o.d}(\cdot)$ 和

$Z_d(\cdot)$ 分别表示对应子系统 $(\cdot)$ 的传递零点/极点、系统零点/极点、输入解耦零点、输出解耦零点和输入/输出解耦零点。

显然，对任何具体的子系统 $(\cdot)$，将其视为独立而完整的系统结构时，都可以保证有如下的零点/极点集合关系的成立。

$$\begin{cases} Z_d(\cdot) = Z_d + \hat{Z}_d(\cdot) \\ Z_{i.d}(\cdot) \supset Z_{i.d} + \hat{Z}_{i.d}(\cdot) \\ Z_{o.d}(\cdot) \supset Z_{o.d} + \hat{Z}_{o.d}(\cdot) \end{cases} \tag{2-85}$$

其中，$\hat{Z}_d(\cdot)$，$\hat{Z}_{i,d}(\cdot)$ 和 $\hat{Z}_{o,d}(\cdot)$ 分别表示子系统的系统多项式矩阵 $\Sigma(s)(\cdot)$ 的解耦零点，输入解耦零点和输出解耦零点的集合；与此相对，Z_d，$Z_{i,d}$ 和 $Z_{o,d}$ 分别表示系统整体的系统多项式矩阵 $\Sigma(s)$ 的解耦零点，输入解耦零点和输出解耦零点的集合。

在某些特殊情况下，输入/输出解耦零点相关的子集合关系可以等价为：

$$\begin{cases} \text{若式(2-73) 的系统整体是能观测的，则 } Z_{i.d}(\cdot) = Z_{i.d} + \hat{Z}_{i.d}(\cdot) \\ \text{若式(2-73) 的系统整体是能控的，则 } Z_{o.d}(\cdot) = Z_{o.d} + \hat{Z}_{o.d}(\cdot) \end{cases}$$

下式的零点/极点集合关系式严格地明确了各类零点/极点在系统整体/局部的结构特性间的递阶层级关系。

$$\begin{cases} \bigcap Z_d(\cdot) = \sum_{i=\min\{k,q\}+1}^{r} P_i^G + Z_d \\ \bigcap Z^S(\cdot) = \sum_{i=1}^{\min\{k,q\}} Z_i^G + \sum_{i=\min\{k,q\}+1}^{r} P_i^G + Z_d \end{cases} \tag{2-86}$$

这里，集合交集运算符 $\bigcap$ 是指针对所有由 $(\cdot) = \begin{pmatrix} i_1, i_2, \cdots, i_k \\ j_1, j_2, \cdots, j_q \end{pmatrix}$ 所指子系统意义上定义的。

基于式(2-85)和式(2-86)的递阶层级零点/极点集合关系式，可以看到：

- Z_d（$Z_{i.d}$ 和 $Z_{o.d}$）的系统整体的解耦零点（输入解耦零点和输出解耦零点）又是其任一子系统的解耦零点（输入解耦零点和输出解耦零点）；
- 子系统的传递函数的传递极点的数量越少，对应子系统中的不能控（不能观测）模态存在的可能性就越大。或等价地说，某子系统的输入/输出之间动态特性关系越简单，该子系统就越有可能倾向于有越多的模态是不能控的和/或不能观测的；
- 若传递函数矩阵 $\boldsymbol{G}(s)$ 所有传递零点/极点都位于左半复平面，即所有传递零点和极点都具有负实部时，则该 MIMO 系统为最小相位的。传递函数矩阵的最小相位条件为：系统是稳定的并且所有的传递零点都有负实部。当涉及某种逆系统或反步控制设计时，最小相位条件将起关键作用。由于篇幅限制，本文不再讨论传递函数矩阵最小相位特性。

§7 控制系统的状态空间模型实现问题

通常情况下，控制系统的状态空间模型被视为一次模型，而对应的传递函数（如果可以严格定义的话）则被视为二次模型。然而，在处理种种控制系统分析与设计问题时，我们经常会面临如何通过系统的传递函数等二次模型列写出状态空间模型这类一次模型的问题。这是典型的模型重构问题，其本质上是不同数学模型间的转化。依数学模型形式的不同，重构转化方法也不同。本节只讨论由传递函数模型导出状态空间模型的方法。一般地，从传递函数模型构建状态空间模型称为实现。由于状态空间模型既要保持给定传递函数模型的输入/输出关系，又必须具有内部动态特性的状态向量及其与输入/输出向量的关联结构。在这个意义上，可以认为这样的状态空间模型是原传递函数模型的时域微分关系的实现。

7.1 传递函数矩阵的状态空间模型实现的存在性

定义 2.7 给定传递函数矩阵 $\boldsymbol{G}(s)\in\mathbf{C}^{l\times m}$，构建连续时间线性时不变状态空间模型：

$$\begin{cases}\dot{\boldsymbol{x}}(t)=\boldsymbol{A}\boldsymbol{x}(t)+\boldsymbol{B}\boldsymbol{u}(t)\\ \boldsymbol{y}(t)=\boldsymbol{C}\boldsymbol{x}(t)+\boldsymbol{D}\boldsymbol{u}(t)\end{cases}\tag{2-87}$$

并称其为 $\boldsymbol{G}(s)$ 的状态空间模型实现，若 $\boldsymbol{C}(s\boldsymbol{I}-\boldsymbol{A})^{-1}\boldsymbol{B}+\boldsymbol{D}=\boldsymbol{G}(s)$。

将式(2-87)中的状态空间模型称为对应传递函数模型实现的另外一个原因是，这样的状态空间模型是时域关系式，因此可以用标准的时域算法物理实现计算关系；例如，对于连续时间状态方程，可以利用 Ronge－Kutta 算法实现状态向量解的数值求解。

下面的引理 2-6 给出了一般 MIMO 传递函数矩阵的状态空间模型实现的存在条件，结论的正确性可以通过直接矩阵计算加以证明。

引理 2-6 传递函数矩阵 $\boldsymbol{G}(s)\in\mathbf{C}^{l\times m}$ 可以由式(2-87)定义的状态空间

模型加以实现,当且仅当 $\boldsymbol{G}(s)$ 是有理分式复函数矩阵。

事实上,关于有理分式复函数的传递函数矩阵 $\boldsymbol{G}(s)$ 的实现步骤如下:

● 将 $\boldsymbol{G}(s)$ 分解为 $\boldsymbol{G}(s)=\boldsymbol{G}_r(s)+\boldsymbol{D}\in\mathbf{C}^{l\times m}$。其中,$\boldsymbol{G}_r(s)$ 是严格真的有理分式复函数矩阵部分,而 $\boldsymbol{D}:=\lim_{s\to\infty}\boldsymbol{G}(s)$ 是常数矩阵;

● 找到 $\boldsymbol{G}_r(s)\in\mathbf{C}^{l\times m}$ 的所有元素的首一最小公分母,记为 $d(s)=s^n+\alpha_1 s^{n-1}+\cdots+\alpha_{n-1}s+\alpha_n$;

● 改写 $\boldsymbol{G}_r(s)=\mathrm{d}^{-1}(s)[\mathbf{N}_1 s^{n-1}+\mathbf{N}_2 s^{n-2}+\cdots+\mathbf{N}_{n-1}s+\mathbf{N}_n]$,其中,$\mathbf{N}_i\in\mathbf{R}^{l\times m}$ 为常数矩阵;

● 选择如下三元矩阵组作为 $\boldsymbol{G}_r(s)$ 的状态空间模型的系数矩阵

$$\boldsymbol{A}=\begin{bmatrix}-\alpha_1\boldsymbol{I}_m & -\alpha_2\boldsymbol{I}_m & \cdots & -\alpha_{n-1}\boldsymbol{I}_m & -\alpha_n\boldsymbol{I}_m\\ \boldsymbol{I}_m & 0 & \cdots & 0 & 0\\ 0 & \boldsymbol{I}_m & \cdots & 0 & 0\\ \vdots & \vdots & \ddots & \vdots & \vdots\\ 0 & 0 & \cdots & \boldsymbol{I}_m & 0\end{bmatrix}\in\mathbf{R}^{nm\times nm},$$

$$\boldsymbol{B}=\begin{bmatrix}\boldsymbol{I}_m\\ 0\\ \vdots\\ 0\end{bmatrix}\in\mathbf{R}^{nl\times m},\boldsymbol{C}=[\mathbf{N}_1\quad\cdots\quad\mathbf{N}_n]\in\mathbf{R}^{l\times nm}$$

其中,$\boldsymbol{I}_m$ 表示 $m\times m$ 的单位矩阵。于是,状态空间模型 $(\boldsymbol{A},\boldsymbol{B},\boldsymbol{C},\boldsymbol{D})$ 是 $\boldsymbol{G}(s)$ 的实现。

● 此外,给定 $\boldsymbol{G}(s)\in\mathbf{C}^{l\times m}$ 还具有形如下式的状态空间模型实现:

$$\overline{\boldsymbol{A}}=\begin{bmatrix}-\alpha_1\boldsymbol{I}_l & \boldsymbol{I}_l & 0 & \cdots & 0\\ -\alpha_2\boldsymbol{I}_l & 0 & \boldsymbol{I}_l & \cdots & 0\\ -\alpha_3\boldsymbol{I}_l & 0 & 0 & \cdots & 0\\ \vdots & \vdots & \vdots & \ddots & \vdots\\ -\alpha_n\boldsymbol{I}_l & 0 & 0 & \cdots & 0\end{bmatrix}\in\mathbf{R}^{nl\times nl},\overline{\boldsymbol{B}}=\begin{bmatrix}N_1\\ N_2\\ \vdots\\ N_n\end{bmatrix}\in\mathbf{R}^{nl\times m},$$

$$\overline{\boldsymbol{C}}=[\boldsymbol{I}_l\quad 0\quad\cdots\quad 0]\in\mathbf{R}^{l\times nl}$$

其中,$\boldsymbol{I}_l$ 表示 $l\times l$ 的单位矩阵。于是,状态空间模型 $(\overline{\boldsymbol{A}},\overline{\boldsymbol{B}},\overline{\boldsymbol{C}},\boldsymbol{D})$ 也是 $\boldsymbol{G}(s)$ 的实现。

7.2 传递函数的最小状态空间模型实现

应当注意到，具有不同内部状态结构的状态空间模型可以对应于相同的传递函数模型，反过来说，从同一传递函数模型重构的状态空间模型也是不唯一的。但是，只要传递函数矩阵元素的分子多项式和分母多项式没有公共因子，就意味着传递函数模型是既约的，就具有该系统的最低阶次的输出/输入传递关系。通常把不包含系统零点/极点对消（即不包含解耦零点）的状态空间模型称为既约传递函数矩阵的最小（阶）实现。显然，同一既约传递函数矩阵的状态空间模型最小实现也不具唯一性。但可以证明的是，同一传递函数矩阵的各最小实现之间通过状态向量的线性变换可等价关联。

事实上，传递函数矩阵 $\boldsymbol{G}(s)$ 只能代表相应状态空间模型中既能控又能观测模态的系统状态结构部分。然而，当为 $\boldsymbol{G}(s)$ 构建状态空间模型时，有可能将 $\boldsymbol{G}(s)$ 实际并不具有的结构模态（比如引入了冗余的状态变量）带入到状态空间模型中。为避免在传递函数矩阵的状态空间模型重构中引入冗余模态，需要构建不包含不能控和/或不能观测模态的状态空间模型。也就是说，若状态空间模型实现是既能控又能观测时，该实现具有最简结构。

7.3 SISO 传递函数的状态空间模型实现的典型算法

本节围绕单输入/单输出传递函数的零点分布的若干种情况进行讨论。

7.3.1 传递函数无零点的标准状态空间模型实现

此时传递函数是：

$$G(s)=\frac{b_0}{s^n+a_{n-1}s^{n-1}+\cdots+a_1s+a_0}=\frac{Y(s)}{U(s)}$$

由 Laplace 逆变换，相应输入量 $u(t)=L^{-1}\{U(s)\}$ 与输出量 $y(t)=L^{-1}\{Y(s)\}$ 间的微分方程是：

$$y^{(n)}(t)+a_{n-1}y^{(n-1)}(t)+\cdots+a_1y'(t)+a_0y(t)=b_0u(t) \quad (2\text{-}88)$$

这里，$L^{-1}\{\cdot\}$ 表示 Laplace 逆变换，而 $y^{(i)}(t)=\mathrm{d}^iy(t)/\mathrm{d}t^i$。

标准Ⅰ型实现 不难看出，式(2-88)的微分方程可以用图 2-15 的等价结构框图表示。

图 2-15 中，三角形中的 $1/s$ 符号代表一阶积分算子，选取各积分算子的

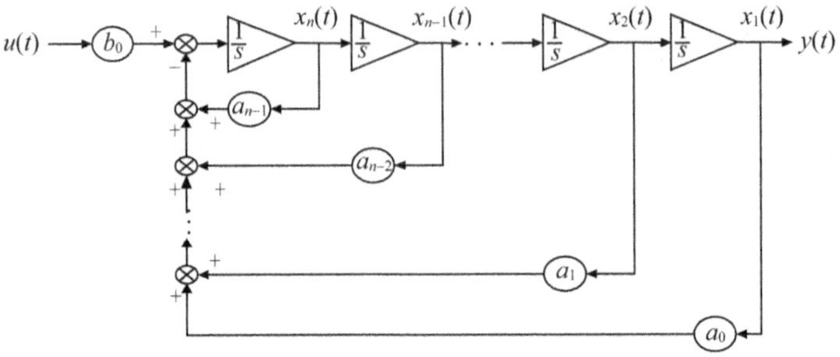

图 2-15　标准Ⅰ型实现的状态变量的选取方式

输出为状态变量，则由各状态与 $u(t)$ 可确定整个系统动态特性。具体地，各状态变量的一阶微分方程是：

$$\begin{cases}\dot{x}_1(t)=x_2(t),\dot{x}_2(t)=x_3(t),\cdots,\dot{x}_{n-1}(t)=x_n(t)\\ \dot{x}_n(t)=-a_0x_1(t)-a_1x_2(t)-\cdots-a_{n-2}x_{n-1}(t)-a_{n-1}x_n(t)+b_0u(t)\end{cases}$$

而输出量为 $y(t)=x_1(t)$。

将各标量方程合并写成状态空间模型，得状态方程为：

$$\dot{\boldsymbol{x}}(t)=\begin{bmatrix}0 & 1 & 0 & \cdots & 0\\ 0 & 0 & 1 & \cdots & 0\\ \vdots & \vdots & \vdots & & \vdots\\ 0 & 0 & 0 & \cdots & 1\\ -a_0 & -a_1 & -a_2 & \cdots & -a_{n-1}\end{bmatrix}\boldsymbol{x}(t)+\begin{bmatrix}0\\ 0\\ \vdots\\ 0\\ b_0\end{bmatrix}u(t)$$

另外，输出方程是 $y(t)=[1,0,\cdots,0]\boldsymbol{x}(t)$。

标准Ⅱ型实现　类似地，将式(2-88)的微分方程可以等价结构化为图 2-16 的方框图。

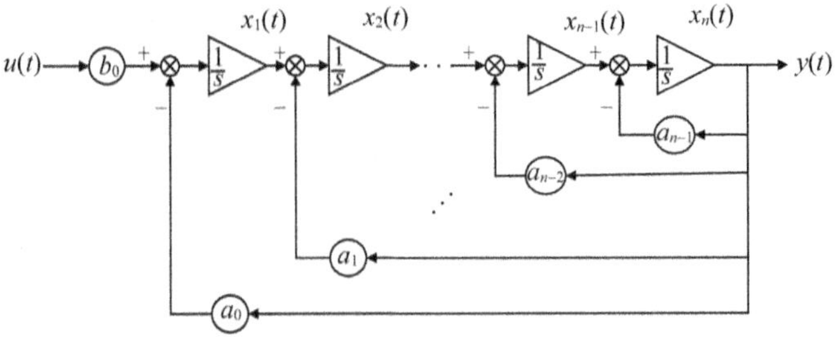

图 2-16　标准Ⅱ型实现的状态变量的选取方式

按图 2-16 中的状态变量选取方式，各状态变量的一阶微分方程是：

$$\begin{cases}\dot{x}_1(t)=-a_0x_n(t)+b_0u(t)\\\dot{x}_2(t)=-a_1x_n(t)+x_1(t)\\\cdots\cdots\\\dot{x}_n(t)=-a_{n-1}x_n(t)+x_{n-1}(t)\end{cases}$$

同时，设输出量满足 $y(t)=x_n(t)$。

将各标量方程合并写成状态空间模型，得状态方程为：

$$\dot{\boldsymbol{x}}(t)=\begin{bmatrix}0&1&0&\cdots&-a_0\\0&0&1&\cdots&-a_1\\\vdots&\vdots&\vdots&&\vdots\\0&0&0&\cdots&-a_{n-2}\\0&0&1&\cdots&-a_{n-1}\end{bmatrix}\boldsymbol{x}(t)+\begin{bmatrix}b_0\\0\\\vdots\\0\\0\end{bmatrix}u(t)$$

另外，输出方程为 $y(t)=[0,0,\cdots,0,1]\boldsymbol{x}(t)$。

Jordan 标准形实现　将给定传递函数写成因式分解形式：

$$G(s)=\frac{b_0}{(s-p_1)(s-p_2)\cdots(s-p_n)}$$

其中，$p_i,i\in n$ 为极点。当 $p_1,p_2,\cdots,p_n$ 互异时，$G(s)$ 可部分分式形成：

$$G(s)=\frac{Y(s)}{U(s)}=\sum_{i=1}^{n}\frac{c_i}{s-p_i}$$

其中，$c_i=\text{Res}\{G(s)\}\mid_{s=p_i,i\neq 1}=\lim_{s\to p_i}[(s-p_i)G(s)]$。于是有：

$$Y(s)=\sum_{i=1}^{n}\frac{c_i}{s-p_i}U(s)$$

上式可在 s 一域等价地结构化为图 2-17(a)或(b)的方框图。

若以图 2-17(a)所示的方式选取状态变量，有

$$X_i(s)=(s-p_i)^{-1}U(s),i=1,\cdots,n$$

进而对各状态变量进行 Laplace 逆变换，可得

$$\dot{x}_i(t)=p_ix_i(t)+u(t),i=1,2,\cdots,n$$

设输出量为 $y(t)=\sum_{i=1}^{n}c_i x_i(t)$。

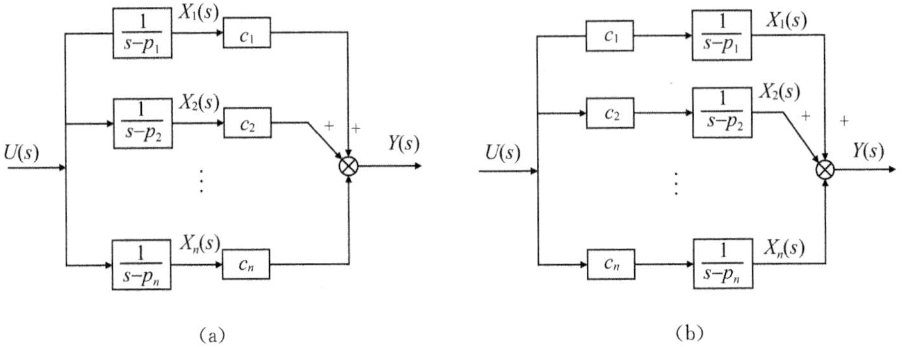

图 2-17　Jordan 标准形实现的状态变量选取方式

将各标量方程合并写成状态空间模型，得状态方程为：

$$\dot{\boldsymbol{x}}(t)=\begin{bmatrix} p_1 & 0 & \cdots & 0 \\ 0 & p_2 & \cdots & 0 \\ \vdots & \vdots & & \vdots \\ 0 & 0 & \cdots & p_n \end{bmatrix}\boldsymbol{x}(t)+\begin{bmatrix} 1 \\ 1 \\ \vdots \\ 1 \end{bmatrix}u(t) \tag{2-89a}$$

另外，输出方程可以表达为：

$$y(t)=[c_1,c_2,\cdots,c_n]\boldsymbol{x}(t) \tag{2-89b}$$

若以图 2-17(b)的方式选取状态变量，相应状态空间模型的状态方程为

$$\dot{\boldsymbol{x}}(t)=\begin{bmatrix} p_1 & 0 & \cdots & 0 \\ 0 & p_2 & \cdots & 0 \\ \vdots & \vdots & & \vdots \\ 0 & 0 & \cdots & p_n \end{bmatrix}\boldsymbol{x}(t)+\begin{bmatrix} c_1 \\ c_2 \\ \vdots \\ c_n \end{bmatrix}u(t)$$

若输出量为 $y(t)=\sum_{i=1}^{n}x_i(t)$，则输出方程 $y(t)=[1,1,\cdots,1]\boldsymbol{x}(t)$。式(2-89a)和式(2-89b)的状态空间模型又称为对角线状态空间模型实现。

当 $p_1,p_2,\cdots,p_n$ 有重根时，不失一般，设 p_1 为 q 重根，其余均为单根，则给定传递函数 $G(s)$ 的部分分式分解形式为：

$$G(s)=\frac{c_{1q}}{(s-p_1)^q}+\frac{c_{1(q-1)}}{(s-p_1)^{q-1}}+\cdots+\frac{c_{12}}{(s-p_1)^2}+\frac{c_{11}}{s-p_1}+\sum_{i=q+1}^{n}\frac{c_i}{s-p_i}$$

其中

$$\begin{cases} c_i = \text{Res}\{G(s)\}\mid_{s=p_i, i\neq 1} = \lim_{s\to p_i}[(s-p_i)G(s)] \\ c_{1j} = \dfrac{1}{(j-1)!}\lim_{s\to p_i}\dfrac{\text{d}^{j-1}[(s-p_1)^j G(s)]}{\text{d}s^{j-1}} \\ = \text{Res}\{G(s)\} \text{ 的 } s=p_1 \text{ 点的 } j \text{ 阶留数}, j=1,2,\cdots,q \end{cases}$$

于是，传递函数 $G(s)$ 所表达的输入/输出 s — 域关系有：

$$Y(s) = \frac{c_{11}}{s-p_1}U(s) + \cdots + \frac{c_{1q}}{(s-p_1)^q}U(s) + \sum_{i=q+1}^{n}\frac{c_i}{s-p_i}U(s)$$

上式可实现成图 2-18 所示的结构化方框图。

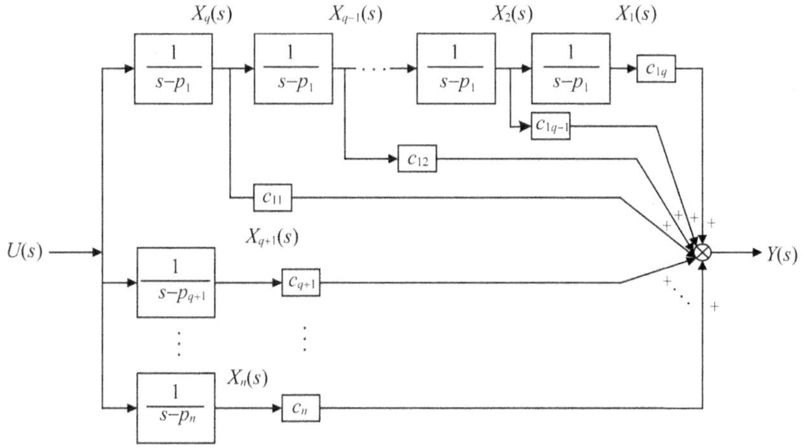

图 2-18　Jordan 标准形实现的状态变量选取

按图 2-18 的状态变量选取方式，前 q 个状态变量的 s — 域关系有

$$x_q(s) = (s-p_1)^{-1}u(s), x_{q-1}(s) = (s-p_1)^{-1}x_q(s), \cdots,$$
$$x_1(s) = (s-p_1)^{-1}x_2(s)$$

而后 $n-q$ 个状态变量的 s — 域关系有：

$$x_{q+1}(s) = (s-p_{q+1})^{-1}u(s), \cdots, x_n(s) = (s-p_n)^{-1}u(s)$$

由 Laplace 逆变换，上述各状态变量相应的一阶微分方程是：

$$\begin{cases}\dot{x}_1(t)=p_1x_1(t)+x_2(t)\\ \qquad\vdots\\ \dot{x}_{q-1}(t)=p_1x_{q-1}(t)+x_q(t),\dot{x}_q(t)=p_1x_q(t)+u(t)\\ \dot{x}_{q+1}(t)=p_{q+1}x_{q+1}(t)+u(t)\\ \qquad\vdots\\ \dot{x}_n(t)=p_nx_n(t)+u(t)\end{cases}$$

并将输出量设定为 $y(t)=c_{1q}x_1(t)+c_{1q-1}x_2(t)+\cdots+c_{12}x_{q-1}(t)+c_{11}x_q(t)+c_{q+1}x_{q+1}(t)+\cdots+c_nx_n(t)$。

以上各标量方程合并写成状态空间模型，得状态方程为：

$$\dot{\boldsymbol{x}}(t)=\begin{bmatrix}p_1 & 1 & 0 & \cdots & 0 & 0 & 0 & \cdots & 0\\ 0 & p_1 & 1 & \cdots & 0 & 0 & 0 & \cdots & 0\\ \vdots & \vdots & \vdots & & \vdots & \vdots & \vdots & & \vdots\\ 0 & 0 & 0 & \cdots & p_1 & 1 & 0 & \cdots & 0\\ 0 & 0 & 0 & \cdots & 0 & p_1 & 0 & \cdots & 0\\ 0 & 0 & 0 & \cdots & 0 & 0 & p_{q+1} & \cdots & 0\\ \vdots & \vdots & \vdots & & \vdots & \vdots & \vdots & & \vdots\\ 0 & 0 & 0 & \cdots & 0 & 0 & 0 & \cdots & p_n\end{bmatrix}\boldsymbol{x}(t)+\begin{bmatrix}0\\0\\ \vdots\\1\\1\\1\\ \vdots\\1\end{bmatrix}u(t)$$

另外，输出方程可写成 $y(t)=[c_{1q-1},\cdots,c_{12},c_{11}\vdots,c_{q+1},\cdots,c_n]\boldsymbol{x}(t)$。这样定义的状态空间模型又称为 Jordan 标准形实现。有多个重根的情况可以依此类推进行状态空间模型的列写。

7.3.2 传递函数有零点的标准状态空间模型实现

这种情况下的传递函数可以写为：

$$G(s)=\frac{b_ms^m+b_{m-1}s^{m-1}+\cdots+b_1s+b_0}{s^n+a_{n-1}s^{n-1}+\cdots+a_1s+a_0}$$

相应的输入量/输出量之间的微分方程是：

$$y^{(n)}(t)+a_{n-1}y^{(n-1)}(t)+\cdots+a_1y'(t)+a_0y(t)=b_mu^{(m)}(t)+b_0u(t)$$

这里只讨论物理可实现系统，一般地，设 $n\geqslant m$，此时上式又可写成：

$$\begin{aligned}&y^{(n)}(t)+a_{n-1}y^{(n-1)}(t)+\cdots+a_1y'(t)+a_0y(t)\\&\quad=b_nu^{(n)}(t)+b_{n-1}u^{(n-1)}(t)+\cdots+b_mu^{(m)}(t)+\cdots+b_0u(t)\end{aligned}$$

其中，$b_k=0,\forall k>m$。现将 $u^{(k)}(t),k=1,2,\cdots,n$ 项移至上式的左边，并按求导顺序写成：

$$(\cdots(((y(t)-b_n u(t))+a_{n-1}y(t)-b_{n-1}y(t))'$$
$$+a_{n-2}y(t)-b_{n-2}u(t))'+\cdots+a_1 y(t)-b_1 u(t))'=b_0 u(t)-a_0 y(t) \tag{2-90}$$

下面，根据不同的状态变量的选取方式，以再现式(2-90)的高阶微分关系为方向，讨论几种标准的状态空间模型实现。

标准Ⅰ型：在式(2-90)中，设各状态变量按下面各式的选取：

$$\begin{cases} x_1(t)=y(t)-b_n u(t) \\ x_2(t)=\dot{x}_1(t)+a_{n-1}y(t)-b_{n-1}y(t) \\ \vdots \\ x_n(t)=\dot{x}_{n-1}(t)+a_1 y(t)-b_1 u(t) \\ \dot{x}_n(t)=b_0 u(t)-a_0 y(t) \end{cases}$$

上面各式又可等价整理成：

$$\begin{cases} \dot{x}_1(t)=x_2(t)-a_{n-1}x_1(t)+(b_{n-1}-a_{n-1}b_n)u(t) \\ \dot{x}_2(t)=x_3(t)-a_{n-2}x_1(t)+(b_{n-2}-a_{n-2}b_n)u(t) \\ \qquad\vdots \\ \dot{x}_{n-1}(t)=x_n(t)-a_1 x_1(t)+(b_1-a_1 b_n)u(t) \\ \dot{x}_n(t)=-a_0 x_1(t)+(b_0-a_0 b_n)u(t) \end{cases}$$

设输出量是 $y(t)=x_1(t)+b_n u(t)$。

将各标量方程合并写成状态空间模型，得状态方程为：

$$\dot{\boldsymbol{x}}(t)=\begin{bmatrix} -a_{n-1} & 1 & 0 & \cdots & 0 \\ -a_{n-2} & 0 & 1 & \cdots & 0 \\ \vdots & \vdots & \vdots & & \vdots \\ -a_1 & 0 & 0 & \cdots & 1 \\ -a_0 & 0 & 0 & \cdots & 0 \end{bmatrix}\boldsymbol{x}(t)+\begin{bmatrix} b_{n-1}-a_{n-1}b_n \\ b_{n-2}-a_{n-2}b_n \\ \vdots \\ b_1-a_1 b_n \\ b_0-a_0 b_n \end{bmatrix}u(t)$$

另外，输出方程是 $y(t)=[1,0,\cdots,0]\boldsymbol{x}(t)+b_n u(t)$。

标准Ⅱ型：在式(2-90)中，设各状态变量按下面各式的方式选取：

$$\begin{cases} x_n(t)=y(t)-b_n u(t) \\ x_{n-1}(t)=\dot{x}_n(t)+a_{n-1}y(t)-b_{n-1}y(t) \\ \qquad\vdots \\ x_1(t)=\dot{x}_2(t)+a_1 y(t)-b_1 u(t) \\ \dot{x}_1(t)=b_0 u(t)-a_0 y(t) \end{cases}$$

上述各式可等价整理成：

$$\begin{cases} \dot{x}_1(t)=-a_0 x_n(t)+(b_0-a_0 b_n)u(t) \\ \dot{x}_2(t)=x_1(t)-a_1 x_n(t)+(b_1-a_1 b_n)u(t) \\ \qquad\vdots \\ \dot{x}_n(t)=x_{n-1}(t)-a_{n-1}x_n(t)+(b_n-a_n b_n)u(t) \end{cases}$$

设输出量是 $y(t)=x_n(t)+b_n u(t)$。

将各标量方程合并写成状态空间模型，得状态方程为

$$\dot{\boldsymbol{x}}(t)=\begin{bmatrix} 0 & 0 & 0 & \cdots & 0 & -a_0 \\ 1 & 0 & 1 & \cdots & 0 & -a_1 \\ \vdots & \vdots & \vdots & & \vdots & \\ 0 & 0 & 0 & \cdots & 0 & -a_{n-2} \\ 0 & 0 & 0 & \cdots & 1 & -a_{n-1} \end{bmatrix}\boldsymbol{x}(t)+\begin{bmatrix} b_0-a_0 b_n \\ b_1-a_1 b_n \\ \vdots \\ b_{n-2}-a_{n-2}b_n \\ b_{n-1}-a_{n-1}b_n \end{bmatrix}u(t)$$

另外，输出方程是 $y(t)=[0,0,\cdots,0,1]\boldsymbol{x}(t)+b_n u(t)$。

能控标准Ⅰ型：设给定传递函数 $G(s)$ 可以写成

$$G(s)=\frac{b_n s^n+b_{n-1}s^{n-1}+\cdots+b_1 s+b_0}{s^n+a_{n-1}s^{n-1}+\cdots+a_1 s+a_0}=\frac{Y(s)}{U(s)} \tag{2-91}$$

即 $G(s)$ 的分子分母多项式均写成 n 次多项式形式。对上式进行一次多项式除法，得到：

$$G(s)=b_n+\frac{(b_{n-1}-a_{n-1}b_n)s^{n-1}+(b_{n-2}-a_{n-2}b_n)s^{n-2}+\cdots+(b_0-a_0 b_n)}{s^n+a_{n-1}s^{n-1}+\cdots+a_1 s+a_0}$$

再令 $Y_1(s)=U(s)/(s^n+a_{n-1}s^{n-1}+\cdots+a_1 s+a_0)$，于是

$$Y(s)=b_n U(s)+Y_1(s)[(b_{n-1}-a_{n-1}b_n)s^{n-1}+(b_{n-2}-a_{n-2}b_n)s^{n-2}+\cdots+(b_0-a_0 b_n)]$$

对上式进行 Laplace 逆变换，则有

$$y(t)=b_n u(t)+(b_{n-1}-a_{n-1}b_n)y_1^{n-1}(t)+(b_{n-2}-a_{n-2}b_n)y_1^{n-1}(t)+\cdots+(b_0-a_0 b_n)y_1(t)$$

基于此式，传递函数 $G(s)$ 的一种结构化方框图如图 2-19 所示。

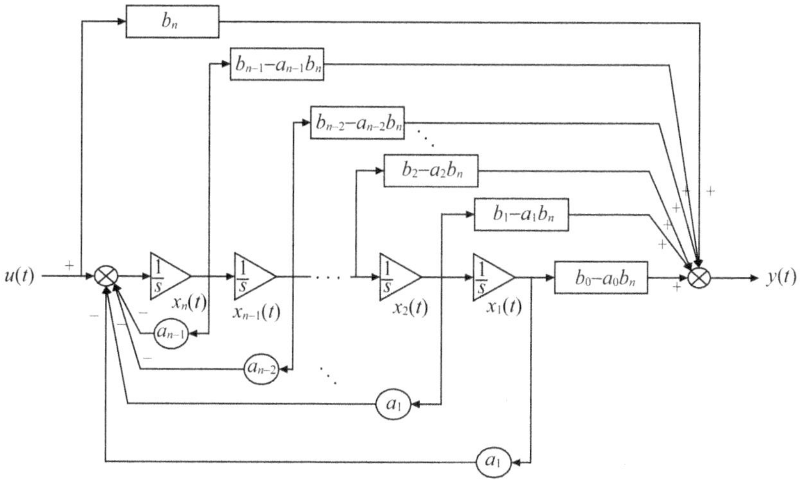

图 2-19　式(2-91)的结构化方框图及其状态变量选取方式

按图 2-19 的状态变量的选取方式，有

$$\begin{cases}\dot{x}_1(t)=x_2(t)\\ \quad\vdots\\ \dot{x}_{n-1}(t)=x_n(t)\\ \dot{x}_n(t)=-a_{n-1}x_n(t)-a_{n-2}x_{n-1}(t)-\cdots-a_0x_1(t)+u(t)\end{cases}$$

设输出量为 $y(t)=(b_0-a_0b_n)x_1(t)+\cdots+(b_{n-1}-a_{n-1}b_n)x_n(t)+b_nu(t)$。

将上面的各标量方程合并写成状态空间模型，就有状态方程为：

$$\dot{\boldsymbol{x}}(t)=\begin{bmatrix}0 & 1 & 0 & \cdots & 0\\ 0 & 0 & 1 & \cdots & 0\\ \vdots & \vdots & \vdots & & \vdots\\ 0 & 0 & 0 & \cdots & 1\\ -a_0 & -a_1 & -a_2 & \cdots & -a_{n-1}\end{bmatrix}\boldsymbol{x}(t)+\begin{bmatrix}0\\0\\ \vdots\\0\\1\end{bmatrix}u(t)$$

另外，输出方程为 $y(t)=[b_0-a_0b_n,b_1-a_1b_n,\cdots,b_{n-1}-a_{n-1}b_n]\boldsymbol{x}(t)+b_nu(t)$。

能观测标准Ⅱ型：将式(2-91)的传递函数 $G(s)$ 改写成

$$G(s)=\frac{\beta_0+\beta_1(s+a_2)+\beta_2(s^2+a_2s+a_1)+\cdots+\beta_n(s(s(s+a_{n-1})+\cdots+a_0)\cdots)}{s^n+a_{n-1}s^{n-1}+\cdots+a_1s+a_0} \tag{2-92}$$

将其分子多项式展开成

$$\beta^n s^n(a_{n-1}\beta_n+\beta_{n-1})s^{n-1}+(a_{n-2}\beta_n+a_{n-1}\beta_{n-1}+\beta_{n-2})s^{n-2}+\cdots+(a_0\beta_n+a_1\beta_{n-1}+\cdots a_{n-1}\beta_1+\beta_0)$$

将此多项式与式(2-91)的传递函数 $G(s)$ 的分子多项式相比较后，有

$$\begin{cases}\beta_n=b_n\\ \beta_{n-1}=b_{n-1}-a_{n-1}\beta_n\\ \beta_{n-2}=b_{n-2}-a_{n-2}\beta_n-a_{n-1}\beta_{n-1}\\ \cdots\cdots\\ \beta_0=b_0-a_0\beta_n-a_1\beta_{n-1}-\cdots-a_{n-1}\beta_n\end{cases}$$

或写成矩阵形式

$$\begin{bmatrix}1&0&0&\cdots&0\\ a_{n-1}&1&0&\cdots&0\\ a_{n-2}&a_{n-1}&1&\cdots&0\\ \vdots&\vdots&\vdots&&\vdots\\ a_0&a_1&a_2&\cdots&1\end{bmatrix}\begin{bmatrix}\beta_n\\ \beta_{n-1}\\ \beta_{n-2}\\ \vdots\\ \beta_0\end{bmatrix}=\begin{bmatrix}b_n\\ b_{n-1}\\ b_{n-2}\\ \vdots\\ b_0\end{bmatrix}$$

换句话说，基于以上关系式，对式(2-91)描述的传递函数的状态空间模型实现可由对式(2-92)描述的传递函数的状态空间模型实现等价。对应式(2-92)的状态变量选择如图 2-20。

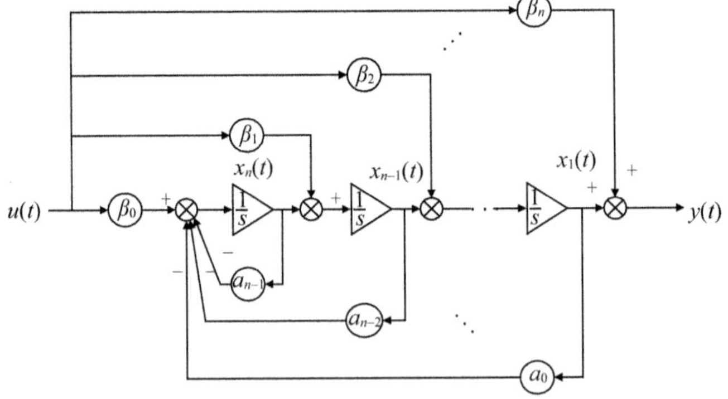

图 2-20 式(2-92)实现及其状态变量选取

按图 2-20 的状态变量选取方式，各状态变量的一阶微分方程为

$$\begin{cases}\dot{x}_1(t)=x_2(t)+\beta_{n-1}u(t)\\ \dot{x}_2(t)=x_3(t)+\beta_{n-2}u(t)\\ \vdots\\ \dot{x}_n(t)=\beta_0 u(t)\end{cases}$$

再设输出量满足 $y(t)=x_1(t)+\beta_n u(t)$。

将上面各标量方程合并写成状态空间模型，就有状态方程为：

$$\dot{\boldsymbol{x}}(t)=\begin{bmatrix}0&1&0&\cdots&0\\0&0&1&\cdots&0\\ \vdots&\vdots&\vdots&&\vdots\\0&0&0&\cdots&1\\-a_0&-a_1&-a_2&\cdots&-a_{n-1}\end{bmatrix}\boldsymbol{x}(t)+\begin{bmatrix}\beta_{n-1}\\ \beta_{n-2}\\ \vdots\\ \beta_1\\ \beta_0\end{bmatrix}u(t)$$

另外，输出方程是 $y(t)=[1,0,\cdots,0]\boldsymbol{x}(t)+\beta_n u(t)$。

能控标准Ⅱ型：将式(2-91)的传递函数 $G(s)$ 改写成：

$$G(s)=\beta_n+\{\beta_0+\beta_1(s+a_{n-1})+\beta_2(s^2+a_{n-1}s+a_{n-2})+\cdots$$
$$+\frac{\beta_n(s(s(s\cdots(s+a_{n-1}+a_{n-2})+\cdots+a_1))\}}{s^n+a_{n-1}s^{n-1}+\cdots+a_1 s+a_0} \tag{2-93}$$

上式可写成：

$$G(s)=\beta_n+\frac{\beta_{n-1}s^{n-1}+(a_{n-1}\beta_{n-1}+\beta_{n-2})s^{n-2}+\cdots+(a_1\beta_{n-1}+a_2\beta_{n-2}+a_{n-1}\beta_1+\beta_0)}{s^n+a_{n-1}s^{n-1}+\cdots+a_1 s+a_0}$$

注意到关于能控标准Ⅰ型的讨论，给定传递函数 $G(s)$ 还可以写成：

$$G(s)=b_n+\frac{(b_{n-1}-a_{n-1}b_n)s^{n-1}+\cdots+(b_0-a_0b_n)}{s^n+a_{n-1}s^{n-1}+\cdots+a_1 s+a_0}$$

将其与式(2-93)相比较，立刻可以得到：

$$\begin{cases}\beta_n=b_n\\ \beta_{n-1}=b_{n-1}-a_n b_n\\ \beta_{n-2}=b_{n-2}-a_{n-2}b_n-a_{n-1}\beta_{n-1}\\ \cdots\cdots\\ \beta_0=b_0-a_0b_n-a_1\beta_{n-1}-a_2\beta_{n-2}-\cdots-a_{n-1}\beta_n\end{cases}$$

或将上式写成矩阵形式：

$$\begin{bmatrix} 1 & 0 & 0 & \cdots & 0 \\ 0 & 1 & 0 & \cdots & 0 \\ \vdots & \vdots & \vdots & & \vdots \\ 0 & a_1 & a_2 & \cdots & 1 \end{bmatrix} \begin{bmatrix} \beta_n \\ \beta_{n-1} \\ \vdots \\ \beta_0 \end{bmatrix} = \begin{bmatrix} b_n \\ b_{n-1} - a_{n-1}b_n \\ b_{n-2} - a_{n-2}b_n \\ \vdots \\ b_0 - a_0 b_n \end{bmatrix}$$

以此为基础，对式(2-91)的传递函数 $G(s)$ 的状态空间模型实现可通过对式(2-93)的传递函数的实现来等价。显然，式(2-93)的传递函数的状态空间模型实现可由图 2-21 所示。

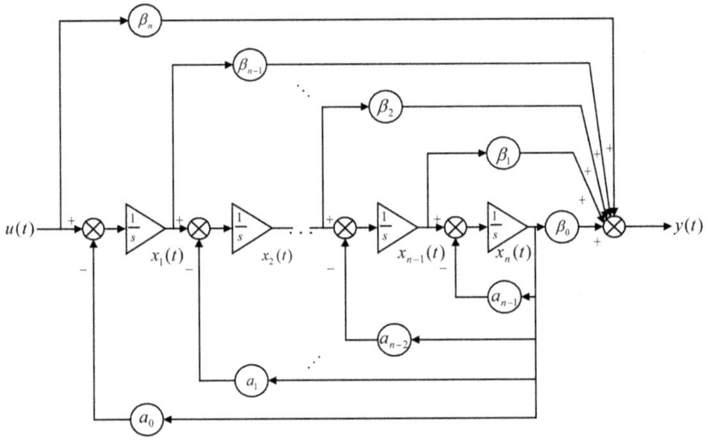

图 2-21　式(2-93)的传递函数实现及其状态变量的选取

按图 2-21 的状态变量，可导出各状态变量的一阶微分方程为：

$$\begin{cases} \dot{x}_1(t) = -a_0 x_n(t) + u(t) \\ \dot{x}_2(t) = x_1(t) - a_1 x_n(t) \\ \qquad\vdots \\ \dot{x}_{n-2}(t) = x_{n-2}(t) - a_{n-2} x_n(t) \\ \dot{x}_n(t) = x_{n-1}(t) - a_{n-1} x_n(t) \end{cases}$$

再设输出量是 $y(t) = \beta_n u(t) + \beta_{n-1} x_1(t) + \beta_{n-2} x_2(t) + \cdots + \beta_0 x_n(t)$。

将上面各标量方程合并写成状态空间模型，就有状态方程为

$$\dot{\boldsymbol{x}}(t)=\begin{bmatrix}0 & 0 & 0 & \cdots & 0 & -a_0\\ 1 & 0 & 0 & \cdots & 0 & -a_1\\ 0 & 1 & 0 & \cdots & 0 & -a_2\\ \vdots & \vdots & \vdots & & \vdots & \vdots\\ 0 & 0 & 0 & \cdots & 1 & -a_{n-1}\end{bmatrix}\boldsymbol{x}(t)+\begin{bmatrix}1\\0\\0\\ \vdots\\0\end{bmatrix}u(t)$$

另外，输出方程为 $y(t)=[\beta_{n-1},\beta_{n-2},\cdots,\beta_0]\boldsymbol{x}(t)+\beta_n u(t)$。

7.4 MIMO 传递函数的状态空间模型实现的典型算法

前述讨论说明，单输入/单输出传递函数总是可以具有状态空间模型实现的。对多输入/多输出的传递函数矩阵，构建状态空间模型实现的原则是相同的，但算法步骤要略微复杂，相关理论不再赘述，仅示例说明。

例 2-5 考虑如下的双输入/双输出传递函数矩阵

$$G(s)=\begin{bmatrix}\dfrac{4s-10}{2s+1} & \dfrac{3}{s+2}\\ \dfrac{1}{(2s+1)(s+2)} & \dfrac{1}{(s+2)^2}\end{bmatrix}$$

其特征多项式为 $(2s+1)(s+2)^2$。因此，该有理传递函数矩阵的阶数为 3。

通过调用 MATLAB 函数 minreal，得到

$$\dot{x}=\begin{bmatrix}-0.8625 & -4.0897 & 3.2544\\ 0.2921 & -3.0508 & 1.2709\\ -0.0944 & 0.3377 & -0.5867\end{bmatrix}x+\begin{bmatrix}0.3218 & -0.5305\\ 0.0459 & -0.4983\\ -0.1688 & 0.0840\end{bmatrix}u$$

$$y=\begin{bmatrix}0 & -0.0339 & 35.5281\\ 0 & -2.1031 & -0.5720\end{bmatrix}x+\begin{bmatrix}2 & 0\\ 0 & 0\end{bmatrix}u$$

其维数等于 $G(s)$ 阶次数。因此该状态空间模型既是能控的又是能观测的，从而是给定传递函数矩阵 $G(s)$ 的最小状态空间模型实现。

§8 采样值系统的连续/离散混合二次建模

在几乎所有的复杂控制系统的分析与设计过程中，我们都会面临从一种（甚至多种）模型转换为另一种混合模型，以适应所讨论的问题及其解决的理

论与方法。从这个意义上说，控制系统的二次建模实际上是不可或缺的模型处理技术。本节围绕一类连续/离散混合的采样值控制系统的建模问题，说明二次建模的必要性和必然性。

具体地，本节讨论在连续时间微分方程描述的模拟被控对象上，同时设置离散时间控制律（差分方程描述），采样开关和零阶保持环节组成的离散控制器，和连续时间控制律（微分/积分方程描述）的模拟控制器时，形成的连续信号/离散信号混合作用下的双回环反馈控制系统（简称采样值系统）的二次建模问题。之所以称为二次建模，是因为所考虑的复杂系统的各个子系统的一次模型作为已知，这里仅需要针对系统整体，建立既能应对离散信号特征又能处理连续信号特征的增广状态向量意义的状态空间模型。本节的讨论可以简单视为由一次模型建立二次模型的典型示例。

8.1 混合型采样值系统的结构框图

考虑有连续/离散反馈控制器的双回环采样值系统，如图 2-22 所示。

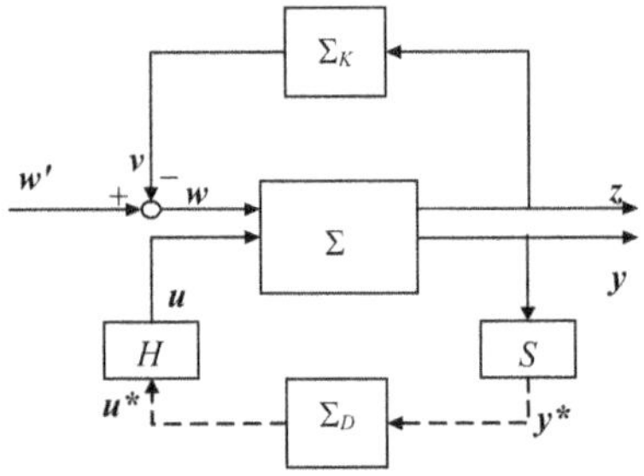

图 2-22 混合型采样值系统的双回环反馈结构框图

其中，Σ 是线性时不变连续时间被控对象（微分方程描述），Σ_D 是离散时间控制器（差分方程描述），Σ_K 是连续时间反馈控制器（微分方程描述）。图中各子系统通过采样周期为 h 的理想采样器 S（与模数 A/D 转换器对应）和与采样器同步的零阶保持器 H（与数模 D/A 转换器对应），将被控对象 Σ 和两控制器 Σ_D 和 Σ_K 连接而成为双反馈回环的复杂控制系统。

图 2-22 中，$\boldsymbol{w}$，$\boldsymbol{z}$，$\boldsymbol{u}$，$\boldsymbol{y}$ 表示连续（时间）信号（由实线表示），$\boldsymbol{u}^*$ 和 $\boldsymbol{y}^*$ 表示离散（时间）信号（由虚线表示）。在图示系统中，连续时间控制对象、连续时间控制器与离散时间控制器同时存在，导致连续信号和离散信号也同时存在。这种同时具有连续/离散两种时间关系的反馈控制回环共同形成的闭环

控制系统，这里简称为混合型采样值系统。

首先，对图 2-22 的系统涉及的环节与信号的数学符号做如下说明。

- $\boldsymbol{w}\in\mathbf{R}^{m_1}$：线性时不变连续时间控制对象 Σ 的外部干扰或控制输入信号，它的 s—域 Laplace 变换函数表示为 $\boldsymbol{W}(s)\in\mathbf{C}^{m_1}$，或简写为 $\boldsymbol{W}\in\mathbf{C}^{m_1}$；
- $\boldsymbol{z}\in\mathbf{R}^{l_1}$：线性时不变连续时间控制对象 Σ 的测量输出信号，它的 s—域 Laplace 变换函数表示为 $\boldsymbol{Z}(s)\in\mathbf{C}^{l_1}$，或简写为 $\boldsymbol{Z}\in\mathbf{C}^{l_1}$；
- $\boldsymbol{u}\in\mathbf{R}^{m_2}$：线性时不变连续时间控制对象 Σ 的控制输入信号或零阶保持器 H 的输出信号，它的 s—域 Laplace 变换函数表示为 $\boldsymbol{U}(s)\in\mathbf{C}^{m_2}$，或简写为 $\boldsymbol{U}\in\mathbf{C}^{m_2}$；
- $\boldsymbol{u}^*\in\mathbf{R}^{m_2}$：离散控制器 Σ_{D} 的离散控制输出信号，$\boldsymbol{U}^*(z)\in\mathbf{C}^{m_2}$，或简写为 $\boldsymbol{U}^*\in\mathbf{C}^{m_2}$，该离散信号对应的 s—域 Laplace 变换为 $\boldsymbol{U}^*(\mathrm{e}^{sh})\in\mathbf{C}^{m_2}$，或写为 $\boldsymbol{U}^+(s)\in\mathbf{C}^{m_2}$，简写为 $\boldsymbol{U}^+\in\mathbf{C}^{m_2}$；
- $\boldsymbol{y}\in\mathbf{R}^{l_2}$：线性时不变连续控制对象 Σ 的反馈输出信号 $\boldsymbol{Y}^+(s)\in\mathbf{C}^{l_2}$ 或简写为 $\boldsymbol{Y}^+\in\mathbf{C}^{l_2}$；
- $\boldsymbol{y}^*\in\mathbf{R}^{l_2}$：采样器 S 的反馈输出信号，它的 z—域变换函数表示为 $\boldsymbol{Y}^*(z)\in\mathbf{C}^{l_2}$，或简写为 $\boldsymbol{Y}^*\in\mathbf{C}^{l_2}$，该离散信号对应的 s—域 Laplace 变换函数为 $\boldsymbol{Y}^*(\mathrm{e}^{sh})\in\mathbf{C}^{l_2}$，或简写为 $\boldsymbol{Y}^*\in\mathbf{C}^{l_2}$；
- $\boldsymbol{w}'\in\mathbf{R}^{l_2}$：整个混合型采样值系统的参考输入信号，它的 s—域 Laplace 变换函数表示为 $\boldsymbol{W}'(s)\in\mathbf{C}^{m_1}$，或简写为 $\boldsymbol{W}'\in\mathbf{C}^{m_1}$；
- $\boldsymbol{v}\in\mathbf{R}^{m_1}$：中间信号，它的 s—域 Laplace 变换函数表示为 $\boldsymbol{V}(s)\in\mathbf{C}^{m_1}$，或简写为 $\boldsymbol{V}\in\mathbf{C}^{m_1}$。

其次，在图 2-22 所示的混合型采样值系统中，线性时不变连续时间被控对象 Σ 的作为一次模型的状态空间模型为

$$\Sigma:\begin{cases}\dot{\boldsymbol{x}}(t)=\boldsymbol{A}\boldsymbol{x}(t)+\boldsymbol{B}_1\boldsymbol{w}(t)+\boldsymbol{B}_2\boldsymbol{u}(t)\\ \boldsymbol{z}(t)=\boldsymbol{C}_1\boldsymbol{x}(t)+\boldsymbol{D}_{11}\boldsymbol{w}(t)+\boldsymbol{D}_{12}\boldsymbol{u}(t)\\ \boldsymbol{y}(t)=\boldsymbol{C}_2\boldsymbol{x}(t)+\boldsymbol{D}_{21}\boldsymbol{w}(t)+\boldsymbol{D}_{22}\boldsymbol{u}(t)\end{cases}$$

其中，$\boldsymbol{x}(t)\in\mathbf{R}^n$ 是子系统 Σ 的状态变量，$\boldsymbol{A}\in\mathbf{R}^{n\times n}$、$\boldsymbol{B}_1\in\mathbf{R}^{n\times 1}$、$\boldsymbol{B}_2\in\mathbf{R}^{n\times m_2}$、$\boldsymbol{C}_1\in\mathbf{R}^{l_1\times n}$、$\boldsymbol{C}_2\in\mathbf{R}^{l_2\times n}$、$\boldsymbol{D}_{11}\in\mathbf{R}^{l_1\times m_1}$、$\boldsymbol{D}_{12}\in\mathbf{R}^{l_2\times m_1}$、$\boldsymbol{D}_{21}\in\mathbf{R}^{l_2\times m_1}$ 和 $\boldsymbol{D}_{22}\in\mathbf{R}^{l_2\times m_2}$ 是适当维数的常数矩阵。

应当指出的是，在控制对象系统 Σ 的状态空间模型中，需要假设 $\boldsymbol{D}_{21}=0$ 和 $\boldsymbol{D}_{22}=0$。该假设是为了确保反馈信号 $\boldsymbol{y}$ 在进入采样器 S 前经过低通滤

波，以避免可能存在的跳变信号在跳变点采样环节动作值无法严格定义的问题。也就是说，在 $\boldsymbol{D}_{21}=0$ 和 $\boldsymbol{D}_{22}=0$ 的假设条件下，被控对象 Σ 的子环节传递函数 $\boldsymbol{G}_{21}$ 和 $\boldsymbol{G}_{22}$ 实际上充当了采样过程所需的低通滤波器。另外，为了保证后文涉及的有限带宽频域条件的成立，还需进一步假设 $\boldsymbol{D}_{12}=0$。基于上述假设条件，被控对象 Σ 可直接表现为状态空间模型：

$$\Sigma:\begin{cases}\dot{\boldsymbol{x}}(t)=\boldsymbol{A}\boldsymbol{x}(t)+\boldsymbol{B}_1\boldsymbol{w}(t)+\boldsymbol{B}_2\boldsymbol{u}(t)\\ \boldsymbol{z}(t)=\boldsymbol{C}_1\boldsymbol{x}(t)+\boldsymbol{D}_{11}\boldsymbol{w}(t)\\ \boldsymbol{y}(t)=\boldsymbol{C}_2\boldsymbol{x}(t)\end{cases} \tag{2-94}$$

与式(2-94)的线性时不变状态空间模型相对应，在图 2-22 所示的混合型采样值系统的被控对象 Σ 的 s—域传递函数矩阵为：

$$\begin{aligned}\boldsymbol{G}(s):\begin{bmatrix}\boldsymbol{W}\\ \boldsymbol{U}\end{bmatrix}\mapsto\begin{bmatrix}\boldsymbol{Z}\\ \boldsymbol{Y}\end{bmatrix}&=\begin{bmatrix}\boldsymbol{G}_{11}(s) & \boldsymbol{G}_{12}(s)\\ \boldsymbol{G}_{21}(s) & \boldsymbol{G}_{22}(s)\end{bmatrix}\\ &=\begin{bmatrix}\boldsymbol{C}_1\\ \boldsymbol{C}_2\end{bmatrix}(s\boldsymbol{I}_n-\boldsymbol{A})^{-1}[\boldsymbol{B}_1 \quad \boldsymbol{B}_2]+\begin{bmatrix}\boldsymbol{D}_{11} & 0\\ 0 & 0\end{bmatrix}\\ &=:\boldsymbol{C}(s\boldsymbol{I}_n-\boldsymbol{A})^{-1}\boldsymbol{B}+\boldsymbol{D}\in\mathbf{C}^{(l_1+l_2)\times(m_1+m_2)}\end{aligned} \tag{2-95}$$

其中，$\boldsymbol{G}_{11}(s)\in\mathbf{C}^{l_1\times m_1}$，$\boldsymbol{G}_{12}(s)\in\mathbf{C}^{l_2\times m_1}$，$\boldsymbol{G}_{21}(s)\in\mathbf{C}^{l_1\times m_2}$ 和 $\boldsymbol{G}_{22}(s)\in\mathbf{C}^{l_2\times m_2}$。式(2-95)中，常数矩阵 $\boldsymbol{B}\in\mathbf{R}^{n\times(m_1+m_2)}$，$\boldsymbol{C}\in\mathbf{R}^{(l_1+l_2)\times n}$ 和 $\boldsymbol{D}\in\mathbf{R}^{(l_1+l_2)\times(m_1+m_2)}$。

接下来，假设连续时间控制器 Σ_{K} 的状态空间模型为：

$$\Sigma_K:\begin{cases}\dot{\xi}(t)=\Gamma_K\xi(t)+\Theta_K\boldsymbol{z}(t)\\ \boldsymbol{v}(t)=\Psi_K\xi(t)\end{cases} \tag{2-96}$$

其中，$\xi(\cdot)\in\mathbf{R}^{\bar{n}}$ 是控制器 Σ_{K} 的内部状态向量，且 $\Gamma_{\mathrm{K}}\in\mathbf{R}^{\bar{n}\times\bar{n}}$，$\Theta_{\mathrm{K}}\in\mathbf{R}^{\bar{n}\times l_1}$ 和 $\Psi_{\mathrm{K}}\in\mathbf{R}^{m_1\times\bar{n}}$。显然，与控制器 Σ_K 对应的 s—域传递函数可写为：

$$\boldsymbol{G}_K(s):\boldsymbol{Z}\mapsto\boldsymbol{V}=\Psi_K(s\boldsymbol{I}_{\bar{n}}+\Gamma_K)^{-1}\Theta\in\mathbf{C}^{l_1\times m_1}$$

最后，图 2-22 的离散时间控制器 Σ_{D} 的离散时间状态空间模型为：

$$\Sigma_D:\begin{cases}\zeta(k+1)=\Gamma_D\xi(k)+\Theta_D\boldsymbol{y}^*(k)\\ \boldsymbol{u}^*(k)=\Psi_D\xi(k)\end{cases}$$

其中，$\xi(\cdot)\in\mathbf{R}^{\bar{n}}$ 是 Σ_D 的内部状态向量，并有 $\Gamma_D\in\mathbf{R}^{\bar{n}\times\bar{n}}$，$\Theta_D\in\mathbf{R}^{\tilde{n}\times l_2}$ 和 $\Psi_D\in$

$\mathbf{R}^{m_2\times\tilde{n}}$。于是，该离散时间控制器 Σ_D 对应的 z—域传递函数为：

$$\boldsymbol{G}_D(z):\boldsymbol{Y}^*\mapsto\boldsymbol{U}^*=\Psi_D(z\boldsymbol{I}_{\tilde{n}}-\Gamma_D)^{-1}\Theta_D\in\mathbf{C}^{l_2\times m_2}$$

因此，依照 z—变换与 Laplace 变换的变换元的对应关系，可知这里定义的离散时间控制器 Σ_D 的 s—域传递函数可表示为：

$$\boldsymbol{G}_D^+(s):Y^+\mapsto\boldsymbol{U}^+=\Psi_D(e^{sh}\boldsymbol{I}_{\tilde{n}}-\Gamma_D)^{-1}\Theta_D\in\mathbf{C}^{l_2\times m_2}$$

也就是说，$\boldsymbol{G}_D^+(s):=\boldsymbol{G}_D(e^{sh})$成立。

8.2 混合型采样值系统的增广状态空间模型

下面分 6 个步骤，推导图 2-22 的混合型采样值系统整体的二次模型。

Step 1. 将连续时间控制对象和连续时间控制器的反馈合并成单一连续时间环节 在图 2-22 所示的混合型采样值系统中，注意到，成立 $\boldsymbol{w}=\boldsymbol{w}'-\boldsymbol{v}$，将连续时间对象 Σ 与连续时间控制器 Σ_K 合并在一起，形成一个新的连续时间子系统的控制对象 Σ_L；该控制对象将图 2-22 的原双反馈回环结构框图转化为图 2-23 所示的单反馈回环结构图。

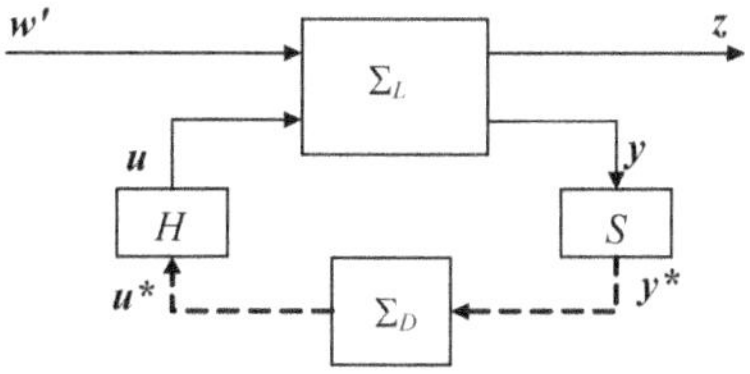

图 2-23 模拟被控对象 Σ 与模拟控制器 Σ_K 合并后的等价采样值系统

因此，合并后的连续时间环节 Σ_L 中的原被控系统满足：

$$\Sigma:\begin{cases}\dot{\boldsymbol{x}}(t)=\boldsymbol{A}\boldsymbol{x}(t)+\boldsymbol{B}_1[\boldsymbol{w}'(t)-\boldsymbol{v}(t)]+\boldsymbol{B}_2\boldsymbol{u}(t)\\ \boldsymbol{z}(t)=\boldsymbol{C}_1x(t)+\boldsymbol{D}_{11}[\boldsymbol{w}'(t)-\boldsymbol{v}(t)]\\ \boldsymbol{y}(t)=\boldsymbol{C}_2\boldsymbol{x}(t)\end{cases}$$

结合式 Σ_K 的连续时间状态空间模型(2-96)，进一步可得到：

$$\Sigma:\begin{cases}\dot{\boldsymbol{x}}(t)=\boldsymbol{A}\boldsymbol{x}(t)-\boldsymbol{B}_1\Psi_K\xi(t)+\boldsymbol{B}_1\boldsymbol{w}'(t)+\boldsymbol{B}_2\boldsymbol{u}(t)\\ \boldsymbol{z}(t)=\boldsymbol{C}_1\boldsymbol{x}(t)-\boldsymbol{D}_{11}\Psi_K\xi(t)+\boldsymbol{D}_{11}\boldsymbol{w}'(t)\\ \boldsymbol{y}(t)=\boldsymbol{C}_2\boldsymbol{x}(t)\end{cases}$$

将Σ和Σ_K各自的内部状态向量合并起来表达为增广意义的状态向量后，合并后的连续时间系统环节Σ_L整体的状态空间模型为：

$$\Sigma_L:\begin{cases}\begin{bmatrix}\dot{\boldsymbol{x}}(t)\\ \dot{\xi}(t)\end{bmatrix}=\begin{bmatrix}\boldsymbol{A} & -\boldsymbol{B}_1\Psi_K\\ \Theta_K\boldsymbol{C}_1 & \Gamma_K-\Theta_K\boldsymbol{D}_{11}\Psi_K\end{bmatrix}\cdot\begin{bmatrix}\boldsymbol{x}(t)\\ \xi(t)\end{bmatrix}+\begin{bmatrix}\boldsymbol{B}_1\\ \Theta_K\boldsymbol{D}_{11}\end{bmatrix}\boldsymbol{w}'(t)+\begin{bmatrix}\boldsymbol{B}_2\\ 0\end{bmatrix}\boldsymbol{u}(t)\\ \boldsymbol{z}(t)=\begin{bmatrix}\boldsymbol{C}_1 & -\boldsymbol{D}_{11}\Psi_K\end{bmatrix}\cdot\begin{bmatrix}\boldsymbol{x}(t)\\ \xi(t)\end{bmatrix}+\boldsymbol{D}_{11}\boldsymbol{w}'(t)\\ \boldsymbol{y}(t)=\begin{bmatrix}\boldsymbol{C}_2 & 0\end{bmatrix}\cdot\begin{bmatrix}\boldsymbol{x}(t)\\ \xi(t)\end{bmatrix}\end{cases}\tag{2-97}$$

将式(2-97)的符号进一步简化后，得到：

$$\Sigma_L:\begin{cases}\dot{\rho}(t)=\boldsymbol{A}_L\rho(t)+\boldsymbol{B}_{1L}\boldsymbol{w}'(t)+\boldsymbol{B}_{2L}\boldsymbol{u}(t)\\ \boldsymbol{z}(t)=\boldsymbol{C}_{1L}\rho(t)+\boldsymbol{D}_{11L}\boldsymbol{w}'(t)\\ \boldsymbol{y}(t)=\boldsymbol{C}_{2L}\rho(t)\end{cases}\tag{2-98}$$

其中，$\rho(t)=\begin{bmatrix}\boldsymbol{x}(t)\\ \xi(t)\end{bmatrix}\in\mathbf{R}^{n+\bar{n}}$ 是式(2-97)系统Σ_L的增广状态向量，且：

$$\boldsymbol{A}_L=\begin{bmatrix}\boldsymbol{A} & -\boldsymbol{B}_1\Psi_K\\ \Theta_K\boldsymbol{C}_1 & \Gamma_K-\Theta_K\boldsymbol{D}_{11}\Psi_K\end{bmatrix},\ \boldsymbol{B}_{1L}=\begin{bmatrix}\boldsymbol{B}_1\\ \Theta_K\boldsymbol{D}_{11}\end{bmatrix},\ \boldsymbol{B}_{2L}=\begin{bmatrix}\boldsymbol{B}_2\\ 0\end{bmatrix},$$

$$\boldsymbol{C}_{1L}=\begin{bmatrix}\boldsymbol{C}_1 & -\boldsymbol{D}_{11}\Psi_K\end{bmatrix},\ \boldsymbol{C}_{2L}=\begin{bmatrix}\boldsymbol{C}_2 & 0\end{bmatrix},\ \boldsymbol{D}_{11L}=\boldsymbol{D}_{11}$$

Step 2. 基于式(2-98)，写出Σ_L和Σ_D的内部状态向量及其输入向量、输出向量的时间响应关系 具体地，连续时间子系统Σ_L和离散时间子系统Σ_D的时间响应关系分别为：

$$\Sigma_L:\begin{cases}\rho(t)=\mathrm{e}^{\boldsymbol{A}_L(t-t_0)}\rho(t_0)+\int_{t_0}^{t}\mathrm{e}^{\boldsymbol{A}_L(t-\sigma)}\boldsymbol{B}_{1L}\boldsymbol{w}(\sigma)d\sigma+\int_{t_0}^{t}\mathrm{e}^{\boldsymbol{A}_L(t-\sigma)}\boldsymbol{B}_{2L}\boldsymbol{u}(\sigma)d\sigma\\ \boldsymbol{z}(t)=\boldsymbol{C}_{1L}\mathrm{e}^{\boldsymbol{A}_L(t-t_0)}\rho(t_0)+\boldsymbol{C}_{1L}\int_{t_0}^{t}\mathrm{e}^{\boldsymbol{A}_L(t-\sigma)}\boldsymbol{B}_{1L}\boldsymbol{w}(\sigma)d\sigma+\boldsymbol{D}_{11L}\boldsymbol{w}(t)+\\ \qquad\boldsymbol{C}_{1L}\int_{t_0}^{t}\mathrm{e}^{\boldsymbol{A}_L(t-\sigma)}\boldsymbol{B}_{2L}\boldsymbol{u}(\sigma)d\sigma\\ \boldsymbol{y}(t)=\boldsymbol{C}_{2L}\mathrm{e}^{\boldsymbol{A}_L(t-t_0)}\rho(t_0)+\boldsymbol{C}_{2L}\int_{t_0}^{t}\mathrm{e}^{\boldsymbol{A}_L(t-\sigma)}\boldsymbol{B}_{1L}\boldsymbol{w}(\sigma)d\sigma+\boldsymbol{C}_{2L}\int_{t_0}^{t}\mathrm{e}^{\boldsymbol{A}_L(t-\sigma)}\boldsymbol{B}_{2L}\boldsymbol{u}(\sigma)d\sigma\end{cases}$$

$$\Sigma_D:\begin{cases}\zeta(k+1)=\Gamma_D^{k+1-k_0}\zeta(k_0)+\Sigma_{i=k_0}^{k}\Gamma_D^{k-i}\Theta_D\boldsymbol{y}^*(i)\\ \boldsymbol{u}^*(k)=\Psi_D\Gamma_D^{k+1-k_0}\zeta(k_0)+\Psi_D\Sigma_{i=k_0}^{k}\Gamma_D^{k-i}\Theta_D\boldsymbol{y}^*(i)\end{cases}\tag{2-99}$$

其中，初始时间假设为 $t_0=k_0h$，且有

$$\boldsymbol{u}^*(k):=\boldsymbol{u}^*(kh),\boldsymbol{y}^*(k):=\boldsymbol{y}^*(kh)。$$

在式(2-99)中，$k=kh$。离散时间序号 k 用于表示连续时间点 kh。

Step 3. 列出图 2-23 的等价标准采样值系统的各子系统以及其信号间关系 图 2-23 中，采样器是通过对信号 $\boldsymbol{y}(t)$ 在时间点 $t=kh$ 上脉冲采样将它变为离散信号序列 $\boldsymbol{y}^*(k)$，而零阶保持器同样也是在离散时间点 $k=kh$ 上将离散信号 $\boldsymbol{u}^*(k)$ 变为连续信号 $\boldsymbol{u}(t)$，所以，可以将采样器和零阶保持器看作是离散信号 $\boldsymbol{u}^*(k)$，$\boldsymbol{y}^*(k)$ 和连续信号 $\boldsymbol{u}(t)$，$\boldsymbol{y}(t)$ 之间的映射，如下式所示。

$$H:\mathbf{R}^{m_2}\rightarrow L_p^{m_2}[0,\tau);\boldsymbol{u}=H\boldsymbol{u}^*\Leftrightarrow\boldsymbol{u}(kh+\theta)=\boldsymbol{u}^*(k);0\leqslant\theta\leqslant h$$

$$S:L_p^{l_2}[0,\tau)\rightarrow\mathbf{R}^{l_2};\boldsymbol{y}^*=S\boldsymbol{y}\Leftrightarrow\boldsymbol{y}^*(k)=\boldsymbol{y}(kh+0)=\boldsymbol{y}(kh)$$

Step 4. 将连续时间子系统 $\boldsymbol{\Sigma}_L$ 和离散时间子系统 $\boldsymbol{\Sigma}_D$ 的时间响应写成连续时间信号 w 到 z 之间的 h 周期的区间表达式 具体地，可以得到

$$\begin{cases}\rho(kh+\theta)=\mathrm{e}^{\boldsymbol{A}_L(kh+\theta-kh)}\rho(kh)+\int_{kh}^{kh+\theta}\mathrm{e}^{\boldsymbol{A}_L(kh+\theta-\sigma)}\boldsymbol{B}_{1L}\boldsymbol{w}(\sigma)d\sigma+\int_{kh}^{kh+\theta}\mathrm{e}^{\boldsymbol{A}_L(kh+\theta-\sigma)}\\ \qquad\boldsymbol{B}_{2L}\boldsymbol{u}(\sigma)d\sigma\\ \boldsymbol{z}(kh+\theta)=\boldsymbol{C}_{1L}\mathrm{e}^{\boldsymbol{A}_L(kh+\theta-kh)}\rho(kh)+\boldsymbol{C}_{1L}\int_{kh}^{kh+\theta}\mathrm{e}^{\boldsymbol{A}_L(kh+\theta-\sigma)}\boldsymbol{B}_{1L}\boldsymbol{w}(\sigma)d\sigma+\\ \qquad\boldsymbol{D}_{11L}\boldsymbol{w}(kh+\theta)+\boldsymbol{C}_{1L}\int_{kh}^{kh+\theta}\mathrm{e}^{\boldsymbol{A}_L(kh+\theta-\sigma)}\boldsymbol{B}_{2L}\boldsymbol{u}(\sigma)d\sigma\\ \boldsymbol{y}(kh)=\boldsymbol{C}_{2L}\mathrm{e}^{\boldsymbol{A}_L(kh-kh)}\rho(kh)+\boldsymbol{C}_{2L}\int_{kh}^{kh}\mathrm{e}^{\boldsymbol{A}_L(kh-\sigma)}\boldsymbol{B}_{1L}\boldsymbol{w}(\sigma)d\sigma+\\ \qquad\boldsymbol{C}_{2L}\int_{kh}^{kh}\mathrm{e}^{\boldsymbol{A}_L(kh-\sigma)}\boldsymbol{B}_{2L}\boldsymbol{u}(\sigma)d\sigma\end{cases}$$

在上式中，定义变量代换 $\sigma=\sigma'+kh$，并将代换后的 σ' 关系式再次表现为 σ 的关系式，得到

$$\begin{cases}\rho(kh+\theta)=\mathrm{e}^{\boldsymbol{A}_L\theta}\rho(kh)+\int_0^\theta \mathrm{e}^{\boldsymbol{A}_L(\theta-\sigma)}\boldsymbol{B}_{1L}\boldsymbol{w}(kh+\sigma)d\sigma+\int_0^\theta \mathrm{e}^{\boldsymbol{A}_L(\theta-\sigma)}\boldsymbol{B}_{2L}\boldsymbol{u}(kh+\sigma)d\sigma \\ \boldsymbol{z}(kh+\theta)=\boldsymbol{C}_{1L}\mathrm{e}^{\boldsymbol{A}_L\theta}\rho(kh)+\boldsymbol{C}_{1L}\int_0^\theta \mathrm{e}^{\boldsymbol{A}_L(\theta-\sigma)}\boldsymbol{B}_{1L}\boldsymbol{w}(kh+\sigma)d\sigma+\boldsymbol{D}_{11L}\boldsymbol{w}(kh+\theta) \\ \qquad +\boldsymbol{C}_{1L}\int_0^\theta \mathrm{e}^{\boldsymbol{A}_L(\theta-\sigma)}\boldsymbol{B}_{2L}\boldsymbol{u}(kh+\sigma)d\sigma \\ \boldsymbol{y}(kh)=\boldsymbol{C}_{2L}\rho(kh)\end{cases}$$

若将上式的反馈信号 $\boldsymbol{u}$ 由其离散序列 $\boldsymbol{u}^*$ 按零阶保持器关系替换后代入，下式成立

$$\begin{cases}\rho(kh+\theta)=\mathrm{e}^{\boldsymbol{A}_L\theta}\rho(kh)+\int_0^\theta \mathrm{e}^{\boldsymbol{A}_L(\theta-\sigma)}\boldsymbol{B}_{1L}\boldsymbol{w}(kh+\sigma)d\sigma+\int_0^\theta \mathrm{e}^{\boldsymbol{A}_L(\theta-\sigma)}d\sigma\boldsymbol{B}_{2L}\boldsymbol{u}^*(k) \\ \boldsymbol{z}(kh+\theta)=\boldsymbol{C}_{1L}\mathrm{e}^{\boldsymbol{A}_L\theta}\rho(kh)+\boldsymbol{C}_{1L}\int_0^\theta \mathrm{e}^{\boldsymbol{A}_L(\theta-\sigma)}\boldsymbol{B}_{1L}\boldsymbol{w}(kh+\sigma)d\sigma+\boldsymbol{D}_{11L}\boldsymbol{w}(kh+\theta) \\ \qquad +\boldsymbol{C}_{1L}\int_0^\theta \mathrm{e}^{\boldsymbol{A}_L(\theta-\sigma)}d\sigma\boldsymbol{B}_{2L}\boldsymbol{u}^*(k) \\ \boldsymbol{y}^*(kh)=\boldsymbol{C}_{2L}\rho(kh)\end{cases}$$

注意到 $\boldsymbol{y}(kh)=\boldsymbol{y}^*(k)$，于是上式可以等价地写为

$$\begin{cases}\rho((k+1)h)=\mathrm{e}^{\boldsymbol{A}_L h}\rho(kh)+\int_0^h \mathrm{e}^{\boldsymbol{A}_L(h-\sigma)}\boldsymbol{B}_{1L}\boldsymbol{w}(kh+\sigma)d\sigma+\int_0^h \mathrm{e}^{\boldsymbol{A}_L(h-\sigma)}d\sigma\boldsymbol{B}_{2L}\boldsymbol{u}^*(k) \\ \boldsymbol{z}(kh+\theta)=\boldsymbol{C}_{1L}\mathrm{e}^{\boldsymbol{A}_L\theta}\rho(kh)+\boldsymbol{C}_{1L}\int_0^\theta \mathrm{e}^{\boldsymbol{A}_L(\theta-\sigma)}\boldsymbol{B}_{1L}\boldsymbol{w}(kh+\sigma)d\sigma+\boldsymbol{D}_{11L}\boldsymbol{w}(kh+\theta) \\ \qquad +\boldsymbol{C}_{1L}\int_0^\theta \mathrm{e}^{\boldsymbol{A}_L(\theta-\sigma)}d\sigma\boldsymbol{B}_{2L}\boldsymbol{u}^*(k) \\ \boldsymbol{y}^*(k)=\boldsymbol{C}_{2L}\rho(kh)\end{cases} \tag{2-100}$$

类似地，关于离散控制器的离散状态空间模型，有如下解关系

$$\begin{cases}\zeta(k+1)=\Gamma_D^{k+1-k}\zeta(k)+\sum_{i=k}^{k}\Gamma_D^{k-i}\Theta_D\boldsymbol{y}^*(i) \\ \boldsymbol{u}^*(k)=\Psi_D\zeta(k)\end{cases}$$

由此，可推导出从时刻 k 到时刻 $k+1$ 的 Σ_D 的状态空间模型为

$$\begin{cases}\zeta(k+1)=\Gamma_D\zeta(k)+\Theta_D\boldsymbol{y}^*(k) \\ \boldsymbol{u}^*(k)=\Psi_D\zeta(k)\end{cases} \tag{2-101}$$

Step 5. 写出图 2-23 的采样值系统从输入信号 w' 到输出信号 z 间的状态空间模型 基于式(2-100),图 2-23 中的子系统 Σ_L 的时间域二次模型为:

$$\begin{cases}\rho((k+1)h)=\tilde{\boldsymbol{A}}\rho(kh)+\tilde{\boldsymbol{B}}_1\boldsymbol{w}(kh+\bullet)+\tilde{\boldsymbol{B}}_2\boldsymbol{u}^*(k)\\ \boldsymbol{z}(kh+\theta)=\tilde{\boldsymbol{C}}_1(\theta)\rho(kh)+\tilde{\boldsymbol{D}}_{11}(\theta)\boldsymbol{w}(kh+\bullet)+\tilde{\boldsymbol{D}}_{12}(\theta)\boldsymbol{u}^*(k)\\ \boldsymbol{y}^*(k)=\tilde{\boldsymbol{C}}_2\rho(kh)\end{cases} \tag{2-102}$$

其中

$$\tilde{\boldsymbol{A}}:\mathbf{F}^{n+\bar{n}}\to\mathbf{F}^{n+\bar{n}},\tilde{\boldsymbol{A}}\rho(kh)=\exp(\boldsymbol{A}_Lh)\rho(kh)$$

$$\tilde{\boldsymbol{B}}_1:L_p^{m_1}[0,h)\to\mathbf{F}^{n+\bar{n}},\tilde{\boldsymbol{B}}_1\boldsymbol{w}(kh+\bullet)=\int_0^h\exp(\boldsymbol{A}_L(h-\sigma))\boldsymbol{B}_{1L}\boldsymbol{w}(kh+\sigma)d\sigma$$

$$\tilde{\boldsymbol{B}}_2:F^{m_2}\to\mathbf{F}^{n+\bar{n}},\tilde{\boldsymbol{B}}_2\boldsymbol{u}^*(k)=\int_0^h\exp(\boldsymbol{A}_L(h-\sigma))\boldsymbol{B}_{2L}d\sigma\boldsymbol{u}^*(k)$$

$$\tilde{\boldsymbol{C}}_1(\theta):\mathbf{F}^{n+\bar{n}}\to L_p^{l_1}[0,h),\tilde{\boldsymbol{C}}_1(\theta)\rho(kh)=\boldsymbol{C}_{1L}\exp(\boldsymbol{A}_L\theta)\rho(kh)$$

$$\tilde{\boldsymbol{D}}_{11}(\theta):L_p^{m_1}[0,h)\to L_p^{l_1}[0,h),\tilde{\boldsymbol{D}}_{11}(\theta)\boldsymbol{w}(kh+\bullet)=\boldsymbol{D}_{11}\boldsymbol{w}(kh+\theta)+\boldsymbol{C}_{1L}\int_0^\theta e^{\boldsymbol{A}_L(\theta-\sigma)}\boldsymbol{B}_{1L}\boldsymbol{w}(kh+\sigma)d\sigma$$

$$\tilde{\boldsymbol{D}}_{12}(\theta):F^{m_2}\to L_p^{m_2}[0,h),\tilde{\boldsymbol{D}}_{12}(\theta)\boldsymbol{u}^*(k)=\boldsymbol{C}_{1L}\int_0^\theta\exp(\boldsymbol{A}_L(\theta-\sigma))\boldsymbol{B}_{2L}d\sigma\boldsymbol{u}^*(k)$$

$$\tilde{\boldsymbol{C}}_2:\mathbf{F}^{n+\bar{n}}\to\boldsymbol{F}^{m_2},\tilde{\boldsymbol{C}}_2\rho(kh)=\boldsymbol{C}_{2L}\rho(kh)$$

这里,**F** 代表 **R** 或 **C**。

Step 6. 对式(2-101)和式(2-102)的混合型采样值系统状态方程式,定义增广状态向量并构建相应的增广状态空间模型 即

$$\begin{cases}\begin{bmatrix}\rho((k+1)h)\\ \zeta(k+1)\end{bmatrix}=\hat{\boldsymbol{A}}\begin{bmatrix}\rho(kh)\\ \zeta(k)\end{bmatrix}+\hat{\boldsymbol{B}}\boldsymbol{w}(kh+\bullet)\\ \boldsymbol{z}(kh+\theta)=\hat{\boldsymbol{C}}(\theta)\begin{bmatrix}\rho(kh)\\ \zeta(k)\end{bmatrix}+\hat{\boldsymbol{D}}(\theta)\boldsymbol{w}(kh+\bullet)\end{cases} \tag{2-103}$$

其中,系数矩阵$\hat{\boldsymbol{A}}$,$\hat{\boldsymbol{B}}$,$\hat{\boldsymbol{C}}(\theta)$和$\hat{\boldsymbol{D}}(\theta)$分别定义为

$$\hat{\boldsymbol{A}}:=\begin{bmatrix}\tilde{\boldsymbol{A}} & \tilde{\boldsymbol{B}}_2\Psi_D\\ \Theta_D\tilde{\boldsymbol{C}}_2 & \Gamma_D\end{bmatrix}:\mathbf{F}^{n+\bar{n}}\otimes\mathbf{F}^{\tilde{n}}\to\mathbf{F}^{n+\bar{n}}\otimes\mathbf{F}^{\tilde{n}}$$

$$\hat{\boldsymbol{B}}:=\begin{bmatrix}\widetilde{\boldsymbol{B}}_1\\0\end{bmatrix}:L_p^{m_1}[0,h)\to\mathbf{F}^{n+\bar{n}}\otimes\mathbf{F}^{\widetilde{n}}$$

$$\hat{\boldsymbol{C}}(\theta):=[\widetilde{\boldsymbol{C}}_1(\theta)\quad\widetilde{\boldsymbol{D}}_{12}(\theta)\Psi_D]:\mathbf{F}^{n+\bar{n}}\otimes\mathbf{F}^{\widetilde{n}}\to L_p^{l_1}[0,h)$$

$$\hat{\boldsymbol{D}}(\theta):=\widetilde{\boldsymbol{D}}_{11}(\theta):L_p^{m_1}[0,h)\to L_p^{l_1}[0,h)$$

式(2-103)称为图 2-22 所示的混合型采样值系统由各组成环节的一次模型导出的二次模型。

应指出的是,式(2-103)的二次模型运用了信号提升处理,即将连续时间信号分段切割后进行广义离散化并可以列写为向量。这与对连续信号进行脉冲抽样意义的离散处理是有本质区别的。也就是说,脉冲离散化只考虑了连续时间信号在脉冲抽样时刻的信息,而忽略了抽样点之间的连续时间信息,而提升处理不仅考虑采样时刻上的信息,同时还把连续时间信号在采样时刻之间的信息以原来的连续时间函数形式保留下来,这就保证了混合型采样值系统的二次模型既分段保持了原连续时间域的信号特征,同时又有离散时间点的脉冲信号特征。

§9 控制系统分析与设计的基本问题和主要解决方法

在面对实际工程中的控制系统时,各种意义下的动态特性与性能特征的分析和设计问题就会不可避免地产生。这些问题表面上看需要具体情况具体分析地处理,但通过比对控制系统的一次模型或经过后处理的二次模型,我们发现这些问题的绝大多数往往都可以被转化为几类典型模型及其基本特性的分析与设计问题。本节将概述这些典型模型与标准问题以及其解决方法的分类与基本步骤。

9.1 控制系统特性分析的基本问题

9.1.1 分析类问题Ⅰ:系统稳定性

控制系统稳定性是其物理存在和控制作用有效的前提,是控制系统特性分析的首要问题。可以毫不夸张地说,没有对所考虑的控制系统稳定性的分析,该控制系统的其他动态/静态特性的分析与设计都是空话。由于控制系统的多样性和复杂性,这里仅对典型数学模型描述的控制系统进行稳定分析的问题设定和代表性判别方法进行概述。

线性时不变系统的稳定性分析与主要判据　当对象系统的数学模型为确知的线性关系方程，且其参数时不变时，对象系统的各种意义的稳定性分析一般都已经得到相当全面而彻底的讨论。归纳如下：

- 状态空间模型/传递函数模型与 Routh 判据——既可用于状态稳定性（即内部稳定性）也可用于输入/输出稳定性（即外部稳定性）的判别，取决于 Routh 判据使用对象的特征多项式是关于状态空间模型定义的，还是关于传递函数模型定义的。Routh 判据无论对单输入/单输出系统还是对多输入/多输出系统都可以应用。

- 传递函数模型与 Nyquist 轨迹判据——主要用于单输入/单输出系统的输入/输出稳定性的判别，是基于开环/闭环传递函数的回差方程结合有理复变函数的辐角原理构建的稳定性条件。对于多输入/多输出系统，定义 Nyquist 轨迹后也可以建立相应的稳定判据，但因 Nyquist 轨迹涉及复变函数特征值的概念，实际使用并不方便。

- 状态空间模型与矩阵代数 Lyapunov 方程——主要用于状态空间模型的稳定性的判别。无论单输入/单输出系统还是多输入/多输出系统都可使用，取决于状态空间模型是针对哪一类输入/输出关系定义的。这类方法可以扩展到线性时变状态空间模型描述的系统，但同时，对应的 Lyapunov 稳定判据条件更为复杂而难于泛化。

- 传递函数模型与根轨迹法——主要用于输入/输出稳定性的判别。对于单一根轨迹参量时的控制系统稳定分析比较方便。其他如多根轨迹参量或非标准根轨迹参量等情形时，虽然根轨迹的概念与理论依然成立，但分析步骤烦琐不具一般性。

- 频域响应特征函数模型与 Bode 图法——主要用于输入/输出稳定性的判别，需要结合 Nyquist 稳定判据使用。主要用于单输入/单输出系统的稳定分析。特别是，由于频率响应特性可以通过实验测量获得，这类稳定判据非常便于工程应用。

非线性系统的稳定性分析与主要判据　当控制系统的数学模型为确知的非线性关系方程，且参数时不变时，其各类稳定性分析已经得到了比较全面和深入的讨论。其中比较典型的数学模型与对应的稳定判据归纳如下：

- 非线性微分/差分方程模型与 Lyapunov 方法——主要用于控制系统的关于平衡点的 Lyapunov 意义的状态稳定性分析。

● 非线性微分/差分方程模型与耗散性/受动性方法（即无源性分析）——主要用于控制系统的输入/输出意义的稳定性分析，如小增益稳定判据，更便于工程应用。

● 传递函数模型结合非线性反馈环节的 Luré 系统与鲁棒稳定方法——利用传递函数频率特性函数的性质（正实性/负虚性/有界性等），讨论对扇区非线性的绝对稳定性。

需要补充的是，上述各类稳定性分析方法对于单输入/单输出系统和多输入/多输出系统都普遍适用，但使用步骤上要区别对待。另外，这些稳定判据条件一般只是充分性的。

不确定/受扰动的控制系统稳定性的鲁棒分析 当控制系统具有不确定性，或受到外部噪声干扰时，其各类稳定性如何受到不确定性或扰动的影响是需要关注的问题，即稳定性的鲁棒分析十分必要。考虑到工程实际中不确定性和干扰的普遍性，稳定性的鲁棒评价是控制系统分析中最重要的课题之一。严格地说，没有对稳定性的鲁棒评价，控制器单纯基于数学模型分析所能获得的控制作用与效果是值得怀疑的。

鲁棒稳定性分析的一般步骤如下：

● 对控制系统构建标称（或名义）模型，并对模型的不确定性和/或受到的外部扰动建模；

● 确定稳定性定义，选择和对象系统标称模型对应的稳定判据，进行稳定性分析与评价；

● 标称模型具有不确定性或受到扰动时，基于标称模型（如微分/差分方程）进行扰动影响程度或范围的分析，检验稳定条件是否依然满足；

● 做出控制系统稳定性关于不确定性/干扰是否具有鲁棒性的结论。

9.1.2 分析类问题Ⅱ：系统的瞬态/稳态特性

简单地说，控制系统的瞬态/稳态特性就是指，当系统从一种工作状态转变为另一种工作状态的过程中特定时间点上和终止时刻的状态变量等的响应特征，是控制系统的时间域动态/静态控制效果和性能评价的基本依据。典型的瞬态/稳态特性分析问题包括：

瞬态特性分析及计算 控制系统的瞬态特性，是指时间区间 $t_0 \leqslant t < \infty$ 上（从初始状态到进入设定工作状态的启动过程），在外部参考信号等作用下的系统状态变量的时间响应的定性表征/定量指标。依此定义，瞬态特性的

定性分析与定量计算问题的最直接、最精确的解决方法是通过对状态变量等的时域解析来完成的。控制系统瞬态特性分析与计算有如下特点：

● 一般情况下，只有线性时不变控制系统的瞬态特性才可以直接利用公式解析计算来确定。

● 对于单位阶跃参考信号的典型瞬态特性指标有：上升时间、峰值时间、过渡时间等。这些指标常被用于评价系统响应的快速性和灵敏度。

● 对于模型确知的非线性/线性系统，瞬态特性通常可通过微分/差分方程的数值迭代计算获得；特别地，相轨迹图法比较适合于定性考察二阶系统的瞬态特性。

稳态特性分析及计算　控制系统的稳态特性是指，当 $t \to \infty$ 时（即系统已经处于工作状态），在外部参考信号作用下状态变量的时域响应特性。依此定义，稳态特性的定性评价与定量计算问题的最直接解决方法也是通过状态变量的时域解析来完成。稳态特性分析与计算有如下特点：

● 一般情况下，只有线性时不变系统的稳态特性才可以通过解析给出。

● 对于单位阶跃参考信号，时域响应特性 $\lim_{t \to \infty} y(t)$ 是关键稳态指标。

● 对于模型确知的非线性或线性系统，其稳态特性可通过微分/差分方程的平衡点特性分析反映出来，但平衡点的定性分析与定量计算并没有通行的办法。事实上，一般非线性系统的平衡点分类与性质极其复杂，是非线性系统分析的关键问题。

鲁棒性能分析及计算　当控制系统的数学模型确知，或至少对其进行数值求解可行时，对系统的稳定性、瞬态/稳态特性的分析在数值意义上就是可以解决的。但当控制系统模型具有不确定性或受到各种扰动时，通过定性分析和定量计算评价系统的稳定性、瞬态/稳态特性就不具有一般可行性，并缺乏工程应用意义。此时，使用系统状态变量响应的范数指标来刻画和评价就变得有必要了。这种基于系统特性的范数化定性分析及其上下界定量计算就形成了对系统特性的鲁棒性能分析问题。

一般地，控制系统特性的鲁棒性能（范数）指标用于反映动态/静态特性是否受到模型不确定性/干扰的影响，以及受到影响后在多大程度上依然保持期望特性的能力。

● 典型鲁棒性能指标有 H_2 和 H_∞ 范数。在线性时不变系统中，H_2 和 H_∞ 范数可用定义一次模型的时域关系式或定义二次模型的频域关系式分析与计算。但非线性和线性时变系统的情况要复杂得多，除去典型系统结构外，一般无法进行解析与计算。

- 控制系统特性的鲁棒性分析必须针对稳定性、瞬态/稳态特性等具体系统特性。不关联系统特性或性能的单纯鲁棒性分析是没有工程意义的。

响应特征分析与故障诊断 对系统状态变量的响应特征分析本质上依然是系统瞬态/稳态特性分析的问题。将这种分析与系统状态是否正常变迁，系统环节是否工作异常等的问题相关联后，故障诊断问题就产生了。控制系统故障诊断的基本步骤如下：

- 对控制系统选择标称模型，并对不确定性和/或扰动进行建模；
- 确定可能发生的故障类型，明确故障的发生条件与表征形式；
- 选择适当的测试方式（如状态观测器）对状态变量等的响应特征进行量测/估计；
- 将测量值/估计值与未受到不确定性或外部干扰时的标称系统的状态变量等的响应特征进行对比，形成故障误差观测模型（或估计模型）；
- 基于故障误差观测模型，在考虑不确定性或扰动影响的前提下，检查故障发生条件（如阈值）是否成立，进而判断系统或环节是否发生故障。

轨迹特征分析与跟踪控制 对系统状态变量的时间演进轨迹特征的分析本质上仍然是瞬态/稳态特性分析的问题。将这种轨迹特征分析与系统状态是否按预定轨迹演进相关联后，跟踪控制的问题就产生了。控制系统的跟踪控制设计的基本步骤如下：

- 对控制系统选择标称模型，并对可能的不确定性和/或扰动建模；
- 确定被跟踪目标和运动轨迹的模型，形成轨迹跟踪的目标条件；
- 选择适当的跟踪控制策略（如内模原理）并形成闭环跟踪控制系统；
- 将闭环跟踪控制系统的状态变量测量值与未受不确定性或外部干扰的标称系统的状态变量进行对比，形成跟踪轨迹的误差观测模型；
- 基于跟踪误差观测模型，在考虑标称模型的不确定性或受到由扰动时，检测轨迹跟踪的目标条件是否满足，进而判断跟踪控制是否达成。

9.1.3 分析类问题Ⅲ：系统结构特性与模型代数特征

在时域、频域和复域定义控制系统模型时，表征其属性分类和参数范围等的代数特征都可以与控制系统的结构特性关联并加以诠释。这是由于模型代数特征与系统状态变量、外部输入/输出变量等的动态/静态特性有着直接而密切的结构关系。因此，模型代数特征分析对于控制系统特性分析与设计是不可或缺的。最常讨论的系统结构特性包括：

● 状态向量的平衡点与状态向量的动态轨迹的结构关系——状态稳定性、稳态特征；

● 输入控制量和输出测量量之间的结构关系——外部稳定性、传递增益特征；

● 输入控制量和状态向量之间的结构特性——能控性、能达性/输入对状态的稳定性；

● 输出观测量和状态向量之间的结构特性——能观测性，能检测性/反馈控制可行性。

特别地，在确知线性时不变控制系统的模型中，系统状态的所有结构特性都可以通过模型代数特征表示出来。比如，传递函数模型和状态空间模型的各类零点/极点就是如此，详细的内容请参考本章第6节。即便考虑的是非线性系统或线性时变系统，数学模型的代数特征对于系统结构特性的分析与设计也同样起着关键性作用，只不过这些系统的代数特征分析远比线性时不变系统复杂得多，甚至伴随着系统结构特性的本质改变，比如非线性系统状态平衡点的分歧分析(bifurcation analysis)和混沌现象(chaos)。

9.2 控制系统特性设计的基本问题

为简明起见，这里仅讨论基于连续时间线性时不变系统的状态空间模型的控制系统特性设计的基本问题。考虑如下状态空间模型描述的被控系统：

$$\Sigma:\begin{cases}\dot{\boldsymbol{x}}=\boldsymbol{A}\boldsymbol{x}+\boldsymbol{B}\boldsymbol{u}\\ \boldsymbol{y}=\boldsymbol{C}\boldsymbol{x}\end{cases} \tag{2-104}$$

其中，$\boldsymbol{x}\in\mathbf{R}^n$ 是系统状态向量，$\boldsymbol{u}\in\mathbf{R}^m$ 是控制输入向量，而 $\boldsymbol{y}\in\mathbf{R}^l$ 是输出向量。相应地，$\boldsymbol{A}\in\mathbf{R}^{n\times n}$，$\boldsymbol{B}\in\mathbf{R}^{n\times m}$ 和 $\boldsymbol{C}\in\mathbf{R}^{l\times n}$ 是常数矩阵。

9.2.1 静态反馈的基本形式和闭环系统模型

基于式(2-104)的控制对象系统的状态空间模型，具有静态增益的控制器的基本类型包括：状态反馈，输出反馈和状态观测反馈。

静态状态反馈和静态输出反馈 是指对控制系统的输入控制 $\boldsymbol{u}$ 为

$$\begin{cases}\text{静态状态反馈：} & \boldsymbol{u}=-\boldsymbol{K}\boldsymbol{x}+\boldsymbol{v}\\ \text{静态输出反馈：} & \boldsymbol{u}=-\boldsymbol{F}\boldsymbol{y}+\boldsymbol{v}\end{cases} \tag{2-105}$$

其中，$\boldsymbol{K}\in\mathbf{R}^{m\times n}$ 和 $\boldsymbol{F}\in\mathbf{R}^{n\times l}$ 是常数矩阵，$\boldsymbol{v}$ 是新的参考输入。将这样的静态状态/输出反馈控制作用于被控系统，所实现的闭环反馈控制系统分别为：

$$\Sigma_K:\begin{cases}\dot{\boldsymbol{x}}=(\boldsymbol{A}-\boldsymbol{KB})\boldsymbol{x}+\boldsymbol{Bv}\\ \boldsymbol{y}=\boldsymbol{Cx}\end{cases} \tag{2-106}$$

$$\Sigma_F:\begin{cases}\dot{\boldsymbol{x}}=(\boldsymbol{A}-\boldsymbol{BFC})\boldsymbol{x}+\boldsymbol{Bv}\\ \boldsymbol{y}=\boldsymbol{Cx}\end{cases} \tag{2-107}$$

显然，式(2-106)和式(2-107)依然是状态空间模型，闭环系统 Σ_K 和 Σ_F 的状态矩阵分别为 $(\boldsymbol{A}-\boldsymbol{BK})$ 和 $(\boldsymbol{A}-\boldsymbol{BFC})$。注意到线性时不变系统动态特性是由状态矩阵的特征值及其分布决定的，于是控制器设计就意味着整定增益矩阵 $\boldsymbol{K}$ 或 $\boldsymbol{F}$ 以满足期望的控制性能和目标。

状态观测意义的静态状态反馈 如果被控系统 Σ 的状态变量实际上无法测量时，利用状态观测器来估计被控系统的状态向量，然后基于状态向量的估计值构成状态反馈也是常采用的反馈控制方式。显然，基于状态观测器构成的静态状态反馈控制的关键是状态观测器的设计，其基本思想概述如下。

假设式(2-104)的被控系统 Σ 是状态能控和能观测的。构造状态观测器

$$\dot{\tilde{\boldsymbol{x}}}=(\boldsymbol{A}-\boldsymbol{LC})\tilde{\boldsymbol{x}}+\boldsymbol{Ly}+\boldsymbol{Bu}$$

这里，$\tilde{\boldsymbol{x}}(t)$ 就是对被控系统状态向量 $\boldsymbol{x}(t)$ 的估计值。于是状态观测器设计问题就是，整定观测器增益矩阵 $\boldsymbol{L}\in\mathbf{R}^{n\times l}$ 使得观测器的状态估计值与原系统 Σ 的状态向量之间满足

$$\lim_{t\to\infty}\|\hat{\boldsymbol{x}}(t)-\boldsymbol{x}(t)\|=0$$

即选择增益矩阵 $\boldsymbol{L}$ 使得观测器状态与被观测状态的稳态值一致。

将观测器状态 $\tilde{\boldsymbol{x}}(t)$ 作为对实际系统状态 $\boldsymbol{x}(t)$ 的估计值，构造形如式(2-105)的状态反馈 $\boldsymbol{u}=-\boldsymbol{K}\tilde{\boldsymbol{x}}+\boldsymbol{v}$，将其作用于被控系统 Σ 后，形成的闭环控制系统的增广状态空间模型为

$$\Sigma_{L,K}:\begin{cases}\begin{bmatrix}\dot{\boldsymbol{x}}\\ \dot{\tilde{\boldsymbol{x}}}\end{bmatrix}=\begin{bmatrix}\boldsymbol{A} & -\boldsymbol{BK}\\ \boldsymbol{LC} & \boldsymbol{A}-\boldsymbol{LC}-\boldsymbol{BK}\end{bmatrix}\begin{bmatrix}\boldsymbol{x}\\ \tilde{\boldsymbol{x}}\end{bmatrix}+\begin{bmatrix}\boldsymbol{B}\\ \boldsymbol{B}\end{bmatrix}\boldsymbol{v}\\ \boldsymbol{y}=[\boldsymbol{C}\quad 0]\begin{bmatrix}\boldsymbol{x}\\ \tilde{\boldsymbol{x}}\end{bmatrix}\end{cases}$$

为分析闭环系统 $\Sigma_{L,K}$ 中观测器增益 $\boldsymbol{L}$ 与状态反馈增益 $\boldsymbol{K}$ 的作用效果并整定其增益，对上式的状态空间模型进行增广状态向量的线性变换：

$$\begin{bmatrix} \boldsymbol{x} \\ \tilde{\boldsymbol{x}} \end{bmatrix} = \begin{bmatrix} \boldsymbol{I} & 0 \\ \boldsymbol{I} & -\boldsymbol{I} \end{bmatrix} \begin{bmatrix} \boldsymbol{x} \\ \boldsymbol{x} - \tilde{\boldsymbol{x}} \end{bmatrix}$$

这里，$\boldsymbol{I}$ 是与状态矩阵 $\boldsymbol{A}$ 同维的单位矩阵。变换后的增广状态空间模型为：

$$\hat{\Sigma}_{L,K}: \begin{cases} \begin{bmatrix} \dot{\boldsymbol{x}} \\ \dot{\boldsymbol{x}} - \dot{\tilde{\boldsymbol{x}}} \end{bmatrix} = \begin{bmatrix} \boldsymbol{A} - \boldsymbol{BK} & \boldsymbol{BK} \\ 0 & \boldsymbol{A} - \boldsymbol{LC} \end{bmatrix} \begin{bmatrix} \boldsymbol{x} \\ \boldsymbol{x} - \tilde{\boldsymbol{x}} \end{bmatrix} + \begin{bmatrix} \boldsymbol{B} \\ 0 \end{bmatrix} \boldsymbol{v} \\ \boldsymbol{y} = [\boldsymbol{C} \quad 0] \begin{bmatrix} \boldsymbol{x} \\ \boldsymbol{x} - \tilde{\boldsymbol{x}} \end{bmatrix} \end{cases} \tag{2-108}$$

基于式(2-108)，由于 $\hat{\Sigma}_{L,K}$ 和 $\Sigma_{L,K}$ 是线性等价的，我们可以从前者的动态特性推知后者的动态特性，得出如下关于闭环状态观测器反馈系统 $\Sigma_{L,K}$ 的结论：

- 闭环系统 $\Sigma_{L,K}$ 的状态是渐近稳定的(即同时成立 $\lim_{t\to\infty} \|\boldsymbol{x}(t)\| = 0$ 和 $\lim_{t\to\infty} \|\boldsymbol{x}(t) - \tilde{\boldsymbol{x}}(t)\| = 0$)，当且仅当式(2-108)的状态矩阵的特征值均具有负实部；
- 闭环系统 $\Sigma_{L,K}$ 的状态矩阵的特征值由 $(\boldsymbol{A} - \boldsymbol{BK})$ 和 $(\boldsymbol{A} - \boldsymbol{LC})$ 的特征值共同构成；可以分别选择状态反馈增益矩阵 $\boldsymbol{K}$ 和观测器增益矩阵 $\boldsymbol{L}$ 实现其左半开复平面上的特征值配置。
- 由上述结论，基于状态观测器的状态反馈控制可以分别通过单纯的状态反馈 $(\boldsymbol{A} - \boldsymbol{BK})$ 的设计和单纯的状态观测器 $(\boldsymbol{A} - \boldsymbol{LC})$ 的设计来完成，两个增益的设计过程互不影响，称为分离性原则。这对于简化基于观测器的状态反馈设计有重要作用。

9.2.2 设计类问题Ⅰ：系统镇定控制

考虑静态的状态/输出反馈控制作用下的被控系统(2-104)，由其形成的闭环反馈系统分别为式(2-106)和式(2-107)所描述，即 Σ_K 和 Σ_F。

系统镇定设计 基于静态状态(或输出)反馈的被控系统(2-104)的镇定设计问题是指，确定反馈增益矩阵 $\boldsymbol{K}$ 或 $\boldsymbol{F}$，使在闭环系统 Σ_K 或 Σ_F 中的状态矩阵 $(\boldsymbol{A} - \boldsymbol{KB})$(或 $(\boldsymbol{A} - \boldsymbol{BFC})$)是 Hurwitz 矩阵。或等价地说，通过适当整定反馈增益矩阵 $\boldsymbol{K}$ 或 $\boldsymbol{F}$，使得状态矩阵 $(\boldsymbol{A} - \boldsymbol{KB})$(或 $(\boldsymbol{A} - \boldsymbol{BFC})$)的所有特

征值具有负实部。

这类控制目标可以通过关于静态增益矩阵的极点配置算法来达成。

9.2.3 设计类问题Ⅱ：系统跟踪控制

考虑静态状态/输出反馈控制作用下的被控系统(2-104)，闭环系统分别为式(2-106)和式(2-107)所描述。

跟踪控制设计 基于静态状态(或输出)反馈的被控系统(2-104)的跟踪控制问题是指，确定反馈增益矩阵 $\boldsymbol{K}$ 或 $\boldsymbol{F}$，使得闭环系统(2-106)(或系统(2-107))中的输出向量 $\boldsymbol{y}$ 满足：

$$\lim_{t\to\infty}\|\boldsymbol{y}(t)-\hat{\boldsymbol{y}}(t)\|=0$$

即系统输出在稳态意义下跟踪上期望的参考向量 $\hat{\boldsymbol{y}}$。

跟踪设计问题可以转化为镇定设计问题。因此，任何可以解决镇定控制问题的方案都可用于跟踪设计问题。典型的跟踪设计方法是内模原理，即将期望跟踪轨迹的状态空间模型(即轨迹的内部模型或内模)重构并置于被控系统的反馈关系中，利用被控对象的状态轨迹与内部模型的状态轨迹的偏差，形成对偏差的反馈控制，通过纠偏控制实现轨迹跟踪。

9.2.4 设计类问题Ⅲ：线性二次调节优化控制

考虑静态状态反馈控制作用下的被控系统(2-104)，由其形成的闭环状态反馈控制系统为式(2-106)所描述。

线性二次调节优化设计 被控系统(2-104)的有限调节时间意义的线性二次调节器(linear quadratic regulator，LQR)设计是指，确定输入控制向量 $\boldsymbol{u}^*$，使得闭环系统的性能评价函数

$$J=\frac{1}{2}\boldsymbol{x}^{\mathrm{T}}(t_f)\boldsymbol{S}\boldsymbol{x}(t_f)+\frac{1}{2}\int_0^{t_f}[\boldsymbol{x}^{\mathrm{T}}(\tau)\boldsymbol{Q}\boldsymbol{x}(\tau)+\boldsymbol{u}^{\mathrm{T}}(\tau)\boldsymbol{R}\boldsymbol{u}(\tau)]\mathrm{d}\tau\rightarrow\min$$

其中，$\boldsymbol{x}(t_f)$ 表示 $t=t_f$ 时的状态向量，t_f 是有限结束时间。常数矩阵 $\boldsymbol{S}=\boldsymbol{S}^{\mathrm{T}}\geqslant 0$，$\boldsymbol{Q}=\boldsymbol{Q}^{\mathrm{T}}\geqslant 0$ 和 $\boldsymbol{R}=\boldsymbol{R}^{\mathrm{T}}>0$ 为给定的性能评价权重矩阵。

关于 LQR 设计的几点说明：

- 当 $t_f=\infty$ 时，通常指定 $\boldsymbol{S}=0$，并称为无限时间 LQR 问题；
- 如果性能评价函数 J 包含输出向量 $\boldsymbol{y}$ 的评价项，跟踪问题可视为 LQR 问题的特例；

● LQR 问题可以通过静态状态反馈和矩阵代数 Riccati 方程解决。

9.2.5 设计类问题Ⅳ:传递函数矩阵解耦或对角占优解耦

多输入/多输出传递函数矩阵的传递通道交叉完全解耦或对角占优解耦是针对传递函数矩阵的控制器设计简化的。注意到传递函数与状态空间模型实现的关系,也可以通过状态空间模型来设定和解决传递函数矩阵完全解耦或对角占优解耦问题。不难理解,传递函数矩阵完全解耦设计只能在输入量和输出量个数相同的系统中考虑。

完全解耦设计 传递函数矩阵完全解耦设计是指,确定反馈增益矩阵 K 或 F,使得在闭环系统中的传递函数矩阵满足:

$$\boldsymbol{G}(s)=\begin{cases}\boldsymbol{C}(s\boldsymbol{I}-\boldsymbol{A}+\boldsymbol{BK})^{-1}\boldsymbol{B}\\ \boldsymbol{C}(s\boldsymbol{I}-\boldsymbol{A}+\boldsymbol{BFC})^{-1}\boldsymbol{B}\end{cases}=\begin{bmatrix}g_{11}(s) & \cdots & 0\\ \vdots & \ddots & \vdots\\ 0 & \cdots & g_{mm}(s)\end{bmatrix}$$

也就是说,闭环传递函数矩阵 $G(s)$ 为对角线矩阵,其对角线上的元素 $g_{ii}(s)$,$i=1,\cdots,m$ 为标量的复分式有理函数。

对角占优解耦设计 传递函数矩阵的对角占优解耦是指,确定反馈增益矩阵 K 或 F,使闭环系统传递函数矩阵满足:

$$\boldsymbol{G}(s)=\begin{cases}\boldsymbol{C}(sI-\boldsymbol{A}+\boldsymbol{BK})^{-1}\boldsymbol{B}\\ \boldsymbol{C}(s\boldsymbol{I}-\boldsymbol{A}+\boldsymbol{BFC})^{-1}\boldsymbol{B}\end{cases}=\begin{bmatrix}g_{11}(s) & \cdots & g_{1m}(s)\\ \vdots & \ddots & \vdots\\ g_{m1}(s) & \cdots & g_{mm}(s)\end{bmatrix}$$

式中,所有 $g_{ik}(s)$,$i,k=1,\cdots,m$ 均为标量复分式有理函数,且满足

$$|g_{ii}(j\omega)|\geqslant\sum_{k=1,k\neq i}^{m}|g_{ik}(j\omega)|,\forall\omega\in[0,\infty)$$

上式的频域不等式关系可形象地理解为,闭环系统传递函数的对角线上元素的频域响应特性的增益强度强于其非对角线元素的频域响应特性的增益。

关于传递函数矩阵完全解耦和对角占优解耦的说明:

● 存在多种不同于上述定义的对角占优解耦设计的问题,这取决于解耦设计是否需要满足其他的更多目标的控制性能要求;

● 对角占优解耦比完全解耦设计更容易获得,更具有工程应用价值;

● 对角占优解耦可以同时兼顾镇定设计的鲁棒性要求。

9.2.6 设计类问题Ⅴ：传递函数模型的代数特征规范化

从传递函数矩阵的零点/极点定义与子系统递阶层级关系的讨论我们已经知道，传递函数矩阵的零点/极点与其 Smith-MacMillan 规范形有密切关系。当我们通过某种反馈控制方式可以指定或配置闭环系统传递函数矩阵的 Smith-MacMillan 规范形时，不仅闭环系统整体而且其子系统的零点/极点都可以得到指定配置。这种设计问题对于具有多对输入/输出传递关系的复杂系统而言是非常有工程应用价值的。

在式(2-104)描述的状态空间模型上讨论时，这类问题设定如下所述。

传递函数矩阵代数特征规范化设计 式(2-104)的状态空间模型通过静态状态/输出反馈的闭环传递函数矩阵 $\boldsymbol{G}(s)$ 的代数特征规范化设计是指，确定反馈增益矩阵 $\boldsymbol{K}$（或 $\boldsymbol{F}$），使得闭环状态空间模型(2-106)（或(2-107)）的传递函数矩阵 $\boldsymbol{G}(s)$ 具有 Smith-MacMillan 规范形：

$$\boldsymbol{G}(s)=\boldsymbol{L}(s)\begin{bmatrix}\frac{z_1(s)}{p_1(s)} & \cdots & 0 & 0 & \cdots & 0\\ \vdots & \ddots & \vdots & \vdots & \vdots & \vdots\\ 0 & \cdots & \frac{z_{r_G}(s)}{p_{r_G}(s)} & 0 & \cdots & 0\\ 0 & \cdots & 0 & 0 & \cdots & 0\\ \vdots & \cdots & \vdots & \vdots & \ddots & \vdots\\ 0 & \cdots & 0 & 0 & \cdots & 0\end{bmatrix}\boldsymbol{R}(s)$$

式中，$\boldsymbol{L}(s)$ 和 $\boldsymbol{R}(s)$ 是适当维数的单模态多项式矩阵，$z_i(s)$ 和 $p_i(s)$ 为互质多项式且满足：

$$z_i(s)\mid z_{i+1}(s),p_i(s)\mid p_{i-1}(s),\forall i=2,3,\cdots,r_G$$

基于闭环传递函数矩阵 $\boldsymbol{G}(s)$ 的 Smith-MacMillan 规范形，依定义：

$$\begin{cases}Z_i^G=\{s\in\mathbf{C}\mid z_i(s)=0\},i=1,\cdots,r_G\\ P_i^G=\{s\in\mathbf{C}\mid p_i(s)=0\},i=1,\cdots,r_G\end{cases}$$

因此，对传递函数矩阵 $\boldsymbol{G}(s)$ 的代数特征规范化设计实现了对子系统层面的零点/极点配置。

9.2.7 设计类问题Ⅵ：系统鲁棒性能优化

当被控系统具有不确定性或受到外部干扰时，我们在引入状态/输出反馈时就不得不考虑这样的问题：闭环系统在多大程度上可以承受模型不确定性或外部干扰的影响，并保持预期的状态/输出反馈的控制目标与效果？

为了设定对系统特性的鲁棒性能设计问题，考虑图 2-24 的反馈系统。

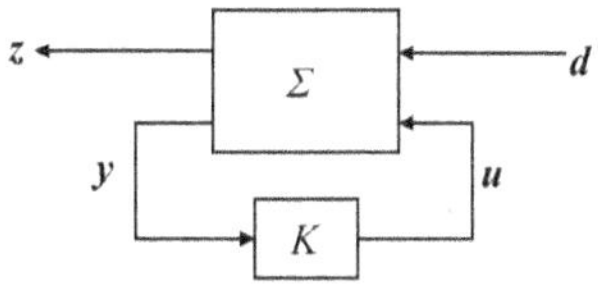

图 2-24　系统特性的鲁棒控制设计示意图

图 2-24 中，Σ 表示具有状态向量 x 的被控对象，而 K 是具有状态向量 ζ 的动态控制器。为方便起见，将由两者按图 2-24 形式构成的闭环系统表记为 (Σ,K)。另外，将被控对象和动态控制器的状态空间模型分别记为：

$$\Sigma:\begin{cases}\dot{\boldsymbol{x}}=\boldsymbol{Ax}+\boldsymbol{Ed}+\boldsymbol{Bu}\\ \boldsymbol{z}=\boldsymbol{Fx}+\boldsymbol{Vu}\\ \boldsymbol{y}=\boldsymbol{Cx}+\boldsymbol{Dd}\end{cases},K:\begin{cases}\zeta=\Lambda\zeta+\Gamma\boldsymbol{y}\\ \boldsymbol{u}=\Pi\zeta\end{cases}\tag{2-109}$$

其中，$\boldsymbol{A},\boldsymbol{B},\boldsymbol{C},\boldsymbol{D},\boldsymbol{E},\boldsymbol{F},\boldsymbol{V}$ 和 Λ,Γ,Π 为相应维数的常数矩阵。特别地，$\boldsymbol{d}$ 表示被控对象系统模型的不确定性或系统受到的外部噪声干扰。

在图 2-24 的反馈结构意义下，对控制对象 Σ 的某特性/性能的鲁棒性能的设计可一般性表述为，确定式(2-109)的动态控制器 K，使得闭环系统 (Σ,K) 的该特性/性能的鲁棒性能指标最优(最大/最小)。下面围绕几种比较典型的鲁棒性能指标进行具体说明。

H_2 范数性能指标和 H_2 鲁棒最优控制

- 传递函数 $G(s)$ 的 H_2 性能范数为 $\|G\|_2:=((2\pi)^{-1}\int_{-\infty}^{\infty}\mathrm{tr}\{G^{\mathrm{H}}(j\omega)G(j\omega)\}\mathrm{d}\omega)^{1/2}$；$H_2$ 范数可以反映系统对扰动噪声的灵敏度。因此，从干扰噪声到测量输出的 H_2 范数应尽量小；
- 对应 H_2 范数的典型鲁棒控制问题是：如何在闭环系统 (Σ,K) 中设计动态控制器 K，使得由 $\boldsymbol{d}$ 到 $\boldsymbol{z}$ 的传递函数 H_2 范数性能指标最小？
- H_2 鲁棒最优设计是指：在反馈控制系统 (Σ,K) 中，寻找动态控制

器 K，使得闭环系统 (Σ,K) 渐近稳定，且闭环系统 (Σ,K) 中由 $\boldsymbol{d}$ 到 $\boldsymbol{z}$ 的传递函数的 H_2 范数最小。

H_∞ 范数性能指标和 H_∞ 鲁棒最优控制

● 传递函数 $\boldsymbol{G}(s)$ 的 H_∞ 性能为 $\|\boldsymbol{G}\|_\infty := \sup_{\omega\in(-\infty,\infty)}\{\|\boldsymbol{G}(j\omega)\|\}$；$H_\infty$ 范数理解为 $\boldsymbol{G}(j\omega)$ 的 Bode 图的幅频曲线的峰值，同样可反映系统对扰动噪声的灵敏度。从干扰噪声到测量输出的 H_∞ 范数应该尽可能地小；

● 对应 H_∞ 范数的典型鲁棒控制问题是：如何在系统 (Σ,K) 中设计动态控制器 K，使得由 $\boldsymbol{d}$ 到 $\boldsymbol{z}$ 的传递函数的 H_∞ 范数最小化？

● H_∞ 鲁棒最优设计是指：在闭环系统 (Σ,K) 中，确定动态控制器 K，使得闭环系统 (Σ,K) 渐近稳定，且闭环系统 (Σ,K) 中由 $\boldsymbol{d}$ 到 $\boldsymbol{z}$ 的传递函数的 H_∞ 范数最小。

H_2/H_∞ 混合鲁棒最优控制

● 设计动态控制器 K 时，若将闭环系统 (Σ,K) 中由 $\boldsymbol{d}$ 到 $\boldsymbol{z}$ 的传递函数的 H_2 和 H_∞ 范数性能指标一并考虑，当控制器 K 存在时，H_2/H_∞ 混合鲁棒最优控制就得以达成。

● 考虑 H_2/H_∞ 混合鲁棒最优控制时，单一的动态控制器 K 通常不能使 H_2 和 H_∞ 范数性能指标同时达到最小。在实际的闭环系统 (Σ,K) 中，只有分别对 H_2 和 H_∞ 性能指标的某种程度的次优设计才能得以实现。

9.3 控制系统特性分析与设计的典型方法

为了解决各类控制系统特性分析与设计问题，已经产生了诸多概念、理论、方法和技术。事实上，任何试图用单一的概念、理论和方法及其技术框架来完全彻底地解决这些问题都是不容易的，甚至是不可能的。从这个意义上讲，下面所述的关于解决控制系统特性分析和设计问题的典型方法实际上是非常粗略的观察和归纳。

9.3.1 典型方法Ⅰ：时域方法

时域方法是指，基于时间关系意义的控制系统特性分析与设计的概念、理论和技术。这类概念和理论对控制系统的各种动态/静态特性，本质上都是从随时间演进的特性响应变动的角度进行分析与设计的，并从该视角拓展其工程应用的技术。

● 在考虑系统稳定性分析或镇定设计时，Lyapunov 理论与方法从时域角度定义平衡点、稳定性和能量函数，以能量函数时间变化率诠释动态过程对于状态平衡点的趋向/背离，进而判断系统状态关于平衡点的稳定性。从这个意义上说，Lyapunov 理论本质是时域方法，尽管一些 Lyapunov 理论与方法或多或少涉及模型的复频域特征。

● 在考虑控制系统瞬态/稳态特性的分析与设计时，问题设定和解决的出发点一定是时域意义的，因为系统的瞬态/稳态特性本身是时域意义的。

● 时域方法的一个突出特点是，适用范围广，既可用于线性系统也可用于非线性系统；既可用于时不变系统也可用于时变系统。时域方法的另一特点是，形象直观便于理解。需注意的是，控制系统时域模型往往涉及微分或积分关系，这导致对象系统模型在如高阶、非线性、时变等情形时较为复杂，使得其解析与设计变得异常困难。

9.3.2 典型方法Ⅱ：频域方法

频域方法是指，利用控制系统的频率响应特性模型来描述系统的动态/静态特性，并针对频域响应特性函数的复变函数性质，采用复变函数理论与方法完成关于控制系统特性的问题设定与解决。使用频域方法的基本前提是，对象系统对于一定频率范围的正弦激励信号的稳态响应依然是同频正弦信号，从而保证频率响应特性定义有意义。但这对一般控制系统并不适用。我们熟知的可严格定义频率响应特性的只有线性时不变系统。

● 在考虑线性时不变反馈系统的稳定分析时，经常使用 Nyquist 稳定判据；即从开环系统传递函数的 Nyquist 轨迹之频域特性的角度，分析闭环系统的稳定性。从方法步骤上，我们说 Nyquist 判据是一种频域方法。

● 在考虑由线性时不变系统环节与扇区非线性环节反馈形成的闭环系统结构时，所谓的 Luré 型系统就产生了。其线性环节的频域特性就可以用来讨论对于各种扇区非线性下的闭环系统的鲁棒稳定性。

● 频域方法适用面比较狭窄。简单地说，这类方法只适合于可以定义频率响应特性的对象系统。遗憾的是，实际工程领域中，由于非线性、不确定性、噪声干扰和时变等复杂性因素，多数控制系统无法定义标准意义的频域响应特性函数。尽管近似意义下的频率特性模型依然可以构建，如非线性环节的描述函数法，但其使用条件十分苛刻。频域方法也有方便应用的优势，因为频域响应特性可通过振动实验等物理量测获得。

● 频域方法本质上是时域方法的特例(即正弦信号激励下的时域响应

特性分析)，尽管如此，由于频域响应特性类模型可以将实频特征解析延拓为虚频特征，这使得复函理论与方法可以用于控制系统特性的分析与设计。

9.3.3　典型方法Ⅲ：复域方法

如果控制系统特性的分析和设计是通过复变函数模型或概念进行的，则所采用的方法就称为复域方法。显然，复域方法更适合或更方便于复变函数理论与方法的应用，而非一定局限于 Fourier 变换或调谐分析的理论范畴。复域方法的使用前提是，对象系统可以定义复变函数模型。这对一般复杂控制系统并不适用。我们熟知的可以严格定义复变函数模型的只有线性时不变系统，传递函数模型为典型形式。

● 基于传递函数模型的系统特性分析和设计方法就是最为典型的复域方法。特别地，基于闭环系统传递函数的特征多项式方程的 Routh 判据就是稳定性的复域分析法。

● 粗略地说，频域方法是复域方法在特殊情形下的衍生方法。总的来说，复域方法比频域方法具有更普遍和更广泛的数学意义。

● 复域方法固然有数理严谨的优势，但实际系统是否具备使用相关理论结论的条件是需要谨慎处理的问题。比如，利用复变函数辐角原理讨论传递函数模型的稳定分析问题时，传递函数是否为有理分式函数是辐角原理是否正确适用的前提。遗憾的是，某些控制系统即便其传递函数可以严格定义，但未必是有理分式函数。

9.3.4　典型方法Ⅵ：混合域方法

顾名思义，控制系统特性分析与设计的混合域方法是指，同时或分步骤的时域/频域/复域理论与方法所形成的技术路径。也就是说，混合域方法通过同时或分步骤使用对被控对象的时域、频域和/或复域特性处理来分析和设计相关问题。在实际工程的控制理论和应用中，几乎所有问题都需要采用混合域方法才能解决。

● 对于扇区非线性环节与线性环节构成的 Luré 型系统进行绝对稳定性分析时，需要利用线性环节的传递函数作为复变函数的有界正实性，才能陈述关于 Luré 型系统稳定性的圆盘判据/Popov 判据条件。此时，因涉及传递函数模型，分析方法是复域的。然而，稳定性分析过程是需要特殊形式的能量函数，再通过矩阵代数 Lyapunov 方程才能完成的，而这一过程是时域的。因此,Luré 型系统的绝对稳定性分析是"复域+时域"的混合域方法。

● 对连续时间被控对象进行采样离散化并建立离散系统的脉冲传递函数模型,也是"时域+复域"的处理过程。事实上,对连续时间控制系统离散化是其时间响应的时域分段化并构造离散时间序列或关系的过程。对所获得的离散时间序列或关系进行 Laplace 变换并做变元替换形成 z-变换关系,可导出脉冲传递函数模型。这说明基于脉冲传递函数模型的离散控制系统特性分析与设计也必然是混合域的方法。

● 混合域方法的优点是,可以针对具体控制系统设计更有针对性的解决路径,使得单域方法无法或难于解决的问题得到转换和解决。需要注意的是,使用混合域方法时,每个具体步骤往往都是单域意义的;这样,从某个步骤进入下一步骤的转换过程中,明确有关模型与其特性的定义域是什么,关系转换是如何在时域/频域/复域间相互关联的,是混合域方法使用是否严谨、合理的关键所在,也是这类方法应用的难点所在。

第二章习题

题 2-1 控制系统的状态稳定性与其输入/输出稳定性的区别是什么?

题 2-2 给定线性时不变状态空间模型及其传递函数模型,试问,(1) 该系统为渐近稳定的充要条件是什么?(2) 该系统为有界输入/有界输出稳定的充要条件是什么?

题 2-3 试写出线性时不变连续时间状态空间模型的状态时间响应公式和输出时间响应公式,说明状态转移矩阵在其中的作用,以及两公式关于初始状态与控制输入的线性分解特性。

题 2-4 单输入单输出的传递函数在什么情况下,其状态空间实现中的直接转移项 D 不等于零,该参数如何确定?当 D 不为零,传递函数的分子和分母多项式阶次是否相同?

题 2-5 已知状态空间模型为 $\dot{\boldsymbol{x}}=\boldsymbol{A}\boldsymbol{x}+\boldsymbol{B}\boldsymbol{u}, \boldsymbol{y}=\boldsymbol{C}\boldsymbol{x}$,写出其系统多项式矩阵和多项式矩阵描述。若设该系统是单输入单输出的,试写出其系统零点多项式和传递零点多项式。

题 2-6 已知系统的状态空间模型为 $\dot{\boldsymbol{x}}=\boldsymbol{A}\boldsymbol{x}+\boldsymbol{B}\boldsymbol{u}, \boldsymbol{y}=\boldsymbol{C}\boldsymbol{x}$,写出其对偶状态空间模型。请说明两个对偶状态空间模型的特征多项式之间和传递函数模型之间各有什么关系?

题 2-7 试求以下状态空间模型的传递函数。其中，a，b，c 均为常数。

$$\begin{cases} \dot{\boldsymbol{x}} = \begin{bmatrix} 0 & 1 \\ -a & -b \end{bmatrix} \boldsymbol{x} + \begin{bmatrix} 0 \\ c \end{bmatrix} \boldsymbol{u} \\ \boldsymbol{y} = \begin{bmatrix} 1 & 1 \end{bmatrix} \boldsymbol{x} \end{cases}$$

题 2-8 单输入 $u(t)$ 和单输出 $y(t)$ 的线性时不变系统的微分方程为：

$$\ddot{y}(t) + 4\dot{y}(t) + 3y(t) = \ddot{u}(t) + 6\dot{u}(t) + 8u(t)$$

试求：(1)建立对角线形的状态空间模型实现；(2)根据所建立状态空间模型实现，计算该系统的传递函数。

题 2-9 考虑图 2-25 所示的由两个质量块和三组弹簧构成的机械系统。各弹簧的弹性系数均为 k，两质量体的质量相同均为 m。试以质量体的位移变量 y_1、y_2 和位移速度 $\dot{y}_1$、$\dot{y}_2$ 为状态变量，求取该机械系统的状态方程。

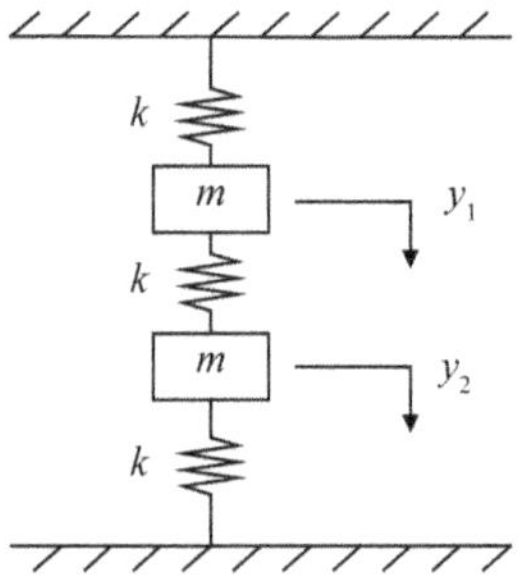

图 2-25 题 2-9 的弹簧/质量块机械系统

题 2-10 已知某线性时不变系统的状态空间模型的状态矩阵为

$$\boldsymbol{A} = \begin{bmatrix} 0 & 1 & 0 \\ 0 & 0 & 1 \\ 0 & 1 & 0 \end{bmatrix}$$

试用两种以上的方法求取状态转移矩阵 $e^{\boldsymbol{A}t}$。

题 2-11 已知某系统的状态方程为 $\dot{\boldsymbol{x}}(t) = \boldsymbol{A}\boldsymbol{x}(t) + \boldsymbol{B}\boldsymbol{u}(t)$，其中状态矩阵和输入矩阵分别为：

$$\boldsymbol{A} = \begin{bmatrix} -12 & 2/3 \\ -36 & -1 \end{bmatrix}, \boldsymbol{B} = \begin{bmatrix} 1/3 \\ 1 \end{bmatrix}$$

在初始状态 $\boldsymbol{x}(0) = [1, -1]^{\mathrm{T}}$ 和单位阶跃输入 $u(t) = 1(t)$ 时，试计算该系统

的状态向量解。

题 2-12 给定二阶线性时不变系统的状态空间模型，其各系数矩阵为：

$$\boldsymbol{A}=\begin{bmatrix}\alpha & -1\\0 & \beta\end{bmatrix},\boldsymbol{B}=\begin{bmatrix}1\\1\end{bmatrix},\boldsymbol{C}=[1\quad -1]$$

试写出对应的能控性矩阵和能观测性矩阵，分别判断该系统的状态为完全能控或完全能观测时的系数 α、β 的取值范围。如果要求给定状态空间模型是对应传递函数 $\boldsymbol{G}(s)=\boldsymbol{C}(s\boldsymbol{I}-\boldsymbol{A})^{-1}\boldsymbol{B}$ 的最小实现，状态矩阵 $\boldsymbol{A}$ 中的系数 α、β 需要满足什么关系？

第三章
MATLAB 基础

§1 MATLAB 简介

目前,在国际流行的科技应用软件中,数学类(区别于文字处理类和图像处理类)软件共有几十款之多。从它们的数学处理的原始内核来看,不外乎两种类型:数值计算型和数学分析型。前者如 MATLAB、Xmath 等,它们对大量数据具有较强的管理、计算和可视化能力,运行效率高;后者如 Mathematica、Maple 等,它们擅长于符号计算,可以得到问题的解析符号解和任意精度解,但处理大量数据时速度较慢。

1.1 MATLAB 的发展历程

MATLAB 是美国 MathWorks 公司研发的商业数学软件。MATLAB 是 Matrix 和 Laboratory 两个词的前 3 个字母的组合,称为矩阵实验室。20 世纪 70 年代后期,时任美国新墨西哥大学计算机系主任的 Cleve Moler 博士和他的同事,在讲授线性代数课程时为学生设计了一组调用 LINPACK 和 EISPACK 库程序的"通俗应用"的接口,即采用 Fortran 语言编写的 MATLAB。20 世纪 80 年代初期,Moler 等一批数学家与软件专家组建了 MathWorks 软件开发公司,继续从事 MATLAB 的研究和开发,1984 年推出了第一个 MATLAB 商业版本,其核心用 C 语言编写。而后,MATLAB 又添加了丰富多彩的图形图像处理、多媒体、符号运算,以及与其他流行软件的接口功能,功能越来越强大。

MATLAB 的各版本都主要包括 MATLAB 和 Simulink 两大部分。其中,MATLAB 可以进行矩阵运算、绘制函数和数据、实现算法、创建用户界面、连接其他编程语言程序等,附加工具箱进一步扩展了 MATLAB 的环境和功能，以解决特定领域的科学计算和工程分析问题。Simulink 则提供了交互式图形化环境和可定制模块库对各种时变系统进行设计、仿真、执行和测试。Simulink 与 MATLAB 紧密集成，可以直接使用 MATLAB 大量的工具来进行算法研发、仿真的分析和可视化、处理脚本的创建、建模环境的定制以及信号参数和测试数据的定义。

1.2 MATLAB 的语言特性

MATLAB 除了具有强大数值计算和图形功能以外，还有其他语言难以比拟的特点和功能。

1. 语言简洁，交互性好，编程效率高，使用方便。

MATLAB 语法简单，允许使用数学形式的语言编写程序，提供的大量内置函数使程序简洁紧凑，简单高效。MATLAB 语言是一种解释执行的语言，使用命令窗口可实时编辑、逐条运行命令和函数，并逐条获取结果；使用脚本编辑器编写的 M 程序文件，可直接运行，不需要进行额外的编译和链接步骤。

2. 强大的绘图能力，便于数据可视化。

MATLAB 的图形处理功能强大，提供了大量内置二维、三维绘图函数，以及丰富多彩的图形显示方法。通过对图形的线型、立面、色彩、渲染、光线以及视角等属性的处理，可将二维、三维及多维数据的特性表现得淋漓尽致。

3. 开放性好，易于扩充，并拥有领域广泛的工具箱。

除内部函数以外，MATLAB 的其他文件都是公开、可读可改的源文件，用户可根据需要改写源文件或加入自己的程序文件，或创建工具箱。MATLAB 拥有学科众多、领域广泛的工具箱，涉及领域包括数值分析计算、数学建模、信号与系统分析、通信系统仿真、控制系统设计与优化、图像处理与视觉理解等。

4. 与其他语言有良好的接口。

MATLAB 语言与 C/C++、Java、Python 等语言有良好的接口，可实现不同语言间的跨平台数据交互，也可充分利用已有资源。

1.3 MATLAB 的工作环境

本书以最新的 MATLAB R2022a 版本为例，介绍 MATLAB 的工作环境及其强大的帮助系统。安装好 MATLAB 之后，将在 Windows 桌面上生成 MATLAB R2022a 的图标，单击该图标即可启动。MATLAB R2022a 的主界面由标题栏、菜单栏、工具栏,以及命令行窗口、工作区等子窗口组成,如图 3-1 所示。

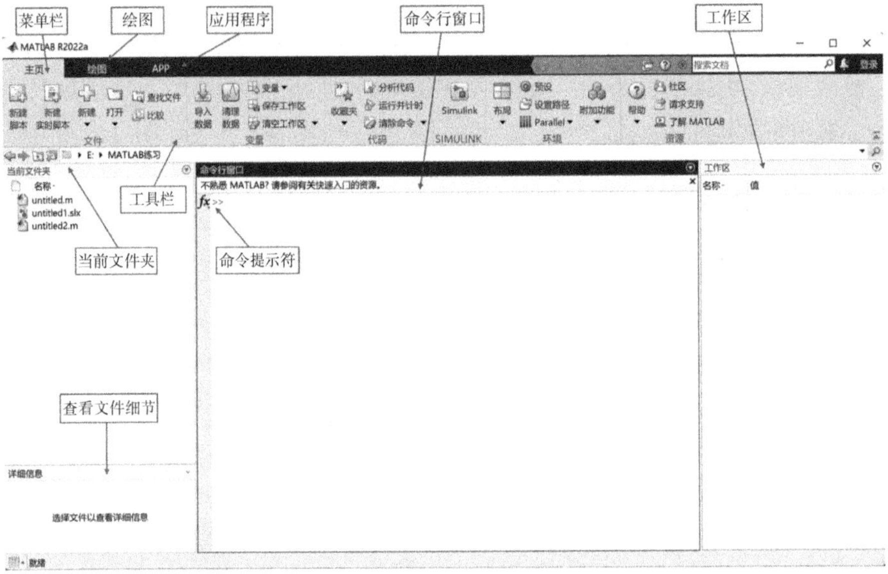

图 3-1　MATLAB R2022a 的主界面

1. 工具栏

MATLAB R2022a 的工具栏在主界面的顶部,分若干功能模块,包括文件设置、变量设置、代码分析、Simulink、环境设置、资源设置等。

(1) 文件设置

文件设置用于各类文件的新建、打开和查找等。单击“新建脚本”按钮,打开 M 文件编辑器;单击“新建实时脚本”按钮,创建组合输出格式扩展名为.mlx 的脚本文件;单击“新建”按钮,打开下拉菜单,可创建 M 文件、实时脚本文件、函数、类、系统对象、工程等。“打开”按钮用于打开已经建立的脚本文件或组合文件;“查找文件”用于查找已经存在的文件。

(2) 变量设置

变量设置用于新建、打开、保存变量,清除工作区中的变量等。程序需要从外部读入数据时,可通过“导入数据”按钮将外部.mat 文件中的数据导入工作区,或者通过其他程序调用导入工作区。用户也可将工作区变量以.mat 文件的形式保存。“保存工作区”可通过菜单选项、save 命令或快捷菜单进行。

(3) 代码分析

代码分析用于分析当前文件夹中的程序代码文件、清除命令行窗口和命令历史记录窗口中的命令。

（4）Simulink

单击“Simulink”按钮可进入 Simulink 工作环境，可选择 Blank Model 创建仿真模型，或使用系统提供的模板创建，在窗口右侧可查看最近操作的仿真文件和创建工程文件等，如图 3-2 所示。

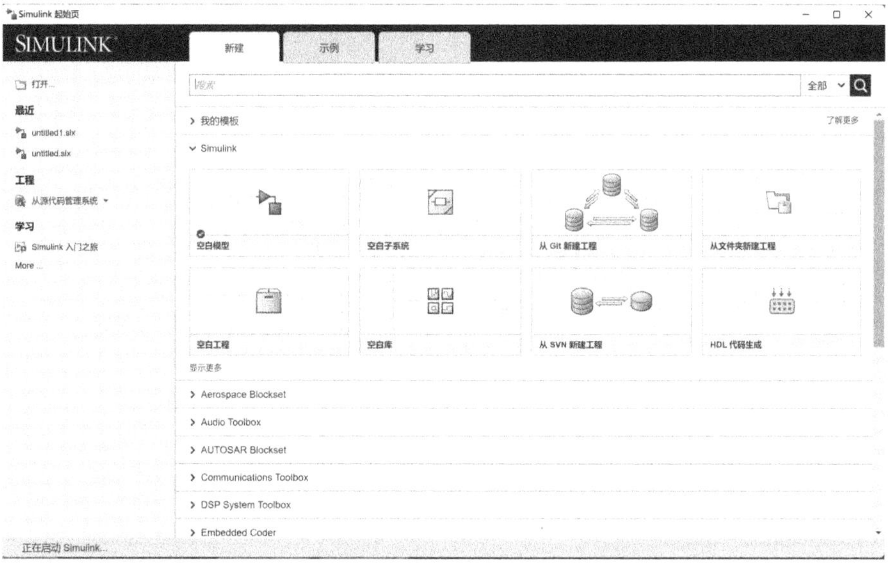

图 3-2　Simulink 工作环境

（5）环境设置

环境设置用于设置窗口中工具栏、子窗口的布局和工作文件夹等。单击“预设”按钮可打开“预设项”对话框，进行环境、格式的显示设置，包括各个窗口的颜色、字体、边界、调试、帮助、附加功能、快捷键的环境设置等。附加功能包括为特定任务、交互式应用程序和资源管理的扩展功能。

（6）资源设置

资源设置给出了 MATLAB 的帮助功能，单击“帮助”按钮，可进入 MATLAB 的帮助系统。

2. 子窗口

主界面主要包括三个子窗口：当前文件夹、命令行窗口、工作区。

（1）当前文件夹

当前文件夹用于显示当前工作文件夹下的所有文件和子文件夹。启动

MATLAB 后，MATLAB 安装文件夹下的 R2022a/bin 文件夹默认为当前文件夹。通过子窗口顶部的“浏览文件夹”按钮，可以选择当前工作文件夹。同时，在当前文件夹窗口可以对文件进行管理。

(2) 命令行窗口

命令行窗口是进行操作的主要窗口，可在提示符“>>”后直接输入变量、表达式、函数、数组运算等，无需对变量进行预定义。输入命令后，系统按照顺序检查该命令是否为变量、内部函数，或. m 文件，显示运行结果以及错误信息。

常用操作命令如表 3-1 所示。

表 3-1　常用操作命令

命令	说明	命令	说明
clc	清除命令行窗口	dir	查看指定目录下的文件和子目录清单
clear	清除工作区变量	save	保存工作区或工作区中任何指定文件
clear all	清除工作区所有变量和函数	load	将. mat 文件导入工作区
clf	清除图形窗口内容	cd	设置当前工作目录
type	显示指定文件的所有内容	md	创建目录
which	指出其后文件所在的目录	more	使其后的显示内容分页进行
edit	打开 M 文件编辑器	help	显示帮助信息
close	关闭指定窗口	exit/quit	关闭/退出 MATLAB
delete	删除指定文件	what	列出当前文件夹下的. m 文件和. mat 文件

(3) 工作区

工作区用于内存变量的查阅、保存和编辑。内存变量在工作区显示的信息形象而详细，包括尺寸、占用字节、类别等，也可通过在命令行窗口输入 who 或 whos 命令来查阅内存变量的信息。内存变量的导入、保存、删除等操作可通过对待处理变量点击右键来进行，或通过在命令行窗口输入 load、save、delete 等命令来实现。

1.4　帮助系统

MATLAB 提供了完善的帮助系统，在工具栏的资源设置部分，可打开帮助系统。帮助系统是交互式浏览器，如图 3-3 所示，左侧为导航栏，右侧显示左侧组件对应的帮助页面。在命令行窗口输入命令 helpbrowser 或 helpdesk 也可以打开帮助浏览器。

帮助浏览器的默认页面主要显示 MATLAB 和 SIMULINK 两个链接，

图 3-3 MATLAB 帮助系统

单击可以进入 MATLAB 和 SIMULINK 的帮助页面。在 MATLAB 编程帮助系统页面可以找到有关 MATLAB 编程的相关帮助信息，如 MATLAB 快速入门、语言基础知识、数据导入和分析等。此外，在帮助页面上提供了搜索编辑框，可以输入需查找的内容，检索对应的帮助信息。

除了浏览器帮助系统外，直接在命令行窗口输入"help 命令"或"help 函数"，将在命令行窗口列出该命令或函数的帮助信息。

1.5 Simulink 简介

Simulink 是 MATLAB 的一个重要组件，是实现动态系统建模、仿真和综合分析的集成软件包，被广泛应用于线性/非线性系统、数字控制及数字信号处理的建模与仿真。Simulink 与用户交互的接口是基于 Windows 的模型化图形输入，通过调用、连接按功能分类的基本的系统模块，就可以构成所需要的系统模型，从而进行仿真与分析。因此，使用 Simulink 实现系统的仿真，用户可以把更多的精力投入到系统模型的构建，而非语言的编写上。

Simulink 模型的一般组件包括信源、系统、信宿三个部分，如图 3-4 所示。其中，信源是指输入信号源模型，常用信号源有正弦波、阶跃信号、三角函数波、斜波和脉冲波等；系统模块是系统模型的核心模块，用于模拟系统被控对象；信宿是信号输出、显示模块，常用信号输出显示方式有示波器显示、数字显示、输出到工作区等。

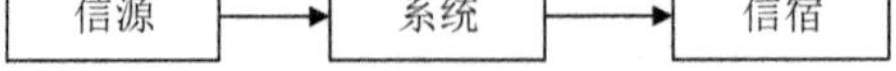

图 3-4 Simulink 模型的一般组件

Simulink 模型数学上是一组微分方程或差分方程，视觉上是一个直观的方框图，文件上是扩展名为 MDL 的 ASCII 代码，而行为上则在模拟物理器件构成的实际系统的动态特性。

§2 数据类型

数组是 MATLAB 最基本、最重要的数据对象。单个数据（标量）也可以看成是数组的特例。MATLAB 的数据类型可以分为数值型、字符串型、元胞、构架和符号对象。本节将介绍这些数据类型及其运算。

2.1 常量与变量

MATLAB 使用的数据有常量和变量两类。

1. 常量

常量有实数常量和复数常量，实数常量也可以看成是虚部为零的复数常量的特例。MATLAB 的常量如表 3-2 所示。

表 3-2 MATLAB 的常量

常量	含义
pi	圆周率 π
eps	浮点数的相对误差
i,j	虚数单位，定义为 $\sqrt{-1}$
realmin	最小的正实数
realmax	最大的正实数
Inf(或 inf)	无穷大，正无穷为 Inf，负无穷为 -Inf
Nan(或 nan)	不定式，通常为 0/0 或 Inf/Inf

如果定义的变量名与常量相同，系统将覆盖常量的值。因此，变量定义时尽量避免与常量同名。

2. 变量

变量不需要事先定义。但是，变量的命名规则如下：

(1) 变量名由英文字母、数字、下划线组成，区分英文字母的大小写；

(2) 变量名必须以英文字母开头；

(3) 变量名的字符长度不超过 64 个。

当 MATLAB 命令的结果没有赋给任何变量时，默认赋予特殊变量 ans 或 ANS，且该特殊变量只保留最近一次运算结果。

3. 常用标点符号

标点符号在 MATLAB 中的地位极其重要，常用标点符号及其含义如表 3-3 所示。

表 3-3　标点符号

标点符号	含义	标点符号	含义
:	冒号操作符	;	分号
(	圆括号	%	注释号
[	方括号	'	转置符或引号
.	小数点	=	赋值符号
..	原始目录	==	等于号
…	连续号	>	大于号
,	逗号	<	小于号

2.2　数值数组及其运算

数值数组是一组实数或复数排成的长方阵列。一维数组通常指单行或单列的数据，即行向量或列向量；二维数组在结构上与矩阵没有区别；多维数组则是矩阵在维度上的扩张。但是，MATLAB 中数组的运算和矩阵的运算有较大的区别。矩阵运算遵循明确而严格的数学规则，而数组运算则是 MATLAB 以数据管理方便、操作简单、指令形式自然和执行计算的有效为目的而定义的专门运算规则。

1. 创建一维数组

一维数组包括行向量和列向量，是所有元素排列在一行或一列中的数组。实际上，一维数组可以看作二维数组在某一方向(行或列)尺寸退化为 1 的特殊形式。

创建一维行向量，只需要把所有用空格或逗号分隔的元素用方括号括起来即可；而创建一维列向量，则需要在方括号括起来的元素之间用分号分隔。不过，更常用的办法是用转置运算符(')，把行向量转置为列向量。创建行向量和列向量案例如下：

```
>>A = [1 2 3 4]
A =
        1      2      3      4
>>B = [1; 2; 3; 4]
B =
        1
        2
        3
        4
```

2. 创建二维数组

常规创建二维数组的方法实际上和创建一维数组方法类似，就是综合运用方括号、逗号、空格，以及分号。方括号把所有元素括起来，不同行元素之间用分号间隔，同一行元素之间用逗号或者空格间隔，按照逐行排列的方式顺序书写每个元素。当然，在创建每一行或列元素的时候，可以利用冒号和函数的方法，只是要特别注意，在创建二维数组时，要保证每一行(或每一列)具有相同数目的元素。创建二维数组案例如下：

```
>> A = [1 2 3; 2 5 6; 1 4 5]
A =
        1      2      3
        2      5      6
        1      4      5
```

3. 数组大小

数组大小是数组的最常用属性，它是指数组在每一个方向上具有的元素个数。例如，对于含有 10 个元素的一维行向量数组，在行的方向上(纵向)只有 1 个元素(1 行)，在列的方向上(横向)则有 10 个元素(10 列)。

MATLAB 中最常用的返回数组大小的是 size 函数。size 函数有多种用法，对于一个 m 行 n 列的数组 A，可以按以下两种方式使用 size 函数：

● d=size(A) ＃将数组 A 的行列尺寸以一个行向量的形式返回给变量

d,即 d=[m n]。

● [a,b]=size(A)# 将数组 A 在行、列的方向的尺寸返回给 a,b,即 a=m,b=n。

length 函数常用于返回一维数组的长度。

● 当 A 是一维数组时,length(A)返回此一维数组的元素个数。

● 当 A 是普通二维数组时,length(A)返回 size(A)得到的两个数中较大的那个。

在 MATLAB 中,空数组被默认为行的方向和列的方向尺寸都为 0 的数组,但如果自定义产生的多维空数组,则情况可能不同。

MATLAB 中还有返回数组元素总个数的函数 numel,对于 m 行 n 列的数组 A,numel(A)实际上返回 m×n。

4. 数组数据类型

数组作为一种 MATLAB 的内部数据存储和运算结构,其元素可以是各种各样的数据类型。对应于不同的数据类型的元素,可以有数值数组(实数数组、浮点数值数组、整数数组等)、字符数组、元胞数组、字符串的元胞数组、结构体数组等,MATLAB 中提供了测试一个数组是否是这些类型的数组的测试函数,如表 3-4 所示。

表 3-4 数组数据类型测试函数

测试函数	说明
isnumeric	测试一个数组是否以数值型变量为元素
isreal	测试一个数组是否以实数数值型变量为元素
isfloat	测试一个数组是否以浮点数值型变量为元素
isinteger	测试一个数组是否以整数型变量为元素
islogical	测试一个数组是否以逻辑型变量为元素
ischar	测试一个数组是否以字符型变量为元素
isstruct	测试一个数组是否以结构体型变量为元素
iscell	测试一个数组是否以元胞型变量为元素
iscellstr	测试一个数组是否以结构体的元胞变量为元素

表 3-4 中,所有的测试函数都是以 is 开头,紧跟着一个测试内容关键字,它们的返回结果依然是逻辑类型,返回 0 表示不符合测试条件,返回 1 表示符合测试条件。

2.3 字符串

字符串类型常用于代码标记、错误和警告输出、图形图像的标注、本地文件操作等方面，也是极重要的数据类型。

在 MATLAB 中，单个字符按照 Unicode 编码存储，每一个字符占两个字节。MATLAB 内部用字符的编码数值对字符/字符串进行运算，因此，字符串本质上是一个数字串，不过其输出到屏幕时则按照字符格式显示。

1. 创建字符串

在 MATLAB 中，字符串创建分成单行字符串和多行字符串创建。

(1) 单行字符串创建

创建单行字符串只需要把字符内容用单引号(')括起来即可，还可以用方括号([])连接多个字符串组成较长的字符串，或者用 strcat 函数将多个字符串横向连接成更长的字符串。

用方括号连接时，字符串中所有空格都会保留下来，用 strcat 函数连接字符串时，被连接的每一个字符最右边的所有空格将被截切。

单行字符串的创建案例如下：

```
>> a = '   a'; b = 'b  b'; c = 'c   ';          %用单引号创建字符串，都由四个字符组成
>> length(a), length(b), length(c)      %获取字符串长度
ans =
     4
ans =
     4
ans =
     4
>> ABC = [a b c]    %用方括号连接三个字符串，空格不被截切
ABC =
    '   ab  bc   '
>> length(ABC)
ans =
    12
>> sAC = strcat(a,c)    %用 strcat 函数连接字符串，每个字符串最
```

右边的空格被截切

```
sAC =
    '   ac'
>> length(sAC)
ans =
     5
>> AC = [a, c]
AC =
    '   ac   '
>> length(AC)
ans =
     8
```

(2) 多行字符串创建

以二维字符数组的创建为例,二维字符数组相当于把多个字符串纵向连接起来。这种连接也可以用方括号,但在各行字符串之间要用分号(;)分隔。

除此之外,MATLAB 还提供 strvcat 函数和 char 函数用于纵向连接多个字符串。用方括号纵向连接的每一行字符串要求长度相同,否则必须用函数法连接。

strvcat 函数连接多行字符串时,不要求每行长度相等,MATLAB 会自动把非最长行的字符串最右边补空格,使所有行和最长的字符串具有相同长度。char 函数和 strvcat 函数类似,不过 strvcat 函数会自动忽略空字符串,而 char 函数连接时,会把空字符串也用空格填满,然后连接。创建二维字符数组案例如下:

```
>> a = 'a';
>> b = 'bb';
>> c = '';
>> [a, b]
ans =
     'abb'
>> [a, ''; b]
ans =
  2×2 char 数组
```

```
        'a '
        'bb'
>> sAB = strvcat(a, b)   %strvcat 连接,不要求每行等长
sAB =
  2×2 char 数组
     'a '
     'bb'
>> size(sAB)
ans =
       2     2
>> sABC = strvcat(a, b, c)   %strvcat 连接,空字符串被忽略
sABC =
  2×2 char 数组
       'a '
       'bb'
>> size(sABC)
ans =
       2     2
>> cABC = char(a, b, c)   %char 连接,空字符串也被空格填满
cABC =
  3×2 char 数组
     'a '
     'bb'
     '  '
```

2. 字符串操作

MATLAB 中,对字符串常用的操作有:字符串的比较、字符串的替换和查找、字符串与数值数组之间的转换等。

(1) 字符串比较

字符串的比较操作包括:

- 比较两个字符串是否完全的或者部分的相同;
- 比较两个字符串中逐个字符是否相同;
- 检查字符串中的单个字符是否为字母、数字等。

MATLAB 中比较两个字符串是否相同的函数有 strcmp，strncmp，strcmpi 三个。

- strcmp 可以比较两个字符串是否完全相同。若是，则返回逻辑真；否则返回逻辑假；
- strncmp 可以比较两个字符串的前 n 个字符是否相同。若是，返回真；否则返回假；
- strcmpi 可以比较两个字符串是否完全相同。

strcmpi 与 strcmp 类似，不过比较的时候忽略字母大小写的差别。strncmpi 与 strncmp 类似，区别同样是 strncmpi 比较两个字符串前 n 个字符时，忽略字母大小写的差别。

(2) 字符串替换和查找

MATLAB 中用 strrep 函数进行字符串的替换。strrep 的语法格式为：

strrep(str1，str2，str3)

它把 strl 中所有的 str2 子串用 str3 来替换。strrep 对字母的大小写敏感，只能替换 strl 中与 str2 完全一致的子串。

MATLAB 中有丰富的字符串查找函数，如表 3-5 所示。

表 3-5　MATLAB 中的字符串查找函数

函数	语法	说明
strfind	strfind(str，pattern)	查找 str 中是否具有 pattern 子串，返回子串出现位置，没有出现则返回空数组
findstr	findstr(str1，str2)	查找 str1 和 str2 中，较短字符串在较长字符串中出现的位置，没有出现则返回空数组
strmatch	strmatch(pattern，str) strmatch(pattern，str，'exact')	检查 pattern 是否和 str 最左侧的部分一致 检查 pattern 是否和 str 完全一致，相当于 stremp
strtok	strtok(str，char)	返回 str 中由 char 指定的字符前部分和之后的部分，默认的 char 为空格、制表符或换行符

从表 3-5 可以看出：

(1) strfind 函数中两个输入参数有先后之分，用于明确知道在哪个字符串中查找子串的情形；

(2) findstr 的两个输入参数没有先后分别，在对两个字符串长度未知的情况下使用；

(3) strmatch 实际上是比较 pattern 和 str 中前 length(pattern)个字符是否一致；

(4) strtok 可以用于从句子中分割截取单词。

2.4 元胞

元胞数组可以存储不同类型、不同尺寸的数据。元胞数组是对常规的数值数组的扩展。其每一个元素称为一个元胞，每一个元胞中可以存储任意类型、任意尺寸的数据。

1. 元胞数组创建

元胞数组的创建有两种方法：直接对各个元胞赋值，或者用 cell 函数创建。创建元胞数组时，没有明确赋值的元胞被 MATLAB 默认赋值为空数组。

(1) 直接赋值法

元胞数组的各类操作中，经常要用到花括号({})。在赋值语句中，花括号有两种使用方法：花括号用在下标索引上，则出现在赋值语句等号左侧，那么右侧只写索引表示的位置上元胞内的数据；若左侧下标索引用圆括号括起来，则右侧的元胞数据要用花括号括起来。

(2) cell 函数法

cell 函数创建元胞数组的语法格式为：

```
arrayName=cell(m,n)
```

其意义是创建包含 m 行 n 列个元胞的元胞数组 arrayName。

这一语句只用于元胞数组的预声明，之后还需要对每一个元胞内的数据进行初始化赋值，这就和上一种方法类似了。

创建元胞数组案例如下：

```
>>A(1, 1) = {[1 4 3; 0 5 8; 7 2 9]};
>>A(1, 2) = {'Anne Smith'};
>>A(2, 1) = {3+7i};
>>A(2, 2) = {[]};
>> A
A =
      2×2 cell 数组
      {3×3 double   }        {'Anne Smith'}
      {[3.0000 + 7.0000i]}   {0×0 double }
```

```
>>B(3, 3) = {'Hello'};
>> B
B =
      3×3 cell 数组
      {0×0 double}    {0×0 double}    {0×0 double}
      {0×0 double}    {0×0 double}    {0×0 double}
      {0×0 double}    {0×0 double}    {'Hello'}
>> whos
  Name      Size        Bytes    Class    Attributes
  A         2×2         524      cell
  B         3×3         178      cell
```

2. 元胞数组显示

MATLAB 中默认用紧密格式显示元胞数组。这种格式下，绝大部分类型的元胞只显示其数据类型和尺寸，而不显示具体的数据内容。

MATLAB 提供了 celldisp 函数，可以用来逐个显示元胞的具体数据内容。

cellplot 函数则可以绘制出图像，显示元胞数组的结构。

3. 元胞数组操作

元胞数组数据访问的方法有两种：

(1) 用花括号括起的下标索引能够直接访问元胞单元内的数据。

(2) 用圆括号括起来的下标索引只能定位元胞单元位置。访问返回结果仍然是一个元胞类型的数组(特殊情况下为 1 ×1 的元胞数组)，通常用于从较大的元胞数组中裁剪产生数组子集。

需要删除元胞数组中某些单元时，只需要用圆括号括起目标单元的下标，并赋值为空数组即可。

reshape 函数可以改变元胞数组的形状，在改变形状时还是按照行-列-页的优先顺序。

4. 嵌套元胞数组

和结构体类型类似，元胞数组也可以互相嵌套，就是一个元胞单元中存储了元胞数组类型的数据。嵌套元胞数组的创建和操作案例如下：

```
>>A(1, 1) = {magic(5)};
>> A{1, 2} (1, 1) = {[5 2 8; 7 3 0; 6 7 3]};    %A(1, 2)是一个嵌
```

套在内层的元胞数组

```
>>A{1, 2} (1, 2) = {'Test 1'};
>>A{1, 2} (2, 1) = {[2-4i 5+7i]};
>>A{1, 2} (2, 2) = {cell(1, 2)};
A =
      1×2 cell 数组
      {5×5 double}     {2×2 cell}
>> celldisp(A)
A{1} =
        17    24    1     8     15
        23    5     7     14    16
        4     6     13    20    22
        10    12    19    21    3
        11    18    25    2     9
A{2}{1, 1} =
        5     2     8
        7     3     0
        6     7     3
A{2}{2, 1} =
        2.0000 - 4.0000i     5.0000 + 7.0000i
A{2}{1, 2} =
                             Test 1
A{2}{2, 2}{1} =
                             []
A{2}{2, 2}{2} =
                             []
```

5. 元胞数组函数

MATLAB 中的元胞数组函数如表 3-6 所示。

表 3-6　元胞数组函数

函数	说明
deal	将输入变量赋值给输出变量

续表

函数	说明
cell	创建指定尺寸的元胞数组
celldisp	逐个显示元胞单元的数据
cellplot	用图形方式显示元胞数组结构
cell2struct	把元胞数组转换成结构体
num2cell	把数值数组转换成元胞数组
iscell	测试某个对象是否为元胞类型

2.5 架构数组

架构数组(Structure Array)把一组彼此相关、数据结构相同但类型不同的数据组织在一起,便于管理和引用,类似于数据库,但其数据组织形式更灵活。比如,学生成绩档案,可用架构数组表示。

架构数组元素是结构类型数据,包含结构类型的所有域,类似于数据库中的记录;number、name、course、score 等为域名(Filed),类似于数据库中的字段名。架构数组名与域名之间以圆点“.”间隔,不同域的维数、类型可以不同,用以存储不同类型的数据。

1. 架构数组的创建

(1) 通过赋值创建架构数组

通过对架构数组的各个域进行赋值,即可创建架构数组。给域进行赋值的语法格式为:

```
struct_name(record#).field_name=data
```

创建 1×1 的架构数组时可省略记录号。赋值创建架构数组案例如下:

```
>>student.number = '200507310251';
>> student.name = '刘志佳';
>> student.course = { '高数 1'  '英语 1'  '体育 1'  '物理 1'  '马哲'
'线代'  '制图'; ...
'高数 2'  '英语 2'  '体育 2'  '物理 2'  '邓论'  '电路'  '语文'} ;
>>student.score = [90 85 63 70 84 92 65; 91 76 82 88 75 87 91];
>> student
student =
  包含以下字段的 struct:
```

```
    number: '200507310251 '
      name: '刘志佳'
    course: {2×7 cell}
     score: [2×7 double]
>> size(student)
ans =
     1     1
```

(2) 利用函数 struct 创建架构数组

利用 struct 函数创建架构数组的格式为

① struct_name=struct('field1',{},'field2',{},…)

② struct_name=struct('field1',values1,'field2',values2,…)

利用格式①的命令创建架构数组时，只创建含指定域名的空架构数组；利用格式②的命令创建架构数组时，valuesn 以元胞数组的形式指定各域的值。

2. 架构数组的操作

有关架构数组的函数如表 3-7 所示。

表 3-7　架构数组的相关函数

函数名	说明
struct	创建架构数组
isstruct	判定是否为架构数组，是架构数组时，其值为真
fieldnames	获取架构数组域名
setfield	设定域值
getfield	获取域值
isfield	判定域是否在架构数组中，在架构数组中时，其值为真
rmfield	删除架构数组中的域
orderfields	域排序

§3　基本运算

MATLAB 中的运算包括数值运算和符号运算。数值运算和符号运算在程序设计中应用十分广泛。数值运算用于数值计算，符号运算则是用于比较两个操作数。

3.1 数值运算

每当难以对一个函数进行积分或者微分以确定一些特殊的值时，可以借助计算机在数值上近似所需的结果，从而生成其他方法无法求解的问题的近似解。这在计算机科学和数学领域，称为数值分析。本小节涉及的数值分析的主要内容有插值与多项式拟合、数值微积分、线性方程组的数值求解、微分方程的求解等，掌握这些主要内容及相应的基本算法有助于分析、理解、改进甚至构造新的数值算法。

1. 多项式

在 MATLAB 中，多项式表示成向量的形式，它的系数是按降序排列的。只需将按降幂次序的多项式的每个系数填入向量中，就可以在 MATLAB 中建立一个多项式。例如，多项式

$$s^4+3s^3-15s^2-2s+9 \tag{3-1}$$

在 MATLAB 中，按下面方式组成一个向量

$$x=[1\ 3\ -15\ -2\ 9] \tag{3-2}$$

MATLAB 会将长度为 $n+1$ 的向量解释成一个 n 阶多项式。因此，若多项式某些项系数为零，则必须在向量中相应位置补零。例如多项式

$$s^4+1 \tag{3-3}$$

在 MATLAB 环境下表示为

$$y=[1\ 0\ 0\ 0\ 1] \tag{3-4}$$

多项式的四则运算包括多项式的加、减、乘、除运算。下面以对两个同阶次多项式 $a(x)=x^3+2x^2+3x+4$，$b(x)=x^3+4x^2+9x+16$ 做加减乘除运算为例，说明多项式的四则运算过程。

- 多项式相加，即 $c(x)=a(x)+b(x)$，则有

$$c(x)=2x^3+6x^2+12x+20 \tag{3-5}$$

- 多项式相减，即 $d(x)=a(x)-b(x)$，则有

$$d(x)=-2x^2-6x-12 \tag{3-6}$$

- 多项式相乘，即 $e(x)=a(x)b(x)$，则有

$$e(x)=x^6+6x^5+20x^4+50x^3+75x^2+84x+64 \tag{3-7}$$

- 多项式相除，即 $f(x)=\dfrac{e(x)}{b(x)}=a(x)$，则有

$$f(x)=x^3+2x^2+3x+4 \tag{3-8}$$

多项式的加减在阶次相同的情况下可直接运算，若两个相加减的多项式阶次不同，则低阶多项式必须用零填补高阶项系数，使其与高阶多项式有相同的阶次。表 3-8 是与多项式操作有关的函数。

表 3-8　多项式函数和功能

函数	功能
conv(a,b)	乘法
[q,r]=deconv(a,b)	除法
poly(r)	用根构造多项式系数
polyadd(x,y)	加法
polyval(p,x)	计算 x 点的多项式值
poly2sym(p)	将系数多项式变成符号多项式
roots(a)	求多项式的根

2. 插值和拟合

在大量的应用领域中，很少能直接用分析方法求得系统变量之间函数关系，一般都是利用测得的一些分散的数据节点，运用各种拟合方法来生成一条连续的曲线。例如，我们经常会碰到形如 $y=f(x)$ 的函数。从原则上说，该函数在某个 $[a\quad b]$ 区间上是存在的，但通常只能获取它在 $[a\quad b]$ 上一系列离散节点的值，这些值构成了观测数据。函数在其他 x 点上的取值是未知的，这时只能用一个经验函数 $y=g(x)$ 对真函数 $y=f(x)$ 作近似。

根据实验数据描述对象的不同，常用来确定经验函数 $y=g(x)$ 的方法有两种：插值和拟合。如果测量值是准确的，没有误差，一般用插值；如果测量值与真实值有误差，一般用曲线拟合。在 MATLAB 中，无论是插值还是拟合，都有相应的函数来处理。

3. 数值微积分

在工程实践与科学应用中，经常要计算函数的积分与微分。当已知函数

形式求函数的积分时，理论上可以利用牛顿-莱布尼兹公式来计算。但在实际应用中，经常接触到的许多函数都找不到其积分函数，或者函数难以用公式表示(例如只能用图形或表格给出)，或者有些函数在用牛顿-莱布尼兹公式求解时非常复杂，有时甚至计算不出来。微分也存在相似的情况，此时，需考虑这些函数的积分和微分的近似计算。

严格地讲，我们在实际中所获取的数据都是离散型的，比如我们从某一天开始统计某商品的产量：

$$y_n = f(n) \quad n = 1, 2, \cdots \tag{3-9}$$

这就是一个离散型函数。这里自变量的改变量 $\Delta n = 1$，变化率近似地用

$$\Delta y_n = \frac{\Delta y_n}{\Delta n} = f(n+1) - f(n) \tag{3-10}$$

来代替，这就是我们所讲的差分(点 n 处的一阶差分)，Δ 称为差分算子。

对连续函数也可类似考虑，设 $y = f(x)$，考虑点 x_0，先选定步长 h，构造点列

$$x_n = x_0 + nh (n = 0, 1, 2, \cdots) \tag{3-11}$$

可得函数值序列

$$y_n = f(x_0 + nh) = f(n) \tag{3-12}$$

此时称 $\Delta y = f(1) - f(0) = f(x_0 + h) - f(x_0)$ 为函数 $y = f(x)$ 在 x_0(或 $n = 0$)点的一阶差分。

在 MATLAB 中用来计算两个相邻点的差值的函数为 diff，相关的语法有以下 4 个：

- diff(x) ＃返回 x 对预设独立变量的一次微分值；
- diff(x,'t') ＃返回 x 对独立变量 t 的一次微分值；
- diff(x,n) ＃返回 x 对预设独立变量的 n 次微分值；
- diff(x,'t',n) ＃返回 x 对独立变量 t 的 n 次微分值。

其中 x 代表一组离散点 $x_k, k = 1, \cdots, n$。计算 dy/dx 的数值微分为 dy = diff(y)/diff(x)。

4. 线性方程组的数值解

线性方程组的求解不仅在工程技术领域涉及到，而且在其他的许多领域

也经常碰到,因此这是一个应用相当广泛的课题。关于线性方程组的数值解法一般分为两类:直接法,迭代法。直接法是在没有舍入误差的情况下,通过有限步四则运算求得方程组准确解的方法。直接法主要包括矩阵相除法和消去法。迭代法是先给定一个解的初始值,然后按一定的法则逐步求出解的近似值的方法。

(1) 直接法

● 矩阵相除法

在 MATLAB 中,线性方程组 $\boldsymbol{AX}=\boldsymbol{B}$ 的直接解法是用矩阵除来完成的,即 $\boldsymbol{X}=\boldsymbol{A}\backslash\boldsymbol{B}$。若 $\boldsymbol{A}$ 为 $m\times n$ 的矩阵,当 $m=n$ 且 $\boldsymbol{A}$ 可逆时,给出唯一解;当 $n>m$ 时,矩阵除给出方程的最小二乘解;当 $n<m$ 时,矩阵除给出方程的最小范数解。

● 消去法

方程的个数和未知数个数不相等,用消去法。将增广矩阵(由 $[a\quad b]$ 构成)化为简化阶梯形,若系数矩阵的秩不等于增广矩阵的秩,则方程组无解;若两者的秩相等,则方程组有解,方程组的解就是行简化阶梯形所对应的方程组的解。

(2) 迭代法

迭代法是指用某种极限过程去逐步逼近线性方程组的精确解的过程,迭代法是解大型稀疏矩阵方程组的重要方法。相比较于 Gauss 消去法、列主元消去法、平方根法这些直接法来说,迭代法具有求解速度快的特点,在计算机上计算尤为方便。

迭代法解线性方程组的基本思想是:先任取一组近似解初值 $\boldsymbol{X}^{(0)}=(x_1^0,x_2^0,\cdots,x_n^0)^{\mathrm{T}}$,然后按照某种迭代规则(或称迭代函数),由 $\boldsymbol{X}^{(0)}$ 计算新的近似解 $\boldsymbol{X}^{(1)}=(x_1^1,x_2^1,\cdots,x_n^1)^{\mathrm{T}}$,类似地由 $\boldsymbol{X}^{(1)}$ 依次得到 $\boldsymbol{X}^{(2)}$, $\boldsymbol{X}^{(3)}$, …, $\boldsymbol{X}^{(k)}$, …当$\{\boldsymbol{X}^{(k)}\}$收敛时,有 $\lim\limits_{k\to\infty}\boldsymbol{X}^{(k)}=\boldsymbol{X}^*$,其中 $\boldsymbol{X}^*$ 为原方程组的解向量。

5. 稀疏矩阵

当一个矩阵中只含一部分非零元素,而其余均为“0”元素时,我们称这一类矩阵为稀疏矩阵(Sparse Matrix)。在实际问题中,相当一部分的线性方程组的系数矩阵是大型稀疏矩阵,而且非零元素在矩阵中的位置表现得很有规律。若像满矩阵(Full Matrix)那样存储所有的元素,对计算机资源是一种很大的浪费。为了节省存储空间和计算时间,提高工作效率,MATLAB 提供了稀疏矩阵的创建命令和稀疏矩阵的存储方式。

（1）以 sparse 创建稀疏矩阵

在 MATLAB 中可以由 sparse 创建一个稀疏矩阵，其语法为

- S=sparse(A)：将一个满矩阵 A 转化为一个稀疏矩阵 S。若 S 本身就是一个稀疏矩阵，则 sparse(S)返回 S。
- S=sparse(i,j,s,m,n,nzmax)：利用向量 i、j 和 s 产生一个 m ×n 阶矩阵，nzmax 用于指定 A 中非零元素所用存储空间大小(可省略)，向量 i、j 和 s 长度相同。s 中的任何零元素及相应的 i 和 j 将被忽略并且 s 中具有相同的 i 和 j 的元素会被加在一起。
- S=sparse(i,j,s,m,n)：在第 i 行、第 j 列输入数值 s，矩阵共 m 行 n 列，输出 S 为一个稀疏矩阵，给出(i,j)及 s。
- S=sparse(i,j,s)：比较简单的格式，只输入非零元的数据 s 以及各非零元的行下标 i 和列下标 j。
- S=sparse(m,n)：sparse([],[],[],m,n,0)的省略形式，用来产生一个 m ×n 的全零阵。

（2）以 spdiags 创建对角稀疏矩阵

如果待创建稀疏矩阵的非零元素位于矩阵的对角线上，可通过函数 spdiags 来完成。函数 spdiags 的调用格式如下：

- [B,d]=spdiags(A)：从 m ×n 阶矩阵 A 中抽取所有非零对角线元素，B 是 min(m,n)×p 阶矩阵，矩阵的列向量为矩阵 A 中 p 个非零对角线，d 为 p ×1 阶矩阵，指出矩阵 A 中所有非零对角线的编号。
- B=spdiags(A,d)：从矩阵 A 中抽取指定编号 d 的对角线元素。
- A=spdiags(B,d,A)：用矩阵 B 的列向量代替矩阵 A 中被 d 指定的对角线元素，输出仍然是稀疏矩阵。
- A=spdiags(B,d,m,n)：利用矩阵 B 的列向量生成一个 m ×n 大小的稀疏矩阵 A，并将它放置在 d 所指定的对角线上。

6. 常微分方程的数值解

微分方程是描述一个变量关于另一个变量的变化率的数学模型。很多基本的物理定律，包括质量、动量和能量的守恒定律，都自然地表示为微分方程。在 MATLAB 中利用函数 dsolve 可求解微分方程(组)的解析解。由于在工程实际与科学研究中遇到的微分方程往往比较复杂，在很多情况下，都不能给出解析表达式，这些情况下不适宜采用高等数学课程中讨论解析法来求解，而须采用数值解法来求近似解。

常微分方程数值解法的思路是：对求解区间进行剖分，然后把微分方程离散成在节点上的近似公式或近似方程，最后结合定解条件求出近似解。下面讨论常微分方程初值问题在 MATLAB 中的解法。

常微分方程：

$$\frac{dy}{dx}=f(x,y) \tag{3-13}$$

其中，$f(x,y)$ 是自变量 x 和因变量 y 的函数。求微分方程 $y'=f(x,y)$ 满足初始条件 $y|_{x=x_0}=y_0$ 的特解的问题，称为一阶微分方程的初值问题，记作

$$\begin{cases} y'=f(x,y) \\ y|_{x=x_0}=y_0 \end{cases} \tag{3-14}$$

微分方程的解的图形是一条曲线，称为微分方程的积分曲线。初值问题的几何意义就是求微分方程的通过点 (x_0,y_0) 的那条积分曲线。

3.2 符号运算

符号运算工具箱中的一些命令，它们的参数既可以是符号型，又可以是字符型，而还有很多命令它们的参数则必须是非符号型。鉴于符号型数据是符号运算的主要数据类型，只采用符号型数据作为命令的参数。

1. 符号型数据变量的创建

创建符号型数据变量需要专门的命令 sym 和 syms。

sym 命令的用处之一是创建单个的符号变量，创建方法如下：

```
>> A = sym('A')
A =
        A
```

syms 命令的使用则要比 sym 方便，它一次可以创建任意多个符号变量，而且命令的格式简练。因此一般以 syms 命令来创建符号变量。它的使用格式为：

```
syms var1 var2 ...
```

2. 符号表达式的创建

(1) 用 str2sym 命令直接创建符号表达式

这种创建方式不需在前面有任何说明，因此使用非常快捷。但在此创建过程中，包含在表达式内的符号变量并未得到说明，也就不存在于工作空间。

（2）按照普通书写形式创建符号表达式

这种创建方法与 sym 命令相反。它需要在具体创建一个符号表达式之前，就将这个表达式所包含的全部符号变量创建完毕。但在创建这个表达式时，只需按给其赋值时的格式输入即可完成。

3. 符号方程的创建

符号方程与符号表达式不同，表达式只是一个由数字和变量组成的代数式，而方程则是由表达式和等号组成的等式。在 MATLAB 中，符号方程的创建方法类似于创建符号表达式的第 1 种方法。

创建符号方程的唯一方法是：

```
equ=str2sym('EQUATION')
```

举例如下：

```
>> e1 = str2sym('a * x^2+b * x+c=0');
>> e2 = str2sym('x * y * z=e');
>> e1
e1 =
     a * x^2 + b * x + c == 0
>> e2
e2 =
     x * y * z == e
```

4. 符号矩阵的创建

（1）用 str2sym 命令直接创建符号矩阵

str2sym 命令的使用方法与前面创建符号表达式及方程的用法类似。所创建的符号矩阵的元素可以是任何符号变量及符号表达式和方程，且元素的长度允许不同。在输入格式上，矩阵行之间以（;）隔断，各矩阵元素之间用（,）或空格分隔。案例如下：

```
>> stranger = str2sym('[1 x/0 sin(x); y/x, 1+1/y, tan(x/y)=0; 1=0 3+3, 4 * r]')
stranger =
   [1,           Inf * x,       sin(x)]
   [y/x,         1/y+1,         tan(x/y) == 0]
   [1 ==0,       6,             4 * r]
```

矩阵 stranger 的确表现出了 str2sym 命令对所创建矩阵的元素不加限制。但在例子中(,)与空格同用只是为了表现在分隔元素上二者作用的等同,在实际使用中,为了格式与页面的整洁,建议只采取一种分隔方法。

(2) 以类似创建普通数值矩阵的方法创建符号矩阵

这种创建方法与按照普通书写形式创建符号表达式的方法类似,同样需要在创建符号矩阵之前,就将这个矩阵的元素所包含的全部符号变量创建完毕。而在创建这个矩阵时,只需按创建普通数值矩阵的格式输入即可完成。

§4 程序设计

MATLAB 提供特有的函数功能,虽然可以解决许多复杂的科学计算以及工程设计问题,但是在一些复杂情况或者解决问题方法过于烦琐的情况下,需要编写专门的程序。本节以 M 文件为基础,详细介绍 MATLAB 语言的流程结构和程序的基本编写流程。

4.1 M 文件

在实际应用中,在命令行窗口中输入简单的命令无法满足用户所有的需求,为了解决复杂的工作需要,MATLAB 提供了另一种工作方式,即用 M 文件编程。

M 文件因其扩展名为. m 而得名,它是一个标准的文本文件,因此可以在任何文本编辑器中进行编辑、存储、修改和读取。M 文件的语法类似于一般的高级语言,是一种程序化的编程语言,但它又比一般的高级语言简单,且程序容易调试、交互性强。MATLAB 在初次运行 M 文件时将其代码装入内存,再次运行该文件时直接从内存中取出代码运行,因此会大大提高程序的运行速度。

M 文件有两种形式:脚本文件(或命令文件)(Script File)和函数文件(Function File)。脚本文件通常用于执行一系列简单的 MATLAB 命令,运行时只需输入文件名字,MATLAB 就会自动按顺序执行文件中的命令;函数文件和脚本文件不同,它可以接受参数,也可以返回参数,在一般情况下,用户不能靠单独输入其文件名来运行函数文件,而必须由其他语句来调用,MATLAB 的大多数应用程序都以函数文件的形式给出。一个 M 文件包含许多连续的 MATLAB 命令,它也可以引用其他的 M 文件,可以递归。

1. 命令文件

在实际应用中，需要经常重复使用的命令，就可以利用 M 文件来实现。运行命令时，只需要在命令行窗口中输入 M 文件的文件名，系统会自动逐行地运行 M 文件中的命令。命令文件中的语句可以直接访问 MATLAB 工作区（Workspace）中所有的变量，在运行过程中，产生的所有变量均是命令工作空间变量，这些变量一旦生成，就一直保存在内存空间中，除非用户执行 clear 命令将它们清除。

M 文件可以在任何文本编辑器中编辑，同时 MATLAB 也会提供相应的 M 文件编辑器。在命令行窗口中输入 edit，直接进入 M 文件编辑器；也可以在“主页”选项卡中依次选择“新建”“脚本”命令，或直接单击主页选项卡中的“新建脚本”图标，进入 M 文件编辑器。

例 3-1 编写矩阵加法的命令文件。

解：该命令文件的编写步骤如下：

(1) 在命令行窗口输入 edit 直接进入 M 文件编辑器，并将其保存为 matrixadd. m。

(2) 在 M 文件编辑器中输入命令，创建简单矩阵及加法运算。

```
%matrixadd. m
A=[2 3 40; 52 45 -75; 4 8 9]; %输入矩阵 A
B=[1 -25 5; 25 38 7; 29 38 5]; %输入矩阵 B
C=A+B  %矩阵相加
```

(3) 在 MATLAB 命令行窗口输入文件名 matrixadd. m，运行程序，得到如下结果。

```
>>matrixadd. m
C=

      3   -22   45
     77    83  -68
     33    46   14
```

注意：MATLAB 忽略“%”后面的所有文字，因此该符号可以引导注释。此外，以“;”结束一行可以停止输出打印，在一行的最后输入“…”可以续行，以便在下一行继续输入命令。

2. 函数文件

如果 M 文件的第一个可执行语句以 function 开始，该文件就是函数文件，每一个函数文件都定义一个函数。函数文件是为了实现某种特定功能而编写的。事实上，MATLAB 提供的函数命令大部分都是由函数文件定义的，这足以说明函数文件的重要。从使用的角度看，函数是一个“黑箱”，把一些数据送进去，经加工处理，把结果送出来。

函数文件与命令文件主要区别在于：函数文件要定义函数名，一般都带有参数和返回值（部分函数文件不带参数和返回值），函数文件的变量仅在函数的运行期间有效，一旦函数运行完毕，其所定义的一切变量都会被系统自动清除；命令文件一般不需要带参数和返回值（部分命令文件也会带参数和返回值），且其中的变量在执行后仍会保存在内存中，直到被 clear 命令清除。

4.2 MATLAB 语言的流程结构

一般而言，程序设计语言的流程结构大致可以分为顺序结构、循环结构与分支结构三种。MATLAB 程序设计语言也不例外，但它要比其他程序设计语言简单易学。下面介绍 MATLAB 中的几种程序结构。

1. 顺序结构

顺序结构是一种最简单易学的结构，它由多个 MATLAB 语句顺序构成，各语句之间用分号隔开（若不加分号，则必须分行编写），程序执行也是按照由上至下的顺序进行。

2. 循环结构

在使用 MATLAB 进行数值计算以及工程设计时，往往会使用很多循环结构。在循环结构中，被重复执行的语句组称为循环体。常用的循环结构有两种：for 循环与 while 循环。

(1) for 循环

在 for 循环语句中，循环次数一般情况下是已知的，除非用其他语句提前终止循环。这种循环以 for 开头、end 结束。语法格式如下：

```
for 变量=表达式
    可执行语句 1
    ...
    可执行语句 n
end
```

其中，“表达式”通常为形如 m:s:n(s 的默认值为 1)的向量，即变量的取值从 m 开始，以间隔 s 递增至 n，变量取值一次，循环执行一次。

(2) while 循环

如果不知道循环次数,可以选择 while 循环。它以 while 开始,以 end 结束。语法格式如下:

```
while 表达式
    可执行语句 1
    ...
    可执行语句 n
end
```

其中,"表达式"为循环控制语句,一般是由逻辑运算、关系运算和一般运算组成的表达式。若表达式值为非 0,则执行一次循环;否则停止循环。一般来说,for 循环可以实现的程序功能用 while 循环也可以实现。

3. 分支结构

分支结构也叫选择结构,即根据表达式值的情况来选择执行哪些语句。MATLAB 提供的分支结构包括:if-else 语句、switch 语句和 try-catch 语句,前两种比较常用。

(1) if-else 语句

if-else 语句包括三种形式。

- 形式一:

```
if 表达式
  语句组
end
```

说明:若表达式值非 0,则执行 if 与 end 之间语句组,否则直接执行 end 后面的语句。

- 形式二:

```
if 表达式
  语句组 1
else
  语句组 2
end
```

说明:若表达式值非 0,则执行语句组 1,否则执行语句组 2。

- 形式三:

```
if  表达式 1
```

```
    语句组 1
elseif  表达式 2
    语句组 2
...
else
          语句组 n
end
```

说明：执行语句时先判断表达式 1，非零则执行语句组 1，然后执行 end 之后的语句；表达式 1 为零时，判断表达式 2，非零执行语句组 2，然后执行 end 后语句；如此向下判断执行。如果假设都不成立，则执行 else 后的语句组 n。

（2）switch 语句

使用 switch 的分支结构一般用 if 语句也可以实现，但是 if 语句会让程序更加复杂且不容易维护。而 switch-case 语句的使用，会使多重分支结构更加清晰和一目了然，更方便后期的维护。语法格式如下：

```
switch      变量或表达式
  case      常量表达式 1
            语句组 1
  case      常量表达式 2
            语句组 2
  ...
  case      常量表达式 n
            语句组 n
  otherwise
            语句组 n+1
end
```

其中，switch 后边的“变量或表达式”可以为任何类型的变量或表达式。如果变量或表达式的值与其后边某个 case 中的常量表达式的值相等，则执行这个 case 和下一个 case 之间的语句组；否则就执行 otherwise 后面的语句组。当执行完一个语句组，程序便退出该分支结构，执行 end 后面的语句。

（3）try-catch 语句

这种分支结构在一般 MATLAB 语句中很少使用，但是这种特有的语句结构在程序调试中也有一定用处。语法格式如下：

```
try
        语句组 1
catch
        语句组 2
end
```

它先试探性地执行语句组 1，如果出错，则将错误信息存入系统保留变量 lasterr 中，然后再执行语句组 2；如果在执行语句组 2 的过程中，又出现错误，那么程序将自动终止，除非相应的错误被另一个 try-catch 结构捕获；如果不出错，则转向执行 end 后面的语句。此语句可以提高程序的容错能力，增加编程的灵活性。

4. 交互式输入命令

MATLAB 中还有一些交互式输入命令。中断命令 break 用于终止 for 循环和 while 循环的执行。返回命令 return 用于终止当前的命令序列，并返回到调用的函数或键盘。结束命令 continue 常用于 for 和 while 循环中，并与 if 一起使用，其作用是结束本次循环，即跳过其后的循环语句而直接进行下一次循环是否执行的判断。

用户输入提示命令 input 用来接收用户从键盘输入数据、字符串或表达式，并接收输入值。等待用户反应命令 pause 用于使程序暂时终止运行，等待用户按任意键后继续运行。等待键盘输入命令 keyboard 使程序进入暂时等待状态，但并没退出执行，可以修改参数，和运行其他指令等。

error 命令用于显示错误信息，同时返回键盘控制；warning 命令用于在程序运行时给出必要的警告信息，这在实际中是非常必要的。因为一些人为因素或其他不可预知的因素可能会使某些数据输入有误，如果编程者在编程时能够考虑到这些因素并设置相应的警告信息，那么就可以大大降低因数据输入有误而导致程序运行失败的可能性。

4.3 MATLAB 函数编写

在 MATLAB 编程过程中，除了调用其固有的函数功能，在面对复杂的工程设计过程中，需要设计编写特定的函数来解决相对应的问题。4.1 节已简要介绍程序编写的基础，这里详细介绍下函数文件的编写结构和流程。

1. MATLAB 函数的基本结构

MATLAB 的函数文件一般以 function 开头，以第一个函数为函数文件的主函数，外部文件只能调用主函数。一般要求函数名与函数文件名同名，外部文件和脚本通过函数文件名寻找函数。外部文件调用时，只在当前目录下寻找函数，如果需要其他文件夹下的函数，通过 addpath()命令添加路径。

MATLAB 函数的基本结构如下：

```
function  输出变量=函数名(输入变量)
          函数体
end
```

具体如下：

```
function  [output1,output2,...]=fun(input1,input2,...)
    %函数声明
    %函数体,如果该函数在 M 文件的最上面,为主函数
end
```

该函数存为 M 文件 fun.m，可在 MATLAB 命令行窗口调用，或被另外一个 M 文件调用。

函数文件有如下特征：

(1) 函数文件的第一行必须包含 function，命令文件没有这种要求。

(2) 第一行必须指定函数名、输入变量(参数)和输出变量(参数)。输入参数是从 MATLAB 的工作空间复制到函数工作空间的变量。

(3) 一个函数可以有 0 个、一个或几个输入参数和返回值。

(4) 函数文件有输入形参和输出形参，在声明函数的时候就确定了形参的个数，输入形参以圆括号(　)表示，输出形参以方括号[]表示(注：输出形参为一个的时候可以不用[])。每个形参的位置都是对应的，当没有输入参数或者输出参数时，可以缺省。另外调用函数的时候，有时需要传入参数和传出参数，参数的位置必须和形参的位置相对应。

当调用 MATLAB 内部函数时，使用 help 等可以查询函数的使用规则和函数功能，用户编写的函数在注释后也可以通过 help 进行查询，这样就可以构成函数的在线帮助文本了。

具体的注释规则如下：

(1) 第一注释行是函数文件名和函数功能，供 look for 和 help 使用；第一注释行之后为函数输入/输出参数的含义及调用格式说明等信息，构成全部在线帮助文本，在线帮助文本后空一行；空一行之后的注释行，包括文件编写和修改用于软件档案管理。

(2) 在命令行窗口和脚本文件下产生的变量都是放在主变量工作区的，是全局变量。但是，函数内部产生的是局部变量，除非特殊说明为全局变量，局部变量会在函数调用完毕后随函数的结束而清除。当然，也可以通过函数返回值来使变量传出函数，从而保存下来。声明一个变量为全局变量的语法格式为：

global 变量 1　变量 2

注意：声明全局变量时，变量之间必须使用空格隔开，不能用逗号！

2. MATLAB 函数编写举例

MATLAB 的 M 函数由 function 语句引导，他们的输入量和输出量可以是标量、数组、矩阵或者字符串。

例 3-2　编写分段函数 $f(x)=\begin{cases}2x+8 & x<-1\\ 3x & -1\leqslant x\leqslant 1\\ 4x-5 & x>1\end{cases}$ 的求解程序，并求出 $f(2)$ 的值。

解：该函数文件的编写步骤如下：

(1) 打开 M 文件编辑器，创建函数文件 f.m(文件名与函数名一致)。

```
function y = f(x)
%求分段函数 f(x)的值
    if x < -1
        y = 2 * x+8;
    elseif (x >= -1)&(x <= 1)
        y = 3 * x;
    else
        y = 4 * x-5;
    end
```

(2) 在命令行窗口输入 x 的值，并调用函数文件求出 $f(2)$ 的值。

```
>>x=2;
>>y=f(x)
y=
     3
```

例 3-3　验证魔方矩阵的特性。

解：该函数文件的编写步骤如下：

(1) 创建函数文件 magicmat. m。

```
function f = magicmat (n)
%该函数验证魔方矩阵的特性
    if n > 2
            x = magic(n)
            for j = 1:n
                rowval = 0;
                for i = 1:n
                    rowval = rowval+x(j,i); %计算各行元素之和
                end
                rowval
            end
            for i = 1:n
                colval = 0;
                for j = 1:n
                    colval = colval+x(i,j); %计算各列元素之和
                end
                colval
            end
    else  %计算对角线元素之和
            diagval = sum(diag(x))
    end
```

(2) 在命令行窗口调用魔方矩阵特性验证函数，n 取 4。这里省略运行结果。

例 3-4 编写求任意非负整数阶乘的程序，并求出 10 的阶乘的值。

解:该函数文件的编写步骤如下:

(1) 打开 M 文件编辑器，创建函数文件 factorcal. m(文件名与函数名一致)。

```
function s = factorcal (n)
%求任意非负整数 n 的阶乘
    if n < 0
        error('输入参数不能为负值');  %若输入参数为负数，报错
```

```
    return;
  else
    if n == 0
      s = 1;   %若 n 为 0,则阶乘为 1
    else
      s = 1;
      for i = 1:n
          s = s*i;
      end
    end
  end
```

(2) 在命令行窗口调用函数文件 factorcal.m,求 10 的阶乘。

```
>>s = factorcal(10)
s=
        3628800
```

在编辑函数文件时,MATLAB 也允许对函数进行嵌套调用和递归调用。被调用的函数必须为已经存在的函数,包括 MATLAB 的内部函数以及用户自己编写的函数。

● 函数的嵌套调用

函数的嵌套调用是指一个函数文件可以调用任意其他函数,被调用的函数还可以继续调用其他函数,这样可以大大降低函数的复杂性。

例 3-5 编写求 $1+\frac{1}{2!}+\frac{1}{3!}+\cdots+\frac{1}{n!}$ 的函数,其中 n 由用户输入。

解:该函数文件的编写步骤如下:

(1) 打开 M 文件编辑器,创建函数文件 sum_factorinv.m(文件名与函数名一致)。

```
function s = sum_factorinv(n)
%求 1+1/2! +... +1/n! 的值,n 为任意非负整数
  if n < 0
      disp('输入参数不能为负值');   %若输入参数为负数,报错
      return;
  else
```

```
        s = 0;
        for i = 1:n
            s=s+1/sum_factorinv (i);    %调用求阶乘函数 sum_
factorinv ()
        end
    end
```

(2) 在命令行窗口调用函数文件 sum_factorinv. m,求 $n=10$ 时阶乘的倒数的和。

```
>>s = sum_factorinv(10)
s=
    1.718 3
```

● 函数的递归调用

函数的递归调用指在调用一个函数的过程中直接或间接地调用函数本身。这种用法要注意不要陷入死循环,一定要掌握跳出递归的语句。

例 3-6 利用函数的递归调用编写求阶乘的函数。

解:该函数文件的编写步骤如下:

(1) 打开 M 文件编辑器,创建函数文件 factorial_1. m。

```
function s = factorial_1(n)
%用递归函数求阶乘,n 为任意非负整数
  if n < 0
        disp('输入参数不能为负值');  %若输入参数为负数,报错
        return;
  else
        if n == 0 | n == 1
            s = 1;
        else
            s = n * factorial_1(n-1);
        end
  end
```

(2) 在命令行窗口调用函数文件 factorial_1. m,求 $n=10$ 时的阶乘。

```
>>s = factorial_1 (10)
s =
```

3628800

注意:M 文件的文件名或者函数名应避免与 MATLAB 内置的函数和工具箱中函数名重名,否则可能出现执行错误。

§5 数据和函数的可视化

数据的可视化是 MATLAB 的强大功能之一,而这仅仅是 MATLAB 图形功能的一部分,MATLAB 的图形功能主要包括数据可视化、创建用户图形界面和简单数据统计处理等,其中,数据的可视化不仅仅是二维的,还可以在三维空间展示数据。MATLAB 不仅能绘制几乎所有的标准图形,而且其表现形式也是丰富多样的,在面向对象的图形设计基础上,使得用户可以用来开发各种专业的专用图形。

5.1 绘图的基本知识

在 MATLAB 中,每个具体的图形都是由若干个不同的图形对象组成,计算机屏幕是产生其他对象的基础,称为根对象,它包括一个或多个图形窗口对象。每个具体的图形必须有计算机屏幕和图形窗口对象。一个图形窗口对象有 3 种不同类型的子对象,其中的坐标轴又有 7 种不同类型的子对象。MATLAB 在创建每一个图形对象时,都为该对象分配了唯一值,称为图形对象句柄。句柄是图形对象的唯一标识符,不同图形对象的句柄是不可能重复和混淆的。改变句柄就可以改变图形对象的属性,从而对具体图形进行编辑,以满足实际需要。

1. MATLAB 图形窗口

在 MATLAB 中,绘制的图形被直接输出到一个新的窗口中,这个窗口和命令行窗口是相互独立的,被称为图形窗口。如果当前不存在图形窗口,MATLAB 的绘图函数会自动建立一个新的图形窗口;如果已存在一个图形窗口,MATLAB 的绘图函数就会在这个窗口中进行绘图操作;如果已存在多个图形窗口,MATLAB 的绘图函数就会在当前窗口中进行绘图操作(当前窗口通常是指最后一个使用的图形窗口)。在 MATLAB 中使用函数 figure 来建立图形窗口。

函数 figure 的调用方式有:

- figure:创建一个图形窗口。

● figure(n):查找编号(Number 属性)为 n 的图形窗口,并将其作为当前图形窗口,显示在其他所有图形窗口之上。如果不存在,则创建一个编号为 n 的图形窗口,n 为一个正整数,表示图形窗口的句柄。

● figure('PropertyName',PropertyValue,...):以指定的属性值,创建一个新的图形窗口,其中 PropertyName 为属性名,PropertyValue 为属性值。未指定的属性,取默认值。

● h=figure(...):调用函数 figure 时,同时返回图形对象的句柄。

执行 close 命令可关闭图形窗口,其调用方式有:

● close:关闭当前图形窗口,等效于 close(gcf)。

● close(h):关闭图形句柄 h 指定的图形窗口。

● close name:关闭图形窗口名 name 指定的图形窗口。

● close all:关闭除隐含图形句柄的所有图形窗口。

● close all hidden:关闭包括隐含图形句柄在内的所有图形窗口。

● status=close(...):调用 close 函数正常关闭图形窗口时,返回 1;否则返回 0。

清除当前图形窗口,使用如下命令:

● clf:清除当前图形窗口所有可见的图形对象。

● clf reset:清除当前图形窗口所有可见的图形对象,并将窗口的属性设置为默认值(Units、PaperPosition 和 PaperUnits 属性除外)。

5.2 二维图形

二维曲线是将平面上的数据连接起来的平面图形,数据点可以用向量或矩阵来表示。MATLAB 通过大量数据计算为二维曲线提供了应用平台,实现数据结果的可视化,具有强大的图形功能。本节将以二维图形的绘制为基础,介绍 MATLAB 绘图的方法和应用流程。

1. MATLAB 绘图流程

绘制一个简单的图形,一般会经历以下步骤:

(1) 原始数据的准备:需要在工作区中准备好需要绘图的数据,通常是一组已经计算好、等待绘图的数据向量和一组给定范围和精度的自变量向量;

(2) 选定图形窗口、子图的位置,即规定图形输出的窗口、在子窗口中绘制的位置;

(3) 调用绘图函数绘制图形,如果需要连续绘图应调用 hold on;

(4) 设置坐标轴范围、刻度、坐标网络；

(5) 利用对象属性值或者图形窗口工具栏设置线型、标记类型、大小、线宽(这一步也可在某些绘制函数调用时就调整好)；

(6) 添加文本描述(图像名称,坐标轴名称,图例注释,文本注释等)；

(7) 图像调整,输出打印。

2. 二维图形绘制的基础指令

(1) plot

plot 命令是最基本的绘图命令,也是最常用的一个绘图命令。当执行 plot 命令时,系统会自动创建一个新的图形窗口。若之前已经有图形窗口打开,那么系统会将图形画在最近打开过的图形窗口上,原有图形也将被覆盖,这里介绍一下 plot 的几种使用格式。

● plot(x)

若 x 为实向量,则以该向量元素的下标为横坐标,以 x 的各元素值为坐标,绘制二维曲线；

若 x 为复数向量,则等效于 plot(real(x),imag(x))；

若 x 为实矩阵,则按列绘制每列元素值相对其下标的二维曲线,曲线的条数等于 x 的列数；

若 x 为复数矩阵,则按列分别以元素实部和虚部为横、纵坐标绘制多条二维曲线。

● plot(x,y)

若 x、y 为长度相等的向量,即同维向量时,则绘制以 x、y 为横、纵坐标的二维曲线；

若 x 为向量,y 是有一维与 x 同维的矩阵,则以 x 为横坐标绘制出多根不同色彩的曲线,曲线的条数等于 y 矩阵的另一维数；

若 x 是矩阵,y 是向量时,同上,但以 y 为横坐标；

若 x、y 为同维矩阵,则绘制以 x、y 对应的列元素为横、纵坐标的多条二维曲线,曲线的条数与矩阵的列数相同。

● plot(x1,y1,x2,y2,...)

此函数功能为绘制多条曲线,并且(xi,yi)必须成对出现,等价于逐次执行 plot(xi,yi)命令,其中 i=1,2,…

● plot(x,y,s)：

此函数格式中 x、y 为向量或矩阵,s 为用单引号标记的字符串,用来设置所画数据点的类型、大小、颜色以及数据点之间连线的类型、粗细和颜色等。在应用过程中，s 可以是某些字母或者是符号的组合，s 也可以省略，这时将用 MATLAB 系统默认设置，曲线一律采用"实线"线型。不同曲线颜色以及 s 的设置如表 3-9 所示。

表 3-9　线条设置字符表

颜色类型		标记符号	
绿色	g	点	.
品红色	m	星号	*
蓝色	b	圆圈	o
灰色	c	加号	+
白色	w	叉号	x
黑色	k	无点	none
红色	r	正方形	square
黄色	y	菱形	diamond
线条类型		五角星形	pentagram
实线	—	六角星形	hexagram
虚线	— —	正三角	^
点划线	—·	倒三角	v
点线	:	向左三角形	<
无线	none	向右三角形	>

- plot(x1,y1,s1,x2,y2,s2,...)

这个函数格式的用法与 plot(x1,y1,x2,y2,...)用法相似，只是会增加参数的控制，等价于执行 plot(xi,yi,si)，其中 i=1,2,…

(2) fplot

fplot 命令是一个专门用于绘制一元函数图形的命令。在实际应用中，当对函数具体情况不清楚时，依据所选取的数据点作图可能会忽略真实函数的某些重要特性，造成研究损失。此时，可利用 fplot 命令来指导数据点的选取，通过其内部自适应算法，在函数变化比较平稳处所选取的数据点就会相对稀疏一点，在函数变化明显处所选取数据点就会自动密一些。

fplot 命令调用格式如下：

- fplot(f)：在默认区间[−5,5]内绘制由函数 $y=f(x)$ 定义的曲线。

定义的曲线改用函数句柄例如' sin(x) ',改为 @(x)sin(x)。

- fplot(f,lim):在指定的范围 lim 内画出一元函数 f 的图形。
- fplot(f,lim,s):用指定的线型 s 画出一元函数 f 的图形。
- fplot(f,lim,n):画一元函数 f 的图形时,至少描出 n+1 个点。
- fplot(funx,funy):在 t 的默认间隔[-5,5]上绘制由 x=funx(t)、y=funy(t)定义的曲线。
- fplot(funx,funy,tinterval):在指定的时间间隔内绘制。将间隔指定为[tmin tmax]形式的二元向量。
- fplot(...,LineSpec):指定线条样式、颜色和标记符号。
- fplot(...,Name,Value):使用一个或多个"名称-值"对参数指定行属性。
- fplot(ax,...):绘制到由 ax 指定的轴中,而不是当前轴(GCA)。指定轴作为第一个输入参数。
- fp=fplot(...):根据输入返回函数行对象或参数化函数行对象,使用 fp 查询和修改特定行的属性。
- [X,Y]=fplot(f,lim,...):返回横坐标与纵坐标的值给变量 X 和 Y,不绘制图像。

3. 多图形显示

在实际应用中,为了进行不同数据的比较,有时需要在同一个视窗下观察不同的图像,需要不同的操作命令进行设置。

(1) subplot

如果在同一图形窗口分割出所需要的几个窗口来,使用 subplot 命令,格式如下:

- subplot(m,n,p):将当前图形窗口分成 m×n 个子窗口,并在第 p 个子窗口建立当前坐标平面。子窗口按从左到右,从上到下的顺序编号,如果 p 为向量,则以向量表示的位置建立当前子窗口的坐标平面。
- subplot(m,n,p,'replace'):建立当前子窗口的坐标平面时,若指定位置已经建立了坐标平面,则以新建的坐标平面代替。
- subplot(h):指定当前子图坐标平面的句柄 h,h 为按 mnp 排列的整数。
- subplot('Position',[left bottom width height]):在指定的位置建立当前子图坐标平面,它把当前图形窗口看成是 1.0×1.0 的平面,所以 left、

bottom、width、height 分别在(0.0,1.0)的范围内取值,分别表示所创建当前子图坐标平面距离图形窗口左边、底边的长度,以及所建子图坐标平面的宽度和高度。

- h=subplot(...):创建当前子图坐标平面时,同时返回其句柄。值得注意的是:函数 subplot 只是创建子图坐标平面,在该坐标平面内绘制子图,仍然需要使用 plot 函数或其他绘图函数。

注意:这些子图的编号按行排列,例如第 s 行第 t 个视图区域的编号为 (s-1)×n+t。在此命令前没有任何打开过的图形窗口,系统将自动创建一个图形窗口,并将其分割成 m×n 个视图区域。

(2) tiledlayout

当需要显示当前图形窗口中的多个绘图,可用函数 tiledlayout()创建分块图布局。没有图形窗口,则 MATLAB 创建一个图形窗口并按照设置进行布局;若目前图形窗口包含一个现有布局,MATLAB 使用新布局替换该布局。

分块图布局包含覆盖整个图形窗口或父容器的不可见图块网络,每个图块可以包含一个用于显示绘图的坐标区。创建布局后,调用 nexttile()将坐标区对象放置到布局中,然后调用绘图函数在该坐标区中绘图。

(3) 多次叠绘 hold、hold on(off)

hold on 命令用于使当前轴及图形保持不变,准备接收此后 plot 所绘制新曲线;hold off 使当前轴及图形不再保持上述性质。

4. 其他坐标系下绘图命令

(1) 极坐标系绘图

在 MATLAB 中,polarplot 命令用来绘制极坐标系下的函数图像,调用格式如下:

- polarplot(theta,rho):在极坐标图中,theta 代表弧度,rho 代表每个点的半径值,输入必须是长度相等的向量或大小相等的矩阵。

- polarplot(theta,rho,LineSpec):在极坐标图中,LineSpec 内容用于设置线条线型、标记符号和颜色。

(2) 半对数坐标系绘图

MATLAB 提供的 semilogx 与 semilogy 命令可以很容易地实现半对数坐标系下绘图。前者用来绘制 x 轴为半对数坐标的曲线,后者用来绘制 y 轴为半对数坐标的曲线,他们调用格式一样,以 semilogx 为例,调用格式如下:

● semilogx(Y)：绘制以 10 为基数的对数刻度的 x 轴和线性刻度的 y 轴的半对数坐标曲线，若 Y 是实矩阵，则按列绘制每列元素值相对其下标的曲线图；若为复矩阵，则等价于 semilogx (real(Y)，imag(Y))命令。

● semilogx(Xi，Yi，...)：对坐标对(Xi，Yi)，i=1，2，…绘制所有的曲线，如果(Xi，Yi)是矩阵则以 Xi，Yi 对应的行或列元素为横纵坐标绘制曲线。

● semilogx(Xi，Yi，LineSpec，...)：对坐标对(Xi，Yi)，i=1，2，…绘制所有的曲线，设置曲线属性。

● semilogx(...，'PropertyName'，PropertyValue，...)：设置所有用 semilogx 命令生成的图形对象的属性。

● semilogx(ax，...)：在由 ax 指定的坐标区中创建线条。

● h=semilogx(...)：返回 line 图形句柄向量，每条线对应 1 个句柄。

(3) 双对数坐标系绘图

除了半对数坐标系绘图，MATLAB 还提供双对数坐标系下的绘图命令 loglog，它与 semilogx 使用格式相同。

5. 图形属性设置(坐标系、刻度)

在实际工程应用中，往往会涉及不同坐标系或坐标轴下的图形问题，一般情况下绘图命令使用的都是直角坐标系。下面简单介绍在绘图过程中对图框的调整命令。

MATLAB 绘图函数可根据绘制的曲线数据的范围自动选择合适的坐标系，使得曲线能完整清晰显示，所以一般不必自己选择绘图坐标，但是对于部分图形，若自动选择坐标不合适，需要自己选择坐标系，可以利用函数 axis()来实现该功能。其调用格式为：

```
axis(xmin,xmax,ymin,ymax,zmin,zmax)
```

该函数通过设置 x，y，z 坐标的最小值最大值，将坐标轴范围限制在最小值与最大值之间，其中函数输入参数可以根据二维和三维坐标系来确定是 4 个还是 6 个。axis 命令也可用于控制坐标轴的显示、刻度、长度等特征。

此外，坐标刻度标示函数 set()可设置 x 和 y 轴的刻度表示。其调用格式为：

```
set(gca,'xtick',标示向量)    %按照标示向量设置 x 轴的刻度表示
set(gca,'ytick',标示向量)    %按照标示向量设置 y 轴的刻度表示
set(gca,'xticklabel','字符串|字符串...')    %按照字符串设置 x 轴的刻度表示
```

set(gca,‘yticklabel’,‘字符串|字符串...’) %按照字符串设置 y 轴的刻度表示

6. 图形注释

MATLAB 提供一些常用的图形标注函数,利用这些可以添加图形标题、标注图形的坐标轴、为图形添加图例。

fill 用于填充二维封闭多边形。其调用格式为:

fill(X,Y,C) %根据 X 和 Y 中的数据创建填充的多边形,顶点颜色由颜色图索引的向量或矩阵 C 指定。

如果该多边形不是封闭的,函数 fill()可将最后一个顶点与第一个顶点相连以闭合多边形。

title 用于给图形对象加标题。其调用格式为:

title(target,‘text’) %将标题字符串‘text’添加到指定目标对象。

对坐标轴进行标注的命令有 xlabel、ylabel、zlabel,分别对 x 轴、y 轴和 z 轴进行标签,以 x 轴为例,其调用格式为:

xlabel(‘string’) %在当前 x 坐标轴上标注说明语句 string

7. 图形标注

图形标注常用 text、gtext、legend 命令等。text 命令的调用格式为:

text(x,y,‘string’) %在图形中指定位置(x,y)显示字符串 string

text(x,y,z,‘string’) %在三维图形空间中指定位置(x,y,z)显示字符串 string

gtext 命令可以实现鼠标在图形的任意位置进行标注,其调用格式如下:

gtext(‘string’,‘Property’,PropertyValue,...)

调用后鼠标指针会成为十字光标,通过移动鼠标来进行定位,光标移动到预定位置后按下鼠标左键或键盘上任意键都会在光标位置显示指定文本“string”。

在一幅图中出现多种曲线时,根据各自需求用 legend 命令对不同图例进行说明。为了使图像可读性更强,可利用 grid 命令给二维图形或三维图形坐标面增加分隔线。grid on,显示当前坐标区或图的网格线;grid off,删除当前坐标区或图的网格线。

8. 特殊图形绘制

为了满足工程过程各种需求,MATLAB 还提供各种特殊图形绘制命令。例如,二维条形图绘制命令 bar(竖直条形图)与 barh(水平条形图);面积图绘

制命令 area；饼图绘制命令 pie。

此外，在一些工程中也会常用到离散数据图形。例如，误差棒图绘制命令 errorbar，火柴杆图绘制命令 stem，阶梯图绘制命令 stairs。在物理等学科，需要绘制向量图。例如，罗盘图绘制命令 compass，羽毛图绘制命令 feather，箭头图绘制命令 quiver。

5.3 三维图形

二维图形在某些场合往往无法更直观地表示数据的分析结果，常常需要将结果表示为三维图形。同时，在工程应用中，也会更多利用三维视图来展现立体的工程设计。为此，MATLAB 提供了相应的三维绘图功能，三维绘图与二维绘图功能有异曲同工之效。本节主要介绍三维图形的绘图方法和效果。

1. 三维绘图

(1) 三维曲线绘图

● plot3

plot3 命令是二维绘图 plot 命令的扩展，因此它们的使用格式也基本相同，只是在参数中增加了第三维的信息。例如，plot(x，y，s)与 plot3(x，y，z，s)的意义是一样的，前者绘制的是二维图形，后者绘制的是三维图形，参数 s 用来控制曲线的类型、粗细、颜色等。因此，这里就不再给出它的具体使用格式了，读者可以按照 plot 命令的格式来学习。

● fplot3

fplot3 命令用于绘制符号函数。其调用格式为：

fpolt3(x，y，z)　%在系统默认区域 $x \in (-2\pi, 2\pi)$，$y \in (-2\pi, 2\pi)$上画空间曲线图

fpolt3(x，y，z，[a，b])　%绘制上述参数曲线在区域 $x \in (a, b)$，$y \in (a, b)$上的三维网格图

(2) 三维网格绘图

● mesh

mesh 命令生成由 X、Y 和 Z 指定的网线面，而不是单根曲线。其调用格式为：

mesh(X，Y，Z)　%绘制三维网格图，颜色和曲面的高度相匹配

除了 mesh 函数以外，还有 meshc 与 meshz 三维网格绘图函数，前者用来

画图形的网格线加基本等高线图，后者画图形的网格图与零平面的网格图。

若三维网格图不需要显示背后的网格，可以利用 hidden 命令来实现。hidden on/off，将网格设为不透明/透明状态；hidden 在 on/off 之间切换。

（3）三维曲面绘图

曲面图是在网格图的基础上，在小网格之间用颜色填充。它的一些特性正好和网格图相反，线条是黑色的，线条之间有颜色；而在网格图里，线条之间是黑色的，而线条有颜色。在曲面图里，用户不必考虑像网格图一样隐蔽线条，但要考虑用不同的方法对表面加色彩。

- surf 命令

surf 命令调用格式与 mesh 命令完全一致，可以参考 mesh 命令进行调用。

三维曲面还包括柱面与球面，它们的绘制命令分别是 cylinder 与 sphere。

（4）三维图形等值线

MATLAB 中有许多绘制等值线的命令。例如，contour 绘制二维图等值线命令，可看作三维曲面向 x—y 平面上的投影；contour3 是最常用的绘制等值线命令，可生成一个定义在矩阵格栅上曲面的三维等值线图；fcontour 用于绘制符号函数 $f(x,y)$ 的等值线图。

2. 三维图形修饰处理

（1）视角处理

在现实空间中，从不同角度或位置观察某一事物时，会呈现不同效果。MATLAB 提供的 view 命令可以在不同视角及位置来观察空间图形。其命令调用格式为：

view(az,el)　%给三维空间图形设置观察点的方位角 az 与仰角 el

view(v)　%根据二元素或三元素数组 v 设置视线。

二元素数组的值分别是方位角和仰角；三元素数组的值是从图框中心点到照相机位置所形成向量的 x，y 和 z 的坐标。

（2）颜色处理

色图明暗控制命令 brighten，其命令调用格式为：

brighten(beta)　%增强或减弱色图的色彩强度

若 0<beta<L，则增强色图强度；若－1<beta<0，减弱色图强度。

brighten(map,beta)　%增强或减弱指定为 map 的颜色图的色彩强度

色轴刻度命令 caxis，其命令调用格式为：

caxis([cmin cmax]) %将颜色的刻度范围设置为[cmin cmax]

小于 cmin 或大于 cmax 的数据将分别映射于 cmin 与 cmax;处于 cmin 与 cmax 之间的数据将线性地映射于当前色图。

颜色渲染设置命令 shading,其命令调用格式为:

shading flat %使网格图上的每一线段与每一小面有相同颜色

shading faceted %用重叠的黑色网格线来达到渲染效果。

shading interp %在每一线段与曲面上显示不同的颜色

(3) 光照处理

MATLAB 中绘制三维图形时,不仅可以画出带光照模式的曲面,还能在绘图时指定光线的来源。

● 带光照模式的三维曲面 surfl

surfl 命令用来画一个带光照模式的三维曲面图,该命令显示一个带阴影的曲面,结合了周围的、散射的和镜面反射的光照模式。想获得较平滑的颜色过渡,需要使用有线性强度变化的色图(如 gray、copper、bone、pink 等)。其命令调用格式为:

surfl(Z) %以向量 Z 的元素生成一个三维的带阴影的曲面

surfl(X,Y,Z) %以矩阵 X、Y、Z 生成一个三维的带阴影的曲面

其中,阴影模式中的默认光源方位为从当前视角开始,逆时针转 45 度。

● 光源位置及照明模式 lightangle

在绘制带光照的三维图像时,可以利用 light 命令与 lightangle 命令来确定光源位置,其中 light 命令使用格式非常简单,light('color',s1,'style',s2,'position',s3),并且 color、style 与 position 的位置可以互换;s1、s2、s3 为相应的可选值。lightangle 命令调用格式为:

lightangle(az,el) %在由方位角 az 和仰角 el 确定的位置放置光源

lightangle(ax,az,el) %在 ax 指定的坐标区而不是当前坐标区上创建光源

5.4 图像处理

MATLAB 还可以用于图像处理,比如图像读写以及一些显示和查询。

1. 图像读写

MATLAB 支持的图像格式有 *. bmps、*. cur、*. gif、*. hdf、*. ico、*. jpg、*. pbm、*. pcx、*. pgm、*. png、*. ppm、*. ras、*. tiff 以及 *. xwd。对于这些格式的图像文件,MATLAB 提供了相应的读写命令。

(1) 图像读入

在 MATLAB 中,imread 命令用于读入各种图像文件。其调用格式见表 3-10。

表 3-10 imread 命令调用格式

调用格式	说明
A=imread(filename)	从 filename 指定的文件中读取图像,从其内容推断文件的格式。
A=imread(filename,fmt)	参数 fmt 用来指定图像的格式,默认的文件目录为当前工作目录。
A=imread(...,idx)	读取多帧图像文件中的一帧,idx 为帧号。
A=imread(...,Name,Value)	使用一个或多个"Name-Value"参数对,以及前述任何输入参数指定特定格式的选项。
[A,map]=imread(...)	将 filename 中的索引图像引入 A,并将其关联的颜色图读入 map。图像文件中的颜色图值会自动重新调整到范围[0,1]。
[A,map,alpha]=imread(...)	在[A,map]=imread(…)的基础上还返回图像透明度,仅适用于 PNG、CUR 和 ICO 文件。

(2) 图像写入

imwrite 命令用于写入各种图像文件。其调用格式见表 3-11。

表 3-11 imwrite 命令调用格式

调用格式	说明
imwrite(A,filename)	将图像的数据 A 写入文件 filename,并从扩展名推断出文件格式
imwrite(A,map,filename)	将图像 A 的索引图像和颜色映像矩阵写入文件 filename
imwrite(...,Name,Value)	使用一个或多个"Name-Value"参数对,以指定 GIF,HDF,JPEG,PBM,PGM,PNG,PPM 和 TIFF 文件输出的其他参数
imwrite(...,fmt)	以 fmt 指定的格式写入图像

2. 图像显示和信息查询

通过 MATLAB 窗口可以将图像显示出来,并可以对图像的一些基本信息进行查询。

(1) 图像显示

MATLAB 中常用的图像显示命令有 image、imagesc 以及 imshow。image 命令有两种调用格式:一种是通过调用 newplot 命令来确定在什么位置绘制图像,并设置相应轴对象的属性;另一种是不调用任何命令,直接在当前窗口中绘制图像,这种用法的参数列表只能包括属性名称及值对。imagesc 命令与 image 命令很相似,不同在于前者可以自动调整值域范围。三种图像显示命令的调用格式见表 3-12、表 3-13、表 3-14。

表 3-12 image 命令调用格式

调用格式	说明
image(C)	将矩阵 C 中的值以图像形式显示出来
image(x,y,C)	指定图像位置,其中 x,y 为二维向量,分别定义 x 轴与 y 轴的范围
image(...,name,value)	在绘制图像前需要调用 newplot 命令,后面的参数定义了属性名称及相应的值
image(ax,...)	在由 ax 指定的坐标区中而不是当前坐标区(gca)中创建图像
handle=image(...)	返回所生成的图像对象的柄

表 3-13 imagesc 命令调用格式

调用格式	说明
imagesc(C)	将矩阵 C 中的值以图像形式显示出来
imagesc(...,clims)	其中 clims 为二维向量,它限制了 C 元素的取值范围
imagesc(x,y,C)	指定图像位置,其中 x,y 为二维向量,分别定义了 x 轴与 y 轴的范围
imagesc(...,name,value)	使用一个或多个“名称-值”对组参数指定图像属性
imagesc(ax,...)	在由 ax 指定的坐标区中而不是当前坐标区(gca)中创建图像
h=imagesc(...)	返回所生成的图像对象的柄

表 3-14 imshow 命令调用格式

调用格式	说明
imshow(I)	显示灰度图像 I
imshow(I,[low high])	显示灰度图像 I,其值域[low,high]
imshow(RGB)	显示真彩色图像
imshow(BW)	显示二进制图像
imshow(X,map)	显示索引色图像,X 为图像矩阵,map 为调色板
imshow(filename)	显示 filename 文件中的图像
himage=imshow(...)	返回所生成的图像对象的柄
imshow(...,Name,Value)	根据参数及相应的值来显示图像

(2) 图像信息查询

在利用 MATLAB 进行图像处理时,可以利用 imfinfo 命令查询图像文件的相关信息。这些信息包括文件名、文件最后一次修改的时间、文件大小、文件格式、文件格式的版本号、图像的宽度与高度、每个像素的位数以及图像类型等。其调用格式见表 3-15。

表 3-15　imfinfo 命令调用格式

调用格式	说明
info=imfinfo(filename)	查询图像文件 filename 的信息
info=imfinfo(filename,tmt)	查询图像文件 filename 的信息,查找不到则查找名为 filename.tmt 的文件

第三章习题

题 3-1　请指出以下变量名中哪些是合法的?

abcd-2　xyz_3　3chen　a 变量　ABCDefgh

题 3-2　命令 clear,clf,clc 各有什么用处?

题 3-3　设 a=-8,以下三条命令的运行结果相同吗? 说明原因。

(1) x1=a^(2/3)

(2) x2=(a^2)^(1/3)

(3) x3=(a^(1/3))^2

题 3-4　已知 A=[ones(1,3),-1,-1;1,1,1,zeros(1,2)],执行以下命令并分析结果。

(1) a=sum(A(1,2:5))

(2) b=sum(A(:,1))

(3) B=[A(1,4:5);　A(2,3:4)]

题 3-5　请先运行命令 A=reshape(1:18,3,6)产生数组

A=

　1 4 7 10 13 16

　2 5 8 11 14 17

　3 6 9 12 15 18

然后,请用一条命令,将数组 A 中取值为 2、4、8、16 的元素重新赋值为 NaN;最后,请用一条命令,将数组 A 的第 4、5 两列元素重新赋值为 Inf。

题 3-6　已知 A=magic(3),B=rand(3),请回答以下问题:

(1) A.*B 和 B.*A 的运行结果相同吗? 请说明原因。

(2) A *B 和 A. *B 的运行结果相同吗？请说明原因。

(3) A *B 和 B *A 的运行结果相同吗？请说明原因。

(4) A. \B 和 B. /A 的运行结果相同吗？请说明原因。

(5) A\B 和 B/A 的运行结果相同吗？请说明原因。

(6) A *A\B−B 和 A *(A\B)−B 的运行结果相同吗？哪个运行结果中元素值十分接近于 0？

(7) A\eye(3)和 eye(3)/A 的运行结果相同吗？请说明原因。

题 3-7 求出 $\int_{-5\pi}^{1.7\pi} e^{-|x|}\,|\sin x|\,dx$ 的具有 64 位有效数字的积分值。(提示:int,vpa,ezplot)

题 3-8 请编写程序,依次实现如下功能:

(1) 创建行向量 $\boldsymbol{X}$,其元素为 1～100 的随机整数;

(2) 按行向量下标由小至大,依次累加 $\boldsymbol{X}$ 的元素,当元素累加和不大于 200 且元素个数最多时,将这些元素构成行向量 $\boldsymbol{b}$。

题 3-9 请分别用 for 循环和 while 循环实现 $K=\sum_{i=0}^{1000000} 0.2^i = 1+0.2+0.2^2+\cdots+0.2^{1\,000\,000}$ 的计算;再使用内置函数实现 K 的求解。比较两种方式求解 K 使用的时间。(提示:sum 函数,tic,toc 命令)

题 3-10 一阶电路系统的单位阶跃响应为 $y(t)=1-e^{-t/\tau}, t\geqslant 0$,编写 M 文件实现如下功能:

(1) 在同一个图形窗口分别绘制当 $\tau=1$s,$\tau=2$ s 时,t 在 0～10 s 内单位阶跃响应信号的波形,并添加图形标题、x 轴和 y 轴标题、图形示例和网格线;

(2) 求两种情况下电路的上升时间(提示:阶跃响应达到 0.98 所需的时间);

(3) 将(2)中的功能用函数 t_rise()实现,并在主程序中调用,写出完整的函数定义和调用语句。

题 3-11 二阶线性系统的归一化(即令 $\omega_n=1$)冲激响应可表示为:

$$y(t)=\begin{cases}\dfrac{1}{\beta}e^{-\varepsilon t}\sin(\beta t) & 0\leqslant\zeta<1\\ t e^{-t} & \zeta=1\\ \dfrac{1}{2\beta}\left[e^{-(\zeta-\beta)t}-e^{-(\zeta+\beta)t}\right] & \zeta>1\end{cases}$$

,其中 $\beta=\sqrt{|1-\zeta^2|}$,ζ为阻

尼系数。

(1) 在同一个图形窗口绘制 $t\in[0,18]$区间内，$\zeta=0.2:0.2:1.4$ 不同取值时的曲线。并且，$\zeta<1$ 时各条曲线为细蓝线；$\zeta=1$ 时为粗黑线；$\zeta>1$ 时为细红线，且为$\zeta=0.2$ 和$\zeta=1.4$ 的曲线给出标注，如下图。

(2) 运行如下程序，可以发现画出的曲线中没有“粗黑线”。请分析原因，并在做最少修改的情况下，满足(1)的要求。

(提示：分析数值计算可能存在的隐患)

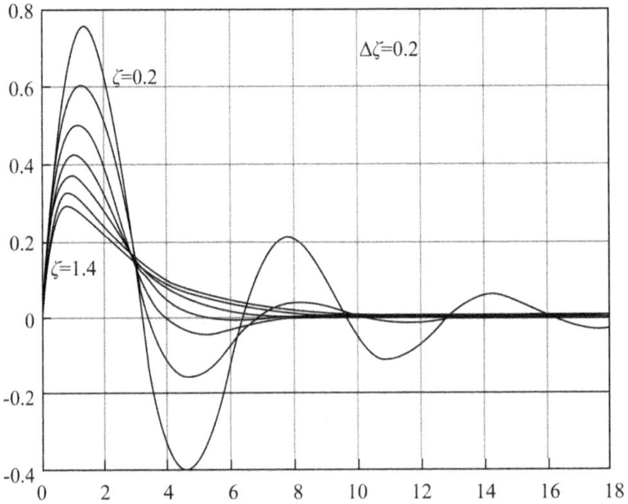


```
%exmp3_11.m
clc, clf, clear
t = (0 : 0.05 : 18)';
N = length(t);
zeta = 0.2 : 0.2 : 1.4;
L = length(zeta);
y = zeros(N, L);
hold on
for k = 1 : L
        zk = zeta(k);
        beta =sqrt(abs(1 - zk ^ 2));
        if zk < 1            %满足此条件,绘蓝色线
            y = 1 / beta * exp(- zk * t) . * sin(beta * t);
```

```
            plot(t, y, 'b')
            if zk < 0.4
                text(2.2, 0.63, '\zeta = 0.2')
            end
        elseif zk ==1              %满足此条件,绘黑色线
            y = t .* exp(-t);
            plot(t, y, 'k', 'LineWidth', 2)
        else
            y = (exp(-(zk - beta) * t) - exp(-(zk + beta) *
t)) / (2 * beta);
            plot(t, y, 'r')
            if zk > 1.2
                text(0.3, 0.14, '\zeta = 1.4')
            end
        end
    end
    text(10, 0.7, '\Delta\zeta = 0.2')
    axis([0, 18, -0.4, 0.8])
    hold off
    box on
    grid on
```

第四章
控制系统的模型与分析仿真

§1 控制系统的模型仿真

根据系统工作的物理原理，利用相关的物理定律推导和建立系统的数学模型，或者通过实验获得系统的数学模型，用于描述系统的工作过程和特性，称为系统建模。控制系统的数学模型由系统本身的结构参数决定，系统的输出由系统的数学模型、系统的初始状态和输入信号决定。建立系统数学模型，在自动控制理论的基础上研究控制算法，根据模型的仿真结果，实时掌握系统的动态特性。因此，控制系统的模型仿真对保证生产的安全性、经济性和保持设备的稳定运行有着重要的意义。

1.1 控制系统的稳定性

稳定性是控制系统的关键因素，如果系统不稳定就无法完成自动控制。稳定性表示当控制系统承受各种扰动还能保持其预定工作状态的能力，只有稳定的系统才可能获得实际应用。

例如，图 4-1(a)所示的垂直摆球系统的小球 A 和图 4-1(b)所示的山峰顶部的小球 B，在没有外力推动(干扰)的状态下，小球处于平衡状态，属于稳定系统；当推动小球(加扰动)时，小球会偏离其平衡状态产生初始偏差，扰动消失后小球 A 受到重力作用回到原状态，而小球 B 无法回到山峰顶部的原状态，则称小球 A 是稳定的，小球 B 是不稳定或小范围稳定的。

因此，稳定性是指扰动消失后，由初始偏差回复到原平衡状态的能力。若系统在受到外界扰动的情况下，扰动作用消失后能恢复到原平衡状态，该系统是稳定的；若偏离平衡状态的偏差越来越大，则系统是不稳定的。

稳定性分为大范围稳定和小范围稳定。如果系统受到扰动后，不论它的

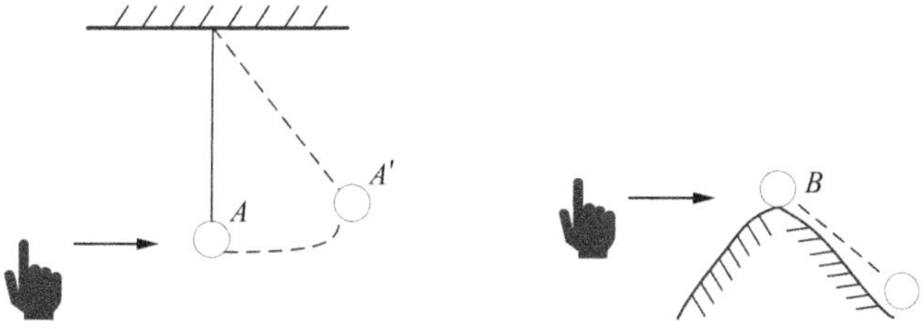

(a) (b)

图 4-1 系统示例

初始偏差多大，都能以足够的精度恢复到初始平衡状态，这种系统称为大范围内渐近稳定的系统。如果系统受到扰动后，只有当它的初始偏差小于某一定值，才能在取消扰动后恢复初始平衡状态，大于限定值时就不能恢复到初始平衡状态，这种系统称为小范围内稳定的系统。

稳定性可以通过定量表示或图形表示，其目的是确定随时间变化输出与输入的关系。当系统的输出能跟随输入值时，称系统是稳定的，否则是不稳定的。只有满足稳定性的要求，设备才能正常工作。

1.2 系统的传递函数模型

理论上，建立数学模型，即建立输出与输入关系的表达式，常用方法有理论法和实践法。理论模型是以物理、力学的等量关系建立微分方程，再经过拉普拉斯变换转换为传递函数。实际应用中，由于研究对象过于复杂，无法建立等量关系，可通过实验来建立，称为实验法。而对于一个实际的系统，根据系统的物理、化学等运动规律列出输入与输出关系，这种关系的数学模型称为传递函数。它是一种根据拉普拉斯变换和 Z 变换得到的，在复数域中对线性时不变系统进行描述的数学模型。根据传递函数对系统进行复数域分析可以避免时域中的微积分运算，从而简化对高阶系统的分析和设计。

1.2.1 传递函数的概念

线性时不变（Linear Time-Invariant，LTI）连续单输入单输出（Single Input and Single Output，SISO）系统的时域数学模型为线性定常系统微分方程，其标准形式为

$$y^{(n)}(t)+a_{n-1}y^{(n-1)}(t)+\cdots+a_1y(t)+a_0y(t)$$

$$=b_m u^{(m)}(t)+\cdots b_1 u(t)+b_0 u(t) \tag{4-1}$$

式中，n 为系统的阶数，$u(t)$ 为系统的输入信号，$y(t)$ 为系统的输出信号，$u^{(i)}(t)$ 和 $y^{(i)}(t)$ 分别表示 $u(t)$ 和 $y(t)$ 的 i 阶导数。

假设系统初始状态为零，对式(4-1)所示连续系统的微分方程，根据拉普拉斯变换的时域微分性质得到：

$$s^n Y(s)+a_{n-1}s^{n-1}Y(s)+\cdots a_1 sY(s)+a_0 Y(s)=b_m s^m U(s)+\cdots+b_1 sU(s)+b_0 U(s) \tag{4-2}$$

整理得到：

$$(s^n+a_{n-1}s^{n-1}+\cdots+a_1 s+a_0)Y(s)=(b_m s^m+\cdots+b_1 s+b_0)U(s) \tag{4-3}$$

从而得到连续系统的传递函数为：

$$G(s)=\frac{Y(s)}{U(s)}=\frac{b_m s^m+\cdots+b_1 s+b_0}{s^n+a_{n-1}s^{n-1}+\cdots+a_1 s+a_0} \tag{4-4}$$

线性时不变离散系统 SISO 的时域特性用差分方程来描述，其标准形式为：

$$y(k)+a_{n-1}y(k-1)+\cdots+a_0 y(k-n)=b_m u(k)+\cdots+b_0 u(k-m) \tag{4-5}$$

式中，n 为系统的阶数，$u(k)$ 为系统的输入信号，$y(k)$ 为系统的输出信号。$f(k-i)$ 和 $y(k-i)$ 分别表示将 $f(k)$ 和 $y(k)$ 延迟 i 个点。

类似地，假设系统初始状态为零，对线性时不变离散系统 SISO，将式(4-5)所示差分方程两边取 Z 变换，得到：

$$Y(z)+a_{n-1}z^{-1}Y(z)+\cdots+a_0 z^{-n}Y(z)=b_m U(z)+b_{m-1}z^{-1}U(z)+\cdots+b_0 z^{-m}U(z) \tag{4-6}$$

由此得到离散系统的传递函数为：

$$G(z)=\frac{Y(z)}{U(z)}=\frac{b_m z^n+b_{m-1}z^{-1}+\cdots+b_0 z^{-m}}{1+a_{n-1}z^{-1}+\cdots+a_0 z^{-n}} \tag{4-7}$$

例 4-1　求图 4-2 所示力学系统的传递函数(不受重力作用)。

解：此系统由阻尼器和弹簧构成，并且有并联的部分，根据牛顿第二定律

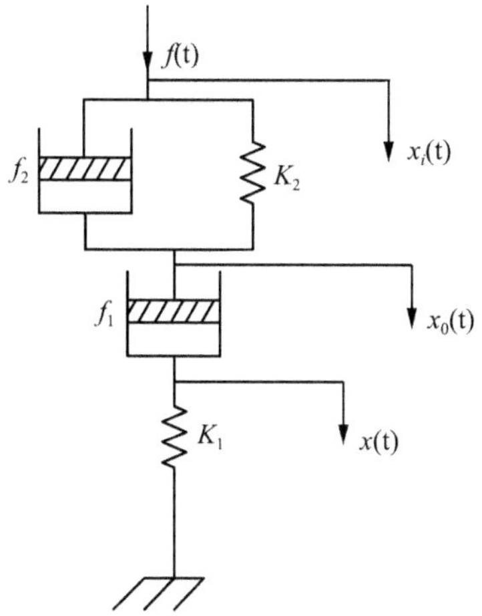

图 4-2　力学系统

列写如下关系式：

$$\begin{cases} K_2(x_i - x_0) + f_2(\dot{x}_i - \dot{x}_0) = f_1(\dot{x}_0 - \dot{x}) \\ K_1 x = f_1(\dot{x}_0 - \dot{x}) \end{cases}$$

在零初始条件下，对上式进行拉氏变换：

$$\begin{cases} K_2 X_i(s) - K_2 X_0(s) + f_2 s X_i(s) - f_2 s X_0(s) = f_1 s X_0(s) - f_1 s X(s) \\ K_1 X(s) = f_1 s X_0(s) - f_1 s X(s) \end{cases}$$

求解上述方程组可得：

$$(K_2 + f_2 s) X_i(s) = (K_2 + f_2 s + \frac{K_1 f_1 s}{K_1 + f_1 s}) X_0(s)$$

整理得：

$$G(s) = \frac{X_0(s)}{X_i(s)} = \frac{f_1 f_2 s^2 + (K_1 f_2 + K_2 f_1) s + K_1 K_2}{f_1 f_2 s^2 + (K_1 f_2 + K_2 f_1 + K_1 f_1) s + K_1 K_2}$$

例 4-2　求图 4-3 所示二阶电路系统的传递函数。

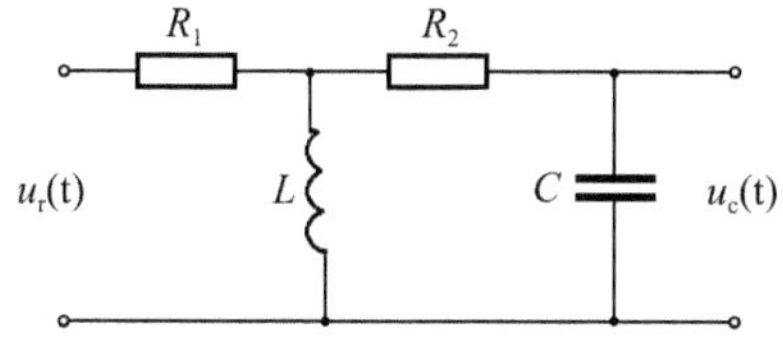

图 4-3　二阶电路系统

解：设电感 L 两端电压为 $u(t)$，列写电流等式为：

$$\begin{cases}\dfrac{U_c(s)}{\dfrac{1}{Cs}}=\dfrac{U(s)}{\dfrac{1}{Cs}+R_2}\\ \dfrac{U_r(s)-U(s)}{R_1}=\dfrac{U(s)}{Ls}+\dfrac{U(s)-U_c(s)}{R_2}\end{cases}$$

整理可得传递函数：

$$G(s)=\frac{U_c(s)}{U_r(s)}=\frac{Ls}{(R_1+R_2)CLs^2+(R_1R_2C+L)s+R_1}$$

1.2.2 传递函数模型的 MATLAB 实现

传递函数定义为在零初始条件下，线性系统输出量的拉普拉斯变换与输入量的拉普拉斯变换之比。若 $Y(s)$、$U(s)$ 分别表示输出量与输入量的拉普拉斯变换，传递函数记作：

$$G(s)=\frac{Y(s)}{U(s)} \tag{4-8}$$

传递函数是描述线性系统或线性元件特性的一种数学模型，是系统本身的一种属性，与输入量或驱动函数的大小和性质无关，只与系统本身的结构参数有关，因此许多物理上的不同的系统也能够具有相同的传递函数。

通过模型对象建立仿真系统视为单一实体，MATLAB 编程方法对系统建模进行仿真，并对其进行求解，从而对系统进行性能分析等。MATLAB 通过调用 tf()函数用来建立控制系统的传递函数模型，tf()函数也用于根据传递函数分子分母多项式系数创建传递函数模型对象。

1. 建立线性连续系统传递函数

对于一个单输入单输出的连续系统，假设系统初始状态为零，输入为 $u(t)$，输出为 $y(t)$，建立系统的微分方程并进行拉普拉斯变换，可得到传递函数的一般形式。线性连续系统的传递函数模型可表示为：

$$G(s)=\frac{b_1s^m+b_2s^{m-1}+\cdots+b_ms+b_{m+1}}{a_1s^n+a_2s^{n-1}+\cdots+a_ns+a_{n+1}}\quad n\geqslant m \tag{4-9}$$

将系统的分子和分母按照多项式的系数降幂方式得到向量，并赋给变量

num 和 den：

$$num=[b_1,b_2,\cdots b_m,b_{m+1}]$$

$$den=[a_1,a_2,\cdots,a_n,a_{n+1}]$$

说明：num 为分子多项式降幂排序的系数向量，den 为分母多项式降幂排序的系数向量。若有缺项，对应元素记为 0。

MATLAB 中，线性连续系统的传递函数模型的基本调用格式为：

G=tf(num,den)

或

$$G=tf([b_1,b_2,\cdots,b_m,b_{m+1}],[a_1,a_2,\cdots,a_n,a_{n+1}])$$

例 4-3 建立连续系统传递函数模型：$G(s)=\dfrac{Y(s)}{U(s)}=\dfrac{s^2+5s+6}{s^4+2s^3+3s+5}$。

解：程序代码如下：

```
G=tf([1,5,6],[1,2,0,3,5])
```

或

```
num=[1,5,6];den=[1,2,0,3,5]);
G=tf(num,den)
```

运行结果：

```
G=

        s^2+5s+6
————————————————
      s^4+2s^3+3s+5

Continuous-time transfer function.
```

例 4-4 建立一个复杂一些的传递函数模型 $G(s)=\dfrac{4(s+5)(s^2+4s+3)}{(s^2+3s+1)^2(s+6)}$。

解：程序代码如下：

```
num=4*conv([1,5],[1,4,3]);
den=conv([1,6],conv([1,3,1],[1,3,1]));
G=tf(num,den)
```

运行结果：

```
G=

        4s^3+36s^2+92s+60
  ——————————————————————

  s^5+12s^4+47s^3+72s^2+37s+6
Continuous-time transfer function.
```

程序中的多项式乘积函数 conv()用来计算两个向量的卷积,多项式的乘法也可使用这个函数来进行计算。此外,该函数支持采用任意的多层嵌套表示复杂的计算。

2. 建立离散系统传递函数

离散系统的传递函数是在零初始条件下,离散输出信号的 Z 变换与离散输入信号的 Z 变换之比。其调用格式为:

$$G(z)=tf(num,den,T_s)$$

说明:T_s 为采样周期,采样周期一般设置为−1,表示创建的模型对象采样时间继承输入信号,自变量用 z 来表示。

例 4-5 建立连续系统 $G(s)=\dfrac{4s^2+3s+6}{5s^4+3s^3+16s^2+8}$ 的离散传递函数,当采样周期不确定时,取−1 或 1。

解:程序代码如下:

```
num=[4,3,6];
den=[5,3,16,0,8];
G=tf(num,den,-1)
```

运行结果:

```
G=

        4z^2+3z+6
  ——————————————

     5z^4+3z^3+16z^2+8
Sample time:unspecified
Discrete-time transfer function.
```

1.3 系统的零极点函数模型

1.3.1 零极点函数模型简述

系统的性能很大程度取决于传递函数的零极点，因此对于系统进行性能分析时，通常需要得到传递函数的零极点增益模型，继而对零点和极点进行进一步分析和研究。

1. 传递函数的零点和极点

传递函数的分子分母是由 s 或 z 组成的多项式，当令这些多项式为零时，可得到代数方程。这些代数方程的根，称为传递函数的零极点。由分子多项式确定的根称为零点，由分母多项式确定的根称为极点。

例 4-6 求解传递函数 $G(s)=\dfrac{s^2-9}{s^3+7s^2+14s+8}$ 的所有零极点。

解：令 $s^2-9=0$，

求得该系统零点为 $s=\pm3$，

令 $s^3+7s^2+14s+8=0$，

求得该系统极点为 $s=-1, s=-2, s=-4$。

2. 传递函数零极点增益模型的建立

为了便于计算，我们可将传递函数分子分母的多项式进行因式分解，即可得到传递函数的零极点增益模型。线性系统的传递函数按照连续系统或离散系统可写成以下两种形式：

$$G(s)=k\frac{(s+z_1)(s+z_2)\cdots(s+z_m)}{(s+p_1)(s+p_2)\cdots(s+p_n)} \tag{4-10}$$

或

$$G(z)=k\frac{(z+z_1)(z+z_2)\cdots(z+z_m)}{(z+p_1)(z+p_2)\cdots(z+p_n)} \tag{4-11}$$

即系统的零点为 $s=-z_1, s=-z_2, \cdots, s=-z_m$，极点为 $s=-p_1, s=-p_2, \cdots, s=-p_n$，或系统的零点为 $z=-z_1, z=-z_2, \cdots, z=-z_m$，极点为 $z=-p_1, z=-p_2, \cdots, z=-p_n$。

1.3.2 零极点函数模型的 MATLAB 实现

zpk()函数用于根据连续或者离散传递函数的零极点模型来创建传递函

数模型对象，对于连续系统传递函数的零极点增益模型，其在 MATLAB 中的基本调用格式为：

$$G=zpk(z,p,k)$$

对于离散系统传递函数的零极点增益模型，其在 MATLAB 中的基本调用格式为：

$$G=zpk(z,p,k,T_s)$$

$$z=[-z_1,-z_2,\cdots,-z_m]$$

$$p=[-p_1,-p_2,\cdots,-p_n]$$

说明：k 为系统增益，z 为传递函数的零点行向量，p 为传递函数的极点行向量，T_s 为采样间隔，一般设置为－1，表示创建的模型对象采样时间继承于输入信号。

例 4-7 建立以下系统的零极点函数模型：$G(s)=\dfrac{6(s+3)}{(s+2)(s+4)(s+5)}$。

解：程序代码如下：

```
z=-3;
p=[-2,-4,-5];
k=6;
G=zpk(z,p,k)
```

运行结果：

```
G=
        6(s+3)
---------------
   (s+2) (s+4) (s+5)
Continuous-time zero/pole/gain model.
```

例 4-8 建立连续系统 $G(s)=\dfrac{Y(s)}{U(s)}=\dfrac{3s^3+4s^2+6}{5s^4+3s^3+16s^2+s+8}$ 的离散传递函数。

解：程序代码如下：

```
num=[3,4,0,6];
den=[5,3,16,1,8];
```

G=tf(num,den,-1)

运行结果：

G=

z^2+3z

——————————————

5z^4+3z^3+16z^2+z+8

Sample time:unspecified

Discrete-time transfer function.

1.4 系统的状态空间模型

1.4.1 状态空间模型简述

传递函数是经典控制理论的工具，只能用于单输入单输出系统和线性时不变系统；状态空间模型属于现代控制理论，对单输入单输出系统、线性时不变系统和非线性或时变系统都适用。当对象为线性时不变单输入单输出系统时，二者可相互转换。此外，传递函数是对系统内部结构的一种不完全的描述，只能表征其中直接或间接地由输入可控制和从输出中可观测到的那一部分，引入状态空间描述，可弥补这种缺陷。

系统的状态空间方程是基于线性代数建立在状态和状态空间概念基础上的。状态能够完全表征系统行为的最少一组内部变量，这些变量称为状态变量。一般来说，n 阶系统有 n 个状态变量。以状态变量 $x_1(t),x_2(t),\cdots,x_n(t)$ 为坐标轴所构成的 n 维空间，称为状态空间。对于一个复杂系统，假设其有 r 个输入，m 个输出，此时系统的状态方程为：

$$\begin{cases}\dot{x}_1=a_{11}x_1+a_{12}x_2+\cdots+a_{1n}x_n+b_{11}u_1+b_{12}u_2+\cdots+b_{1r}u_r\\ \dot{x}_2=a_{21}x_1+a_{22}x_2+\cdots+a_{2n}x_n+b_{21}u_1+b_{22}u_2+\cdots+b_{2r}u_r\\ \vdots\\ \dot{x}_n=a_{n1}x_1+a_{n2}x_2+\cdots+a_{nn}x_n+b_{n1}u_1+b_{n2}u_2+\cdots+b_{nr}u_r\end{cases} \tag{4-12}$$

系统的输出方程，不仅是状态变量的组合，而且在特殊情况下，还可能有输入矢量的直接传递，因而有如下的一般形式：

$$\begin{cases} y_1 = c_{11}x_1 + c_{12}x_2 + \cdots + c_{1n}x_n + d_{11}u_1 + d_{12}u_2 + \cdots + d_{1r}u_r \\ y_2 = c_{21}x_1 + c_{22}x_2 + \cdots + c_{2n}x_n + d_{21}u_1 + d_{22}u_2 + \cdots + d_{2r}u_r \\ \vdots \\ y_m = c_{m1}x_1 + c_{m2}x_2 + \cdots + c_{mn}x_n + d_{m1}u_1 + d_{m2}u_2 + \cdots + d_{mr}u_r \end{cases} \tag{4-13}$$

由此得到状态空间模型标准形式为

$$\begin{cases} \dot{\boldsymbol{x}} = \boldsymbol{Ax} + \boldsymbol{Bu} \\ \boldsymbol{y} = \boldsymbol{Cx} + \boldsymbol{Du} \end{cases} \tag{4-14}$$

式中，$\boldsymbol{x}$ 和 $\boldsymbol{A}$ 为同单输入系统，分别为 n 维状态矢量和 $n \times n$ 维状态矩阵；

$\boldsymbol{u} = \begin{pmatrix} u_1 \\ u_2 \\ \vdots \\ u_r \end{pmatrix}$ 为 r 维输入(或控制)矢量；$\boldsymbol{y} = \begin{pmatrix} y_1 \\ y_2 \\ \vdots \\ y_n \end{pmatrix}$ 为 m 维输出矢量；

$\boldsymbol{A} = \begin{pmatrix} a_{11} & a_{12} & \cdots & a_{1n} \\ a_{21} & a_{22} & \cdots & a_{2n} \\ \vdots & \vdots & & \vdots \\ a_{n1} & a_{n2} & \cdots & a_{nn} \end{pmatrix}$ 为 $n \times n$ 方阵；$\boldsymbol{B} = \begin{pmatrix} b_{11} & b_{12} & \cdots & b_{1r} \\ b_{21} & b_{22} & \cdots & b_{2r} \\ \vdots & \vdots & & \vdots \\ b_{n1} & b_{n2} & & b_{nr} \end{pmatrix}$ 为 $n \times n$ 输入(或控制)矩阵；

$\boldsymbol{C} = \begin{pmatrix} c_{11} & c_{12} & \cdots & c_{1n} \\ c_{21} & c_{22} & \cdots & c_{2n} \\ \vdots & \vdots & & \vdots \\ c_{m1} & c_{m2} & \cdots & c_{mn} \end{pmatrix}$ 为 $m \times n$ 输出矩阵；

$\boldsymbol{D} = \begin{pmatrix} d_{11} & d_{12} & \cdots & d_{1r} \\ d_{21} & d_{22} & \cdots & d_{2r} \\ \vdots & \vdots & & \vdots \\ d_{m1} & d_{m2} & \cdots & d_{mr} \end{pmatrix}$ 为 $m \times r$ 直接传递矩阵。

若假设单输入单输出系统的微分方程为：

$$y^{(n)} + a_{n-1}y^{(n-1)} + \cdots + a_1 y + a_0 = b_0 u \tag{4-15}$$

设状态变量为 $x_1 = y$，$x_2 = y'$，…，$x_n = y^{(n-1)}$，则有

$$x_1 = x_2$$

$$x_2 = x_3$$

$$\vdots$$

$$x_n = y^{(n)} = -a_{n-1}x_n - \cdots - a_1 x_2 - a_0 x_1 + b_0 u$$

由此得到系统的状态空间方程为：

$$\begin{bmatrix} x_1 \\ x_2 \\ \vdots \\ x_n \end{bmatrix} = \begin{bmatrix} 0 & 1 & 0 & \cdots & 0 \\ 0 & 0 & 1 & \cdots & 0 \\ \vdots & \vdots & \vdots & \cdots & \vdots \\ -a_0 & -a_1 & -a_2 & \cdots & -a_{n-1} \end{bmatrix} \begin{bmatrix} x_1 \\ x_2 \\ \vdots \\ x_n \end{bmatrix} + \begin{bmatrix} 0 \\ 0 \\ \vdots \\ b_0 \end{bmatrix} u \tag{4-16}$$

$$y = \begin{bmatrix} 1 & 0 & 0 & \cdots & 0 \end{bmatrix} \begin{bmatrix} x_1 \\ x_2 \\ \vdots \\ x_n \end{bmatrix} \tag{4-17}$$

系统的状态方程为一组一阶微分方程，上述的从微分方程到状态空间方程的转换，实质上是将系统的高阶微分方程转换为一组一阶微分方程，从而便于对系统进行求解和分析。按照这种方法，若系统的微分方程为：

$$y^{(n)} + a_{n-1}y^{(n-1)} + \cdots + a_1 y + a_0 y = b_m u^{(m)} + b_{m-1}u^{(m-1)} + \cdots + b_1 \dot{u} + b_0 u \tag{4-18}$$

相应地，系统的传递函数为式(4-4)所示。

此时，

$$\boldsymbol{A} = \begin{bmatrix} 1 & 0 & \cdots & 0 & 0 \\ 0 & 1 & \cdots & 0 & 0 \\ \vdots & \vdots & \ddots & \vdots & 0 \\ -a_0 & -a_1 & \cdots & -a_{n-2} & -a_{n-1} \end{bmatrix} \tag{4-19}$$

$$\boldsymbol{B} = \begin{bmatrix} 0 \\ 0 \\ 0 \\ \vdots \\ 1 \end{bmatrix} \tag{4-20}$$

$$\boldsymbol{C}=[(b_0-a_0b_n),(b_1-a_1b_n),\cdots,(b_{n-1}-a_{n-1}b_n)] \tag{4-21}$$

$$\boldsymbol{D}=b_n \tag{4-22}$$

其中，$\boldsymbol{x}$ 为状态向量（n 维），$\boldsymbol{A}$ 为状态矩阵（$n\times n$ 维），$\boldsymbol{B}$ 为控制矩阵（$n\times 1$ 维），$\boldsymbol{C}$ 为输出矩阵（$1\times n$ 维），$\boldsymbol{D}$ 为转移矩阵（1 维）。

反之，如果已知系统的状态空间方程，则假设系统初始条件为零，对其进行拉普拉斯变换，可得：

$$\begin{cases} s\boldsymbol{X}(s)=\boldsymbol{AX}(s)+\boldsymbol{BU}(s) \\ \boldsymbol{Y}(s)=\boldsymbol{CX}(s)+\boldsymbol{DU}(s) \end{cases} \tag{4-23}$$

由此可得到传递函数为：

$$\boldsymbol{G}(s)=\frac{\boldsymbol{Y}(s)}{\boldsymbol{U}(s)}=\boldsymbol{C}(s\boldsymbol{I}-\boldsymbol{A})^{-1}\boldsymbol{B}+\boldsymbol{D} \tag{4-24}$$

1.4.2 状态空间模型的 MATLAB 实现

状态空间的模型对象是根据系统的状态空间方程进行创建的，状态空间模型标准形式如式(4-14)所示，主要通过调用 ss()函数来实现。为连续系统和离散系统创建状态空间模型对象时，函数 ss()调用的基本格式如下：

G(s)=ss(A,B,C,D)

G(z)=ss(A,B,C,D,T_s)

其中，T_S 为采样间隔，一般设置为－1，表示创建的模型对象采样时间继承于输入信号。

构造状态空间模型：

A=[a_{11},a_{12},…,a_{1n};a_{21},a_{22},…,a_{2n};…;a_{n1},a_{n2},…,a_{nn}]

B=[b_0,b_1,…,b_n]

C=[c_1,c_2,…,c_n]

D=d

ss=(A,B,C,D)

例 4-9 创建下列状态空间形式的状态空间模型及其传递函数。

$$\dot{x}=\begin{bmatrix}0 & 1 & 0 & 0\\0 & 0 & -1 & 0\\0 & 0 & 0 & 1\\0 & 0 & 3 & 0\end{bmatrix}x+\begin{bmatrix}0\\1\\0\\-1\end{bmatrix}u$$

$$y=\begin{bmatrix}1 & 0 & 0 & 0\end{bmatrix}x+2u$$

解:程序代码如下:

状态空间模型:

```
A=[0,1,0,0;0,0,-1,0;0,0,0,1;0,0,3,0];
B=[0;1;0;-1];
C=[1,0,0,0];
D=2;
G=ss(A,B,C,D)
```

运行结果:

```
G=
    A=
            x1    x2    x3    x4
        x1  0     1     0     0
        x2  0     0     -1    0
        x3  0     0     0     1
        x4  0     0     3     0
    B=
            u1
        x1  0
        x2  1
        x3  0
        x4  -1
    C=
            x1  x2  x3  x4
        y1  1   0   0   0
    D=
            u1
        y1  2
```

```
Continuous-time state-space model.
```

传递函数程序代码：

```
A=[0,1,0,0;0,0,-1,0;0,0,0,1;0,0,3,0];
B=[0;1;0;-1];
C=[1,0,0,0];
D=2;
G=ss(A,B,C,D);
G=tf(G)
```

运行结果：

```
G=
  2s^4+7.756e-16s^3-5s^2-7.892e-16s-2
  ------------------------------------
        s^4+4.441e-16s^3-3s^2
Continuous-time transfer function.
```

若执行以下命令：

```
A=[0,1,0,0;0,0,-1,0;0,0,0,1;0,0,3,0];
B=[0;1;0;-1];
C=[1,0,0,0];
D=2;
Ts=0.2;
G=ss(A,B,C,D,Ts)
```

则会创建一个离散系统状态空间模型对象，运行结果为：

```
G=
  A=
        x1   x2   x3   x4
    x1  0    1    0    0
    x2  0    0    -1   0
    x3  0    0    0    1
    x4  0    0    3    0
  B=
        u1
    x1  0
```

```
    x2  1
    x3  0
    x4  -1
  C=
        x1  x2  x3  x4
    y1  1   0   0   0
  D=
        u1
    y1  2
Sample time: 0.2 seconds
Discrete-time state-space model.
```

构建传递函数程序命令：

```
A=[0,1,0,0;0,0,-1,0;0,0,0,1;0,0,3,0];
B=[0;1;0;-1];
C=[1,0,0,0];
D=2;
Ts=0.2;
G=ss(A,B,C,D,Ts);
G=tf(G)
```

运行结果：

```
G=
      2z^4+7.756e-16z^3-5z^2-7.892e-16z-2
  ---------------------------------------
            z^4+4.441e-16z^3-3z^2
Sample time:0.2 seconds
Discrete-time state-space model.
```

1.5 模型转换

在线性系统理论中，常用的传递函数包括有理多项分式表达式、零极点增益表达式、状态空间微分方程等形式，这些模型间存在内部联系，可以相互转换。MATLAB 实现的传递函数模型转换一般是指这三种不同形式之间的转换。

利用 tf()函数构建传递函数模型，zpk()函数构建零极点增益模型，ss()函数创建状态空间方程。各种模型对象的相互转换，依然要靠这些函数实现。此外，MATLAB 提供了几个专门用于实现传递函数与其零极点增益模型及状态空间表达式之间的相互转换。

1. 传递函数与零极点增益模型之间的相互转换

(1) tf2zp()函数

tf2zp()函数用于将连续系统的传递函数转换为零极点增益模型，返回传递函数的增益、零点、极点，其调用格式为：

[z,p,k]=tf2zp(num,den)

其中，num 和 den 分别表示传递函数的分子分母多项式的系数向量。执行命令后返回传递函数所有的增益 k、零点 z、极点 p。其中零点 z 向量和极点 p 向量长度分别为 m，n。对于实际的因果系统，满足 n≥m，因此 num 向量长度必须大于 den 向量。否则 MATLAB 执行命令时，程序将会报错。

例 4-10 将传递函数 $G(s)=\dfrac{s^2+3s}{2s^3+6s^2+5s+3}$ 转换为零极点增益模型。

解：程序代码如下：

```
num=[1,3,0];
den=[2,6,5,3];
[z,p,k]=tf2zp(num,den)
```

运行结果：

```
z=
    0
    -3
p=
    -2.165 4+0.000 0i
    -0.417 3+0.720 1i
    -0.417 3-0.720 1i
k=
    0.500 0
```

因此，传递函数的零极点增益模型为：

$$G(s)=\frac{0.5s(s+3)}{(s+2.1654)(s+0.4173-0.7201i)(s+0.4173+0.7201i)}$$

(2) tf2zpk()函数

tf2zpk()函数用于将离散系统的传递函数转换为零极点模型，其调用格式为：

[z,p,k]=tf2zpk(num,den)

执行的结果同该传递函数在连续系统中一致。

(3) zp2tf()函数

通过 zp2tf()函数实现连续系统和离散系统零极点增益模型到传递函数的转换，其基本的调用格式为：

[num,den]=zp2tf(z,p,k)

G=tf(num,den)

对于 SISO 系统，转换得到的传递函数分子和分母多项式系数向量 num，den 都为行向量，z，p 向量中各元素分别表示传递函数的零点和极点。

例 4-11 已知传递函数的零极点增益模型为

$G(s)=\dfrac{2(s+2)(s+3)}{s(s+1-j)(s+1+j)}$，给出其传递函数。

解：程序代码如下：

```
k=2;
z=[-2;-3];        %z 必须是列向量
p=[0 -1+j -1-j];
[num,den]=zp2tf(z,p,k);
G=tf(num,den)
```

运行结果：

```
G=
    2s^2+10s+12
    -----------
    s^3+2s^2+2s
Continuous-time transfer function.
```

2. 传递函数与状态空间方程之间的相互转换

(1) tf2ss()函数

tf2ss()函数将传递函数转换为状态空间方程，其调用格式为：

[A,B,C,D]=tf2ss(num,den)

G=ss(A,B,C,D)

其中，num，den 分别为传递函数分子和分母多项式的系数矩阵，A，B，C，D 分别为状态空间方程中的 4 个矩阵。

假设 n 阶连续 SISO 系统的传递函数如式(4-4)所示，则调用 tf2ss()函数时，先构造向量 num，den：

$$num=[b_m,b_{m-1},\cdots,b_1,b_0]$$

$$den=[1,a_{n-1},\cdots,a_1,a_0]$$

调用 tf2ss()函数后，得到状态空间方程的 4 个矩阵分别为

$$\boldsymbol{A}=\begin{bmatrix} -a_{n-1} & -a_{n-2} & \cdots & -a_1 & -a_0 \\ 1 & 0 & \cdots & 0 & 0 \\ 0 & 1 & \cdots & 0 & 0 \\ \vdots & \vdots & \cdots & \vdots & \vdots \\ 0 & 0 & \cdots & 1 & 0 \end{bmatrix}$$

$$\boldsymbol{B}=\begin{bmatrix} 1 \\ 0 \\ 0 \\ \vdots \\ 0 \end{bmatrix}$$

$$\boldsymbol{C}=[0\cdots\ 0\ b_m\ \cdots\ b_0]$$

$$\boldsymbol{D}=0$$

例 4-12 将多项式传递函数 $G(s)=\dfrac{s^3+5s^2+12s+8}{s^4+10s^3+25s^2+36s+24}$ 转换为状态空间模型。

解：程序代码如下：

```
num=[1,5,12,8];
```

```
den=[1,10,25,36,24];
[A,B,C,D]=tf2ss(num,den);
G=ss(A,B,C,D)
```

运行结果：

```
G=
    A=
              x1     x2     x3     x4
        x1   -10    -25    -36    -24
        x2    1      0      0      0
        x3    0      1      0      0
        x4    0      0      1      0
    B=
              u1
        x1    1
        x2    0
        x3    0
        x4    0
    C=
              x1     x2     x3     x4
        y1    1      5      12     8
    D=
              u1
        y1    0
Continuous-time state-space model.
```

(2) ss2tf()函数

ss2tf()函数将状态空间方程转换为传递函数，其基本的调用格式为：

[num,den]=ss2tf(A,B,C,D)

G=tf(num,den)

对于 n 阶 SISO 系统，A 为 $n\times n$ 方阵，B 和 C 分别为长度等于 n 的列向量和行向量。如果对于给定的参数不满足此要求，调用时将报错。函数的返回结果 num，den 长度都为 n。若得到传递函数分子多项式阶数 m 小于分母

多项式阶数 n，则向量 num 中前面 $n-m$ 个数据为 0。

例 4-13 将下列状态空间模型转换为多项式传递函数形式。

$$\begin{bmatrix}\dot{x}_1\\ \dot{x}_2\\ \dot{x}_3\end{bmatrix}=\begin{bmatrix}-3 & -5 & -10\\ 1 & 0 & 0\\ 0 & 1 & 1\end{bmatrix}\begin{bmatrix}x_1\\ x_2\\ x_3\end{bmatrix}+\begin{bmatrix}1\\ 0\\ 0\end{bmatrix}u$$

$$y=\begin{bmatrix}0 & 10 & 8\end{bmatrix}\begin{bmatrix}x_1\\ x_2\\ x_3\end{bmatrix}$$

解:程序代码如下：

```
A=[-3,-5,-10;1,0,0;0,1,0];
B=[1;0;0];
C=[0,10,8];
D=0;
[num,den]=ss2tf(A,B,C,D);
G=tf(num,den)
```

运行结果：

```
G=
        10s+8
    ————————
    s^3+3s^2+5s+10
Continuous-time transfer function.
```

3. 状态空间方程与零极点增益模型之间的转换

(1) zp2ss()函数

zp2ss()函数零极点增益模型转换为状态空间模型，其基本格式为：

[A,B,C,D]=zp2ss(z,p,k)

G=ss(A,B,C,D)

例 4-14 将传递函数的零极点增益模型 $G(s)=\dfrac{2(s+3)}{(s+4)(s+5)}$ 转换为状态空间方程。

解:程序代码如下:

```
z=-3;       %零点
k=2;        %增益
p=[-4 -5];      %极点向量(可以是行向量或者列向量)
[A,B,C,D]=zp2ss(z,p,k)
```

运行结果:

```
A=
    -9.000 0      -4.472 1
    4.472 1        0
B=
    1
    0
C=
    2.000 0     1.3416
D=
    0
```

(2) ss2zp()函数

ss2zp()函数状态空间方程转换为零极点增益模型,其调用格式为:

[z,p,k]=ss2zp(A,B,C,D)

G=zpk(z,p,k)

例 4-15 将下列状态空间模型转换为多项式的零极点增益形式的传递函数。

$$\begin{bmatrix}\dot{x}_1\\ \dot{x}_2\\ \dot{x}_3\end{bmatrix}=\begin{bmatrix}-4 & -3 & -15\\ 1 & 0 & 0\\ 0 & 1 & 0\end{bmatrix}\begin{bmatrix}x_1\\ x_2\\ x_3\end{bmatrix}+\begin{bmatrix}1\\ 0\\ 0\end{bmatrix}u$$

解:程序代码如下:

```
A=[-4,-3,-15;1,0,0;0,1,0];
B=[1;0;0];
C=[0,6,4];
```

```
D=0;
[z,p,k]=ss2zp(A,B,C,D);
G=zpk(z,p,k)
```

运行结果：

```
G=
              6(s+0.666 7)
      ————————————————————————————————
      (s+4.148)(s^2-0.148 4s+3.616)

Continuous-time zero/pole/gain model.
```

§2　控制系统的分析仿真

2.1　控制系统的时域分析

在确定系统的数学模型后，便可以用几种不同的方法去分析控制系统的动态性能和稳态性能。在经典控制理论中，常用时域分析法、频域分析法或根轨迹法来分析线性控制系统的性能。显然，不同的方法有不同的特点和适用范围，但是比较而言，时域分析法是一种直接在时间域中对系统进行分析的方法，具有直观、准确的优点，并且可以提供系统时间响应的全部信息。本节主要研究线性控制系统性能分析的时域法，介绍控制系统的动态和稳态性能指标和基于 MATLAB 的时域响应分析实例。

2.1.1　控制系统动态和稳态性能指标

系统性能指标是指在分析一个控制系统时，评价系统性能好坏的标准。系统性能的描述，又可以分为动态性能和稳态性能。粗略地说，系统的全部响应过程中，系统的动态性能表现在过渡过程结束之前的响应中，系统的稳态性能表现在过渡过程结束之后的响应中。系统性能的描述如以准确的定量方式来描述称为系统的性能指标。

当然，讨论系统的稳态性能指标和动态性能指标时，其前提应是系统为稳定的；否则，这些指标无从谈起。

1. 控制系统的动态性能指标

对于稳定系统，系统动态性能指标通常在系统阶跃响应曲线上来定义。

因为系统的单位阶跃响应不仅完整反映了系统的动态特性，而且反映了系统在单位阶跃信号输入下的稳定状态。同时，单位阶跃信号又是一个最简单、最容易实现的信号。一般认为，阶跃输入对系统来说是最严峻的工作状态。如果系统在阶跃函数作用下的动态性能满足要求，那么系统在其他形式的函数作用下，其动态性能也是令人满意的。

描述稳定的系统在单位阶跃函数作用下，动态过程随时间 t 的变化状况的指标，称为动态性能指标。为了便于分析和比较，假定系统在单位阶跃输入信号作用前处于静止状态，而且输出量及其各阶导数均等于零。对于大多数控制系统来说，这种假设是符合实际情况的。对于图 4-4 所示单位阶跃响应 $c(t)$，其动态性能指标通常如下：

(1) 上升时间 t_r：指响应从终值 10%上升到终值 90%所需的时间；对于有振荡的系统，亦可定义为响应从零第一次上升到终值所需的时间。上升时间是系统响应速度的一种度量。上升时间越短，响应速度越快。

(2) 峰值时间 t_p：指响应超过其终值到达第一个峰值所需的时间。

(3) 调节时间 t_s：指响应到达并保持在终值±5%内所需的最短时间。

(4) 超调量 $\sigma\%$：指响应的最大偏离量 $c(t_p)$ 与终值 $c(\infty)$ 的差与终值 $c(\infty)$ 比的百分数，即

$$\sigma\%=\frac{c(t_p)-c(\infty)}{c(\infty)}\times 100\%$$

若 $c(t_p)<c(\infty)$，则响应无超调。超调量亦称为最大超调量，或百分比超调量。

上述四个动态性能指标，基本上可以体现系统动态过程的特征。在实际应用中，常用的动态性能指标多为上升时间、调节时间和超调量。通常，用 t_r 或 t_p 评价系统的响应速度；用 $\sigma\%$ 评价系统的阻尼程度；而 t_s 是同时反映响应速度和阻尼程度的综合性指标。应当指出，除简单的一、二阶系统外，要精确确定这些动态性能指标的解析表达式是很困难的。

2. 控制系统的稳态性能指标

稳态误差是描述系统稳态性能的一种性能指标，通常在阶跃函数、斜坡函数或加速度函数作用下进行测定或计算。若时间趋于无穷时，系统的输出量不等于输入量或输入量的确定函数，则系统存在稳态误差。稳态误差是系统控制精度或抗扰动能力的一种度量。

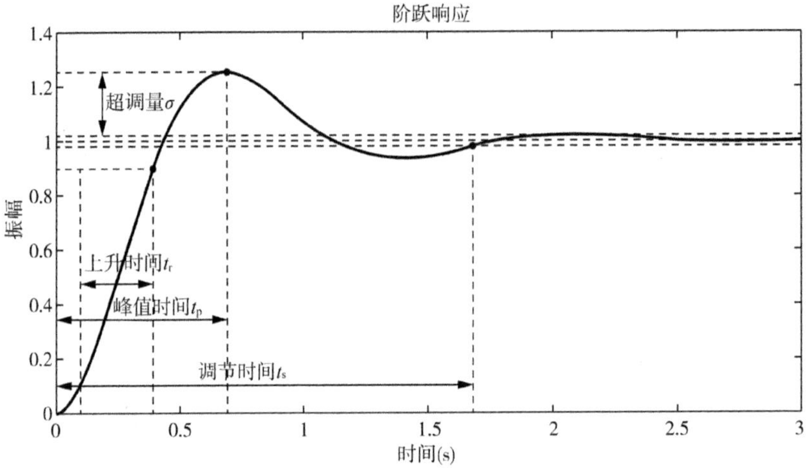

图 4-4　单位阶跃响应曲线

稳态误差:系统误差为 $e(t)=y(\infty)-y(t)$,而稳态误差即当时间 t 趋于无穷时,系统输出响应的期望值与实际值之差。这种定义被称为在输出端的稳态误差定义。

$$e_{ss}=\lim_{t\to\infty}e(t)=\lim_{s\to 0}E(s) \tag{4-25}$$

2.1.2　MATLAB 时域响应分析

1. 零输入响应分析

系统的输出响应由零输入响应和零状态响应组成。零输入响应是指系统的输入信号为零,系统的输出由初始状态产生的响应。

函数 initial(　)用于计算线性定常连续时间系统状态空间模型的零输入响应,其主要功能和格式如表 4-1 所示。

表 4-1　initial(　)函数的格式和功能

函数格式	函数功能
initial(sys1,…,sysN,x0)	同一个图形窗口内绘制多个系统 sys1,…,sysN 在初始条件 x0 作用下的零输入响应
initial(sys1,…,sysN,x0,T)	指定响应时间 T
initial(sys1,'PlotStyle1',…,sysN,'PlotStyleN',x0)	在同一个图形窗口绘制多个连续系统的零输入响应曲线,并指定曲线的属性 PlotStyle
[y,t,x]=initial(sys,x0)	不绘制曲线,得到输出向量、时间和状态变量响应的数据值

说明：

- 线性定常连续系统 sys 必须是状态空间模型。
- x0 为初始条件。
- T 为终止时间点，由 t=0 开始，至 T 秒结束。可省略，默认时由系统自动确定。
- y 为输出向量；t 为时间向量，可省略；x 为状态向量，可省略。

例 4-16 已知单位负反馈控制系统的开环传递函数为 $G(s)=\frac{100}{s(s+10)}$，应用 MATLAB 求其初始条件为[1,2]时的零输入响应。

解：程序代码如下：

```
G1=tf(100,[1 10 0]);
G=feedback(G1,1,-1);    %使用函数 feedback 进行反馈连接
GG=ss(G);               %将传递函数模型转换为状态空间模型
initial(GG,[1 2])
```

运行结果如图 4-5 所示。

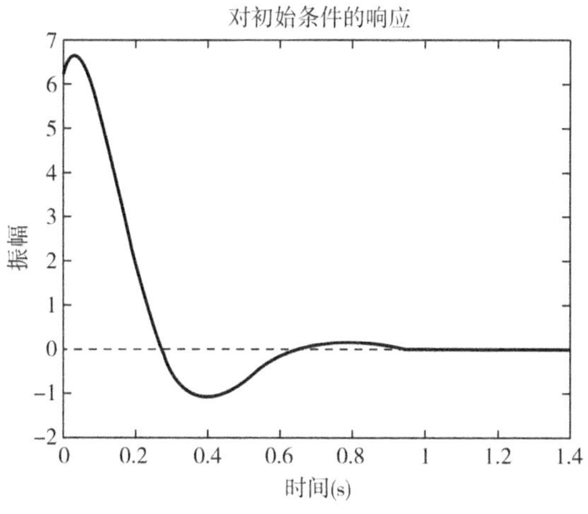

图 4-5 例 4-16 的零输入响应曲线

注意：使用 initial( ) 函数时，系统 sys 必须是状态空间模型，否则 MATLAB 会提示以下错误：

```
??? Error using==>rfinputs
Only available for state-space models.
```

2. 单位脉冲响应分析

函数 impulse( )用于计算和显示线性连续系统的单位脉冲响应。其主要功能和格式如表 4-2 所示。

表 4-2 impulse( )函数的格式和功能

函数格式	函数功能
impulse(sys1,…,sysN)	同一个图形窗口内绘制多个系统 sys1,…,sysN 的单位脉冲响应曲线
impulse(sys1,…,sysN,T)	指定响应时间 T
impulse(sys1,'PlotStyle1',…,sysN,'PlotStyleN')	指定曲线属性 PlotStyle
[y,t,x]=impulse(sys)	得到输出向量、状态向量以及相应的时间向量

说明：

- 线性定常系统 sys 可以是传递函数模型、状态空间模型、零极点增益模型等形式。
- T 为终止时间点，由 t=0 开始，至 T 秒结束。可省略，默认时由系统自动确定。
- y 为输出向量；t 为时间向量，可省略；x 为状态向量，可省略。

例 4-17 已知两个线性定常连续系统的传递函数分别为：$G_1(s)=\dfrac{100}{s^2+10s+100}$，$G_2(s)=\dfrac{3s+2}{2s^2+7s+2}$，绘制其脉冲响应曲线。

解：程序代码如下：

```
G1=tf(100,[1 10 100]);
G2=tf([3 2],[2 7 2]);
impulse(G1,'-',G2,'-.',7)        %指定曲线属性和终止时间
```

运行结果如图 4-6 所示。

在 MATLAB 命令中指定了两条曲线的显示属性，G1 按实线显示，G2 按点画线显示。并指定了终止时间 T=7 s。

3. 阶跃响应曲线

函数 step( )用于实现线性定常连续系统的单位阶跃响应，其格式和功能如表 4-3 所示。

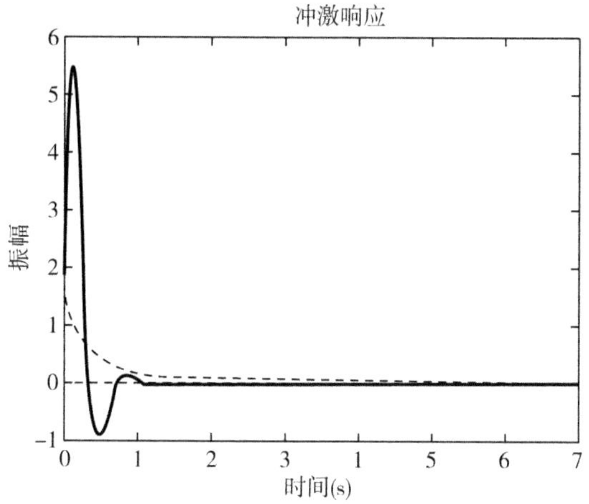

图 4-6　例 4-17 的脉冲响应曲线

表 4-3　step(　)函数的格式和功能

函数格式	函数功能
step(sys1,…,sysN)	在同一个图形窗口内绘制多个系统 sys1,…,sysN 的单位阶跃响应
step(sys1,…,sysN,T)	指定响应时间 T
step(sys1,'PlotStyle1',…,sysN,'PlotStyleN')	指定曲线属性 PlotStyle
[y,t,x]=step(sys)	得到输出向量、状态向量以及相应的时间向量

说明：

● 线性定常连续系统 sys1,…,sysN 可以是连续时间传递函数、零极点增益及状态空间等模型形式。

● 系统为状态空间模型时，只求其零状态响应。

● T 为终止时间点，由 t=0 开始，至 T 秒结束。可省略，默认时由系统自动确定。

● y 为输出向量；t 为时间向量，可省略；x 为状态向量，可省略。

例 4-18　已知典型二阶系统的传递函数为 $\Phi(s)=\dfrac{\omega_n^2}{s^2+2\xi\omega_n s+\omega_n^2}$，式中，自然频率 $\omega_n=6$；绘制阻尼比 $\xi=0.1,0.2,0.707,1.0,2.0$ 时系统的单位阶跃响应。

解:程序代码如下:

```
wn=6;
ksi=[0.1 0.2 0.707 1 2];
hold on;
for kos=ksi
    num=wn.^2;
    den=[1,2*kos*wn,wn.^2];
    step(num,den)

end
```

运行结果如图 4-7 所示。

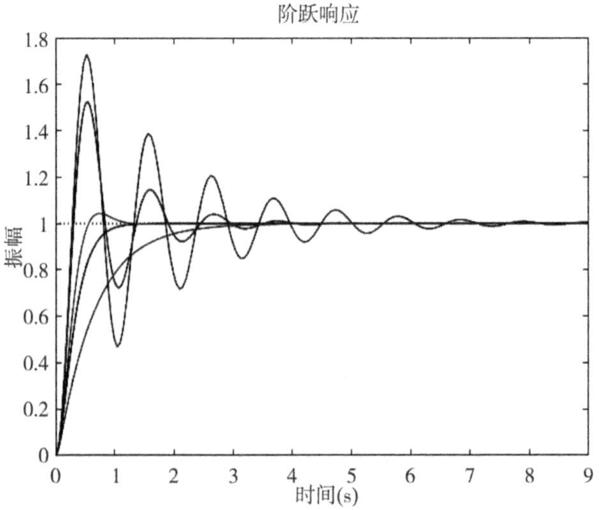

图 4-7　例 4-18 的单位阶跃响应曲线

2.2　控制系统的频域分析

控制系统中的信号可以表示为不同频率正弦信号的合成。控制系统的频率特性反映正弦信号作用下系统响应的性能。应用频率特性研究线性系统的经典方法称为频域分析法。频域分析法具有以下特点:

(1) 控制系统及其元部件的频率特性可以运用分析法和实验方法获得,并可用多种形式的曲线表示,因而系统分析和控制器设计可以应用图解法进行。

(2) 频率特性物理意义明确。对于一阶系统和二阶系统,频域性能指标和时域性能指标有确定的对应关系；对于高阶系统，可建立近似的对应关系。

(3) 控制系统的频域设计可以兼顾动态响应和噪声抑制两方面的要求。

(4) 频域分析法不仅适用于线性定常系统，还可以推广应用于某些非线性控制系统。

本节介绍频率特性的基本概念、频率特性曲线的绘制方法和基于MATLAB频域法的控制系统稳定性能分析实例。

2.2.1 频域特性及其表示

1. 频域特性

(1) 定义

频率特性是指线性定常系统对于正弦输入信号 $X\sin\omega t$，其输出的稳态分量 $y(t)$ 与输入正弦信号的复数比。若系统稳定，则有 $y(t)=Y\sin[\omega t+\varphi(\omega)]$，其中 $\dfrac{Y}{X}=A(\omega)=|G(\mathrm{j}\omega)|$ 为系统的幅频特性；$\varphi(\omega)=\angle G(\mathrm{j}\omega)$ 为系统的相频特性。

(2) 与传递函数关系

$$G(\mathrm{j}\omega)=G(s)\big|_{s=\mathrm{j}\omega}$$

(3) 频率特性曲线的3种表示

对数坐标图(伯德图，也称对数频率特性曲线)、极坐标图(也称幅相频率特性曲线)和对数幅相图(也称对数幅相曲线、尼科尔斯曲线或尼科尔斯图)。

(4) Nyquist 稳定性判据

Nyquist 稳定性判据的内容是：如果开环系统模型含有 m 个不稳定极点，则单位负反馈下单变量闭环系统稳定的充分必要条件是开环系统的 Nyquist 图逆时针围绕 $(-1,\mathrm{j}0)$ 点 m 周。

(5) 系统相对稳定性的判定

系统的相对稳定性(稳定裕度)可以用相角稳定裕度和幅值稳定裕度这两个量来衡量。相角稳定裕度表示了系统在临界稳定状态时，系统所允许的最大相位滞后；幅值稳定裕度表示了系统在临界稳定状态时，系统增益所允许的最大增大倍数。

(6) 闭环系统频率特性

通常，描述闭环系统频率特性的性能指标主要有谐振峰值 M_P、谐振频率

ω_P、系统带宽和带宽频率 ω_b。其中，谐振峰值 M_P 指系统闭环频率特性幅值的最大值；谐振频率 ω_P 指系统闭环频率特性幅值出现最大值时的频率；系统带宽指频率范围 $\omega \in [0,\omega_b]$，带宽频率 ω_b 指当系统 $G(\mathrm{j}\omega)$ 的幅频特性 $G(\mathrm{j}\omega)$ 下降到 $\frac{\sqrt{2}}{2}\mid G(\mathrm{j}\omega)\mid$ 时所对应的频率。

(7) 频域法校正方法

频域法校正方法主要有超前校正、滞后校正和滞后-超前校正等。每种方法的运用可根据具体情况而定。

利用超前网络校正的基本原理即是利用校正环节相位超前的特性，以补偿原来系统中元件造成的过大的相位滞后。

采用滞后网络进行串联校正时，主要是利用其高频幅值衰减特性，以降低系统的开环幅值穿越频率，提高系统的相位裕度。

滞后-超前校正的基本原理是利用校正装置的超前部分增大系统的相位裕度，同时利用其滞后部分来改善系统的稳态性能。

2. 频域特性表示

频域法是一种工程上广为采用的分析和综合系统的间接方法。它是一种图解分析法，依据频率特性的数学模型对系统性能(如稳定性、快速性和准确性)进行分析。频域法因弥补了时域法的不足、使用方便、适用范围广且数学模型容易获得而得到了广泛的应用。

频率特性曲线有 3 种表示形式，即对数坐标图、极坐标图和对数幅相图。

(1) 对数坐标图

对数坐标图即 Bode 图，或伯德图，如图 4-8 所示。它由对数幅频特性曲线和对数相频特性曲线两张图组成。

对数幅频特性曲线是幅度的对数值 $L(\omega)=20\lg A(\omega)$ 与频率 ω 的关系曲线；对数相频特性曲线是频率特性的相角 $\varphi(\omega)$ 与频率 ω 的关系曲线。对数幅频特性的纵轴为 $L(\omega)=20\lg A(\omega)$ (dB)，采用线性分度；横坐标为角频率 ω，采用对数分度。对数相频特性的纵轴为 $\varphi(\omega)$，单位为度，采用线性分度；横坐标为角频率 ω，也采用对数分度。横坐标采用对数分度，扩展了其表示的频率范围。

(2) 极坐标图

极坐标图即 Nyquist 曲线，或奈奎斯特图，如图 4-9 所示。频率特性 $G(\mathrm{j}\omega)$ 是输入信号频率 ω 的复变函数，系统的频率特性表示为 $G(\mathrm{j}\omega)=$

$A(\omega)e^{j\varphi(\omega)}=p(\omega)+jq(\omega)$。极坐标图是当频率从 0—0 连续变化时，$G(ju)$ 端点的极坐标轨迹。MATLAB 在绘制 Nyquist 曲线时，频率是从 $-\infty\to\infty$ 连续变化的；而在自动控制原理的教材中，一般只绘制频率从 $0\to\infty$ 部分曲线。可以分析得出，曲线在范围 $-\infty\to0$ 与 $0\to\infty$ 内，是以横轴为镜像的。

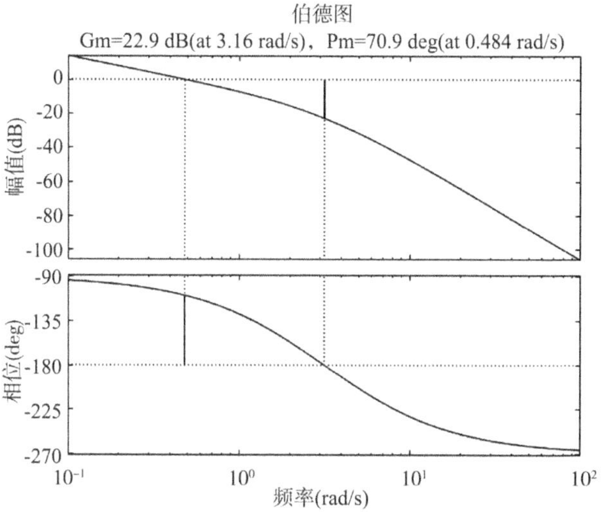

图 4-8　对数坐标图示例

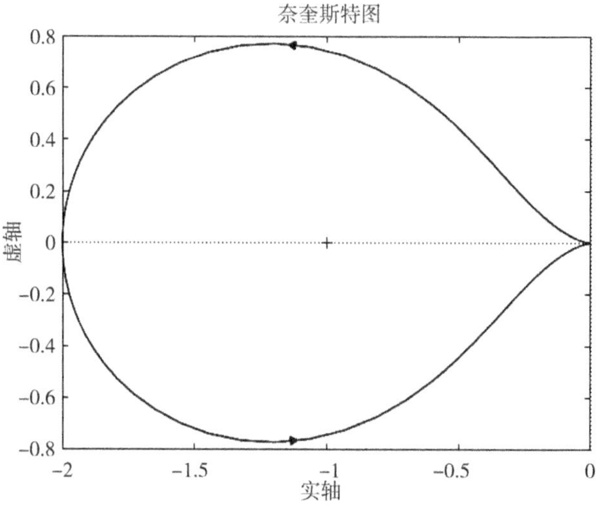

图 4-9　极坐标图示例

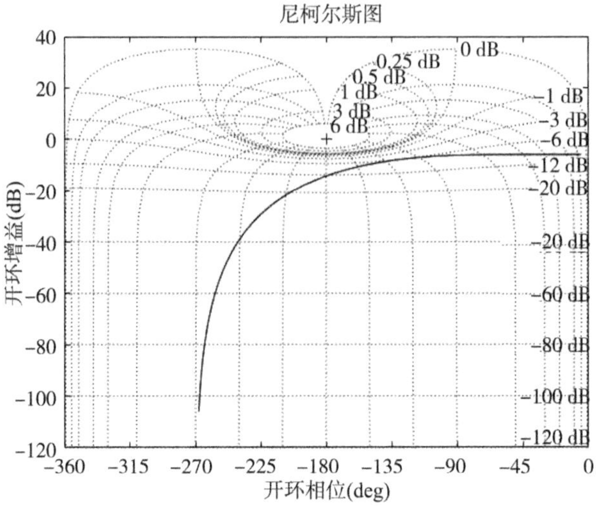

图 4-10　对数幅相图示例

(3) 对数幅相图

对数幅相图即 Nichols 曲线，或尼柯尔斯图，如图 4-10 所示。它是将对数幅频特性曲线和对数相频特性曲线两张图，在角频率 ω 为参变量的情况下合成一张图，即以相位 $\varphi(\omega)$ 为横坐标，以 $20\lg A(\omega)$ 为纵坐标，以 ω 为参变量的一种图示法。

2.2.2　基于 MATLAB 频域法的控制系统稳定性能分析

1. MATLAB 频域分析的相关函数

MATLAB 频域分析的相关函数主要有各种频率特性的绘制函数 bode(　)，nichols(　)，nyquist(　)等以及做进一步分析的函数 allmargin(　)，margin(　)等。表 4-4 简要给出了这些函数的用法及功能说明。

表 4-4　频域分析相关函数的格式和功能

函数格式	函数功能
bode(G)	绘制系统 Bode 图，系统自动选取频率范围
bode(G,w)	绘制系统 Bode 图，由用户指定选取频率范围
bode(G1,‘r—’,G2,‘gx’,…)	同时绘制多系统 Bode 图，图形属性参数可选
[mag,phase,w]=bode(G)	返回系统 Bode 图相应的幅值、相位和频率向量
[mag,phase]=bode(G,w)	返回系统 Bode 图与指定 w 相应的幅值、相位

续表

函数格式	函数功能
nyquist(sys)	绘制系统 Nyquist 图,系统自动选取频率范围
nyquist(sys,w)	绘制系统 Nyquist 图,由用户指定选取频率范围
nyquist(G1,‘r—’,G2,‘gx’,…)	同时绘制多系统 Nyquist 图,图形属性参数可选
[re,im,w]=nyquist(sys)	返回系统 Nyquist 图相应的实部、虚部和频率向量
[re,im]=nyquist(sys,w)	返回系统 Nyquist 图与指定 w 相应的实部、虚部
nichlos(sys)	绘制系统 Nichols 图,系统自动选取频率范围
nichlos(sys,w)	绘制系统 Nichols 图,由用户指定选取频率范围
nichlos(G1,'r—‘,G2,'gx',…)	同时绘制多系统 Nichols 图,图形属性参数可选
[mag,phase,w]=nichlos(G)	返回系统 Nichols 图相应的幅值、相位和频率向量
[mag,phase]=nichlos(G,w)	返回系统 Nichols 图与指定 w 相应的幅值、相位
ngrid	在 Nichols 曲线图上绘制等 M 圆和等 N 圆,要注意在对数坐标中,圆的形状会发生变化
ngrid(‘new’)	绘制网格前清除原图,然后设置 hold on,后续 Nichols 函数可与网格绘制在一起

2. 频域法的稳定性判定和稳定裕度

(1) Nyquist 稳定性判据

频域响应分析方法的最早应用就是利用开环系统的 Nyquist 图来判定闭环系统的稳定性,其理论基础是 Nyquist 稳定性定理。其内容是:如果开环模型含有 m 个不稳定极点,则单位负反馈下单变量闭环系统稳定的充分必要条件是开环系统的 Nyquist 图逆时针围绕 (−1,j0) 点 m 周。

关于 Nyquist 定理可以分以下两种情况做进一步解释。

1) 若开环系统 $G(s)$ 稳定,则当且仅当 $G(s)$ 的 Nyquist 图不包围(−1,j0)点,闭环系统是稳定的。如果 Nyquist 图顺时针包围(−1,j0)点 p 次,则闭环系统有 p 个不稳定极点。

2) 若开环系统 $G(s)$ 不稳定,且有 p 个不稳定极点,则当且仅当 $G(s)$ 的 Nyquist 图逆时针包围(−1,j0)点 p 次,闭环系统是稳定的。若 Nyquist 图逆时针包围(−1,j0)点 q 次,则闭环系统有 $(q-p)$ 个不稳定极点。

后文例题将会对 Nyquist 定理做出进一步解释。

(2) 对数频率稳定性判据

设开环系统在 s 右半平面的极点数为 p, 当 $p=0$ 时,在开环对数幅相特

性曲线 $20\lg|G(j\omega)|>0$ 的范围内,相频特性曲线 $\varphi(\omega)$ 对 $-\pi$ 线的正穿(由下至上)次数与负穿(由上向下)次数相等,则系统闭环稳定;当 $p\neq0$ 时,在开环对数幅相特性曲线 $20\lg|G(j\omega)|>0$ 的范围内,若相频特性曲线 $\varphi(\omega)$ 对 $-\pi$ 线的正穿次数与负穿次数之差为 $p/2$,则系统闭环稳定。

(3) 系统相对稳定性的判定

系统的稳定性(稳定裕度)固然重要,但它不是唯一刻画系统性能的准则,因为有的系统即使稳定,若其动态性能表现为很强的振荡,也是没有用途的。因为这样的系统如果出现小的变化就可能使系统不稳定。此时还应该考虑对频率响应裕度的定量分析,使系统具有一定的稳定裕度。

1) 相角稳定裕度:相角稳定裕度是系统极坐标图上 $G(j\omega)$ 模值等于 1 的矢量与负实轴的夹角:

$$\gamma=\varphi(\omega_c)-(-180^\circ)=180^\circ+\varphi(\omega_c) \tag{4-26}$$

相角稳定裕度表示了系统在临界稳定状态时,系统所允许的最大相位滞后。

2) 幅值稳定裕度:幅值稳定裕度是系统极坐标图上 $G(j\omega)$ 与负实轴交点 (ω_g) 的模值 $G(\omega_g)$ 的倒数:

$$K_g=\frac{1}{|G(\omega_g)|} \tag{4-27}$$

在对数坐标图上,采用 L_g 表示 K_g 的分贝值,有

$L_g=20\lg K_g=-20\lg|G(\omega_g)|$。

幅值稳定裕度表示了系统在临界稳定状态时,系统增益所允许的最大增大倍数。

3. 基于频域法的控制系统稳定性判定相关函数

MATLAB 还提供了其他相关函数直接用于进一步判定系统的稳定程度,如表 4-5 所示。

表 4-5 基于频域法的控制系统稳定性判定相关函数

函数格式	函数功能
margin(G)	绘制系统 Bode 图,带有裕量及相应频率显示
[Gm,Pm,Wg,Wp]=margin(G)	给出系统相对稳定参数,分别为幅值裕度、相角裕度、幅值穿越频率、相角穿越频率

续表

函数格式	函数功能
[Gm,Pm,Wg,Wp]=margin(mag,phase,w)	给出系统相对稳定参数,由 bode 函数得到的幅值、相角和频率向量计算;返回参数分别为幅值裕度、相角裕度、幅值穿越频率及相角穿越频率
S=allmargin(G)	返回相对稳定参数组成的结构体,包含幅值裕度、相角裕度及其相应频率,时滞幅值裕度和频率,是否稳定的标识符

对系统闭环频率特性的求取,MATLAB 没有提供相应的函数,可以根据其定义,编写如下的程序来求取:

```
%用于求取谐振峰值,谐振频率,带宽和带宽频率
[mag,phase,w]=bode(G,w)
[Mp,k]=max(mag);                        %求取谐振峰值
resonantPeak=20*log10(Mp);              %进行谐振峰值单位转换
resonantFreq=w(k);                      %求取谐振频率
n=1;
while 20*log10(mag(n))>=-3
    n=n+1;
end
bandwidth=w(n);                         %求取带宽和带宽频率
```

例 4-19 系统开环传递函数为 $G(s)=\dfrac{10}{(s+5)(s-1)}$,绘制其极坐标图,并判定系统稳定性。

解:程序代码如下:

```
num=10;
den=conv([1 5],[1,-1]);
G=tf(num,den);           %系统传递函数
nyquist(G)               %绘制系统 Nyquist 曲线
```

运行结果如图 4-11 所示。

分析:开环系统有 1 个不稳定极点,即 $p=1$;开环系统 Nyquist 曲线逆时针包围 (−1,j0) 点 1 圈,即 $q=1$,由 $Z=p-q=0$ 得到,闭环系统在右半 s 平面无不稳定极点。根据 Nyquist 稳定性判据,符合第 2 种情况,可判定闭环系统是稳定的。结论也可以通过下面程序的运行结果(见图 4-12)观察系统极点位置并加以验证。

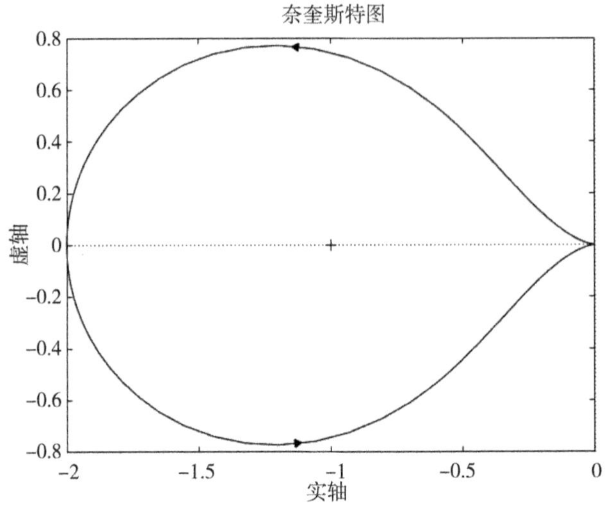

图 4-11　例 4-19 的 Nyquist 曲线

```
num=10;
den=conv([1 5],[1 -1]);
G=tf(num,den);              %系统传递函数
pzmap(feedback(G,1))        %闭环系统零极点分布图
```

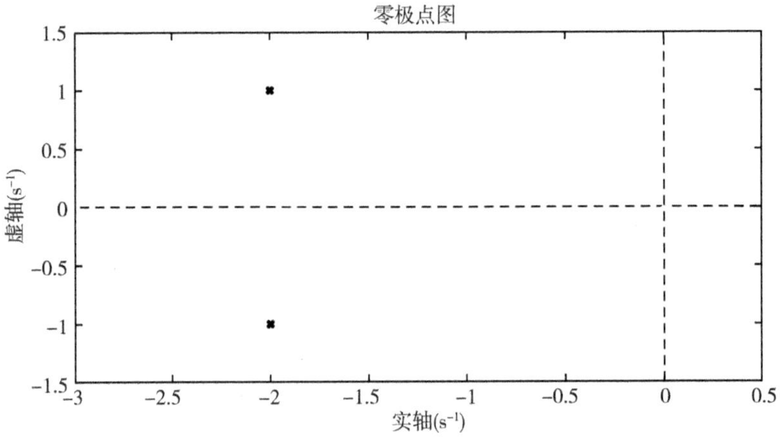

图 4-12　例 4-19 的零极点分布图

由图 4-12 可见,系统闭环极点全部在 s 平面左侧。

例 4-20 系统开环传递函数为 $G(s)=\dfrac{5}{(s+2)(s^2+2s+5)}$，绘制其极坐标图，并判定系统稳定性。

解：程序代码如下：

```
num=5;
den=conv([1 2],[1 2 5]);
G=tf(num,den);          %系统传递函数
nyquist(G)              %绘制系统 Nyquist 曲线
```

程序运行结果如图 4-13 所示。

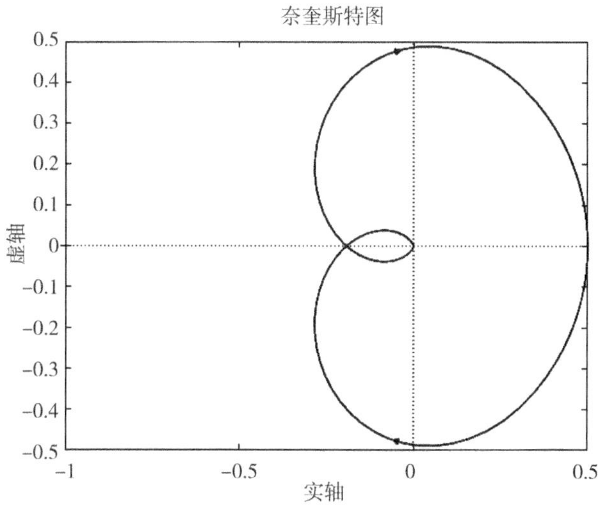

图 4-13 例 4-20 的 Nyquist 曲线

分析：由图 4-13 可以看出，开环系统 Nyquist 曲线不包围 (−1，j0) 点，且开环系统不含有不稳定极点。根据 Nyquist 稳定性判据，符合第 1 种情况，可判定闭环系统是稳定的。可以通过如下求取闭环系统的阶跃响应程序的运行结果（见图 4-14）进一步观察其稳定性。

```
num=10;
den=conv([1 2],[1 2 5]);
G=tf(num,den);          %系统传递函数
step(feedback(G,1))     %闭环系统阶跃响应
```

由图 4-14 可见，对于系统稳定性的判定是正确的。

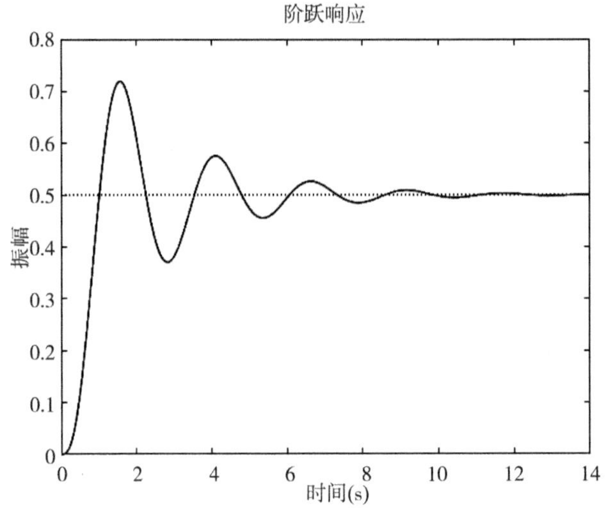

图 4-14　例 4-20 系统的阶跃响应曲线

例 4-21　分别判定系统 $G_1(s)=\dfrac{5}{s(s+2)(s+5)}$ 和 $G_2(s)=\dfrac{200}{s(s+2)(s+5)}$ 的稳定性。如果系统稳定，进一步给出系统相对稳定的参数。

解：程序代码如下：

```
num1=5;
den1=conv([1 2],[1 5 0]);
G1=tf(num1,den1);           %系统 G1 传递函数
margin(G1)                  %返回系统 Bode 图
figure(2)
num2=200;
den2=conv([1 2],[1 5 0]);
G2=tf(num2,den2);           %系统 G2 传递函数
margin(G2)                  %返回系统 Bode 图
```

程序运行结果如图 4-15 和图 4-16 所示。

分析：从图 4-15 和图 4-16 可以看出，开环传递函数为 G_1 的单位负反馈系统具有一定的稳定裕度，系统是稳定的；开环传递函数为 G_2 的单位负反馈系统则不稳定。

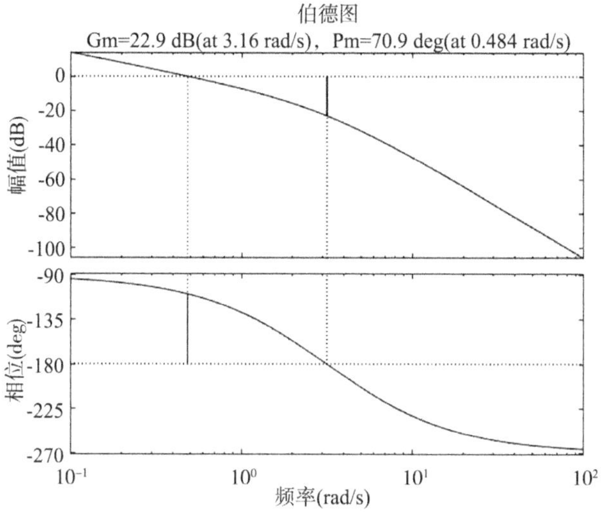

图 4-15　例 4-21 系统 G_1 的 Bode 图

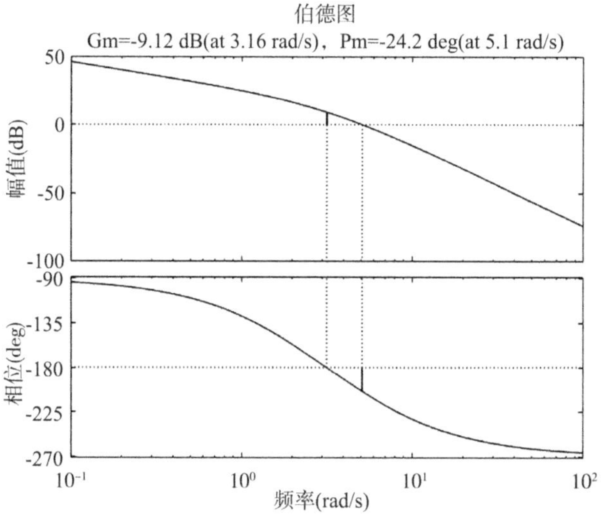

图 4-16　例 4-21 系统 G_2 的 Bode 图

2.3　控制系统的根轨迹分析

根轨迹法是分析和设计线性定常控制系统的图解方法，使用十分简便，特别在进行多回路系统的分析时，应用根轨迹法比用其他方法更为方便，因此在工程实践中获得了广泛应用。本节主要介绍根轨迹的基本概念，根轨迹与系统性能之间的关系，绘制简单系统的根轨迹，对系统进行分析。

2.3.1 根轨迹概念

1948 年，伊文思(W. R. Evans)根据反馈控制系统开环和闭环传递函数之间的关系，提出了由开环传递函数求闭环特征根的简便方法。这是一种由图解方法表示特征根与系统参数的全部数值关系的方法。

根轨迹简称根迹，是指当开环系统某一参数从零变到无穷大时，闭环系统特征根(闭环极点)即闭环系统特征方程式的根在复平面 s 上移动的轨迹。通常情况下，根轨迹是指增益 K 由零到正无穷大时根的轨迹。

根轨迹可用于研究当改变系统某一参数(如开环增益)时对系统根轨迹的影响，从而较好地解决高阶系统控制过程性能的分析与计算；可以很直观地看出增加开环零极点对系统闭环特性的影响，可以通过增加开环零极点重新配置闭环主导极点。

2.3.2 MATLAB 根轨迹分析

以绘制根轨迹的基本规则为基础的图解法是获得系统根轨迹很实用的工程方法。借助 MATLAB 软件，获得系统根轨迹更为方便。通过根轨迹可以清楚地反映如下信息：临界稳定时的开环增益；闭环特征根进入复平面时的临界增益；选定开环增益后，系统闭环特征根在根平面上的分布情况；参数变化时，系统闭环特征根在根平面上的变化趋势等。

MATLAB 中提供了 rlocus 函数，可以直接用于系统的根轨迹绘制。还允许用户交互式地选取根轨迹上的值。其用法见表 4-6 所示。

表 4-6 绘制根轨迹的函数格式与功能

函数格式	函数功能
rlocus(G)	绘制指定系统的根轨迹
rlocus(G1,G2,…)	绘制指定系统的根轨迹，多个系统绘于同一图上
rlocus(G,k)	绘制指定系统的根轨迹，k 为给定增益向量
[r,k]=rlocus(G)	返回根轨迹参数，r 为复根位置矩阵，r 有 length(k)列，每列对应增益的闭环根
r=rlocus(G,k)	返回指定增益 k 的根轨迹参数，r 为复根位置矩阵，r 有 length(k)列，每列对应增益的闭环根

续表

函数格式	函数功能
[K,POLES]=rlocfind(G)	交互式地选取根轨迹增益;产生一个十字光标,用此光标在根轨迹上单击一个极点,同时给出该增益所有对应极点值
[K,POLES]=rlocfind(G,P)	返回 P 所对应根轨迹增益 K 及 K 所对应的全部极点值
sgrid	在零极点图或根轨迹图上绘制等阻尼线和等自然振荡角频率线;阻尼线间隔为 0.1,范围为 0～1,自然振荡角频率间隔 1rad/s,范围为 0～10
sgrid(z,wn)	在零极点图或根轨迹图上绘制等阻尼线和等自然振荡角频率线;可由用户指定阻尼系数值和自然振荡角频率值

§3 PID 控制器的仿真

3.1 PID 控制器概述

PID(比例-积分-微分)控制器是建立在经典控制理论基础上的一种控制策略。作为最早实用化的控制器,PID 控制器已有 40 多年的历史,并且现在仍然是应用最广泛的工业控制器。

PID 控制器结构和算法简单,不需要精确的系统模型等先决条件。但是,其参数整定方法复杂,通常用试凑法来确定参数,即根据具体的调节规律、不同调节对象的特征,经过闭环试验,反复试凑。在 MATLAB/Simulink 环境下仿真,不仅可以方便快捷地获得不同参数下系统的动态特性和稳态特性,而且还能加深理解比例、积分和微分环节对系统的影响,积累试凑整定法的经验。

PID 控制器由比例单元(P)、积分单元(I)和微分单元(D)组成。在控制系统的设计与校正中,PID 控制规律的优越性是明显的,它的基本原理十分简单。基本的 PID 控制规律可描述为:

$$G_c(s)=K_P+\frac{K_I}{s}+K_Ds \tag{4-28}$$

式中, K_P、K_I 和 K_D 分别是比例、积分和微分系数。

PID 控制器使用灵活,只需设定三个参数(K_P、K_I 和 K_D)。在很多情况下,也可以取其中的一个或两个单元,不过比例控制单元是必不可少的。

PID 控制器具有以下优点:

(1) 原理简单,使用方便。PID 参数(K_P、K_I 和 K_D)可以根据过程动态特性及时调整。如果过程的动态特性发生变化,如因负载变化引起的系统动态特性的变化,PID 参数可以重新进行调整与设定。

(2) 适应性强。按 PID 控制规律进行工作的控制器早已商品化。虽然很多工业过程是非线性或时变的,但通过适当简化,可以将其变成基本线性和动态特性不随时间变化的系统,这样就可以通过 PID 控制了。

(3) 鲁棒性强。其控制品质对被控制对象特性的变化不太敏感。

PID 也有其固有的缺点。PID 在控制非线性、时变、耦合及参数和结构不确定的复杂过程时,效果不是太好;最主要的是,如果 PID 控制器不能控制复杂过程,无论怎么调参数都没用。尽管有这些缺点,在科学技术尤其是计算机迅速发展的今天,虽说涌现出了许多新的控制方法,但 PID 仍因其自身的优点而得到了最广泛的应用,PID 控制规律仍是最普遍的控制规律。PID 控制器是最简单且在许多时候仍是最好的控制器。

3.2 PID 控制器作用仿真分析

3.2.1 比例控制作用仿真分析

比例控制是一种最简单的控制方式。其控制器输出与输入误差信号成比例。当仅有比例控制时,系统输出存在稳态误差。比例函数的传递函数为:

$$G_c(s)=K_P \tag{4-29}$$

式中,K_P 称为比例系数或增益,一些传统的控制器又常用比例带(Proportional Band,PB)来取代比例系数 K_P,比例带是比例系数的倒数,比例带也称为比例度。

比例控制只改变系统的增益而不影响相位,它对系统的影响主要反映在系统的稳态误差和稳定性上,增大比例系数可提高系统的开环增益、减小系统的稳态误差,从而提高系统的控制精度,但这会降低系统的稳定性,甚至可能造成闭环系统的不稳定。因此,在系统校正和设计中,比例控制一般不单独使用。

比例控制器的系统结构如图 4-17 所示。

下面的例子给出了一个直观的概念,用以说明纯比例控制作用或比例调节对系统性能的影响。

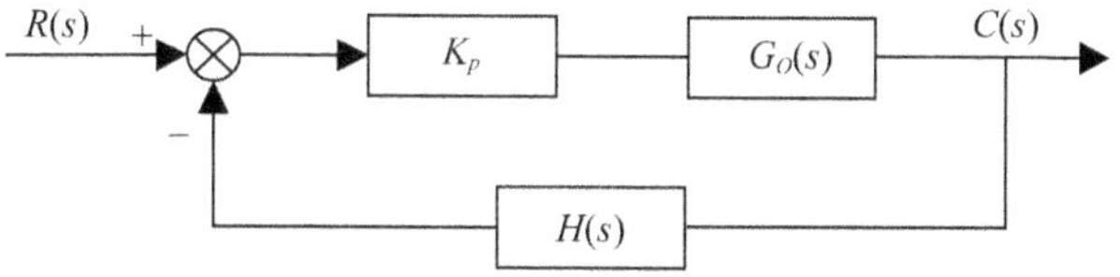

图 4-17　具有比例控制器的系统结构图

例 4-22　控制系统如图 4-17 所示，其中 $G_o(s)=\dfrac{1}{(s+1)(2s+1)(5s+1)}$，$H(s)$ 为单位反馈，对系统采用纯比例控制，比例系数分别为 $K_P=0.1, 2.0, 2.4, 3.0, 3.5$，试求各比例系数下的系统单位阶跃响应，并绘制响应曲线。

解：程序代码如下：

```
G=tf(1,conv(conv([1,1],[2,1]),[5,1]));      %建立开环函数
kp=[0.1,2.0,2.4,3.0,3.5];                   %设定 5 个不同的比例系数
for i=1:5
        G1=feedback(kp(i)*G,1);     %建立不同系数作用下的系统闭环传递函数
        step(G1);
        hold on
end
```

响应曲线如图 4-18 所示。

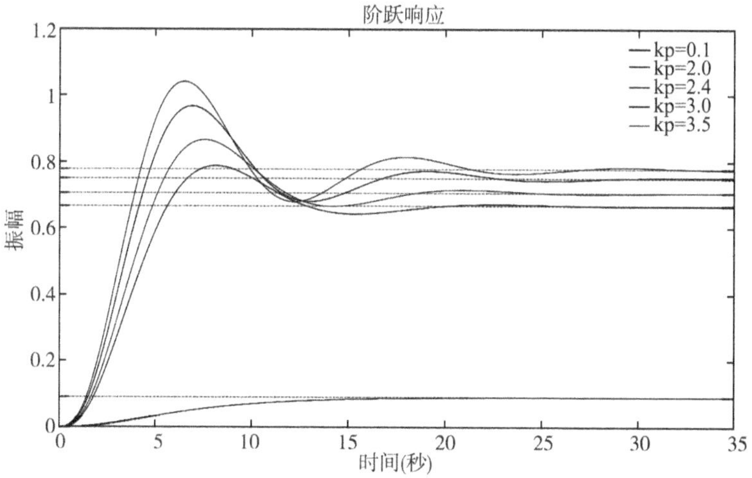

图 4-18　例 4-22 系统阶跃响应图

该例题也可以通过 Simulink 仿真来实现，根据题目要求，搭建如图 4-19 的 Simulink 仿真模型：

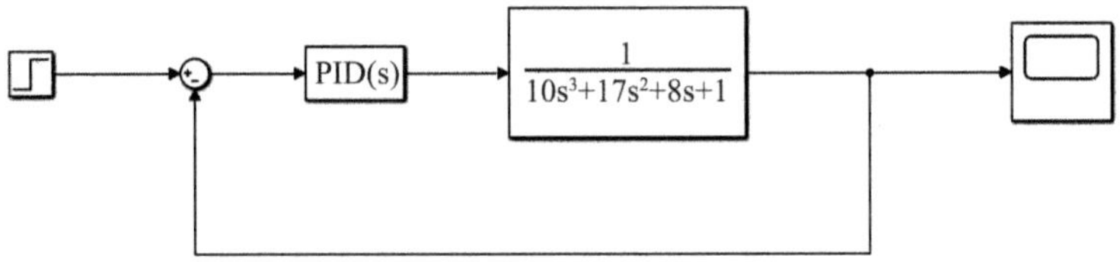

图 4-19　例 4-22Simulink 仿真模型

选取参数 K_P 的不同值，运行后，可在示波器上得到相同的运行结果，如图 4-20 所示。

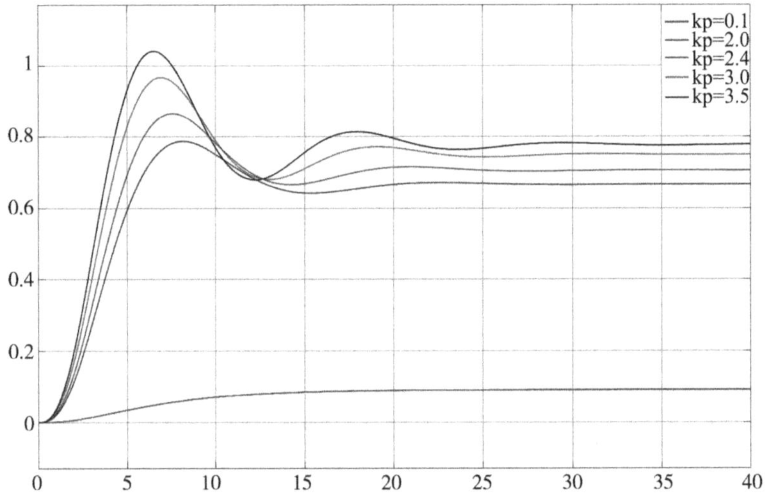

图 4-20　例 4-22 系统阶跃响应图

3.2.2　比例微分控制仿真分析

具有比例加微分控制规律的控制称为比例微分(PD)控制，PD 控制的传递函数为：

$$G_c(s) = K_P + K_P \tau s \tag{4-30}$$

式中，K_P 为比例系数，τ 为微分时间常数。

具有比例微分控制器的系统结构如图 4-21 所示。

PD 控制器的输出信号为：

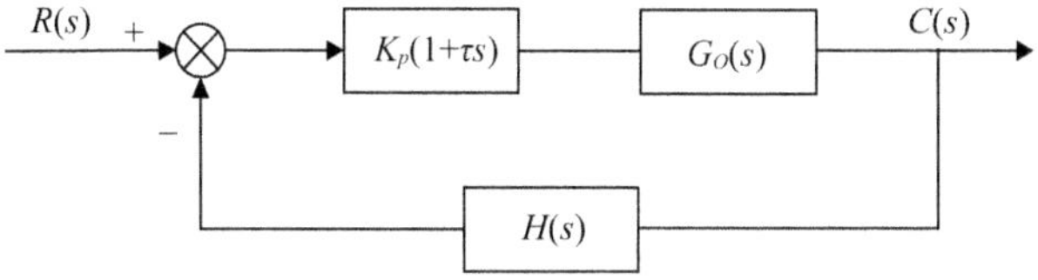

图 4-21　具有比例微分控制器的系统结构图

$$u(t)=K_P e(t)+K_P\tau\frac{de(t)}{dt} \tag{4-31}$$

在微分控制中，控制器的输出与输入误差信号的微分（即误差的变化率）成正比关系。微分控制反映误差的变化率，只有当误差随时间变化时，微分控制才会对系统起作用，而对于变化或缓慢变化的对象不起作用，因此微分控制在任何情况下不能单独与被控对象串联使用，只能构成 PD 或 PID 控制。

自动控制系统在克服误差的调节过程中可能会出现振荡甚至不稳定，其原因是由于存在有较大惯性的组件（环节）或有滞后的组件，具有抑制误差的作用，其变化总是落后于误差的变化。解决的办法是使抑制误差作用的变化"超前"，即在误差接近零时，抑制误差的作用就应该是零。这就是说，在控制器中仅引入"比例"项是不够的，比例项的作用仅是放大误差的幅值，而目前需要增加的是"微分项"，它能预测误差变化的趋势，这样，具有"比例＋微分"的控制器，就能提前使抑制误差的控制作用等于零，甚至为负值，从而避免被控量的严重超调。因此对有较大惯性或滞后的被控对象，"比例＋微分"（PD）控制器能改善系统调节过程中的动态特性。

另外，微分控制对纯滞后环节不能起到改善控制品质的作用且具有放大高频噪声信号的缺点。

在实际应用中，当设定值有突变时，为了防止由于微分控制输出的突跳，常将微分控制环节设置在反馈回路中，这种做法称为微分先行，即微分运算只对测量信号进行，而不对设定信号进行。

例 4-23　控制系统如图 4-21 所示，其中 $G_o(s)=\dfrac{1}{(s+1)(2s+1)(5s+1)}$，$H(s)$ 为单位反馈，对系统采用比例微分控制，比例系数分别为 $K_P=2$，微分系数分别取 $\tau=0,0.3,0.7,1.5,3$，试求各比例系数下的系统单位阶跃响应，并绘制响应曲线。

解:程序代码如下:

```
G=tf(1,conv(conv([1,1],[2,1]),[5,1]));      %建立开环传递函数
kp=2;
tao=[0,0.3,0.7,1.5,3];      %5 个不同的微分系数
for i=1:5
    G1=tf([kp * tao(i),kp],1);      %建立不同比例微分控制下的系统开环传递函数
    sys=feedback(G1 * G,1);      %建立相应的闭环传递函数
    step (sys); hold on      %求取相应的单位阶跃响应
end
```

单位阶跃响应曲线如图 4-22 所示,从图中可以看出,仅有比例控制时,系统阶跃响应有相当大的超调量和较强的振荡,随着微分作用的加强,系统超调量逐渐减小,稳定性提高,上升时间减小,快速性提高。

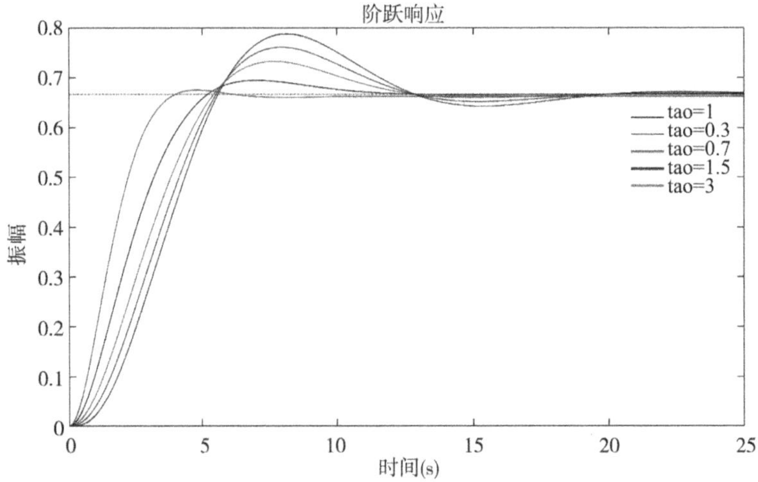

图 4-22 例 4-23 系统阶跃响应图

通过 Simulink 仿真模型来实现,可得相同的仿真结果。

3.2.3 积分控制仿真分析

具有积分控制规律的控制称为积分控制,即 I 控制,I 控制的传递函数为:

$$G_c(s)=\frac{K_I}{s} \tag{4-32}$$

式中，K_I 称为积分系数。控制器的输出信号为：

$$u(t)=K_I\int_0^t e(t)dt \tag{4-33}$$

对于一个自动控制系统，如果在进入稳态后存在稳态误差，则称这个控制系统是有稳态误差的，简称有差系统。为了消除稳态误差，在控制器中必须引入积分项。积分项的误差取决于时间的积分，随着时间的增加，积分项会增大。这样，即使误差很小，积分项也会随着时间的增加而加大，它推动控制器的输出增大，使稳态误差进一步减小，直到等于零。

通常，采用积分控制的主要目的就是使系统无稳态误差，由于积分引入了相位滞后，所以使系统稳定性变差。增加积分控制对系统而言是加入了极点，对系统的响应而言是可消除稳态误差，但这对瞬时响应会造成不良影响，甚至造成不稳定，因此，积分控制一般不单独使用，通常结合比例控制器构成比例积分(PI)控制器。

3.2.4 比例积分控制仿真分析

具有比例加积分控制规律的控制称为比例积分控制，即 PI 控制，PI 控制的传递函数为：

$$G_c(s)=K_P+\frac{K_P}{T_i}\cdot\frac{1}{s}=\frac{K_P\left(s+\frac{1}{T_i}\right)}{s} \tag{4-34}$$

式中，K_P 为比例系数，T_i 称为积分时间常数。

控制器的输出信号为：

$$u(t)=K_Pe(t)+\frac{K_P}{T_i}\int_0^t e(t)dt \tag{4-35}$$

PI 控制器可以使系统在进入稳态后无稳态误差。PI 控制器与被控对象串联连接时，相当于在系统中增加了一个位于原点的开环极点，同时也增加了一个位于 s 左半平面的开环零点。位于原点的极点可以提高系统的型别，以消除或减小系统的稳态误差，改善系统的稳态性能；而增加的负实部零点则可减小系统的阻尼比，缓和 PI 控制器极点对系统稳定性及动态过程产生的不利影响。在实际工程中，PI 控制器通常用来改善系统的稳态性能。

例 4-24 单位负反馈系统的开环传递函数$G_o(s)=\frac{1}{(s+1)(2s+1)(5s+1)}$，$H(s)$为单位反馈，对系统采用比例积分控制，比例系数分别为$K_P=2$，微分时间常数分别取$T_i=3,6,14,21,24$，试求各比例系数下的系统单位阶跃响应，并绘制响应曲线。

解：程序代码如下：

```
G=tf(1,conv(conv([1,1],[2,1]),[5,1]));        %建立开环函数
kp=2;
ti=[3,6,14,21,28];        %5 个不同的积分时间
for i=1:5
        G1=tf([kp,kp/ti(i)],[1,0]);        %建立不同比例积分控制下的系统开环传递函数
        sys=feedback(G1*G,1);        %建立对应的闭环传递函数
        step(sys);hold on        %求取相应的单位阶跃响应,并绘制响应曲线
end
```

响应曲线如图 4-23 所示，从图中可以看出，随着积分时间的减小，积分控制作用增强，闭环系统稳定性变差。

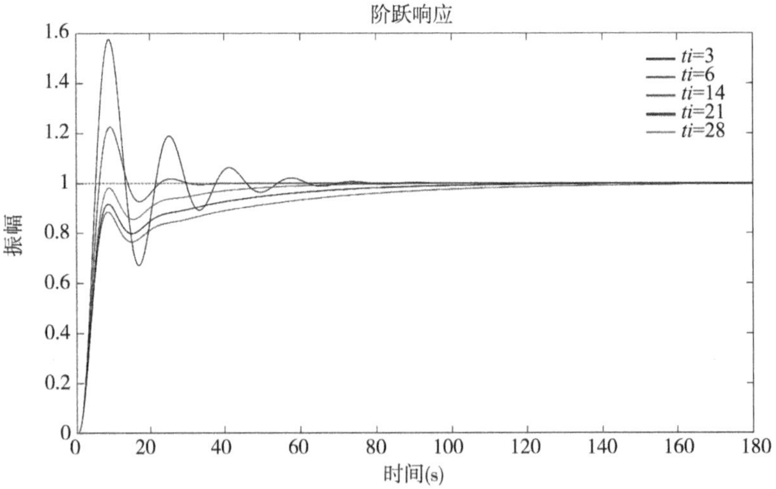

图 4-23　例 4-24 系统阶跃响应图

通过 Simulink 仿真模型实现可得相同的仿真结果。

3.2.5 比例积分微分控制仿真分析

具有比例加积分加微分控制规律的控制称为比例积分微分控制，即 PID 控制，PID 控制的传递函数为：

$$G_c(s)=K_P+\frac{K_P}{T_i}\cdot\frac{1}{s}+K_P\tau s \tag{4-36}$$

式中，K_P 为比例系数，T_i 为积分时间常数，τ 为微分时间常数。

PID 控制器的输出信号为：

$$u(t)=K_Pe(t)+\frac{K_P}{T_i}\int_0^t e(t)\,\mathrm{d}t+K_P\tau\frac{\mathrm{d}e(t)}{\mathrm{d}t} \tag{4-37}$$

PI 控制器与被控对象串联连接时，可以使系统的类型级别提高一级，而且还提供了两个负实部的零点。与 PI 控制器相比，PID 控制器除了同样具有提高系统稳态性能的优点外，还多提供了一个负实部零点，因此在提高系统动态性能方面具有更大的优越性。在实际工程中，PID 控制器被广泛应用。

PID 控制通过积分作用消除误差，而微分控制可缩小超越量、加快系统响应，是综合了 PI 控制与 PD 控制长处并去除其短处的控制。从频域角度来看，PID 控制通过积分作用于系统的低频段，以提高系统的稳态性能；而微分作用于系统的中频段，以改善系统的动态性能。

3.3 PID 控制器参数整定

PID 控制器的参数整定是控制系统设计的核心内容，它根据被控过程的特性确定 PID 控制的比例系数、积分时间和微分时间。

PID 控制器参数整定的方法很多，概括起来有两大类：

(1) 理论计算整定法：主要依据系统的数学模型，经过理论计算确定控制器参数。这种方法所得到的计算数据未必可以直接使用，还必须通过工程实际进行调整和修改。

(2) 工程整定方法：主要有 Ziegler-Nichols 整定法、临界比例度法、衰减曲线法。这三种方法各有特点，其共同点都是通过试验然后按照工程经验公式对控制器参数进行整定的。无论采用哪一种方法所得到的控制器参数，都需要在实际运行中进行最后调整与完善。工程整定法的基本特点是不需要事先知道过程的数学模型，直接在过程控制系统中进行现场整定，方法简单，计算简便，易于掌握。

3.3.1 临界比例度法

临界比例度法适用于已知对象传递函数的场合，在闭合的控制系统里，将调节器置于纯比例作用下，从大到小逐渐改变调节器的比例度，得到等幅振荡的过渡过程。此时的比例度称为临界比例度 δ_K，相邻两个波峰间的时间间隔称为临界振荡周期 T_K。采用临界比例度法时，系统产生临界振荡的条件是系统的阶数是 3 阶或 3 阶以上。

临界比例度法的步骤如下：

(1) 将调节器的积分时间 T_i 置为最大（$T_i=\infty$），微分时间置零（$\tau=0$），比例度 δ 取适当值，平衡操作一段时间，把系统投入自动运行；

(2) 将比例度 δ 逐渐减小，得到等幅振荡过程，记下临界比例度 δ_K 和临界振荡周期 T_K 的值；

(3) 根据 δ_K 和 T_K 的值，根据表 4-7 中的经验公式，计算出调节器的各个参数，即 δ、T_i 和 τ 的值。

表 4-7 临界比例度法整定控制器参数

控制器类型	比例度 δ	积分时间 T_i	微分时间 τ
P	$2\delta_K$	∞	0
PI	$2.2\delta_K$	$0.433T_K$	0
PID	$2.7\delta_K$	$0.5T_K$	$0.125T_K$

按“先 P 后 I 最后 D”的操作程序将调节器整定参数调到计算值上。若还不够满意，可进一步再调整。

例 4-25 控制系统开环传递函数 $G_o(s)=\dfrac{1}{s(s+1)(s+5)}$，试采用临界比例度法计算系统 P、PI、PID 控制器参数，并绘制整定后系统的单位阶跃响应曲线。

解：根据题意，建立如图 4-24 所示的 Simulink 模型。

临界比例度法整定的第一步是获取系统的等幅振荡曲线，在 Simulink 中，把反馈连线、控制微分器的输出连线、积分器的输出连线都断开，“KP”的值从大到小进行试验，每次仿真结束后，观察示波器的输出，直到输出等幅振荡为止。本例中当 $K_P=30$ 时出现等幅振荡，此时的 $T_K=2.41$，等幅振荡曲线如图 4-25 所示。

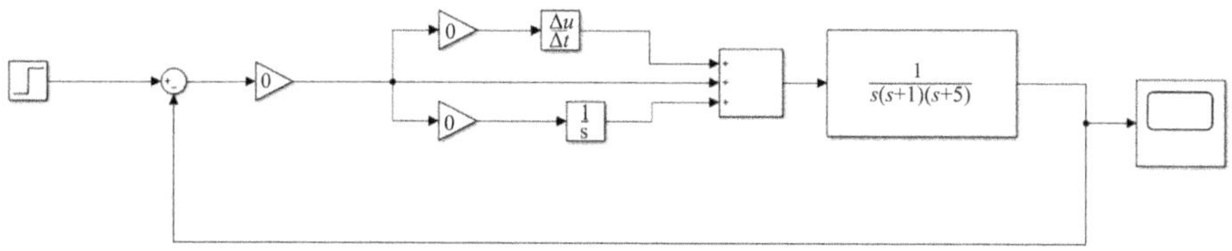

图 4-24　例 4-25 系统 Simulink 模型

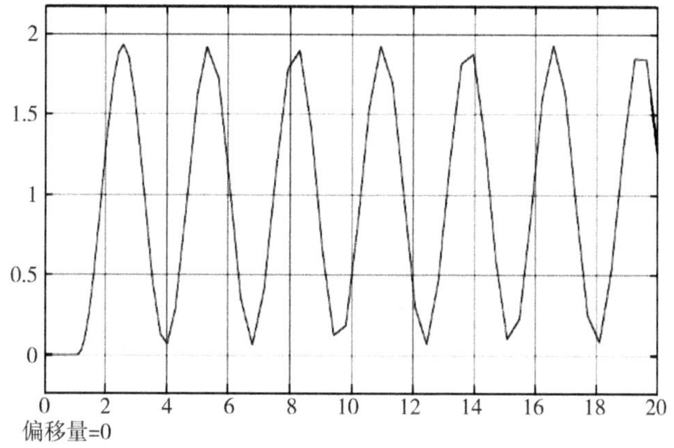

图 4-25　例 4-25 系统等幅振荡曲线

根据表 4-7 可知，P 控制整定时，比例放大系数 $K_P=15$，设置“KP”值为 15，运行后可得到 P 控制时系统的单位阶跃响应，如图 4-26。

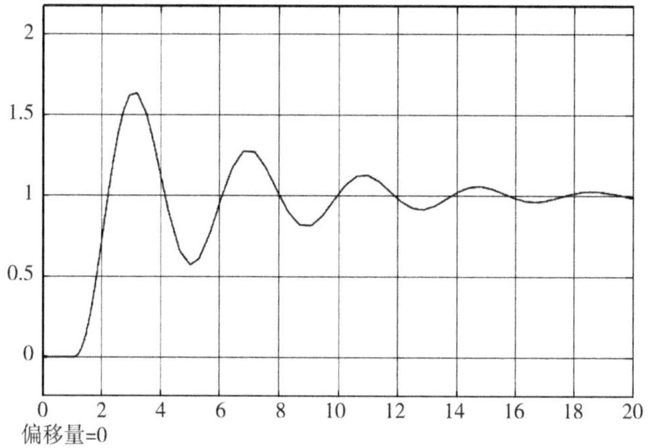

图 4-26　例 4-25P 控制时的单位阶跃响应

根据表 4-7 可知，PI 控制整定时，比例放大系数 $K_P=13.5$，积分时间常数 $T_i=2.19$，设置“KP”值为 13.5，“1/Ti”值为 1/2.19，将积分器的输出连线连上，运行仿真，得到 PI 控制时系统的单位阶跃响应，如图 4-27 所示。

根据表 4-7 可知，PID 控制整定时，比例放大系数 K_P =17.65，积分时间常数 T_i =1.405，微分时间常数 τ =0.351，设置“KP”值为 17.65，“1/Ti”值为 1/1.405，“tao”值为 0.351，将微分器的输出连线连上，运行仿真，得到 PID 控制时系统的单位阶跃响应，如图 4-28 所示。

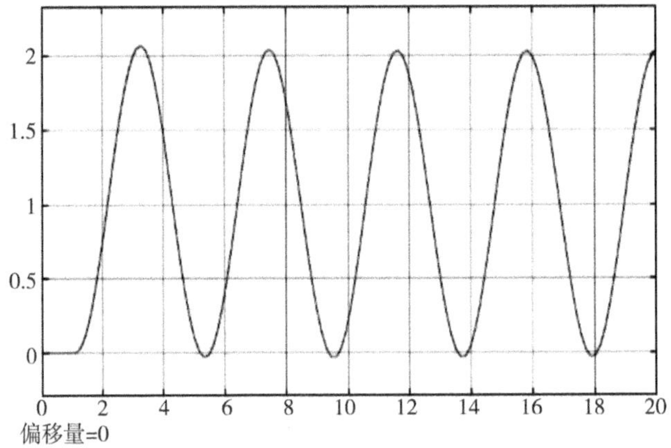

图 4-27　例 4-25PI 控制时的单位阶跃响应

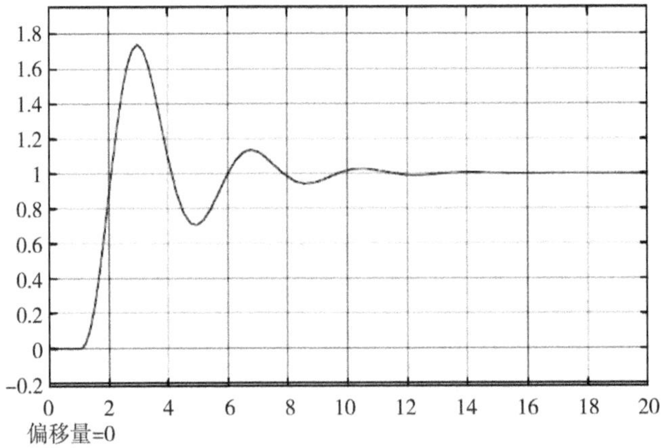

图 4-28　例 4-25PID 控制时的单位阶跃响应

由图 4-26、图 4-27 和图 4-28 对比可以看出，P 控制和 PI 控制的阶跃响应上升速度基本相同，由于这两种控制的比例系数不同，因此系统稳定的输出值不同。PI 控制的超调量比 P 控制的要小，PID 控制比 P 控制和 PI 控制的响应速度要快，但是超调量大些。

值得注意的是，由于工程整定方法依据的是经验公式，不是在任何情况下都适用的，因此，按照经验公式整定的 PID 参数并不是最好的，需要进行一些调整。本例中，按照表 4-7 整定的 PI 控制器的参数就不是非常好，这从图 4-27 中可以看出。将比例放大系数调整为 $K_P=13.5$，积分时间常数调整为 $T_i=12.5$，运行仿真，得到如图 4-29 所示的结果。

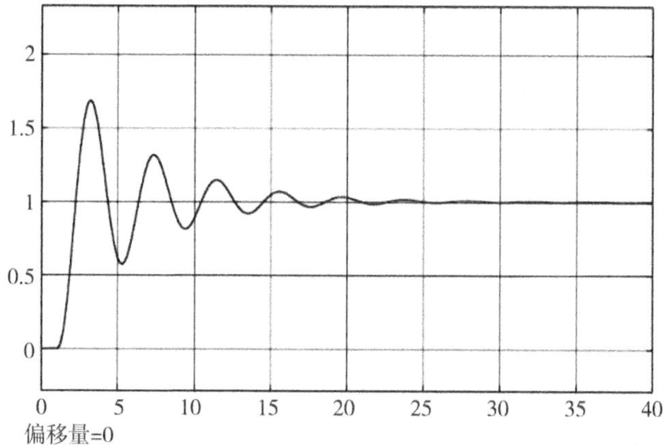

图 4-29　例 4-25　系统调参后 PI 控制时的单位阶跃响应

对比图 4-29 和图 4-27 可以看出，调整 PI 参数后系统的超调量减小了，调节时间也减小了。当然，调整参数的方法有多种，既可以调整 P 的参数，也可以调整 I 的参数，也可以同时调整这两者的参数。

3.3.2　衰减曲线法

衰减曲线法根据衰减频率特性整定控制器参数。先把控制系统中调节器参数置成纯比例作用（$T_i=\infty$，$\tau=0$），使系统投入运行，再把比例度 δ 从大逐渐调小，直到出现 4∶1 衰减过程曲线，如图 4-30 所示。

此时的比例度为 4∶1，衰减比例度为 δ_s，上升时间为 t_r，两个波峰间的时间间隔 T_s 称为 4∶1 衰减振荡周期。

根据 δ_s、t_r 或 T_s，使用表 4-8 所示的经验公式，即可算出调节器的各个整定参数值。

表 4-8　衰减曲线法整定控制器参数

控制器类型	比例度 δ	积分时间 T_i	微分时间 τ
P	δ_s	∞	0

续表

控制器类型	比例度 δ	积分时间 T_i	微分时间 τ
PI	$1.2\delta_s$	$2t_r$ 或 $0.5T_s$	0
PD	$0.4\delta_s$	$1.2t_r$ 或 $0.3T_s$	$0.4t_r$ 或 $0.1T_s$

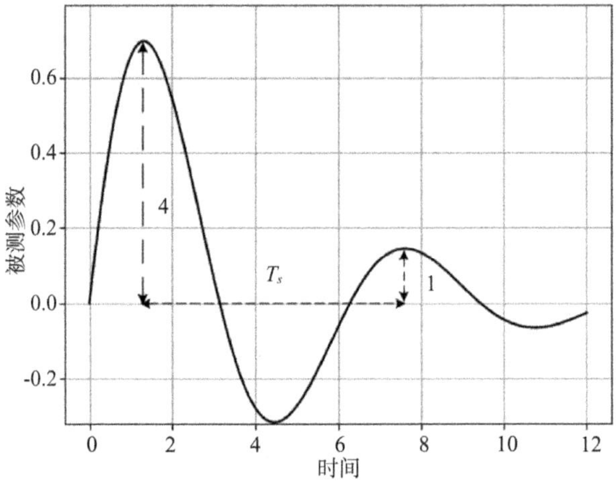

图 4-30　4：1 衰减曲线

按“先 P 后 I 最后 D”的操作程序将调节器整定参数调到计算值上。若不太理想，可进一步再调整。

衰减曲线法的注意事项有：

(1) 反应较快的控制系统，要认定 4：1 衰减曲线和读出 T_s 比较困难，此时，可用记录指针来回摆动两次就达到稳定作为 4：1 衰减过程；

(2) 在生产过程中，负荷变化会影响过程特性。当负荷变化较大时，必须重新整定调节器参数值；

(3) 若认为 4：1 衰减太慢，可采用 10：1 衰减过程。对于 10：1 衰减曲线法整定调节器参数的步骤与上述完全相同，仅所用计算公式有些不同，具体公式可查阅相关资料，此处不再赘述。

例 4-26　系统开环传递函数 $G_o(s)=\dfrac{1}{s(s+1)(s+5)}$，试采用衰减曲线法计算系统 P、PI、PID 控制器的参数，并绘制整定后系统的单位阶跃响应曲线。

解：根据题意，建立如图 4-31 所示的 Simulink 模型。

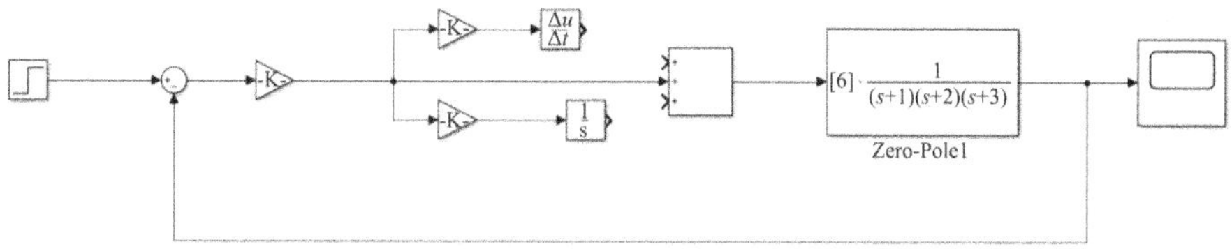

图 4-31　例 4-26 系统 Simulink 模型

衰减曲线法整定的第一步是获取系统的衰减曲线，本例按 4∶1 衰减曲线整定，在 Simulink 中，把反馈连线、微分器的输出连线、积分器的输出连线都断开，“KP”的值从大到小进行试验，每次仿真结束后，观察示波器的输出，直到输出 4∶1 衰减振荡曲线为止。当 $K_P=3.423$ 时，在 $t=1.55$ 时出现第一峰值，它的值为 1.13；在 $t=4.24$ 时出现第二峰值，它的值为 0.44，稳定值是 0.4，计算可得衰减度为 4∶1。因此，当 $K_P=3.423$ 时，系统出现 4∶1 衰减振荡，且 $T_S=4.24-1.55=2.69$，曲线如图 4-32 所示。

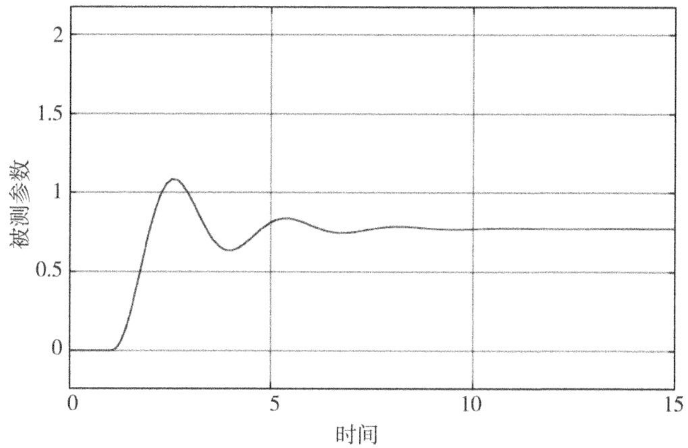

图 4-32　例 4-26 系统 4∶1 衰减振荡曲线

根据表 4-8 可知，P 控制整定时，比例放大系数和出现 4∶1 衰减振荡时的比例系数相同，因此，P 控制时系统的单位阶跃响应曲线和图 4-32 相同。

根据表 4-8 可知，PI 控制整定时，比例放大系数 $K_P=3.1454$，积分时间常数 $T_i=1.345$，设置“KP”值为 3.1415，“1/Ti”值为 1/1.345，将积分器的输出连线连上，运行仿真，得到如图 4-33 所示的结果，它是 PI 控制时系统的单位阶跃响应曲线。

根据表 4-8 可知，PID 控制整定时，比例放大系数 $K_P=4.7747$，积分时

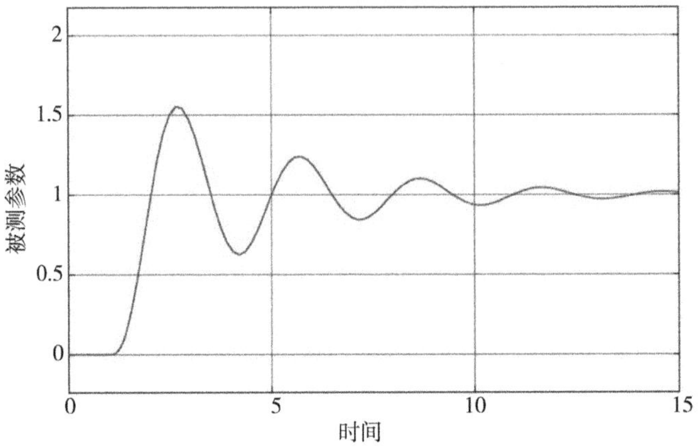

图 4-33　例 4-26 系统 PI 控制时的单位阶跃响应曲线

间常数 T_i =2.457，微分时间常数 τ =0.269，设置“KP”值为 4.7747，“1/Ti”值为 1/2.457，“tao”值为 0.269，将微分器的输出连线连上，运行仿真，得到 PID 控制时系统的单位阶跃响应曲线，如图 4-34 所示。

由图 4-32、图 4-33 和图 4-34 对比可以看出，P 控制和 PI 控制的阶跃响应上升速度基本相同，由于这两种控制的比例系数不同，因此系统稳定的输出值不同。PI 控制的超调量比 P 控制的要小，PID 控制比 P 控制和 PI 控制的响应速度要快，但是超调量大些。

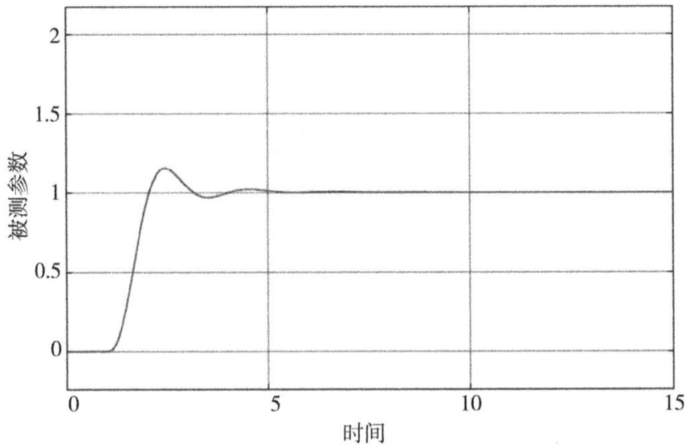

图 4-34　例 4-26 系统 PID 控制时的单位阶跃响应曲线

在 PID 参数进行整定时，如果能够有理论的方法确定 PID 参数当然是最理想的方法，但是在实际应用中，更多的是通过试凑法来确定 PID 参数的。

通过上面的例子,可以总结出几条基本的 PID 参数整定规律:

(1) 增大比例系数将加快系统的响应,在有静差的情况下有利于减小静差,但是过大的比例系数会使系统有比较大的超调,并产生振荡,使稳定性变差;

(2) 增大积分时间有利于减小超调、减小振荡,使系统的稳定性增加,但是系统静差消除时间变长;

(3) 增大微分时间有利于加快系统的响应速度,使系统超调量减小,稳定性增加,但系统对扰动的抑制能力减弱。

在试凑时,可参考以上参数对系统控制过程的影响趋势,对参数调整实行先比例、后积分、再微分的整定步骤。即先整定比例部分,将比例参数由小变大,并观察相应的系统响应,直至得到反应快、超调小的响应曲线。如果系统没有静差或静差已经小到允许范围内,并且对响应曲线已经满意,则只需要比例调节器即可。

如果在比例调节的基础上系统的静差不能满足设计要求,则必须加入积分环节。在整定时先将积分时间设定到一个比较大的值,然后将已经调节好的比例系数略为缩小(一般缩小为原值的 0.4 倍),然后减小积分时间,使得系统在保持良好动态性能的情况下,静差得到消除。在此过程中,可根据系统的响应曲线的好坏反复改变比例系数和积分时间,以期得到满意的控制过程和整定参数。

如果在上述调整过程中对系统的动态过程反复调整还不能得到满意的结果,则可以加入微分环节。首先把微分时间设置为 0,在上述基础上逐渐增加微分时间,同时相应地改变比例系数和积分时间,逐步试凑,直至得到满意的调节效果。

§4 Simulink 建模与仿真

4.1 Simulink 基础

4.1.1 Simulink 概况

Simulink 是用于动态系统和嵌入式系统的多领域仿真和基于模型的设计工具。其于 20 世纪 90 年代初由 MathWorks 公司开发,是 MATLAB 环境下对动态系统进行建模、仿真和分析的一个软件包。从字面上看,“Simulink”一词有两层含义,“Simu"表明它可用于系统仿真;“link”表明它能进行系统连接。

对各种时变系统,包括通信、控制、信号处理、视频处理和图像处理系统,Simulink 提供了交互式图形化环境和可定制模块库来对其进行设计、仿真、执行和测试,可以用连续采样时间、离散采样时间或两种混合的采样时间进行建模,也支持多速率系统。

Simulink 提供了一个建立模型框图的图形用户界面,只需点击和拖动鼠标就能在屏幕上调用现成的模块并将它们适当连接起来构成系统的模型,即所谓的可视化建模。建模完成以后,以该模型为对象运行 Simulink 中的仿真程序,可以对模型进行仿真,并能随时观察仿真结果和干预仿真过程。构架在 Simulink 基础之上的其他产品扩展了其多领域建模功能,也提供了用于设计、执行、验证和确认任务的相应工具。Simulink 由于功能强大、使用简单方便,已成为应用最广泛的动态系统仿真软件。

4.1.2 Simulink 的特性

作为一款应用广泛的建模仿真软件,Simulink 工具具有许多优点。

(1) 建模方式直观易懂。Simulink 支持图形化操作,这使得建模过程十分直观快速,用户的入门门槛、学习成本都较低。只需要在元件库中选取合适的模块并放置在建模窗口中,设置想要的参数并将其连接起来即可完成建模。

(2) 模块库丰富多样。利用 Simulink 进行建模仿真需要用到很多模块(block),这些模块构成了模块库。模块库可分为两大类,分别是 Simulink 基本模块和拓展模块。基本模块和拓展模块均包含很多子库,各子库中又含有许多模块,为用户的建模仿真提供了多样化的选择。

(3) 仿真过程快速、准确。Simulink 优秀的积分算法给非线性系统仿真带来了极高的精度。先进的常微分方程求解器可用于求解刚性和非刚性的系统、具有时间触发或不连续的系统和具有代数环的系统。Simulink 的求解器能确保连续系统或离散系统的仿真速度、准确进行。同时,Simulink 还为用户准备一个图形化的调试工具,以辅助用户进行系统开发。

(4) 具有层次性,可分层次地表达复杂系统。Simulink 的分级建模能力使得体积庞大、结构复杂的模型也能简便地构建。根据需要,各种模块可以组织成若干子系统。整个系统可以按照自顶向下或自底向上的方式进行搭建。子模型的层次数量完全取决于所构建的系统,不受软件本身的限制。为方便大型复杂结构系统的操作,Simulink 还提供了模型结构浏览的功能。

4.1.3 Simulink 的工作环境

Simulink 的工作环境包括编辑器和库浏览器，其中，前者用于添加和连接模块以搭建模型，后者用于提供所需的模块。

(1) Simulink 编辑器

用户可以通过以下 4 种方式打开 Simulink 编辑器：在 MATLAB 主窗口单击 Simulink 按钮；在 MATLAB 主窗口单击“新建”后，点击“Simulink Model”；在命令行窗口输入“simulink”；在当前文件夹窗口右击，再依次点击“新建”和“模型”，随后双击打开该新建的模型文件。

前 3 种方法都将打开如图 4-35 所示的 Simulink 起始页。在此页面中，除了可以在“新建”选项卡中创建一个空白的模型或子系统以外，还在“示例”选项卡中提供了大量的仿真模型示例。

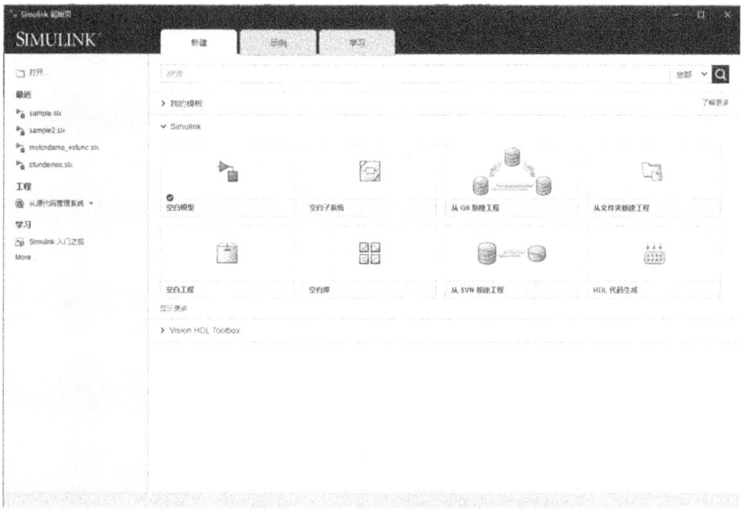

图 4-35　Simulink 起始页

在新建选项卡新建文件后，或通过上述第四种方法新建并打开文件后，即可进入 Simulink 编辑器，如图 4-36。

编辑器窗口顶部有 5 个标签，分别为仿真、调试、建模、格式、APP。单击不同的标签，下方将显示工具栏。

(2) 库浏览器

在 Simulink 中进行模型搭建和仿真，需要用到许多不同的模块(block)。

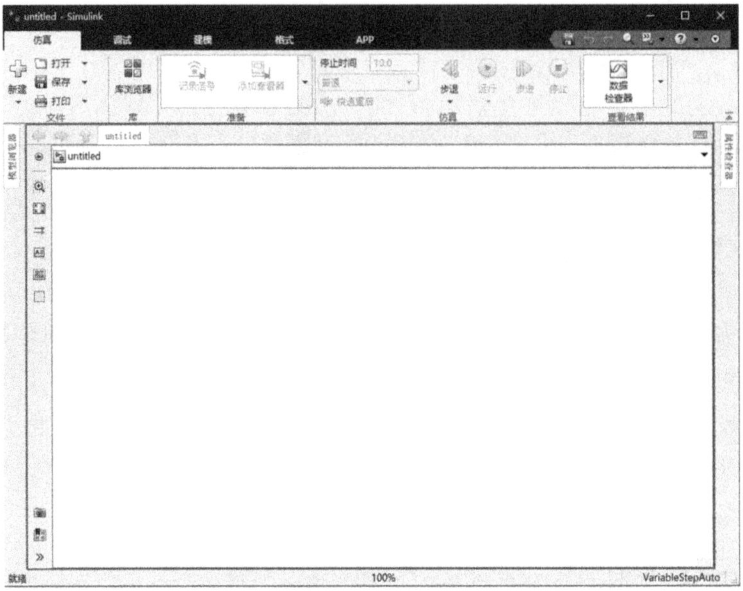

图 4-36　Simulink 编辑器窗口

选择仿真标签下的“库”按钮即可打开模块库浏览器，如图 4-37。

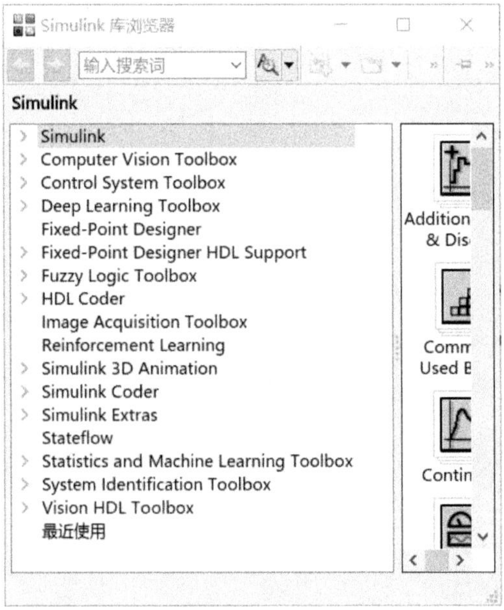

图 4-37　库浏览器

在库浏览器中，可以浏览查找想要的模块，通过双击或者鼠标拖动即可将其添加到 Simulink 编辑器窗口进行模型搭建。

4.1.4 Simulink 的模块

1. 模块库

模块库可分为两大类：基本模块和拓展模块。基本模块位于 Simulink 子库中，如图 4-38，包括信号源模块子库(Sources)、接收器子库(Sinks)、连续模块子库(Continuous)、离散模块子库(Discrete)等。拓展模块又被称为应用工具箱，是针对具体专业的函数包，包括通信系统工具箱(Communications Toolbox)、控制系统工具箱(Control System Toolbox)、DSP 系统工具箱(DSP System Toolbox)等。各模块的功能和使用方法可查阅 MATLAB 帮助菜单，在此不加赘述。

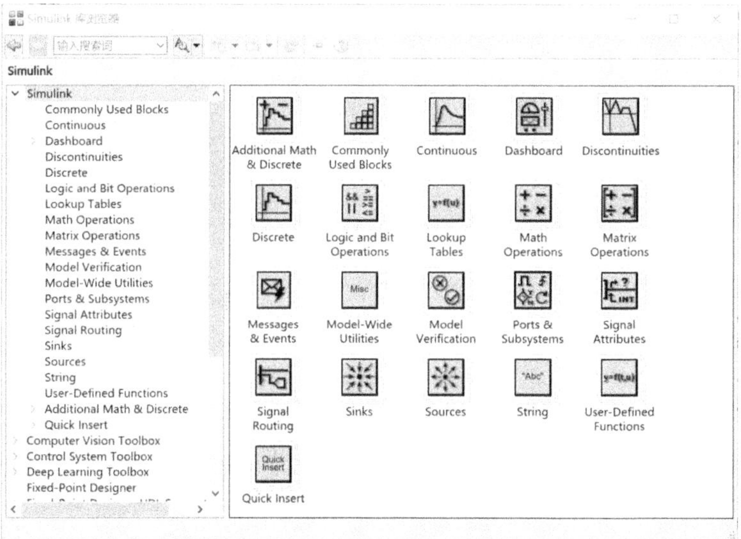

图 4-38 Simulink 模块库

2. 模块参数设置

将模块加入编辑器窗口之后，需要更改模块参数。模块参数可为常数、变量或表达式。想要修改参数，可通过参数对话框、模型数据编辑器、属性检查器和模型资源管理器进行编辑修改。

在仿真模型中双击模块即可弹出此模块的参数对话框，如图 4-39，可在对话框中直接修改该模块的参数。

图 4-39　参数对话框

在编辑器的建模选项卡中单击“设计”中的“模型数据编辑器”按钮即可打开模型数据编辑器，如图 4-40，不同于参数对话框需要对模块一个个进行修改，在数据编辑器中可以集中处理模型中的所有模块。

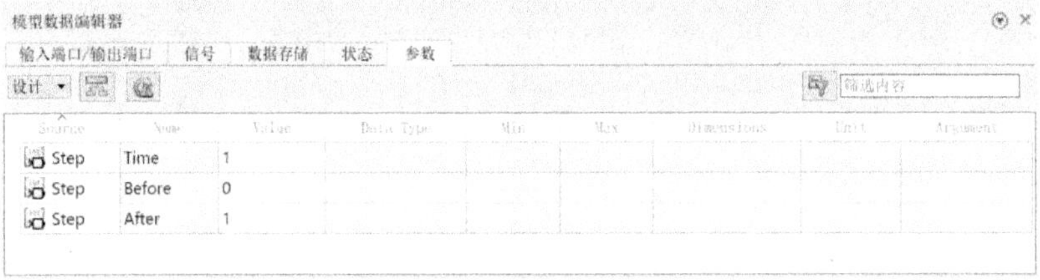

图 4-40　模型数据编辑器

在编辑器的建模选项卡中，单击“设计”中的“属性检查器”按钮即可打开属性检查器，如图 4-41。在仿真模型中单击模块，属性检查器中将显示模块的参数、属性和信息。

在编辑器的建模选项卡中，单击“设计”中的“模型资源管理器”按钮即可打开模型资源管理器，如图 4-42。对于含有多层结构的复杂系统仿真模型，利用模型浏览器可以方便地查看层次结构。

4.1.5　Simulink 求解器

1. 求解器类型

Simulink 中的求解器可分为固定步长和变步长求解器、连续和离散求解

图 4-41　属性检查器

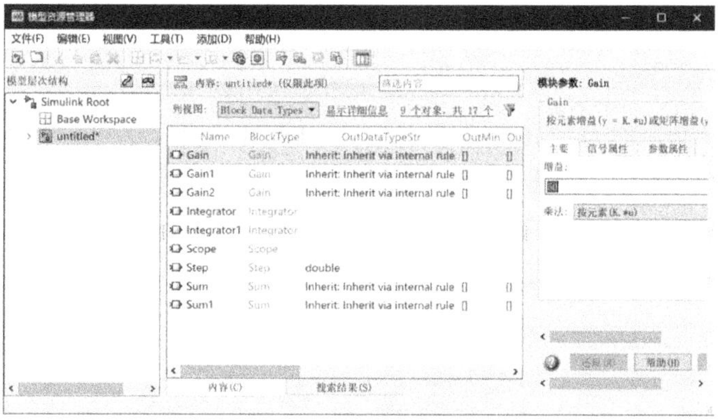

图 4-42　模型资源管理器

器。针对不同的仿真模型,需要恰当地选取求解器的类型并配置好求解器的参数,否则将无法得到满意的仿真结果。

根据仿真步长是否固定,求解器分为固定步长(Fixed－Step)和变步长(Variable－Step)。若使用固定步长求解器,步长在仿真全程中都保持不变。若使用变步长求解器,模型状态变化快时,步长将减小以提高精度,反之步长则将增大以减少计算。

根据仿真模型状态是否连续,求解器分为连续(Continuous)和离散(Discrete)求解器。连续求解器用于求解连续系统模型,离散求解器用于求解离散系统模型。常用的连续求解器如表 4-9。

一般情况下，选用 auto 求解器即可，系统会自动选择一种求解器，并使其步长尽可能大以提高效率。如果无法达到预期效果，可再手动选择求解器。

2. 求解器的参数配置

在编辑器的仿真选项卡中单击“准备”，选择“模型设置”即可打开参数配置对话框，如图 4-43。在左侧选择“求解器”即可对求解器进行配置。

表 4-9　常用连续求解器

类型	求解器	所用算法	备注
固定步长	ode1	欧拉法	
	ode2	改进欧拉法	
	ode3	RK2、RK3	
	ode4	RK4	
	ode5	RK5	
	ode8	RK7、RK8	
变步长	ode45	RK4、RK5	连续系统默认求解器
	ode23	RK2、RK3	效率高于 ode45，精度稍差
	ode113	亚当斯算法	效率高于 ode45
	ode15s	NDFs 算法	适用于刚性系统

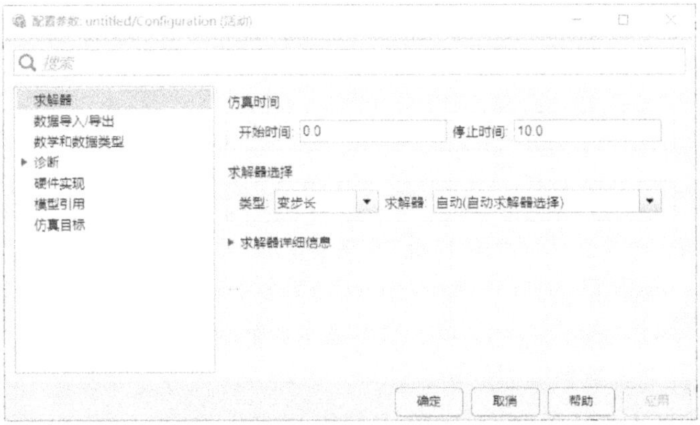

图 4-43　求解器参数配置对话框

在“仿真时间”中可设置仿真的起止时间。在“求解器选择”中可设置求解器的类型。在“求解器详细信息”中还可以设置包括仿真步长在内的各种附加选项。

4.1.6 示波器

在 Simulink 中搭建仿真模型完毕后，要想获知仿真结果，还需要应用一些模块来对仿真数据进行显示。Simulink 提供的观察仿真数据方法主要包括信号测试点（Signal Test）、信号记录（Signal Logging）、信号查看器（Signal Viewer）、示波器（Scope）和浮动示波器（Float Scope）。其中示波器是应用最广泛的模块之一。

1. 示波器属性设置

在仿真模型中双击示波器模块即可打开示波器窗口，如图 4-44。在该窗口中，单击齿轮图标，即可打开该示波器的属性配置窗口，如图 4-45。在该窗口中可以设置示波器打开方式、输入端口数量、坐标轴范围及刻度、图形标题和画面数量等参数。

2. 波形样式设置

在示波器窗口中，单击“视图”中的“样式”按钮，即可打开波形样式设置窗口，如图 4-46。在该窗口中可以设置图窗颜色、坐标区颜色、波形线条形状及颜色，还能选择绘图类型。

3. 信号的测量与分析

在示波器窗口中，单击直尺图标，即可打开游标测量窗口，如图 4-47。在此子窗口中，可以通过鼠标拖动来定位测量点，在右侧窗口中将显示两点分别对应的时间和数值，也将显示两点间时间差、幅值差、斜率和频率。在“设置”选项卡中还可以设置屏幕游标、波形游标等选项。

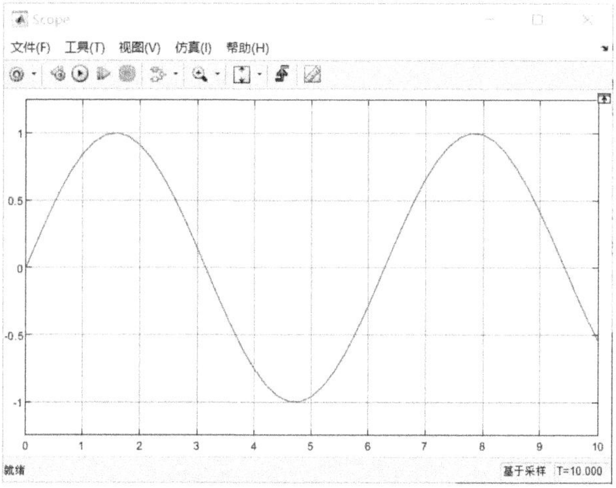

图 4-44 示波器窗口

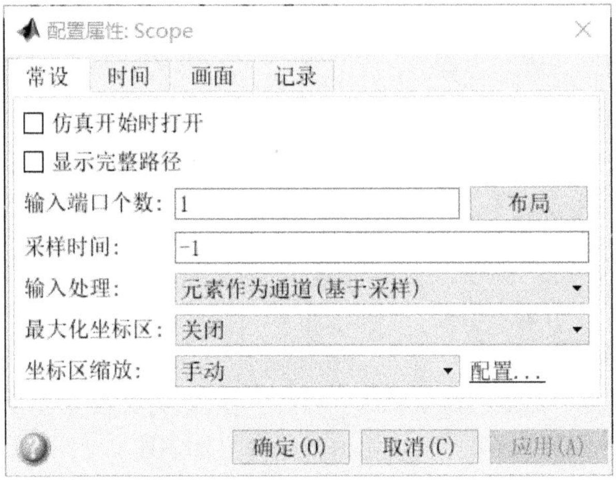

图 4-45 示波器属性配置窗口

图 4-46 波形样式设置窗口

4. 波形数据导出

打开示波器属性配置窗口，选择“记录”选项卡，勾选“记录数据到工作区”，修改变量名称，选择保存格式，即可将示波器的参数导出到 MATLAB 工作区。如图 4-48，运行仿真后，MATLAB 工作区中将得到该对应变量 ScopeData，还有时间变量 tout 和状态变量 xout。

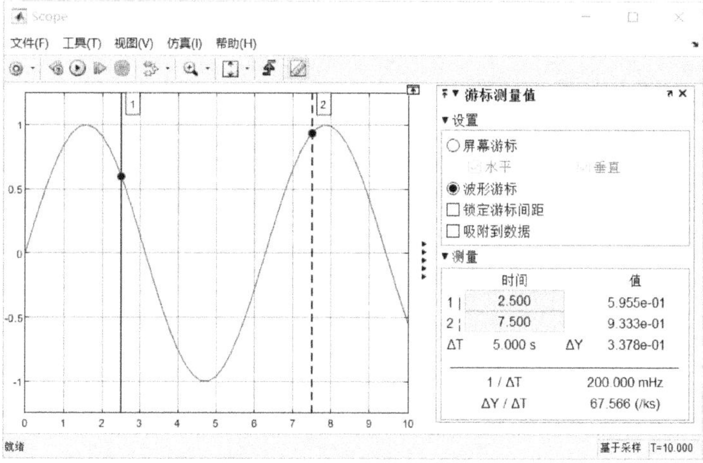

图 4-47　游标测量窗口

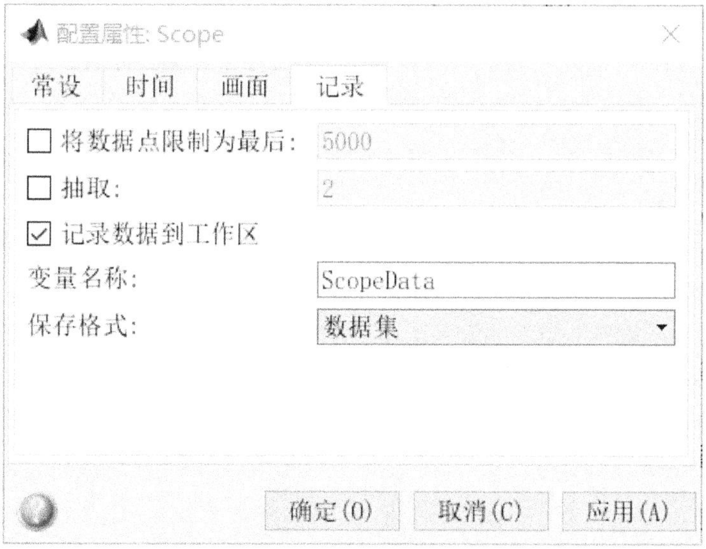

图 4-48　波形数据导出

4.2　Simulink 动态系统仿真

4.2.1　Simulink 系统建模与仿真基本过程

1. 创建模型文件

首先进入 Simulink 编辑器，创建空白的仿真模型，单击 Save 按钮或在键盘上输入 Ctrl+s 即可保存该文件。保存的文件格式为. slx 或. mdl,可将文件重新命名并存放在指定工作文件夹中,以便日后查找。

2. 模块调用与连接

创建模型文件后,可在库浏览器中选择需要用到的模块,在库浏览器中双击模块或拖动模块至编辑器窗口皆可将模块加入到模型中。随后可在编辑器中调整模块的位置、方向及大小。

在编辑器中双击模块,即可在模块参数对话框中查看并修改模块的参数。调用所有需要的模块后,即可依次将模块连接起来。用户可通过以下三种方法连接模块:

(1) 将鼠标移动到模块输出端子,待光标变为"+"字形后单击并拖动至另一模块的输入端子,放开鼠标即可完成连接。

(2) 拖动模块令其输出端与另一模块的输入端平齐,此时二者间会出现一根蓝色直线,单击该蓝色直线即可将两个模块相连。

(3) 按住 Ctrl 键,依次单击两个模块即可将二者连接起来。

完成连接后,用鼠标单击拖动连线,便可以调整连线的位置。若想在连线上引出一条新的支线,只需在按住 Ctrl 键的同时,在连线上某一点单击并拖动,即可建立一条支线。

4.2.2 数学模型

在动态系统中,系统的输入输出和状态变量随时间变化,可用以时间为自变量的函数来表示。根据输入输出信号和状态变量连续与否,动态系统又可以分为连续动态系统和离散动态系统。想要描述一个动态系统,可以通过方框图、传递函数、时域方程和状态空间方程等数学模型来进行。同一个系统可通过以上几种数学模型来描述,各数学模型之间一般也能进行相互转换。为了研究的方便,针对不同的系统,用户可通过系统的内容及特性来选择一种最为合适的数学模型。

4.2.3 基于方框图的动态系统仿真

方框图由子系统或基本运算单元构成,是对系统内部组成和结构的一种图形化描述。

1. 连续动态系统的 Simulink 方框图仿真

连续动态系统的输入输出信号和内部状态变量都是连续信号,都随时间而连续变化,在任意时刻都有定义,一般表示为以时间 t 为自变量的函数。连续系统的基本运算单元包括放大器、加法器、积分器等,其中由于积分器的作用,系统有了记忆功能,系统状态随时间不断变化。想要搭建连续系统的仿真模型,Simulink 库中提供的 Gain 模块和 Integrator 模块是比较常用的。

例 4-27 通过 Simulink 方框图求取如图 4-49 所示系统的单位阶跃响应。

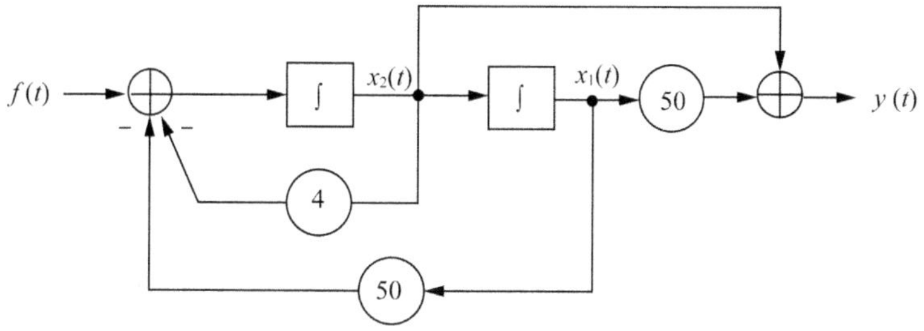

图 4-49 系统框图

解:将系统中的积分器用 Integrator 实现,放大器用 Gain 实现,即可得到如图 4-50 所示的 Simulink 方框图仿真模型。

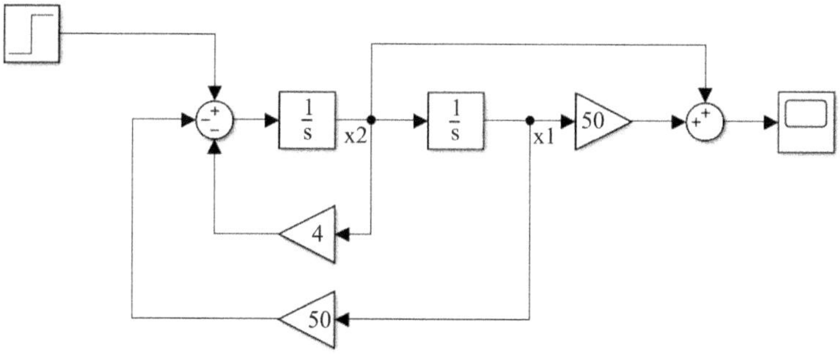

图 4-50 Simulink 仿真模型

其中,Step 模块的阶跃时间设定为 0,终值设定为 1,即在 $t=0$ 时生成一个幅值为 1V 的阶跃信号作为系统的输入。求解器采用自动设置,仿真运行 5 s,结果如图 4-51 所示。

2. 离散动态系统的 Simulink 方框图仿真

离散动态系统处理的是离散信号,这种信号只在离散的时刻才有定义。离散信号的自变量一般是整数变量 k,代表离散点序号。相较于连续信号,离

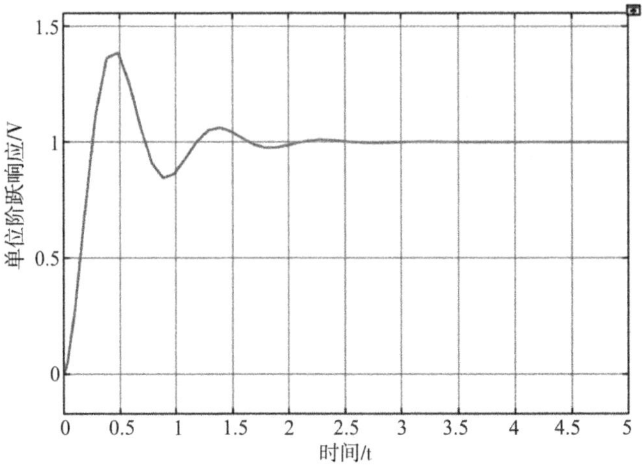

图 4-51　仿真结果

散信号不能进行微积分运算，而是差分、迭分运算，常用的基本运算单元包括延迟器、放大器和加法器。

例 4-28　设某一年的人口总数为 $p(n)$，其中 n 表示年份，它与上一年的人口数目 $p(n-1)$、人口自然增长率 r 以及新增资源所能满足的个体数目 K 之间的关系方程是如下的差分方程，即：

$$p(n)=rp(n-1)\left[1-\frac{p(n-1)}{K}\right]$$

假设人口初值 $p(0)=500\ 000$，人口自然增长率 $r=1.07$，$K=2\ 000\ 000$，建立人口动态变化模型，预测人口数目变化趋势。

解：建立模型如图 4-52 所示，其中 delay 模块初值设定为 500 000。

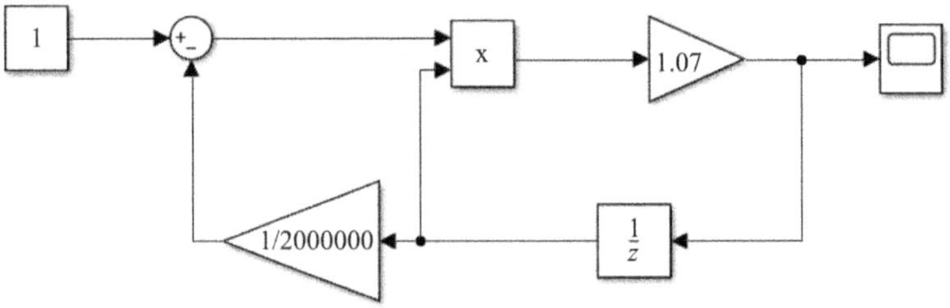

图 4-52　人口变化模型

设定仿真时间 10 s，求解器为自动，得仿真结果如图 4-53。

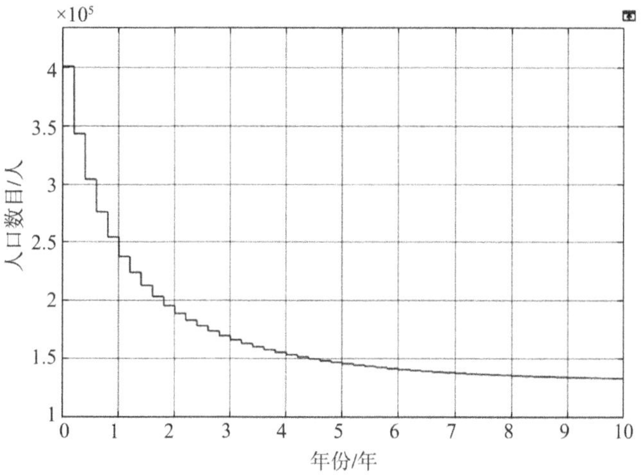

图 4-53　人口变化趋势

4.2.4　基于传递函数的动态系统仿真

1. 连续动态系统的传递函数模块仿真

Transfer Fcn 模块用于实现连续系统的模型搭建，可实现 SISO 系统和 SIMO 系统的仿真。对于 SISO 系统，分子和分母多项式系数分别是一个行向量。对于有 m 个输出的 n 阶 SIMO 系统，传递函数的分母完全相同，各项系数构成一个长为 n 的行向量，分子多项式的系数为 $m\times n$ 矩阵，矩阵的每行对应一个输出。

例 4-29　已知连续系统传递函数为 $H(s)=\dfrac{s+2}{s^2+2s+10}$，求其单位阶跃响应。

解：建立仿真模型如图 4-54 所示，其中 Transfer Fcn 模块的分子系数设定为[1 2]，分母系数设定为[1 2 10]，求解器设置为默认状态，仿真时间 10 s，结果如图 4-55。

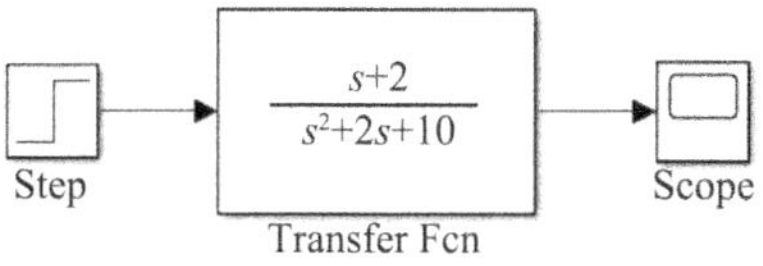

图 4-54　仿真模型

2. 离散动态系统的传递函数模块仿真

Discrete Transfer Fcn 模块常用于离散系统的建模与仿真，在参数对话

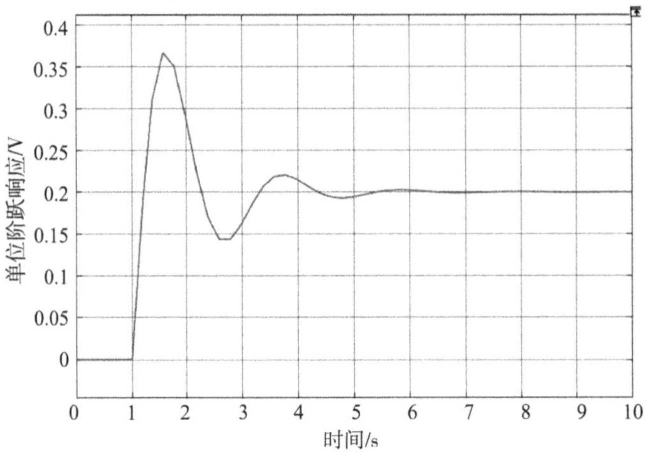

图 4-55　仿真结果

框中，除了像 Transfer Fcn 模块一样可以设置分子分母的参数以外，还能设置模块初始条件、处理方式、外部状态重置和采样时间等参数。

例 4-30　已知某 SISO 离散动态系统传递函数为 $H(z)=\dfrac{0.5z^2-1}{z^2+0.2z+0.1}$，利用 Discrete Transfer Fcn 模块求其单位脉冲响应。

解：建立如图 4-56 所示的模型，其中 Discrete Transfer Fcn 模块的分子系数设为[1 0 −1]，分母系数设定为[1 0.4 0.1]，初始值设为默认值 0。将示波器的样式设定为针状图，仿真结果如图 4-57。

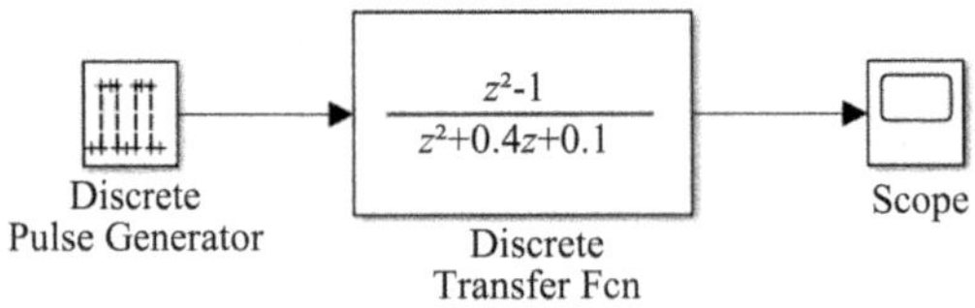

图 4-56　仿真模型

4.2.5　基于状态空间方程的动态系统仿真

1. 连续动态系统的基于状态空间方程的仿真

Simulink 中的 Continuous 库提供了可用于根据状态空间方程对连续系统进行建模仿真的 State-Space 模块，该模块的主要参数有 A、B、C、D 四个，对于有 m 个输入，r 个输出的 n 阶系统，A 必须是 $n\times n$ 矩阵，B 必须是 $n\times$

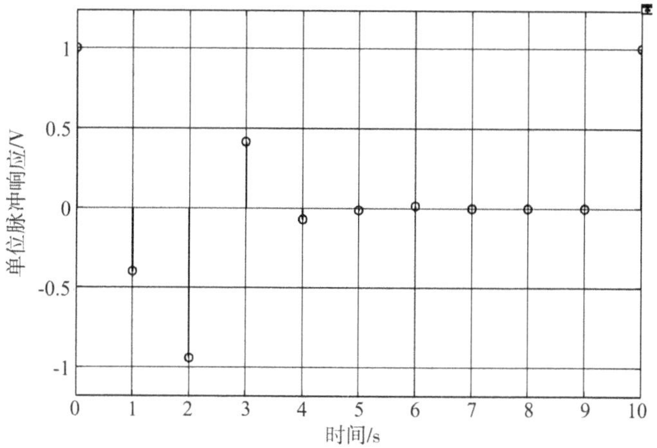

图 4-57　仿真结果

m 矩阵，C 必须是 $r\times n$ 矩阵，D 必须是 $r\times m$ 矩阵。无论系统输入输出数量如何，该模块只有一个输入端和一个输出端。

例 4-31　已知某连续系统的状态空间方程为：

$$\begin{bmatrix} x_1' \\ x_2' \end{bmatrix}=\begin{bmatrix} 0 & 1 \\ -100 & -10 \end{bmatrix}\begin{bmatrix} x_1 \\ x_2 \end{bmatrix}+\begin{bmatrix} 0 \\ 100 \end{bmatrix}f,$$

$$y=[1\quad 0]\begin{bmatrix} x_1 \\ x_2 \end{bmatrix}.$$

利用 State-Space 模块建立系统仿真模型，求在正弦波下的零状态响应。

解：搭建如图 4-58 所示的模型。其中正弦波信号角频率设置为 20 * pi rad/s，幅值为 1V。State－Space 模块的参数 $A=[0\ 1;-100\ -10]$，$B=[0;100]$，$C=[1\ 0]$，$D=0$，初始条件为 0。仿真结果如图 4-59 所示。

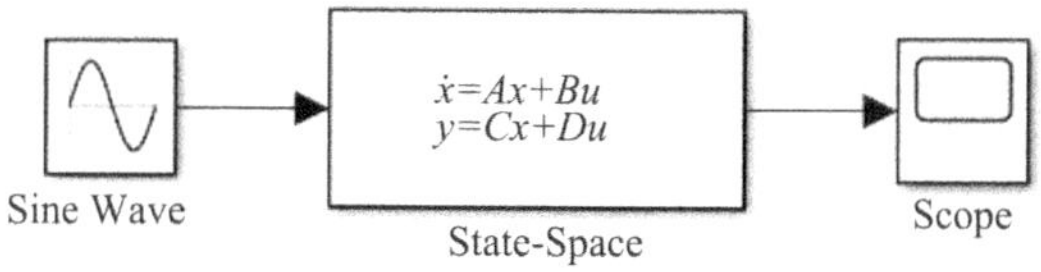

图 4-58　仿真模型

3. 离散动态系统的基于状态空间方程的仿真

在 Simulink 的 Discrete 库中，Discrete State-Space 模块常用于对离散系统进行仿真。Discrete State-Space 模块的特性和 State-Space 模块相似，在此

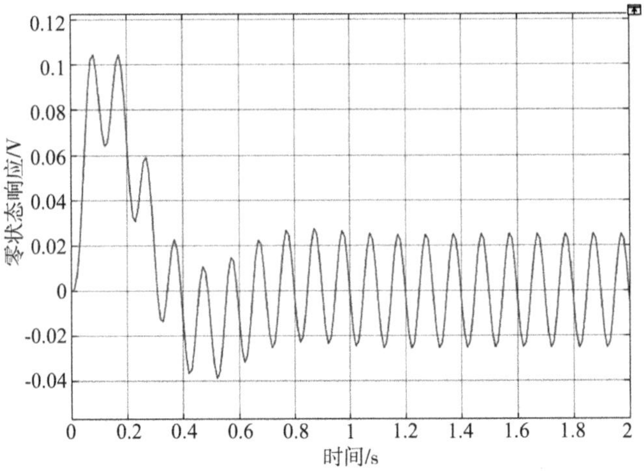

图 4-59　仿真结果

不加赘述。

例 4-32　已知某离散系统的状态空间方程为

$$\begin{bmatrix} x_1(k+1) \\ x_2(k+1) \end{bmatrix} = \begin{bmatrix} 1 & 1 \\ -0.2 & -0.6 \end{bmatrix} \begin{bmatrix} x_1(k) \\ x_2(k) \end{bmatrix} + \begin{bmatrix} 0 & 1 \\ 1 & 0 \end{bmatrix} \begin{bmatrix} f_1(k) \\ f_2(k) \end{bmatrix},$$

$$\begin{bmatrix} y_1(k) \\ y_2(k) \end{bmatrix} = \begin{bmatrix} 0 & 1 \\ 1 & 0 \end{bmatrix} \begin{bmatrix} x_1(k) \\ x_2(k) \end{bmatrix} + \begin{bmatrix} 0.1 & 0 \\ 0 & 1 \end{bmatrix} \begin{bmatrix} f_1(k) \\ f_2(k) \end{bmatrix}.$$

其中 $f_1(k)$ 为单位阶跃序列，$f_2(k)$ 为单位脉冲序列，利用 Discrete State-Space 模块搭建模型，求取两个输出序列 $y_1(k)$、$y_2(k)$ 的零初始响应。

解:建立仿真模型如图 4-60 所示，设置 Discrete State-Space 模块参数为 $A=[1\ 1;\ -0.2\ -0.6]$，$B=[0\ 1;\ 1\ 0]$，$C=[1\ 0;\ 0\ 1]$，$D=[0.1\ 0;\ 0\ 1]$，初始值为 0。阶跃和脉冲信号幅值皆设为 1，仿真时间为 20 s，仿真结果如图 4-61 所示。

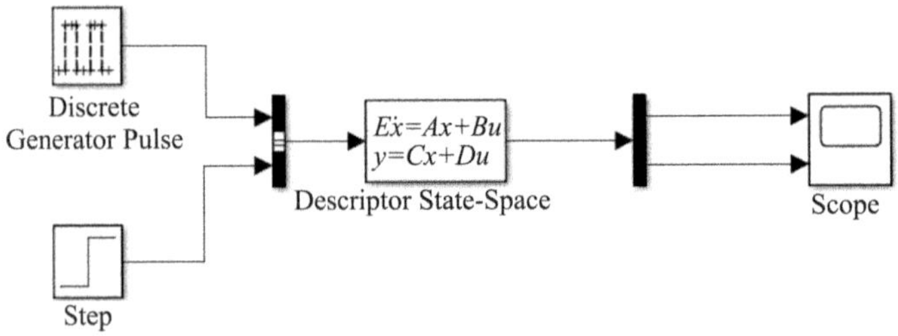

图 4-60　系统模型

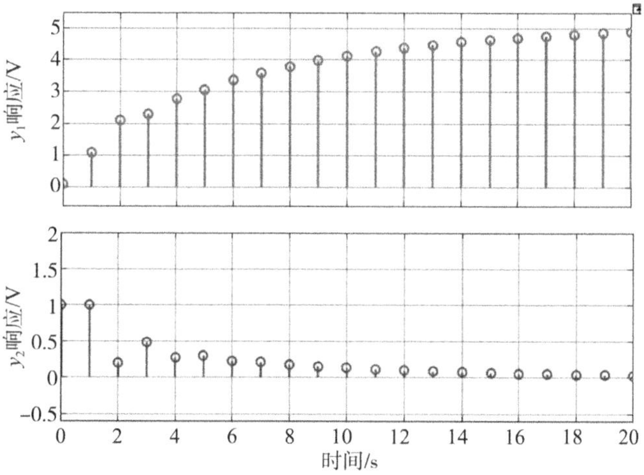

图 4-61 仿真结果

4.3 Simulink 子系统的建立

4.3.1 子系统的概念

在 Simulink 中，对于元器件较少、结构简单的动态系统，可以直接建立模型进行仿真。而对于含有大量模块、规模较大的系统，如果使用基本模块库中的模块直接建立仿真模型，将使窗口显得杂乱，不便于模型的分析与修改，可移植性差。

因此，针对庞大的仿真模型，Simulink 提供了子系统。子系统是可以使用单个子系统模块替换的一组模块。利用子系统模块可以创建多层次结构模型，将各个独立功能部分封装成子模块，先单独调试子模块，再将其综合在一起进行系统模型的综合调试。子系统可以极大地简化仿真模型的布局。

4.3.2 子系统的生成与封装

1. 创建子系统

子系统可由以下两种方法进行创建：

(1) 利用 Subsystem 模块创建。选择 Ports & Subsystem 库中的 Subsystem 模块放置到仿真模型中，双击打开该模块，将需要的模块放置在其中并连接起来，即可实现子系统的创建。在空白的子系统中只有一个输入端口和一个输出端口，根据实际需求用户可以自行添加输入/输出端口。

(2) 在已经建立好的仿真模型中创建。如果仿真模型已经搭建完毕，用户也可将其中的一些模块组合为一个子系统。选择需要组合成子系统的相关模块，单击鼠标右键选择"Create Subsystem from Selection"即可组合成一个子系统。也可在选择相关模块后，单击 MULTIPLE 选项卡下的"Create Subsystem"进行创建。

2. 封装子系统

创建子系统后，为了方便外部参数的输入，可对其进行封装。选中子系统，单击鼠标右键，选择"Mask subsystem"即可弹出封装子系统属性对话框。在其中可以设置子系统封装图标、变量参数、初始化信息和封装描述。

4.3.3 条件子系统

条件子系统亦可称为触发子系统，常用的条件子系统包括使能子系统、触发子系统和条件触发子系统。这类子系统有一个共同的特点，即子系统执行与否与外部驱动信号相关。

1. 使能子系统

使能子系统是当控制信号为高电平时才被执行的子系统，当控制信号变成低电平后，子系统停止执行。它通过 Enabled Subsystem 模块实现，模型图标如图 4-62 所示。

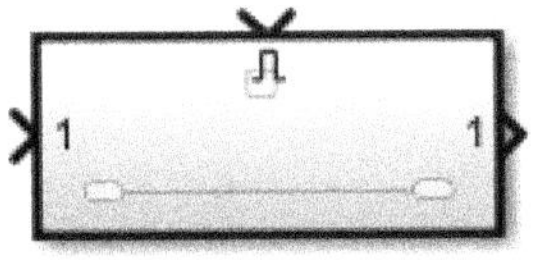

图 4-62 Enabled Subsystem 模块

不同于普通的输出端口，在该子系统内部，用户可对子系统输出进行设置。双击 Enabled Subsystem 模块打开子系统内部，再双击 Out1 模块即可设置子系统禁用时的输出、初始值或复位状态、初始输出值的来源。

2. 触发子系统

触发子系统与使能子系统一样有一个控制端口，但不同的是触发子系统是当控制信号进行跳变时触发执行。它通过 Triggered Subsystem 模块实现，模型图标如图 4-63 所示。

双击 Triggered Subsystem 模块打开子系统内部，再双击 Trigger 模块即可设置触发类型，包括上升沿、下降沿、双边沿或函数调用，还可设置初始触

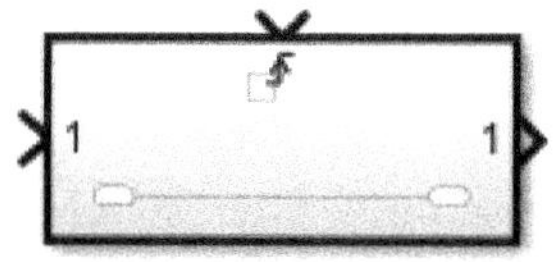

图 4-63 Triggered Subsystem 模块

发信号状态。

3. 使能触发子系统

使能触发子系统的执行条件同时包含了触发和使能，受到两种信号的共同控制，只有两个条件都满足时子系统才会执行。它通过 Enabled and Triggered Subsystem 模块实现。

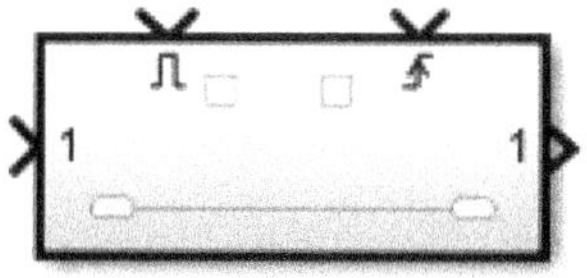

图 4-64 Enabled and Triggered Subsystem 模块

该模块的触发条件如下：如果使能信号满足，当触发信号到来时，子系统被执行；如果触发信号存在，需要等待使能信号满足时子系统才被执行。当二者同时满足时，子系统才工作。当使能信号为低电平时，无论触发信号如何，子系统都不工作。

4.3.4 控制流子系统

控制流子系统亦可称为受控子系统，这种子系统通过专门的控制流模块，即通过条件判断语句或循环语句实现，类似编程语言中的 if/else、switch/case、while 或 for 语句。包括动作子系统和循环迭代子系统。

1. If 动作子系统

典型 If 动作子系统结构如图 4 - 65，一般包含 If 和 If Action Subsystem 两种模块。当 If 模块某端子的条件成立时，该端子将发出触发信号，触发对应相连的 If Action Subsystem 子系统。

双击 If 模块即可打开模块参数对话框，在其中可以设置模块输入量数目、If 表达式和 ElseIf 表达式。

2. Switch 动作子系统

典型 Switch 动作子系统结构如图 4-66，与 If 子系统类似，Switch 子系统

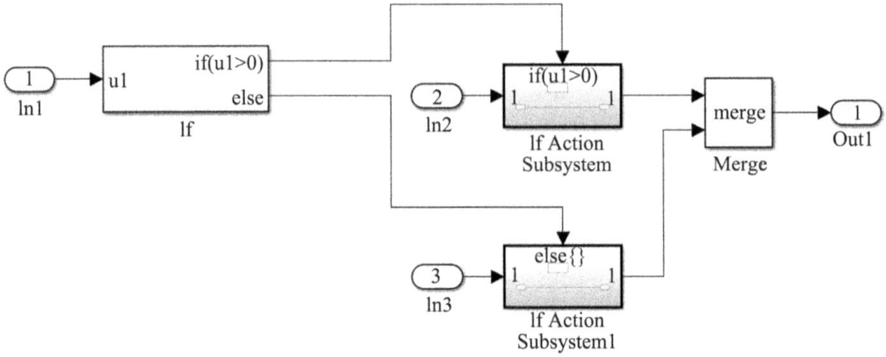

图 4-65　典型 If 动作子系统

一般包含 Switch 和 Switch Action Subsystem 两种模块。当 Switch 模块某端子的条件成立时，该端子将发出触发信号，触发对应相连的 Switch Action Subsystem 子系统。

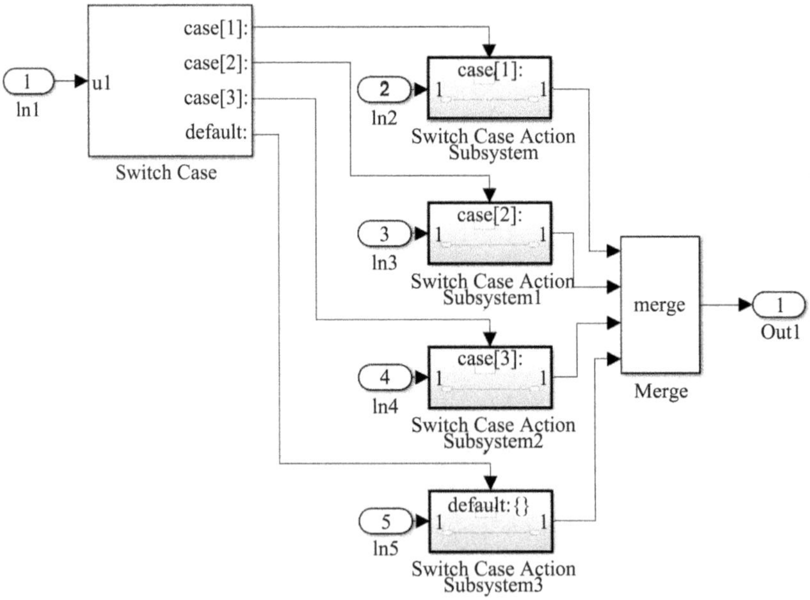

图 4-66　典型 Switch 动作子系统

双击 Switch 模块即可打开模块参数对话框，在其中可以修改 case 条件，且该模块的输入必须为标量。

3. While 循环子系统

While 循环子系统可以实现在一个时间步长内，当 While 为真时，重复执行子系统，功能与 C 语言中的 While 语句相同。

While 循环子系统可实现 While 循环和 Do－while 循环。双击 While Iterator Subsystem 子系统，再双击其中的 While Iterator 模块即可选择循环类型为 While 或 Do－while。

While 循环模式如图 4-67。在 While 循环中，子系统内部的 While Iterator 模块有 cond(条件)和 IC(初始值)两个输入端，IC 输入信号源必须在子系统外部，cond 输入信号源必须在子系统内部。在每个时间步长上，While 子系统首先检测 IC 端，若 IC 为真，则执行 While 子系统。同时检测 cond 端，若 cond 为真，则重复执行子系统。当 IC 端为假或迭代次数达到最大时才退出 While 子系统。此外，在 While Iterator 属性对话框中还可设置显示迭代次数，此时该模块将多出一个输出端口，值为迭代的次数。

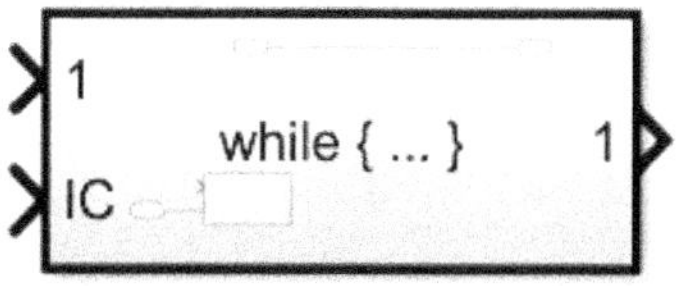

(a) While Iterator Subsystem 顶层模型

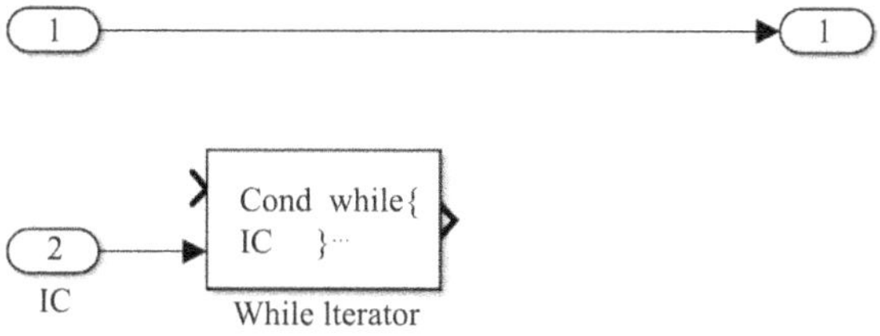

(b) While 迭代子系统

图 4-67　While 循环模式

Do－while 循环模式如图 4-68。在 Do－while 循环中，子系统内部的 While Iterator 模块仅有 cond 条件一个输入端。在每个时间步长上，While 子系统首先检测 cond 端，若 cond 为真，则重复执行子系统。当 cond 为假或迭代次数达到最大时才退出 While 子系统。

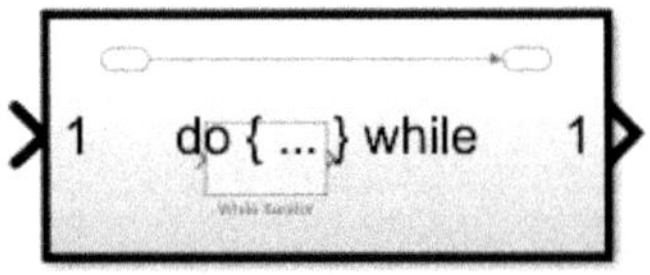

(a) While Iterator Subsystem 顶层模型

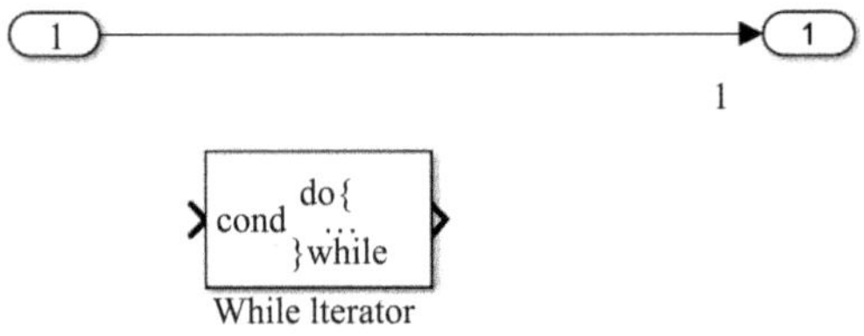

(b) Do-while 迭代子系统

图 4-68　Do-while 循环模式

4. For 循环子系统

For 循环子系统与 While 循环子系统类似,都是直到 For 条件不满足后才退出循环。For 循环子系统如图 4-69,默认情况下 For Iterator 模块只有一个输出迭代器变量的输出端口,如果在该模块参数对话框中将迭代限制值的来源设置为外部,则会出现一个可用来设置迭代次数的输入端子。

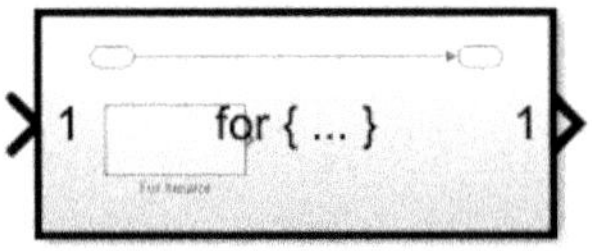

(a) For Iterator Subsystem 顶层模型

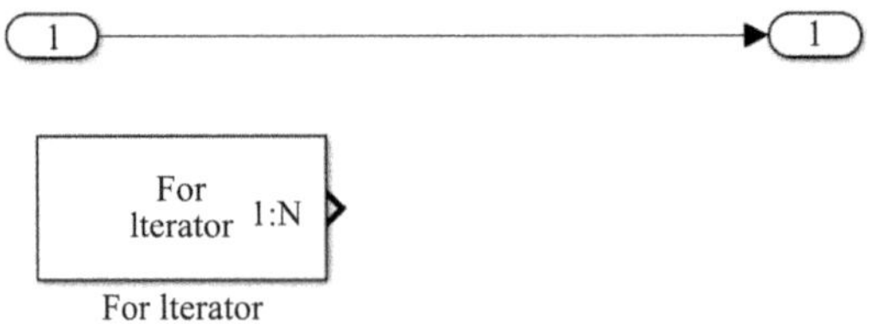

(b) For 迭代子系统

图 4-69　For 循环

4.4 Simulink 中的 S 函数

4.4.1 S 函数的基本概念

S 函数是 System Function(系统函数)的简称,是将系统数学方程与 Simulink 可视化模型联系起来的一个非图形化功能模块。用户可以采用多种编程语言编写 S 函数,构建出 Simulink 模块难以搭建的系统模型,从而增大 Simulink 的灵活性。

S 函数最常用的方法是创建一个自定义的 Simulink 模块,每个模块都包括输入变量 u、输出变量 y 和内部状态变量 x。在编写 S 函数过程中通常涉及以下几个概念。

1. 直接贯通

当模块的输出或可变采样时间直接受控于输入值时,则认为该模块直接贯通。

2. 动态维矩阵

S 函数支持任意个数的输入参数,而 S 函数模块只能有一个输入端子。当仿真开始运行后,实际输入参数个数是通过计算驱动 S 函数的输入向量的长度来动态决定的。也就是说,如果 S 函数需要接收多个输入参数(具体个数不确定),则可以将其设置为宽度动态可变,此时 S 函数会根据合适的输入端子宽度来自动调用对应模块。

3. 采样时间

- 连续采样时间:适用于有连续状态或非过零采样的 S 函数,输出值在每个子时间步上变化。
- 连续微步长固定采样时间:适用于需要在每个主时间步上执行,而在微步长内值不变化的 S 函数。
- 离散采样时间:适用于只有离散状态的 S 函数。
- 可变采样时间:是一种采样时间可变的离散采样时间,每步仿真开始时都要计算下一次采样时间。
- 继承采样时间:没有专门采样时间特性,可根据输入/输出模块确定采样时间,或将采样时间设定为所有模块的最短采样时间。

4.4.2 S 函数的表示方法

在 Simulink 中用户可用 S-Function 模块来调用已编写的 S 函数，该模块默认是一个 SISO 的系统模块，若要实现 MIMO 可用 Mux 和 Demux 模块来对信号进行处理。

双击 S-Function 模块即可出现模块参数对话框，如图 4-70。在此可以编辑 S 函数名称、S 函数参数和 S 函数模块。单击“编辑”对话框还会弹出文件编辑窗口。

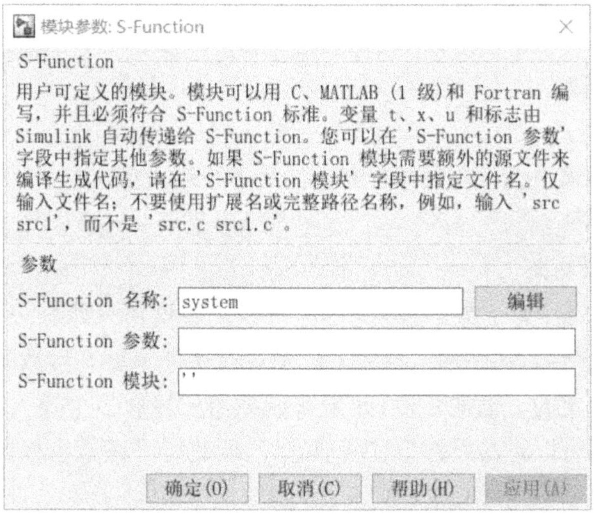

图 4-70 S-Function 模块参数对话框

一般而言，使用 S 函数的步骤如下：

(1) 创建 S 函数源文件。对于初学者来说，比较常用的方法是打开 S-Function Examples 模块，其中提供了许多 S 函数的模板，用户可在模板的基础上根据需要进行修改；

(2) 在 Simulink 模型框图中添加 S-Function 模块，设置参数；

(3) 将模块进行连接；

(4) 设置仿真参数，运行仿真。

4.4.3 S 函数模板

S-Function Examples 模块中提供了许多 S 函数的模板，如图 4-71，包括

MATLAB 文件、C 语言文件、C++和 Fortran 语言编写的 S 函数范例。

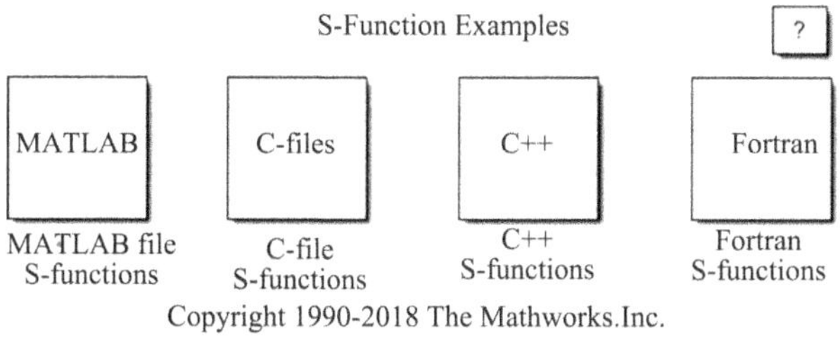

图 4-71　S-Function Examples

双击 MATLAB file S-functions 模块即可打开 M 文件的 S 函数模块库如图 4-72。MATLAB file S-functions 模块支持用 Level-1 M 文件 S 函数和 Level-2 M 文件 S 函数来实现 S 函数，现在推荐采用的是 Level-2 M 文件 S 函数，在 MATLAB 2022a 中，在该页面也仅展示了 Level-2，但为了保持与以前版本的兼容，在此仍着重介绍 Level-1。打开其余模块库的方法和打开后的界面大同小异，在此不加赘述。

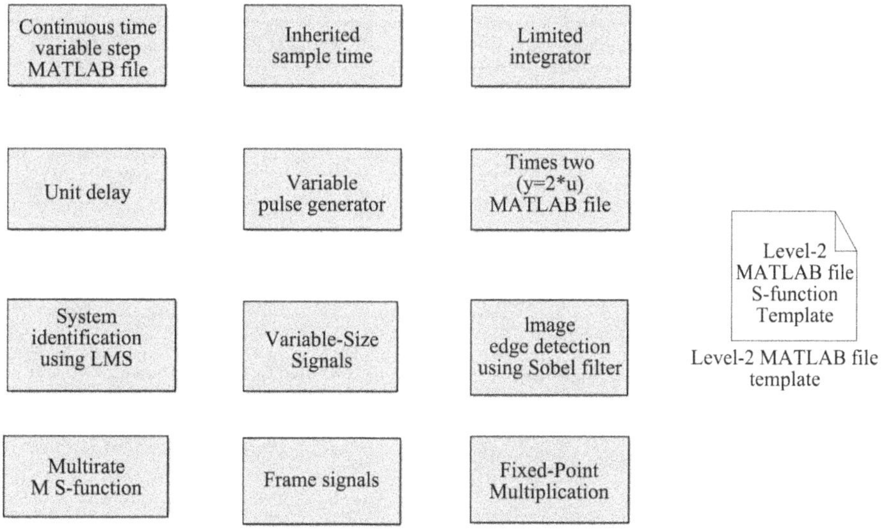

图 4-72　M 文件的 S 函数模块库

4.4.4　S 函数的结构

在旧版本 MATLAB(如图 4-72)的界面中双击打开 Level-1 MATLAB

file template，即可打开 Level-1 MATLAB S 函数的模板文件 sfuntmpl. m。对于最新版本的 MATLAB 可以在安装文件夹的子文件夹/toolbox/simulink/blocks 中打开，或在命令窗口中输入“open sfuntmpl. m”并运行。弹出的源文件见附录Ⅰ。接下来对其结构做一些解释。

1. 顶层函数

顶层函数声明语句为：

```
function [sys,x0,str,ts,simStateCompliance]=sfuntmpl(t,x,u,flag)
```

其中 sfuntmpl 是 S 函数名称，t 为仿真时间，x 为模块内部状态，u 为输入变量，flag 是调用功能标志。

仿真运行时，S 函数被不断调用，设置不同的 flag，对应需执行的操作也不同。flag 的取值和回调方法之间的对应关系如表 4-10 所示。

表 4-10　flag 标志与回调方法

flag	回调方法	执行任务
0	mdlInitializeSizes()	定义 S 函数模块基本特性
1	mdlDerivatives()	计算连续状态变量的导数
2	mdlUpdate()	更新离散状态、采样时间和主时间步
3	mdlOutput()	计算 S 函数输出
4	mdlGetTimeOfNextVarHit()	以绝对时间计算下一个采样时刻
9	mdlTerminate()	执行所需的仿真结束操作

在顶层函数中还有代码如下：

```
switch flag,
  case 0,
    [sys,x0,str,ts,simStateCompliance]=mdlInitializeSizes;
  case 1,
    sys=mdlDerivatives(t,x,u);
  case 2,
    sys=mdlUpdate(t,x,u);
  case 3,
    sys=mdlOutputs(t,x,u);
  case 4,
    sys=mdlGetTimeOfNextVarHit(t,x,u);
```

```
  case 9,
    sys=mdlTerminate(t,x,u);
  otherwise
    DAStudio.error('Simulink:blocks:unhandledFlag',num2str(flag));
end
```

该代码利用 switch 语句，根据 flag 取值的不同，分别调用不同的回调方法。

2. 回调方法

在模板源文件中，除了顶层函数语句，还有所有回调方法的框架，在此仅介绍 mdlInitializeSizes()。该回调方法用于实现 S 函数模块初始化，可定义 S 函数模块的基本特性，完整代码如下：

```
function [sys,x0,str,ts,simStateCompliance]=mdlInitializeSizes()
  sizes=simsizes;
  sizes.NumContStates=0;
  sizes.NumDiscStates=0;
  sizes.NumOutputs=0;
  sizes.NumInputs=0;
  sizes.DirFeedthrough=1;
  sizes.NumSampleTimes=1;
  sys=simsizes(sizes);
  x0=[];
  str=[];
  ts=[0  0];
  simStateCompliance='UnknownSimState';
```

3. 运行过程

(1) 在初始化阶段，通过控制变量 flag=0 调用 S 函数，并请求提供输入/输出变量个数、初始状态和采样时间等信息。

(2) 仿真开始。通过修改控制变量 flag=4，请求 S 函数提供下一步的采样时间(对于固定采样时间的系统，此函数不被调用)。

(3) 修改控制变量 flag=3，计算块的输出。

(4) 修改控制变量 flag=2，更新每一个采样时间的系统离散状态。

(5) 对于连续系统，再修改控制变量 flag=1，求连续系统状态变量的导数。

(6) 通过控制变量 flag=3 计算新的块输出。这样就完成了一个仿真步长的计算工作。

(7) 当仿真结束后,通过控制变量 flag=9,调用结束处理函数,进行结束前的处理工作。

4.4.5 S 函数的实现

1. 静态系统的 S 函数实现

静态系统没有状态变量,只有输入输出,不需要使用和状态有关的 mdlDerivatives()和 mdlUpdate()回调方法。下面举例说明。

例 4-33 以 S 函数完成对输入信号的计算:$y=5u-3$。

解:

(1) 打开 sfunmpl.m 文件,将文件另存为 sfun1.m,将文件部分代码修改为:

```
function [sys,x0,str,ts,simStateCompliance]=sfun1(t,x,u,flag)
```

在 mdlInitializeSizes()回调方法中做如下修改:

```
sizes.NumOutputs=1;
sizes.NumInputs=1;
```

在 mdlOutputs()回调方法中做如下修改:

```
function sys=mdlOutputs(t,x,u)

sys=5*u-3;
```

(2) 新建仿真模型如图 4-73,修改 S-Function 模块名称为 sfun1。

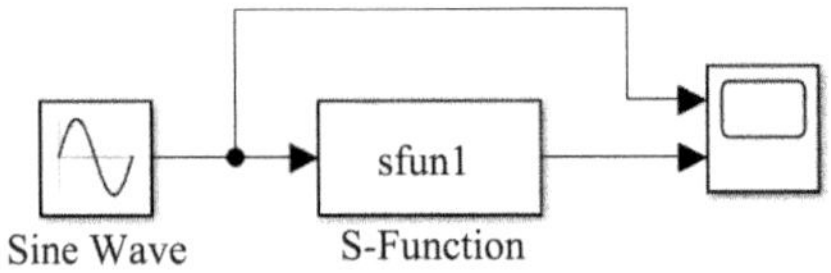

图 4-73 例 4-33 仿真模型

运行仿真,效果如图 4-74。

2. 离散动态系统的 S 函数实现

离散动态系统没有求导运算,只需要用到 mdlUpdate()和 mdlOutputs()两种回调方法。

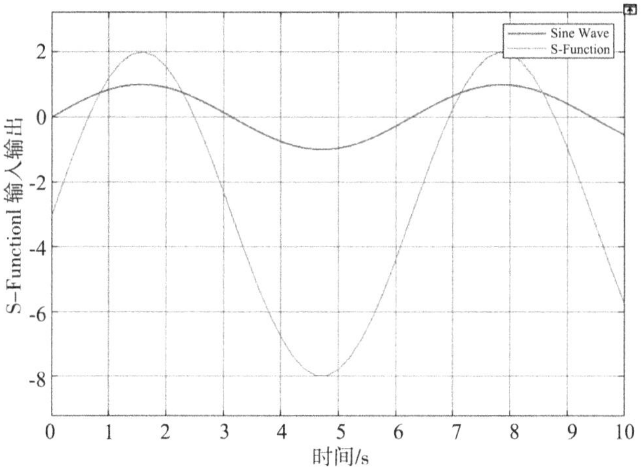

图 4-74　例 4-33 仿真结果

例 4－34　已知一个离散 SISO 系统传递函数为 $H(z)=\dfrac{2z+1}{z^2+0.5z+0.8}$，用 S 函数求其单位脉冲响应。

解：(1) 打开 sfunmpl. m 文件，将文件另存为 sfun2. m，将文件部分代码修改为：

```
function [sys,x0,str,ts,simStateCompliance]=sfun2(t,x,u,flag,a,b)
```

(2) 在 switch 语句直接添加如下语句：

```
[A,B,C,D]=tf2ss(b,a);
```

该语句调用 tf2ss 函数将由矩阵 a、b 指定的传递函数转换为状态空间方程，A、B、C、D 为状态空间方程中的 4 个矩阵。

(3) 在所有回调方法中添加上述 4 个矩阵作为入口参数：

```
case 2,
    sys=mdlUpdate(t,x,u,A,B,C,D);
case 3,
    sys=mdlOutputs(t,x,u,A,B,C,D);
```

(4) 由于该系统为二阶 SISO 系统，因此将 mdlInitializeSizes() 回调方法做如下修改：

```
sizes. NumDiscStates=2;
sizes. NumOutputs=1;
sizes. NumInputs=1;
```

```
sizes.DirFeedthrough=1;
sizes.NumSampleTimes=1;      % at least one sample time is needed
sys=simsizes(sizes);
x0=zeros(sizes.NumDiscStates,1);
str=[];
ts=[-1 0];
```

(5) 将 mdlUpdate()和 mdlOutputs()做如下修改：

```
function sys=mdlUpdate(t,x,u,A,B,C,D)

  sys=A*x+B*u;
function sys=mdlOutputs(t,x,u,A,B,C,D)

  sys=C*x+D*u;
```

(6) 建立仿真模型如图 4-75，修改 S-Function 模块名称为 sfun2，并添加参数 a、b。修改脉冲产生器的类型为基于采样，周期为 50，脉宽为 1，采样时间为 0.1。

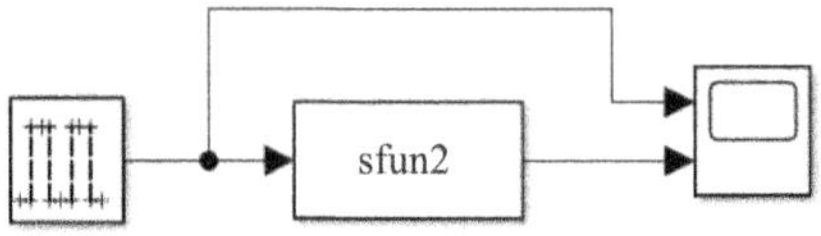

图 4-75　例 4-34 仿真模型

(7)在命令行窗口输入如下指令并运行。得到的 a，b 作为 S 函数的参数。

```
b=[2 1];
a=[1 0.5 0.8];
```

(8) 运行仿真，结果如图 4-76。

3. 连续动态系统的 S 函数实现

连续动态系统中有连续的状态变量，需要在微步中反复调用 mdlDerivatives()回调方法进行求导运算。

例 4-35　用 S 函数实现连续系统，其状态空间方程系数矩阵如下：

$$A=\begin{bmatrix}-0.09 & -0.01\\ 1 & 0\end{bmatrix},B=\begin{bmatrix}1 & -7\\ 0 & -2\end{bmatrix},C=\begin{bmatrix}0 & 2\\ 1 & -5\end{bmatrix},D=\begin{bmatrix}-3 & 0\\ 1 & 0\end{bmatrix}$$

解：(1) 打开 sfunmpl.m 文件，将文件另存为 sfun3.m，将文件部分代码修改为：

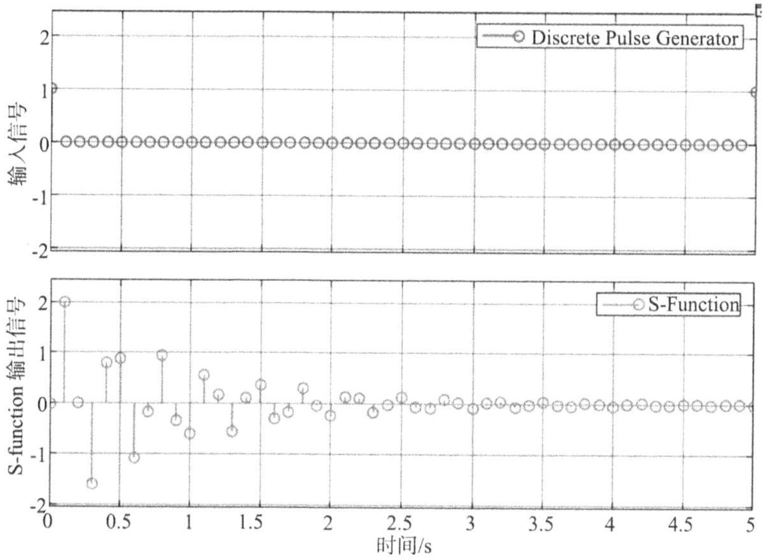

图 4-76　例 4-34 仿真结果

function [sys, x0, str, ts, simStateCompliance]=sfun3(t, x, u, flag)

(2) 在 switch 语句之前输入四个系数矩阵。

A=[−0.09 −0.01; 1 0];

B=[1 −7; 0 −2];

C=[0 2; 1 −5];

D=[−3 0; 1 0];

(3) 该系统有 2 个输入,2 个输出,2 个状态变量,因此在 mdlInitializeSizes()中做如下修改:

sizes.NumContStates=2;

sizes.NumDiscStates=0;

sizes.NumOutputs=2;

sizes.NumInputs=2;

sizes.DirFeedthrough=1;

sizes.NumSampleTimes=1;

sys=simsizes(sizes);

x0=zeros(2,1);

(4) 将 mdlDerivatives()和 mdlOutputs()做如下修改:

```
case 1,
    sys=mdlDerivatives(t,x,u,A,B,C,D);
case 3,
    sys=mdlOutputs(t,x,u,A,B,C,D);


function sys=mdlDerivatives(t,x,u,A,B,C,D)
    sys=A*x+B*u;
function sys=mdlOutputs(t,x,u,A,B,C,D)
    sys=C*x+D*u;
```

(5) 新建仿真模型如图 4-77，将 S-Function 模块修改为 sfun3。

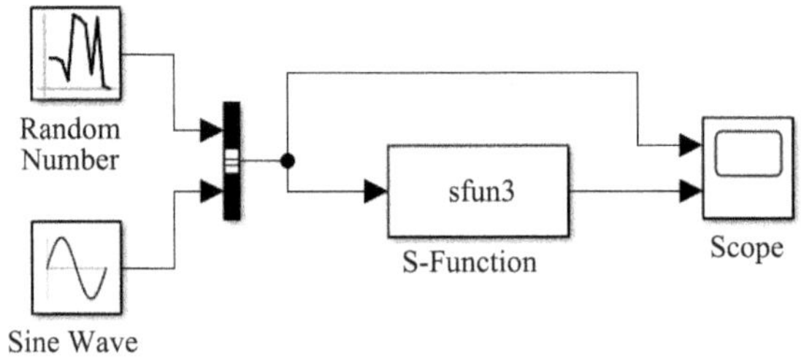

图 4-77　例 4-35 仿真模型

(6) 运行仿真，结果如图 4-78。

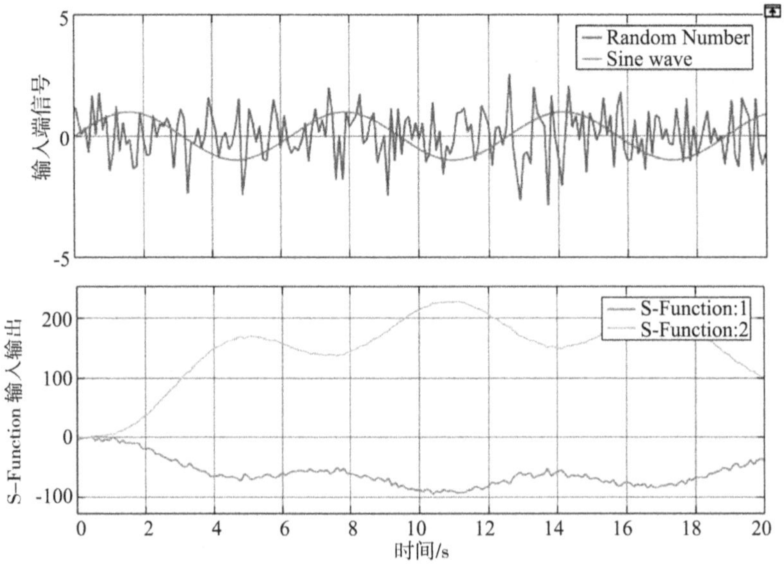

图 4-78　例 4-35 仿真结果

附录Ⅰ　sfuntmpl.m 文件

```
function [sys,x0,str,ts,simStateCompliance]=sfuntmpl(t,x,u,flag)
switch flag,
  case 0,
    [sys,x0,str,ts,simStateCompliance]=mdlInitializeSizes;
  case 1,
    sys=mdlDerivatives(t,x,u);
  case 2,
    sys=mdlUpdate(t,x,u);
  case 3,
    sys=mdlOutputs(t,x,u);
  case 4,
    sys=mdlGetTimeOfNextVarHit(t,x,u);
  case 9,
    sys=mdlTerminate(t,x,u);
  otherwise
    DAStudio.error('Simulink:blocks:unhandledFlag', num2str
(flag));
end

function [sys,x0,str,ts,simStateCompliance]=mdlInitializeSizes()
sizes=simsizes;
sizes.NumContStates  =0;
sizes.NumDiscStates  =0;
sizes.NumOutputs     =0;
sizes.NumInputs      =0;
```

```
sizes. DirFeedthrough =1;
sizes. NumSampleTimes =1;
sys=simsizes(sizes);
x0=[];
str=[];
ts=[0 0];
simStateCompliance='UnknownSimState';

function sys=mdlDerivatives(t,x,u)
sys=[];

function sys=mdlUpdate(t,x,u)
sys=[];

function sys=mdlOutputs(t,x,u)
sys=[];

function sys=mdlGetTimeOfNextVarHit(t,x,u)
sampleTime=1;
sys=t + sampleTime;

function sys=mdlTerminate(t,x,u)
sys=[];
```

第四章习题

题 4-1 已知某连续系统传递函数的零点 $z_1=0$，$z_2=10$，极点 $p_{1,2}=-2\pm10j$，$p_3=-5$，增益 $K=2$，写出该系统的传递函数。

题 4-2 用 Transfer Fcn 模块对某连续 SISO 系统进行仿真时，模块的参数设置如题图 p4-1 所示，写出该系统的传递函数。

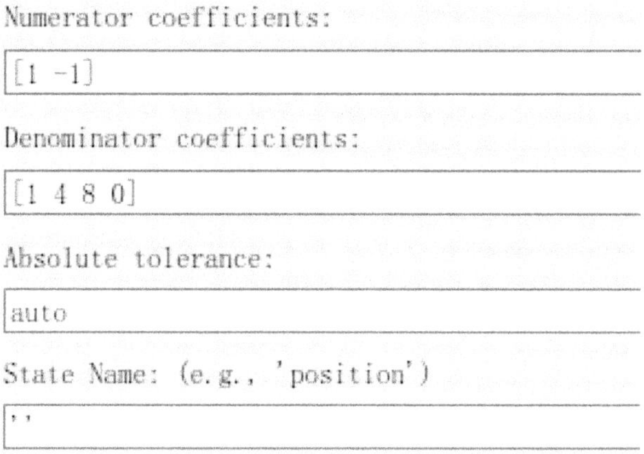

题图 p 4-1

题 4-3 已知某连续系统的传递函数为 $H(s)=\dfrac{Y(s)}{F(s)}=\dfrac{10(s-2)}{s(s+5)(s+2)}$，其状态空间方程中的状态矩阵为 $\boldsymbol{A}=\begin{bmatrix} a & b & c \\ 1 & 0 & 0 \\ 0 & 1 & 0 \end{bmatrix}$，输出矩阵 $\boldsymbol{C}=[0\ d\ e]$，求 a,b,c,d,e。

题 4-4 已知某 SISO 系统的状态空间表达式为

$$\begin{bmatrix} \dot{x}_1 \\ \dot{x}_2 \end{bmatrix}=\begin{bmatrix} 0 & 1 \\ 1 & -4 \end{bmatrix}\begin{bmatrix} x_1 \\ x_2 \end{bmatrix}+\begin{bmatrix} 0 \\ 1 \end{bmatrix} f$$

$$y=[1\ -1]\begin{bmatrix} x_1 \\ x_2 \end{bmatrix}$$

(1) 手工推导系统的传递函数 $H(s)$；

(2) 利用 MATLAB 命令验证结果。

题 4-5 某连续系统的仿真模型如题图 p4-2 所示，其中 f 和 y 分别为系统的输入和输出。

(1) 求该系统的传递函数 $H(s)$ 及零极点增益表达式；

(2) 利用 MATLAB 命令将传递函数转换为零极点增益模型；

(3) 利用 MATLAB 命令将零极点增益模型转换为传递函数。

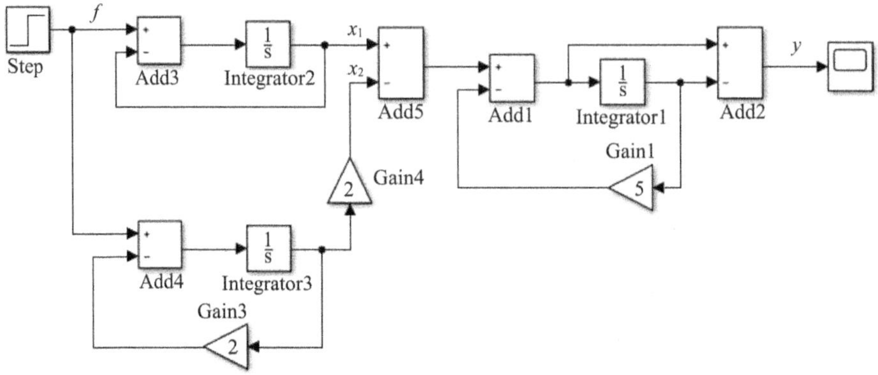

题图 p 4-2

题 4-6 已知用 State-Space 模块实现某连续系统时的参数设置如题图 p4-3 所示。

(1) 写出欲得到系统的传递函数及其零极点增益模型的命令，并观察执行结果；

(2) 利用基本运算单元搭建仿真模型，并仿真求解系统的单位阶跃响应，用浮动示波器显示其波形。

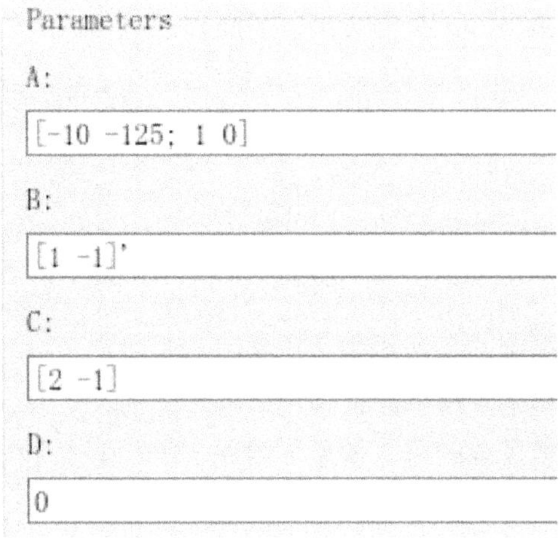

题图 p 4-3

题 4-7 已知某连续 SISO 系统状态空间表达式中的 4 个矩阵分别为

$$A=\begin{bmatrix}0 & -109\\1 & -6\end{bmatrix},B=\begin{bmatrix}200\\0\end{bmatrix},C=[0\quad 0.5],D=0$$

分别用State-Space模块、积分器模块、Transfer Fcn模块搭建系统的仿真模型，求其单位阶跃响应。

题 4-8 已知某线性时不变单位负反馈系统的闭环传递函数为 $G_o(s)=\dfrac{100}{s^2+2s+100}$，系统的初始状态 $x_1=-0.1, x_2=0$，编写程序实现如下功能：

(1) 求系统的单位阶跃响应 $y_f(t)$；

(2) 求系统的零输入响应 $y_x(t)$；

(3) 求系统在单位阶跃信号作用下的全响应 $y(t)$。（提示：对于线性时不变系统，全响应=零输入响应+零状态响应）

题 4-9 已知某控制系统的闭环传递函数为 $H(s)=\dfrac{10s+1\,000}{s^2+4s+100}$，

(1) 编写程序绘制该系统的单位阶跃响应波形；

(2) 用两种方法求解系统单位阶跃响应的上升时间 t_r、超调量 M_p 和调节时间 t_s。

题 4-10 已知某控制系统的方框图如题图 p4—4 所示，其中

$$G_1(s)=s+1,G_2(s)=\frac{1}{0.001s^2+s}$$

(1) 编写程序分别绘制当 $G_3(s)=1, G_3(s)=10, G_3(s)=e^{-0.1s}$ 时系统的开环Bode图；

(2) 根据得到的Bode图，讨论开环增益和延迟环节对系统开环Bode图的影响。

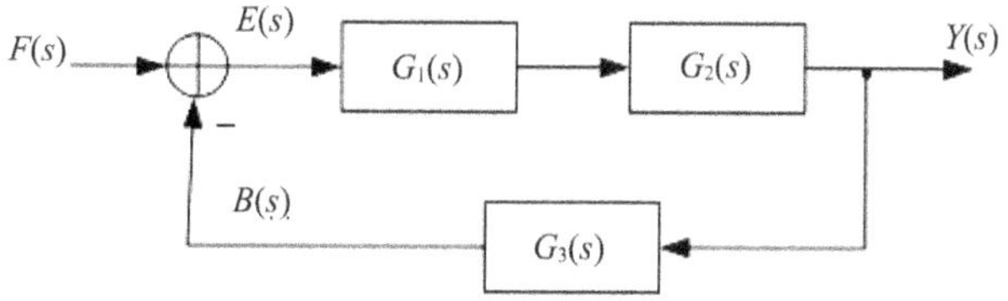

题图 p 4-4

题 4-11 已知系统的开环传递函数为 $G_k(s)=\dfrac{K}{s^2+2s-3}$。

(1) 当 $K=1$ 和 $K=10$ 时，利用程序或命令绘制出系统开环频率特性的 Nyquist 图；

(2) 利用 Nyquist 稳定性判据分别判断上述两种情况下系统是否稳定；

(3) 为使系统稳定，正实数 K 应该满足哪些条件？

题 4-12 简述在 Simulink 仿真模型运行的仿真循环阶段，在计算模型输出状态时，连续系统和离散系统的主要区别。

题 4-13 某动态系统的 Simulink 仿真模型如题图 p4－5 所示，其中 x 和 y 分别为系统的输入和输出。

(1) 分析该模型实现的系统功能；

(2) 若 Step 模块的参数取默认值，仿真运行时间为 5 s，分析并粗略绘制出仿真运行后示波器上显示的 3 个信号波形。

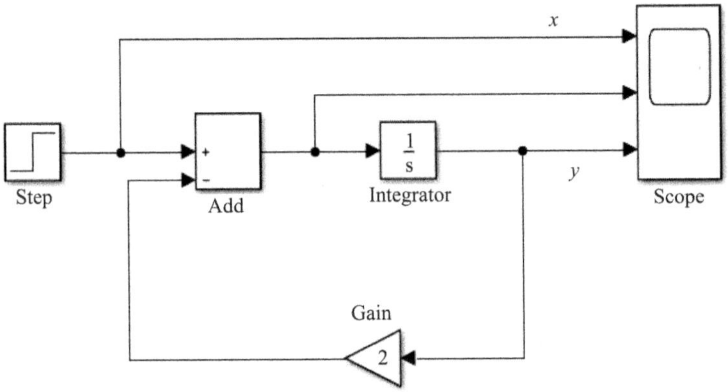

题图 p 4-5

题 4-14 搭建如题图 p4-6 所示 Simulink 仿真模型，求二阶系统的单位阶跃响应。设置 Step 模块的 Step time 为 0，其他参数取默认值。要求：

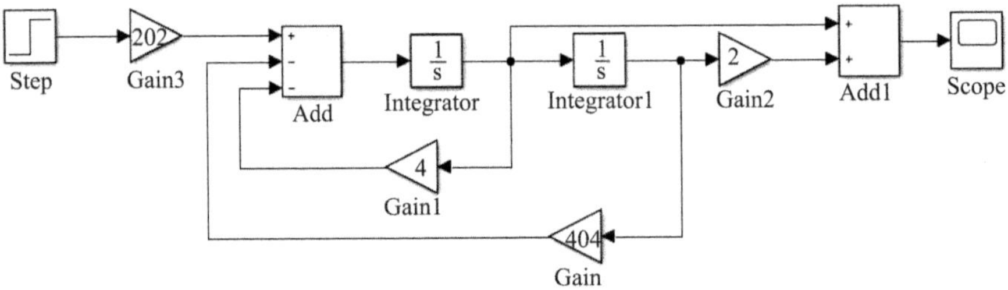

题图 p 4-6

(1) 选用固定步长求解器,步长设置为 0.01 s,仿真运行 5 s,观察运行结果;

(2) 选用变步长求解器,求解器所有参数取默认值 auto。仿真运行 5 s,观察示波器上的信号波形,并与(1)中的波形进行比较。

题 4-15 搭建仿真模型如题图 p4-7 所示。模型中的 Pulse Generator 模块产生幅度为 2V、周期为 1 s 的单极性周期方波。在模型参数配置对话框中设置求解器为固定步长,并在 Data Import/Outport 面板中清除 Single simulation output 复选框。要求:

(1) 根据示波器上显示的信号 x 和 y 的波形,分析该仿真模型实现的功能;

(2) 将信号 x 和 y 的波形数据以数组的格式保存到 MAT 文件的变量 s_1 中,然后用 plot 语句在两个子图中分别绘制其波形;

(3) 将信号 x 和 y 以时间序列的格式保存到工作区的变量 s_2 中,然后用 plot 语句在两个子图中分别绘制其波形。

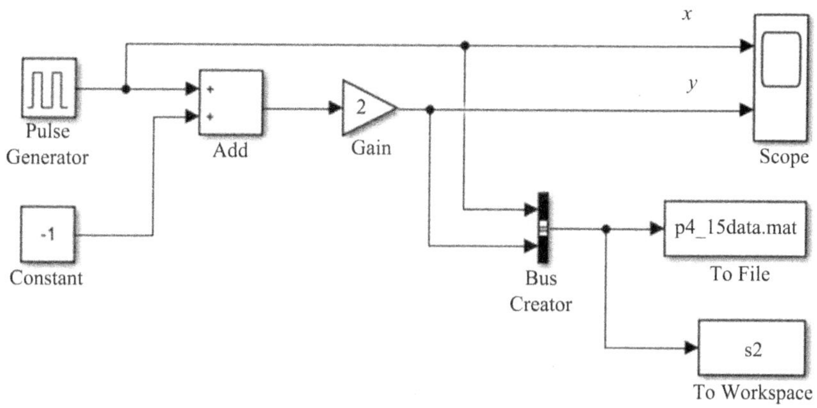

题图 p 4-7

参考文献

[1] 黄琳. 系统与控制理论中的线性代数[M]. 北京:科学出版社,1986.

[2] 郑大钟. 线性系统理论[M]. 北京:清华大学出版社,1990.

[3] 刘文定,谢克明. 自动控制原理[M]. 第 3 版,北京:电子工业出版社,2013.

[4] 张晓华. 系统建模与仿真[M]. 第 2 版,北京:清华大学出版 2015.

[5] 赵雪岩,李卫华,孙鹏. 系统建模与仿真[M]. 北京:国防工业出版社,2015.

[6] 聂成龙,于永利,徐英. 系统建模与仿真[M]. 北京:中国原子能出版社,2017.

[7] 刘国海,杨年法. 自动控制原理[M]. 第 2 版,北京:机械工业出版社,2018.

[8] 谢明元,杨玲,王海江,等. 信号与系统[M],北京:高等教育出版社,2018.

[9] 张袅娜,冯雷,朱宏殷. 控制系统仿真[M],北京:机械工业出版社,2018.

[10] 刘雁. 系统建模与仿真[M]. 西安:西北工业大学出版社,2020.

[11] 李艳生,杨美美,魏博,等. 机器人系统建模与仿真[M]. 北京:北京邮电大学出版社,2020.

[12] 胡寿松. 自动控制原理[M]. 第 7 版,北京:科学出版社,2021.

[13] 周军,段朝霞. 自动控制原理[M],北京:机械工业出版社,2021.

[14] R. Parthasarathy and S. N. Iyer. Model reduction over a frequency interval using the spectral function[J]. Journal of the Franklin Institute, 1986, 321(5): 261-272.

[15] Chi-Tsong Chen. Linear System Theory and Design[M]. Oxford University Press, Inc., New York, 1999.

[16] E. M. Stein and R. Shakarchi. Complex Analysis[M]. Princeton University Press, Princeton and Oxford, 2003.

[17] Hassan K. Khalil. Nonlinear Systems[M]. 3rd Edition, Prentice-Hall, Inc., Pearson Education International, New Jersey, 2000.

[18] Mathukumalli Vidyasagar, C. A. Peroer. Nonlinear Systems Analysis[M]. 2nd Edition, Society for Industrial and Applied Mathematics (SIAM), Philadelphia, 2002.

[19] Karl Johan Astrom and Richard M. Murray. Feedback Systems: An Introduction for Scientist and Engineers[M]. Princeton University Press, Princeton and Oxford, 2008.

[20] Wassim M. Haddad and VijaySekhar Chellaboina. Nonlinear Dynamical Systems and Control: a Lyapunov-Based Approach[M]. Princeton University Press, Princeton and Oxford, 2008.

[21] Dennis S. Bernstein. Matrix Mathematics: Theory, Facts and Formulas[M]. 2nd Edition, Princeton University Press, Princeton and Oxford, 2009.

[22] Joad P. Hespanha. Linear Systems Theory[M]. Princeton University Press, Princeton and Oxford, 2009.

[23] Jun Zhou. Interpreting Popov criteria in Luré systems with complex scaling stability analysis[J]. Communications in Nonlinear Science and Numerical Simulation, 2018, 59:306-318.

[24] Jun Zhou, Cui Wang and H. M. Qian. Existence, properties and trajectory specification of generalized multi-agent flocking[J]. International Journal of Control, 2019, 92(6):1434-1456.

[25] 张聚. 基于 MATLAB 的控制系统仿真及应用[M]. 第 2 版，北京：电子工业出版社，2018.

[26] 赵广元. MATLAB 与控制系统仿真实践[M]. 第 3 版，北京：北京航空航天大学出版社，2016.

[27] 向军. MATLAB/Simulink 系统建模与仿真[M]. 北京：清华大学出版社，2021.

[28] 姜增如. 控制系统建模与仿真——基于 MATLAB/Simulink 的分析与实现[M]. 北京：清华大学出版社，2020.

[29] 王正林，刘明，陈连贵. 精通 MATLAB[M]. 第 3 版. 北京：电子工业出版社，2013.

[30] 向军，李万春. MATLAB 程序设计与工程应用[M]. 北京：清华大学出版社，2023.

[31] 周开利，邓春晖. MATLAB 基础及其应用教程[M]. 北京：北京大学出版社，2007.

[32] 天工在线. 中文版 MATLAB 2020 从入门到精通. 实战案例版[M]. 北京：中国水利水电出版社，2020.

[33] 严刚峰. MATLAB/Simulink 控制系统仿真及应用(微课视频版)[M]. 北京：清华大学出版社，2022.

[34] 王六平著. 于春梅，王顺利译. PID 控制系统设计——使用 MATLAB 和 Simulink 仿真与分析[M]. 北京：清华大学出版社，2023.

[35] 石良臣. MATLAB/Simulink 系统仿真超级学习手册[M]. 第 2 版，北京：人民邮电出版社，2019.